Python

面向对象编程

（第4版）

[美] Steven F. Lott　[加] Dusty Phillips　著

麦叔（李彦强）译

Python Object-Oriented Programming

Build robust and maintainable
object-oriented Python applications
and libraries, 4th Edition

電子工業出版社·
Publishing House of Electronics Industry
北京·BEIJING

内 容 简 介

这是一本全面介绍 Python 面向对象编程的图书。本书共分为 4 部分。第 1 章至第 6 章深入讲解了面向对象编程的核心原则和概念，以及它们在 Python 中的实现方式。第 7 章至第 9 章仔细探讨了 Python 的数据结构、内置类和方法等，以及如何从面向对象编程的角度进行分析和应用。第 10 章至第 12 章探讨了设计模式及其在 Python 中的实现。第 13 章和第 14 章涵盖了测试和并发两个重要主题。整本书以一个机器学习分类算法的实现案例贯穿始终，并不断探讨各种实现方式的优劣。

本书针对的是 Python 面向对象编程的新手，假设读者具备基本的 Python 技能。对于有其他面向对象编程语言背景的读者，本书将展示 Python 的许多特性。

Copyright © Packt Publishing 2021. First published in the English language under the title Python Object-Oriented Programming: Build robust and maintainable object-oriented Python applications and libraries, 4th Edition (9781801077262).

本书简体中文版专有出版权由 Packt Publishing 授予电子工业出版社。未经许可，不得以任何方式复制或抄袭本书的任何部分。专有出版权受法律保护。

版权贸易合同登记号　图字：01-2024-3376

图书在版编目（CIP）数据

Python 面向对象编程：第 4 版 ／（美）史蒂文·洛特
(Steven F. Lott)，（加）达斯帝·菲利普斯
(Dusty Phillips) 著；麦叔译. -- 北京：电子工业出
版社，2024. 8. -- ISBN 978-7-121-48324-0

Ⅰ. TP311.561

中国国家版本馆 CIP 数据核字第 20247WM478 号

责任编辑：付　睿
印　　刷：固安县铭成印刷有限公司
装　　订：固安县铭成印刷有限公司
出版发行：电子工业出版社
　　　　　北京市海淀区万寿路 173 信箱　　　　邮编：100036
开　　本：787×980　　1/16　　　印张：44.75　　字数：859.2 千字
版　　次：2015 年 7 月第 1 版
　　　　　2024 年 8 月第 4 版
印　　次：2024 年 12 月第 2 次印刷
定　　价：189.00 元

贡献者

关于作者

Steven Lott 从计算机还是昂贵且稀有的大型设备时就开始编程。他在高科技领域工作了几十年，接触到了许多思想和技术，包括一些不那么好的技术，但其中绝大多数技术是有用的，有助于发展其他技术。

Steven Lott 自 20 世纪 90 年代以来一直在使用 Python，开发了各种工具和应用程序。他为 Packt 出版社撰写了多本图书，包括《Python 面向对象编程指南》、《Python 经典实例》和《Python 函数式编程》。

他是一位技术狂人，生活在常年停靠于美国东海岸的一艘船上。他的生活就像这句格言：不要回家，除非你有故事可讲。

Dusty Phillips 是一位加拿大作家和软件开发人员。他的职业生涯丰富多彩，他曾在大型政府机构、大型社交网络公司工作，也曾在只有两个人的创业公司工作，还曾在规模介于二者之间的机构或公司工作。除了《Python 面向对象编程》，Dusty 还在 O'Reilly 出版社出版了 *Creating Apps in Kivy* 一书。他现在专注于写小说。

感谢 Steven Lott，感谢他完成了由我开启的事情；感谢所有读者，感谢你们欣赏我的作品；以及感谢我的妻子 Jen Phillips，感谢她所做的一切。

关于译者

　　麦叔，本名李彦强，毕业于浙江大学计算机系，现任某世界头部资产管理公司中国区技术负责人。他是 Python 和 AI 技术的爱好者和传播者，同时也是浙江省人工智能学会的理事。麦叔的自媒体账号"麦叔编程"在全网拥有超过 10 万名粉丝。他在人民邮电出版社出版了《麦叔带你学 Python》和《Python 办公效率手册》。此外，他还与香港科技大学等高校的老师联合开发了多套深度学习和机器学习课程。麦叔曾多次受邀在北京大学、华为等高校和企业进行人工智能相关技术的分享。

　　他出生于山东，现主要生活在杭州，爱好长跑和爬山，曾多次完成半程马拉松和全程马拉松比赛，并登顶过三山五岳。

扫码关注"麦叔编程"公众号

关于审稿人

　　Bernát Gábor，特兰西瓦尼亚人，英国伦敦彭博社高级软件工程师。在日常工作中，他主要致力于使用 Python 编程语言及其编程范式来提高彭博社数据处理的质量。他使用 Python 已经超过 10 年，并且是这个领域主要的开源贡献者，尤其专注于软件打包领域。他还是 virtualenv、build 和 tox 等高知名度项目的作者和维护者。关于他的更多信息，请访问链接 55。[①]

*　　我想对我的未婚妻 Lisa 表达我深深的感激之情，感谢她每天给予我的极其宝贵的支持。爱你！*

---

① 对于本书中的所有链接地址，可通过扫描前言最后及封底"读者服务"处的二维码获取。

译者序

在 2022 年年初，付睿老师邀请我翻译本书时，我曾经犹豫不决。毕竟，翻译一本书是一个会耗费大量时间但经济回报有限的任务。但在浏览了本书后，我毅然决定完成这个任务。

因为我觉得，国内的 Python 学习者需要这样一本书！市面上有很多 Python 入门书，但真正优质的 Python 进阶书，能够把 Python 学习者从入门级带入专业级的书，少之又少。本书无疑是非常出色的 Python 进阶书！

Python 作为流行的编程语言，以易学易用而著称，但真正精通它却是一个挑战。本书正好能帮助你实现从 Python 初学者到高手的转变。编写一个简单的 Python 程序或许易如反掌，用它构建复杂的大型程序则需要深厚的功底。你需要了解设计模式，积累丰富的经验，进行细致的优化，关注性能，精通编码，并能有效处理程序中的各种异常。本书将为你提供所需的一切知识。

会用 Python 的人很多，但真正掌握 Python 深层次技巧的人寥寥无几。在面试过程中，我遇到过许多自称拥有数年 Python 开发经验的开发者，他们中的不少人来自知名学府。然而，当我向他们提出一些更深入的问题，如涉及迭代器、生成器或某些设计模式的问题时，很多人或答不上来或只有浅薄的理解。他们真应该阅读本书。

翻译本书绝非易事，因为这要求译者本身具备深厚的专业功底。在过去的十多年里，我一直从事与面向对象设计和大型系统架构相关的工作，对设计模式非常熟悉。我自认为非常适合完成这个任务，所以我决定翻译本书，为国内 Python 学习社区做点儿贡献。如果你想和我交流，则可以通过 B 站或公众号找到我，我的自媒体名称是"麦叔编程"。

本书可能不像入门书那般易读，但它值得你投入时间和精力去深入学习、反复阅读。毕竟，生活中的每一次进步都不容易，编程能力的提升也是如此。我相信，只要你足够努力且勤于思考，就一定能在编程能力上达到新的高度。

感谢电子工业出版社引进本书，并特别感谢付睿老师在翻译工作上的大力推动。也要感谢 Python 群里的小伙伴 Kevin 对部分章节进行了翻译和校对，以及众多粉丝对我的鼓励和支持。

我要特别感谢我的妻子和儿子。在翻译本书的过程中，我牺牲了大量的业余时间，这些时间原本是属于他们的。没有他们的理解和支持，完成这个翻译任务对我来说几乎是不可能的。

最后，我想把本书献给我的父亲李庆华，他和母亲一起含辛茹苦地将我和我的姐姐们抚养成人。尽管父亲自己没有机会接受高等教育，但他坚定地要把我们培养成才。

麦叔 写于杭州西子湖畔

前 言

Python 非常流行，可用于开发多种应用程序。Python 的设计使得用其创建小型程序相对容易，而为了创建更复杂的软件，我们需要掌握很多重要的编程和软件设计技能。

本书描述了如何使用**面向对象**的方法在 Python 中创建程序，介绍了面向对象编程的术语，并通过逐步深入的案例展示了如何进行软件设计和 Python 编程。书中还描述了如何利用继承和组合从单个元素开始构建软件，展示了如何使用 Python 的内置异常处理和数据结构，以及 Python 标准库中的元素。此外，书中还描述了很多设计模式，并提供了详细的示例。

本书讲解了如何编写自动化测试来确认我们的软件运行正常，还展示了如何使用 Python 提供的各种并发库，以帮助我们编写可以利用现代计算机中的多核和多处理器的软件。扩展的案例学习部分涵盖了一个简单的机器学习案例，展示了解决复杂问题的多种替代方案。

本书读者

本书针对的是 Python 面向对象编程的新手，假设读者具备基本的 Python 技能。对于有其他面向对象编程语言背景的读者，本书将展示 Python 的许多特性。

Python 在数据科学和数据分析领域有很多应用,本书涉及相关的数学和统计概念,在这些领域具备一定的知识可以更好地理解书中概念及其应用。

本书内容

本书共分为 4 部分。第 1 章至第 6 章深入讲解了面向对象编程的核心原则和概念，以及它们在 Python 中的实现方式。第 7 章至第 9 章仔细探讨了 Python 的数据结构、内置类和方法等，以及如何从面向对象编程的角度进行分析和应用。第 10 章至第 12 章探讨了设计模式及其在 Python 中的实现。第 13 章和第 14 章涵盖了测试和并发两个重要主题。整本书以一个机器学习分类算法的实现案例贯穿始终，并不断探讨各种实现方式的优劣。

第 1 章 "面向对象设计"，介绍了面向对象设计的核心概念。这为了解包括状态和行为、属性和方法，以及如何将对象分组到类中提供了路线图。本章还探讨了封装、组合和继承。案例学习部分引入了机器学习问题，是 k 最近邻（KNN）分类器的实现。

第 2 章 "Python 的对象"，展示了 Python 类定义的工作原理，包括类型注解（也称类型提示）、类定义、模块和包。本章还讨论了类定义和封装的实际考虑因素。案例学习部分开始实现 KNN 分类器的一些类。

第 3 章 "当对象相似时"，讨论了类之间的关系，包括如何利用继承和多重继承。本章还探讨了类层级结构中的多态概念。案例学习部分研究了用于找到最近邻的距离算法的多种设计。

第 4 章 "异常捕获"，深入探讨了 Python 的异常和异常处理，包括内置异常层级结构。本章还探讨了如何定义独特的异常来反映特定问题领域或应用程序。案例学习部分把异常应用于数据验证。

第 5 章 "何时使用面向对象编程"，更深入地探讨了设计技术，包括如何通过 Python 的特性来实现属性。本章还探讨了管理对象集合的通用概念。案例学习部分应用了这些思想来扩展 KNN 分类器的实现。

第 6 章 "抽象基类和运算符重载"，深入探讨了抽象的概念，以及 Python 如何支持抽象基类。本章还比较了 "**鸭子类型**" 和更正式的 `Protocol` 定义方法，包括重载 Python 内置运算符的技术。此外，还探讨了元类及其如何用于修改类构造方法。案例学习部分重定义了一些现有类，展示了如何谨慎地使用抽象来简化设计。

第 7 章 "Python 的数据结构"，介绍了 Python 内置的多种对象，包括元组、字典、列表和集合。本章还探讨了如何通过数据类和命名元组提供类的常见特性来简化设计。案例学习部分利用这些新技术修改了前面定义的一些类。

第 8 章 "面向对象编程和函数式编程"，探讨了类以外的 Python 结构。虽然 Python 是面向对象的，但函数定义允许我们创建可调用对象，而无须使用复杂的类定义语法。本章还探讨了 Python 的上下文管理器结构和 with 语句。案例学习部分探讨了避免一些类复杂性的替代设计。

第 9 章 "字符串、序列化和文件路径"，涵盖了对象如何被序列化为字符串，以及如何通过解析字符串来创建对象的内容。本章还探讨了几种文件格式，包括 pickle、JSON 和 CSV。案例学习部分重新设计了加载和处理 KNN 分类器的样本数据。

第 10 章 "迭代器模式"，描述了 Python 中无处不在的迭代概念。所有内置集合都是可迭代的，这种设计模式是 Python 工作方式的核心。本章还探讨了 Python 推导式和生成器函数。案例学习部分重新考虑了一些早期设计，使用生成器表达式和列表推导式来划分测试和训练样本。

第 11 章 "通用设计模式"，探讨了一些常见的面向对象设计模式，包括装饰器模式、观察者模式、策略模式、命令模式、状态模式和单例模式。

第 12 章 "高级设计模式"，探讨了一些更高级的面向对象设计模式，包括适配器模式、外观模式、享元模式、抽象工厂模式、组合模式和模板模式。

第 13 章 "测试面向对象的程序"，展示了如何使用 unittest 和 pytest 为 Python 应用程序提供自动化单元测试套件。本章还探讨了一些更高级的测试技术，如使用 Mock 对象来隔离测试单元。案例学习部分展示了如何为第 3 章中涵盖的距离算法创建测试用例。

第 14 章 "并发"，探讨了如何利用多核和多处理器计算机系统来快速进行计算，并编写了对外部事件做出响应的软件。本章还探讨了线程和多进程，以及 Python 的 AsyncIO 模块。案例学习部分展示了如何使用这些技术对 KNN 模型进行超参数调优。

如何充分利用本书

本书所有示例都通过 Python 3.9.5 进行了测试，并使用 *mypy* 0.812 工具来确认类型提示是否一致。

对于一些示例，需要从网上下载数据，下载的数据量都比较小。

一些示例涉及的软件包不是 Python 内置标准库的一部分。在相关章节中，我们将注明这些软件包并提供安装说明。可以在 Python 包索引中找到所有这些额外的包，地址为链接 56。

下载示例代码

可以在 GitHub 上下载本书的示例代码，地址为链接 57。

本书还在链接 58 中提供了其他丰富的图书和视频清单，欢迎查看！

下载彩色图片

本书提供了一个 PDF 文件，其中包含了本书使用的一些截图、图表等的彩色图片，可以通过链接 59 下载。

使用约定

本书中使用了多种文本约定。

文本中的代码、数据库表名、文件夹名称、文件名、文件扩展名、路径名、虚拟网址、用户输入和 Twitter 句柄等可以使用类似这样的方式显示："你可以通过在>>>提示符下导入 antigravity 模块来确认 Python 正在运行"。

本书对代码块的设置如下：

```
class Fizz:
    def member(self, v: int) -> bool:
        return v % 5 == 0
```

当我们希望引起你对代码块中特定部分的关注时,相关的行或项目会以**粗体**显示:

```
class Fizz:
    def member(self, v: int) -> bool:
        return v % 5 == 0
```

对任何命令行输入或输出都会这样书写:

```
python -m pip install tox
```

粗体:表示一个新术语、重要词汇,或会在屏幕上看到的词汇,比如在菜单或对话框中。例如,"从正式角度讲,一个对象是**数据**和**相关行为**的集合"。

 警告或重要提示会这样显示。

 技巧和窍门会这样显示。

联系我们

我们始终欢迎读者反馈。

一般反馈:请发送电子邮件至 feedback@packtpub.com,并在邮件主题中提及本书书名。如果你对本书的任何方面有疑问,请发送电子邮件至 questions@packtpub.com。

勘误:尽管我们已尽力确保内容的准确性,但错误仍可能发生。如果你发现本书中的错误,我们将非常感谢你向我们报告。请访问链接 60,选择你的书名,点击勘误提交表格的链接,并输入详细信息。

盗版:如果你在互联网上发现我们作品的任何非法副本,请向我们提供网址或网站名称。请联系 copyright@packtpub.com,并附上材料链接。

如果你有兴趣成为一名作者:如果你在某个领域具备专业知识,并有兴趣编写或贡献一本书,请访问链接 61。

读者服务

微信扫码回复：48324

- 获取本书链接地址
- 加入 Python 技术群，与更多读者互动交流
- 获取【百场业界大咖直播合集】（持续更新），仅需 1 元

目　录

第 1 章

面向对象设计

在软件开发中，设计常常被认为是编程之前要完成的步骤。但并不是这样的，在实际开发中，分析、编程和设计常常会相互重叠、融合和交织在一起。在本书中将同时涵盖设计和编程问题，而不会刻意将它们分开。好在 Python 的优势之一就是，它天然具备清楚表达设计的能力。

在本章中，我们将讨论如何从产生一个好的想法到开始编程。在开始编程之前，我们将创建一些设计组件（比如流程图）来帮助我们厘清思路。

本章将涉及以下主题：

- 什么是面向对象。
- 面向对象设计和面向对象编程之间的区别。
- 面向对象设计的基本原则。
- **统一建模语言**（**Unified Modeling Language，UML**）的基础知识及要避免的问题。

我们还将使用 "4+1" 架构视图模型来介绍本书的面向对象设计案例，将涉及以下主题：

- 经典机器学习应用概述，著名的鸢尾花分类问题。
- 分类器的处理过程和上下文。
- 画出两种看起来足以解决问题的类图。

1.1 面向对象简介

每个人都知道什么是对象（物体）：我们可以感知、感觉和摆弄的具体东西。我们最早接触的对象通常是婴儿玩具。积木、塑料形状、各式拼图等通常是我们接触的第一批对象。婴儿很快就会知道不同对象可以做不同事情：闹铃会响，按钮可以被按下，杠杆可以被拉动等。

在软件开发中，对对象的定义并没有太大的不同。软件对象可能不是你可以拿起、感知或感觉的有形物件，但它们都是某些物件的模型。它们可以做某些事情，可以接受特定的操作方式。正规来说，对象是**数据**和相关**行为**的集合。

想想什么是对象，面向对象又是什么意思。在字典中，面向是正对着的意思。面向对象编程是指通过构建对象模型的方式来写代码，这是用于描述复杂系统行为的众多技术中的一个。面向对象就是指一系列对象通过数据和行为相互交互。

如果你看过相关的宣传材料，那么你可能看到过面向对象分析、面向对象设计、面向对象分析和设计、面向对象编程等术语，这些都是与面向对象相关的概念。

实际上，分析、设计和编程都是软件开发过程中的某个阶段。称它们为面向对象仅仅是为了表明软件开发的方法。

面向对象分析（**Object-Oriented Analysis，OOA**）是分析软件要解决的问题、系统或任务，找出其中的对象以及对象之间的各种交互的过程。分析阶段都是关于要做什么的。

分析阶段的产出是对系统的描述，也就是需求。如果我们把分析阶段一步做完，就会把一个用户任务分解成一套必需的功能，比如作为一个植物学家，我需要一个网站来帮助用户给植物分类，我可以帮助用户正确识别植物。比如，下面是一些网站访问者可能需要的功能。每个功能都是一个对象和一个关联的操作；操作用楷体，对象用**粗体**。

- 浏览*之前上传的东西*。
- *上传*新的**已知样例**。
- *测试***质量**。
- *浏览***产品**。
- *查看***推荐**

在某种意义上，分析这个词有点儿用词不当。我们之前讨论过的婴儿并不会分析积木或拼图。相反，婴儿会探索环境，摆弄各种形状，查看这些东西可能适合的位置。更好的术语可能是面向对象探索。在软件开发中，分析的初始阶段包括采访用户、研究他们的流程、消除不可能的情况等。

面向对象设计（**Object-Oriented Design，OOD**）是把需求转变成实现说明书的过程。设计师要命名对象、定义对象的行为，并明确定义哪些对象可以触发其他对象的特定行为。设计阶段都是关于把要做什么转变成如何做的。

设计阶段的产物是实现说明书。如果我们把设计阶段一步完成，就会把面向对象分析时定义的需求转变成类和接口的集合。如果设计得比较理想，就可以用任何一个面向对象的编程语言实现这些类和接口。

面向对象编程（**Object-Oriented Programming，OOP**）是把设计变成满足用户需求的可执行程序的过程。

如果我们处在一个理想的世界中，像很多教科书上教我们的那样，完美地按照这些阶段一步步执行，那就太好了！但通常现实世界要模糊得多，无论我们多么努力地分阶段执行，我们总会在设计时发现有些需要进一步分析的内容，在编程时发现有些需要在设计中进一步澄清的功能。

越来越多的团队都认识到，这种瀑布式的阶段划分效果并不好。迭代式的开发模型似乎更好。在迭代开发过程中，先对任务的一小部分进行建模、设计和编程，然后审查开发出的产品，并在一系列较短的开发周期中不断改进功能和引入新功能。

本书的其余部分是关于面向对象编程的，但本章将涵盖基本的面向对象设计原则，这让我们可以聚焦于理解概念，而无须关注 Python 的语法或调用栈。

1.2　对象和类

对象是数据和相关行为的集合。我们如何区分不同类型的对象呢？苹果（Apple）和橘子（Orange）都是对象，但很显然苹果和橘子不是同一类对象。苹果和橘子在计算机编程中并不常用，但让我们假设现在在为一个农场开发库存软件。为了方便描述下面的示例，我们可以假设用桶（**Barrel**）装苹果，而用**篮子**（**Basket**）装橘子。

我们要解决的问题到目前为止涉及 4 种对象：苹果、橘子、篮子和桶。在面向对象建模中，用类（**class**）来描述对象的种类。所以，从技术上讲，我们现在有 4 个类。

理解类和对象的区别是很重要的。类描述了相关的对象。它们就像创建对象的蓝图。你面前的桌子上可能放着 3 个橘子，每个橘子都是不同的对象，但这 3 个橘子都是橘子类，都拥有橘子类的属性和相关行为。

对于库存软件中 4 个类的关系，可以用**统一建模语言**（简称 **UML**）的类图表示。这是我们的第一个类图，如图 1.1 所示。

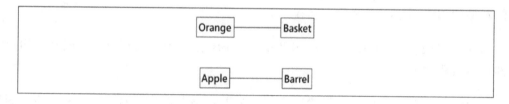

图 1.1　类图

图 1.1 表明 **Orange** 类的实例（通常被称为 orange）和 **Basket** 有某种关联，**Apple** 类的实例（通常被称为 apples）和 **Barrel** 有某种关联。关联是类的实例之间最基本的关系。

UML 图的语法浅显易懂。你在看到一张图的时候，通常不需要阅读说明文档就能理解它的意思。UML 图也很容易绘制，很自然。毕竟，很多人在描述类和类的关系时，会自然地画出矩形，并用线条把它们连起来。在这种自然的图表基础上制定一个标准，有利于程序员与设计师、管理人员互相交流，也有利于程序员之间互相交流。

值得注意的是，UML 图通常描述的是类定义，但类定义也描述了对象的属性。图 1.1 中包含了 Apple 类和 Barrel 类，表明一个特定的 apple 被放在某一个 barrel 中。我们也可以用 UML 图描述单个对象，但这基本没必要。通过类图足以说明对象之间的关系，因为对象是类的成员。

有些程序员认为使用 UML 是浪费时间。他们认为在迭代开发中，包含 UML 图的正规设计说明书是多余的，直接实现就行了。而且，维护这些 UML 图只会浪费时间，没什么用处。

任何多于一个人的开发团队都偶尔需要坐下来讨论一下正在开发的组件的细节。UML 图对于确保快速、简单和一致的沟通是极其有用的。就算那些嘲笑正规类图的团队也会在其设计会议和团队讨论中使用一些草图，这些草图相当于"山寨版"的 UML 图。

此外，你必须要与之沟通的最重要的人是将来的自己。我们都认为自己会记住当初的设计决定，但将来几乎总会出现这样的时刻：我当时为什么这么干？如果我们保留了最初设计时画的图表，最终会发现这些是很有用的参考。

然而，本章并不是关于 UML 的教程。网上有很多关于 UML 的教程，也有很多这个主题的书。UML 包含的不仅是类图和对象图，还包含用例图、部署图、状态图和活动图。在讨论面向对象设计时，我们会用到一些常见的类图的语法。你可以先从示例中学习它们的结构，然后自然而然地将其用到你的团队和个人的设计中。

我们最初的类图是正确的，但没有告诉我们 apple 要放在 barrel 中，也没有明确一个 apple 是否可以放在多个 barrel 中。它只是告诉我们 apple 和 barrel 有某种关联。类之间的关联通常是显而易见的，不需要额外的解释，但在必要时，我们可以添加额外的解释来进一步澄清。

UML 的美在于大部分的东西都是非必需的。我们只需要在图中画出对当前设计有价值的信息。在一个快速会议上，我们可能只需要在白板上画出一个个用线连起来的矩形。而在一个正规的文档中，我们可能需要更多的细节。

在 apple 和 barrel 的示例中，它们之前的关系很明显是**多个 apple 可被放在一个 barrel 中**。但为了防止有人认为**一个 barrel 只能放一个 apple**，我们可以完善一下类图，如图 1.2 所示。

图 1.2 通过一个小箭头告诉我们 Orange 被**放在** Basket 中，它还告诉我们这个关系两边的对象各自的数量。一个 **Basket** 可以包含多个（用*表示）**Orange** 对象。任何一个 **Orange** 只能被放在一个 **Basket** 中。这个数字被称为对象的多重性，你也可能听到它被称为基数。我们可以将基数理解成一个具体的数字或范围。在这里用多重性*表示多于一个的实例。

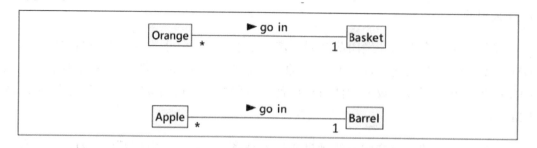

图 1.2　有更多细节的类图

你有时候可能会忘记一个关系中的哪个边应该用哪个多重性数字。与类距离最近的多重性表示那个类的对象的数量，它们可以与关系另一端的任意一个对象关联。对于 apple 被放入 barrel 的关联，从左往右读，很多 **Apple** 类的实例（就是很多 **Apple** 对象）可被放入任意一个 **Barrel**。从右往左读，一个 **Barrel** 可以与任意一个 **Apple** 关联。

我们已经掌握了类的基础知识，以及它们如何定义对象之间的关系。现在我们需要讨论定义对象状态的属性，以及对象的行为，对象的行为可能导致状态改变或与其他对象交互。

1.3　定义属性和行为

现在我们已经了解了一些基本的面向对象的术语。对象是一些可以互相关联的类的实例。类的实例是一个具有自己的数据和行为的特定对象；比如我们面前桌子上的一个橘子就是广义的橘子类的一个实例。

这个橘子有自己的状态，比如生的还是熟的；我们通过特定的属性值来实现对象的状态。橘子也有行为。橘子自身一般是被动的，但其他对象会触发它们的行为，进而引起状态变化。下面我们来深入学习这两个词的含义：状态和行为。

1.3.1　用数据描述对象的状态

我们先从数据开始。数据代表一个特定对象的个体特征，也就是现在的状态。类可以定义一系列属于这个类的对象的共有特征。对于这些特征，任何特定对象都可以拥有不同的数据值。比如，在我们的桌子上放着的 3 个橘子重量可能各不相同。橘子类可以有一个 weight 属性表示这个特征，所有橘子类实例都有 weight 属性，但每个橘子都可以有不同的 weight 值。不过属性的值并不需要是唯一的，两个橘子也可能重量一样。

属性（attribute）也经常被称为**成员**（**member**）或**特性**（**property**）。有些作者认为这些术语有不同的含义，通常来说属性（attribute）是可以修改的，而特性（property）是只读的。在 Python 中，特性可以被定义为只读，但它在本质上还是可以修改的，所以只读的概念在 Python 中没有太大意义。在本书中，我们将这两个词视为同义词。另外，我们在第 5 章中会讨论 property 关键字的特殊作用。

在 Python 中，我们也可以把属性称为**实例变量**。这可以帮助理解属性的原理。属性是属于每个类实例的变量，这些变量可以有不同的值。Python 也有其他类型的属性，但我们现在只讨论最常见的这种实例变量。

在我们的水果库存应用中，果农可能希望知道橘子来自哪个果园（orchard），是何时采摘（date_picked）的，以及重量（weight）是多少。他们也许希望跟踪每一个 **Basket** 中的橘子被存储在哪里（location）。苹果可能有颜色（color）属性，桶可能有不同的尺寸（size）。

有些属性可能是多个类共有的，比如我们可能也想知道是何时采摘的苹果。在这个示例中，我们就随意给类图设置了几个不同的属性，如图 1.3 所示。

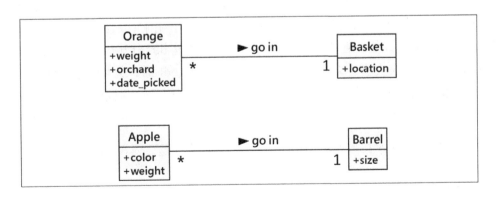

图 1.3　带有属性的类图

根据我们设计的具体程序，我们也可以指定每个属性值的类型。在 UML 中，属性类型通常使用编程语言中通用的名称，比如整数（integer）、浮点数（float）、字符串（string）、字节（byte）或布尔值（Boolean）。然后，它们也可以是列表、树、图等常见的集合类型，甚至是与具体应用相关的其他非通用类型。这是一个设计阶段可能与编程阶段有所重叠的地方。这些基本数据类型和自带的集合类型，在不同的编程语言中可能有所不同。

下面是一个 Python 版本的带属性类型的类图，如图 1.4 所示。

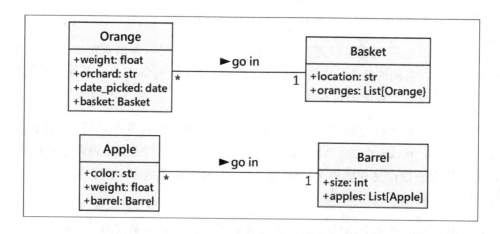

图 1.4　带属性和属性类型的类图

通常，在设计阶段，我们不需要过度担心数据类型的问题，因为具体的实现细节是在编程阶段确定的。通用的类型名称在设计阶段就够用了，这就是为什么在图 1.4 中用 date 表示采摘日期，在实际的 Python 编程中使用 datetime.datetime。如果在设计中需要用到列表类型，Java 程序员可以选择 LinkedList 或 ArrayList 来实现，而 Python 程序员（也就是我们）可以选择 list 类型来实现，通过 List[Apple] 做类型提示。①

到目前为止，在水果库存的示例中，所有的属性都是基本类型的。然而，有一些

---

① 麦叔注：类型提示是 Python 3.6 中引入的一种特性，我们会在第 2 章中学习。

隐含的属性，我们可以通过关联关系显式说明。对于一个给定的橘子，我们可以用一个 basket 属性来表示这个橘子所在的篮子，这个属性的类型提示是 Basket。

1.3.2　行为就是动作

现在我们知道了如何用数据描述对象的状态，最后一个要学习的术语是行为（behavior）。行为是一个对象可以发生的动作。在某一类对象上可以发生的动作通过这个类的**方法**（method）来表达。在编程层面上，方法就像结构化编程中的函数，但它们可以访问对象的属性，也就是当前对象数据的实例变量。像函数一样，方法也可以接收**参数**并返回表示结果的**值**。

参数代表在调用方法时需要**传递**给方法的一系列对象。在实际调用时传给方法的对象案例通常被称为**实参**（argument）。这些对象被绑定到**参数**变量中，然后在方法体中使用，用于执行方法需要完成的任何行为或任务。返回值是任务的结果。在执行方法时可能会造成对象内部状态的变化。

我们已经给我们的"橘子苹果库存管理系统"画了基本的草图，现在继续扩展一下。对于橘子（orange）来说，一个可能的动作是 **pick**（采摘）。想一下实现细节，**pick** 需要做两件事：

- 更新 orange 的 **Basket** 属性，记录这个橘子属于某个特定的篮子。
- 更新 **Basket** 的 **Orange** 列表属性，记录在这个篮子中有这个橘子。

所以，**pick** 需要知道它要处理哪个篮子。我们通过将 **Basket** 作为参数传递给 **pick** 方法来实现这一点。由于我们的果农同时也卖果汁，所以我们也可以为 **Orange** 类添加一个 **squeeze**（榨汁）方法。当榨汁的时候，**squeeze** 方法可能会返回获得果汁的数量，同时也需要将**橘子**从它所在的**篮子**中移除。

Basket 类可以有一个 **sell**（售卖）动作。当一篮水果被卖掉时，我们的库存系统需要更新一些我们现在还没涉及的对象的数据来记账或者计算利润。或者，我们篮子里的橘子可能还没卖掉就已经坏掉了，因此我们需要添加一个 **discard**（丢弃）方法。现在我们将这些方法添加到类图中，如图 1.5 所示。

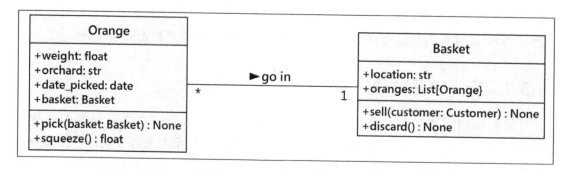

图 1.5　带属性和方法的类图

通过给各个对象添加属性和方法，我们能够创建一个由交互的对象所组成的**系统**。系统中的每个对象都属于某一个类。这些类指定了对象可以拥有哪些类型的数据以及有哪些可以被调用的方法。每个对象的数据都可能与同一个类中其他对象的状态是不同的。因为对象的状态不同，所以在调用不同对象的方法时可能产生不同的反应。

面向对象的分析和设计就是为了弄清楚有哪些对象以及它们之间应该如何交互。每个类都有责任和要协作的事情。后文描述的原则，就是用来使这些交互过程尽可能简单、直观的。

请注意，销售一篮水果的动作不一定要被放在 **Basket** 类中。它也可以被放在其他某个负责多个篮子以及篮子位置的类中（图中没有画出）。我们的设计通常都有边界。我们也需要考虑如何把职责分配给不同类的问题。职责分配问题并不总是一下就分得很清楚，这使得我们不得不画多个 UML 图来比较不同的方案。

1.4　隐藏细节并创建公共接口

在面向对象设计中给对象建模的关键目的在于，决定该对象的公共**接口**是什么。接口是对象允许其他对象访问的属性和方法的集合，其他对象可以通过接口与这个对象进行交互，而不需要（在某些编程语言中也不允许）访问对象的内部工作。

一个真实世界中的示例就是电视机。对我们来说，电视机的接口就是遥控器。遥控器上的每个按钮都代表可以调用的电视机对象的方法。当我们作为调用对象访问这些方法时，我们不需要关心电视机到底是从天线、电缆还是卫星那里获取信号的，也不需要关心传递什么样的电子信号来调节音量,或者声音到底是发往音箱还是耳机的。如果我们打开电视机查看内部构造,例如将音箱和耳机的输出线拆开,那么我们只会失去保修资格。

这个隐藏对象实现细节的过程,被称为**信息隐藏**,有时候也被称为**封装**（Encapsulation）,但是封装是一个更加宽泛的术语,被封装的数据并不一定是隐藏的。从字面上看,封装就是把属性用胶囊或者封装纸包起来。电视机的外壳封装了电视机的内部状态和行为。我们可以访问它外部的显示器、扬声器和遥控器。我们不能直接访问外壳内部的信号接收器或放大器的排线。

如果我们自己组装一套娱乐系统,那么我们要改变组件的封装程度,组件需要暴露更多的接口,方便我们自己组装。如果我们是物联网设备的制造商,那么我们可能会进一步分解组件,打开外壳,拆开厂家封装起来的内部元器件。

封装和信息隐藏的区别通常是无关紧要的,尤其是在设计层面。很多参考文献会把它们当作同义词。作为 Python 程序员,我们往往没有也不需要真正的信息隐藏（我们将在第 2 章中讨论其原因）,因此使用含义更广泛的封装也是合适的。

然而,公共接口还是非常重要的,需要仔细设计,因为在未来很多其他类依赖于它的时候就会很难修改。更改接口可能会导致任何调用它的客户端对象（指调用当前对象的其他对象）出错。我们可以随意改变内部构造,例如,让它变得更高效,或者除了从本地还可以从网络上获取数据,而客户端对象仍然可以不加修改地使用公共接口与我们的对象正常交流。另外,如果我们改变了接口中的公共属性名,或者更改了方法参数的顺序或类型,那么对所有的客户端类都需要进行更改。在设计公共接口的时候,应尽量保持简单,永远优先考虑易用性而非编码的难度（这一建议同样适用于用户接口）。因此,有时会看到某些 Python 的变量名以下画线_开头（比如_name）作为警示,表示它们不是公共接口的一部分。

记住,程序中的对象虽然可能代表真实的物体,但这并不意味着它们是真实的物体,它们只是模型。建模带来的最大好处之一是,可以忽略无关的细节。我小时候做的汽车模型看着很像 1956 年的雷鸟（一种汽车）,但它显然不能跑。这些细节对于年幼还不会开车的我来说太过复杂,也是无关紧要的。模型是对真实概念的一种**抽象**（**Abstraction**）。

　　抽象是另一个与封装和信息隐藏相关的面向对象的术语。抽象意味着只处理与给定任务相关的最必要的一层细节，是从内部细节中提取公共接口的过程。汽车司机（Driver）需要与方向盘、油门和刹车装置交互，而不需要考虑发动机、传动系统及刹车系统的工作原理。而如果是机械师（Mechanic），则需要处理完全不同层面的抽象，可能需要优化引擎和调节刹车系统等。以下是汽车两个抽象层面的类图，如图 1.6 所示。

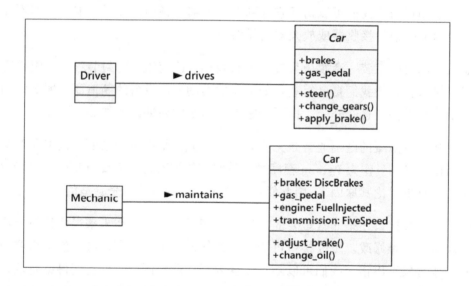

图 1.6　汽车抽象层面的类图

　　现在，我们又学习了几个概念上有点儿类似的新术语。我们用一句话来总结这些术语：抽象是用独立的公共接口封装信息的过程。私有属性或者方法应该对外隐藏，也就是信息隐藏。在 UML 图中，我们可以用减号-开头表示一个属性或方法不是公共接口。如图 1.6 所示，公共接口用加号+开头。

　　所有这些概念都告诉我们一个重要的设计目标，让我们的模型易于被其他对象理解。这意味着注意细节。

　　尽量确保方法和属性的名称可以"望文生义"（虽然这很难）。在系统分析过程中，对象通常代表原始问题中的名词，而方法通常是动词，属性可能是形容词或名词。按照这个规律给类、属性和方法命名。

在设计接口时，想象你就是对象，你想要定义清晰的对外责任，但你对如何履行这些责任要保持强烈的隐私偏好。不要让其他对象访问你的内部数据，除非你觉得这对于履行你的责任是有必要的。不要给它们任何可以调用你的执行任务的接口，除非确定这是你的责任的一部分。

1.5　组合

到目前为止，我们学习了如何设计由一组彼此交互的对象所构成的系统，在对象的设计和交互上，要根据要解决的问题做适当的抽象。但我们还不知道如何创建这些抽象层。有很多不同的方法可以做到，我们将在第 10、11 和 12 章讨论一些高级的设计模式。大部分设计模式都依赖于两个基本的面向对象原则：**组合**与**继承**。组合的概念简单一些，所以我们从它下手。

组合是通过把几个对象收集在一起来生成一个新对象的行为。当一个对象是另一个对象的一部分时，组合通常是比较合适的选择。实际上，我们已经在上面机械师的示例中见识了组合过程。汽车是由发动机、传动装置、启动装置、车前灯、挡风玻璃及其他部件组成的，而发动机又是由活塞、曲柄轴和阀门等组成的。在这个示例中，组合是提供抽象的好办法。**Car** 对象可以提供司机所需的接口，同时也能够访问内部的组件，从而为机械师提供适合他们操作的深层抽象。当然，如果机械师需要更多的信息来诊断问题或调节发动机，那么这些组成部分也可以进一步被细分。

这是一个常用的介绍组合概念的示例，但在设计计算机系统时它并不是特别有用。物理对象通常很容易被分解为零件对象。人们至少从古希腊时就开始这么做，提出了原子是物质最小的组成单位的假设（当然他们那时还没有粒子加速器）。因为计算机系统涉及很多特有的概念，把计算机系统分解成组件对象不像分解阀门和活塞那么自然。

面向对象系统中的对象偶尔也会代表物理对象，例如人、书或手机。但更多时候代表的是抽象的概念。人有名字，书有标题，手机用于打电话等。在物理世界中，我们通常不会把打电话、书的标题、人的名字、约会，以及支付等看作对象，但是在计算机系统中，它们通常会被建模为对象。

让我们试着模拟一个更加面向计算机的示例，从实践中学习组合的概念。我们将设计一个基于计算机的象棋游戏。这是 20 世纪 80 年代与 20 世纪 90 年代校园里非常流行的一个消遣活动。人们曾经预测在未来某一天计算机能够打败人类象棋大师。当这件事在 1997 年真的发生时（IBM 的深蓝机器人打败了世界象棋冠军 Gary Kasparov），人们对这个问题的兴趣渐渐淡去。现在，深蓝机器人的新版本总能打败人类。①

象棋游戏（*game*）需要两个玩家（*player*）**参与**（**play**），使用一个由 8×8 网格组成的 64 格（*position*）棋盘（*board*），棋盘上包含两队各 16 枚（*piece*）可以**移动**（**move**）的棋子，两个玩家各自以不同的方式轮流（*take turn*）移动棋子。每一枚棋子都可以**吃掉**（**take**）另一枚棋子。玩家每走一步，棋盘必须在计算机显示器上重新**绘制**（**draw**）自己。

在上面的描述中，我已经用楷体标记了一些可能的对象，用**粗体**标记了几个关键方法。通常这是从面向对象分析到设计的第一步。现在，我们把重点放在组合的概念上，先关注棋盘，不用太在意不同玩家和不同类型的棋子。

我们先从最高的抽象开始。我们有两个玩家（Player），他们和 **Chess Set** 交互，轮流下棋，如图 1.7 所示。

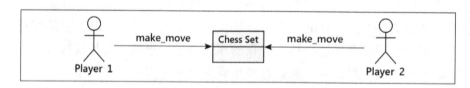

图 1.7　象棋游戏的对象/实例图

这看起来不太像之前的类图，因为它确实不是类图。这是**对象图**，又叫**实例图**。它描绘的是系统在某个特定状态下，对象实例之间的关系，而不是类的交互。图 1.7 中的两个玩家是同一个类的不同实例。相应的类图如图 1.8 所示。

这个类图表明，一盘象棋只能由 2 个玩家（Player）一起玩，而且任何一个玩家在某一个时间点上只能玩一盘 Chess Set。

---

① 麦叔注：以下示例与国际象棋有关。为了更好地理解下面的内容，建议读者先花几分钟自行查询和了解国际象棋的基本规则。比如棋子的类型、棋子的移动方法等。

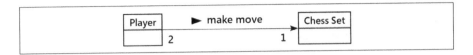

图 1.8　国际象棋游戏的类图

我们现在的重点是组合概念，不是 UML，所以我们考虑一下 **Chess Set** 是由什么组成的。我们暂时不关心 Player 是由什么组成的。我们可以假设 Player 有心脏、大脑以及其他器官，但这些与我们的模型无关。实际上，玩家可能是既没有心脏也没有生理上的大脑的深蓝机器人。

Chess Set 由一个棋盘（board）和 32 枚棋子组成。棋盘又包含 64 个网格位置。你可能会说棋子不是 Chess Set 的组成部分之一，因为你可以用另一副棋的棋子替换这副棋的棋子。虽然这在计算机游戏中不大可能发生，但这个问题引出了一个概念：**聚合**（**aggregation**）。

聚合和组合的概念非常相似，区别在于聚合对象可以独立存在。棋盘中的格子无法独立于棋盘存在，因为我们说棋盘和格子是组合关系。但是，棋子可以独立于棋盘存在（棋盘丢了，棋子还可以独立存在），我们说棋子和棋盘是聚合关系。

我们也可以从对象生命周期的角度区分聚合和组合：

- 如果外围对象控制相关（内部）对象的创建和销毁，那么组合更适合。
- 如果相关对象可以独立于外围对象创建，或者它的生命周期可以更长，那么聚合关系更适合。

同时，别忘了组合关系也是聚合关系，因为聚合是一种更广义的组合。任何组合关系一定也是聚合关系，但聚合关系不一定是组合关系。①

现在，我们画出 **Chess Set** 组合类图，并给各个类添加表达组合关系的属性，如图 1.9 所示。

---

① 麦叔注：组合对关系的要求更严格，外围对象要控制内部对象的创建和销毁；而聚合关系是一种更宽泛的关系，被包含者既可以是外围对象创建的，也可以是独立于外围对象的自由对象。组合关系是聚合关系中比较严格的一种。

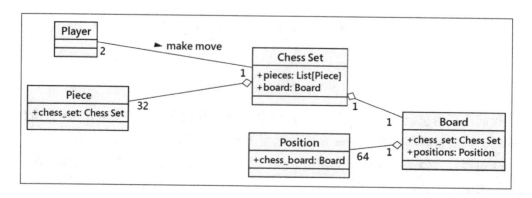

图 1.9　象棋游戏的类图

组合关系在 UML 中用实心菱形表示，而空心菱形表示聚合关系。你会发现，棋盘（Board）和棋子（Piece）都是**象棋**（**Chess Set**）的一部分，它们都是 Chess Set 类的属性。这再次说明，在实践中，聚合与组合的区别一旦过了设计阶段就变得无关紧要了。在实现阶段，它们的用法基本相同。

然而，在与团队讨论不同对象之间如何交互时，两者的区别还是很有帮助的。尤其是当讨论相关对象在内存中存活多久时，你将需要区分是组合还是聚合。在很多情况下，删除一个组合对象会同时删除关系中的相关对象，比如删除棋盘（Board）会同时删除棋盘上的所有格子。然而，删除一个聚合对象，不会自动删除关系中的相关对象。

1.6　继承

我们讨论了对象之间的 3 种关系：关联、组合与聚合。然而，我们还没完全设计好象棋游戏，并且这几种关系似乎仍不够用。我们讨论的玩家可能是人类，也可能是一段人工智能代码。如果我们说"玩家（Player）和人类是关联关系"，或者说"人工智能实现是玩家对象的组成部分之一"，好像都不大对。我们真正需要描述的是"深蓝机器人是一个玩家"，或者"Gary Kasparov 是一个玩家"。

"是一个"这种关系是由**继承**（**Inheritance**）产生的。继承是面向对象编程中最有名、最广为人知，也最被过度使用的一种关系。继承有点儿像族谱树。本书作者之一是 Dusty Phillips，他的爷爷姓 Phillips，而他爸爸继承了这一姓氏，他又从他爸爸那里继承了这一姓氏。与人类继承特征和姓氏不同，在面向对象编程中，一个类可以从另一个类那里继承属性和方法。

例如，在一副国际象棋中有 32 枚棋子，但只有 6 种不同的类型（卒、车、象、马、国王和王后），每种类型的棋子在移动时的行为各不相同。所有这些棋子的类有许多共同的属性，如颜色、所属象棋等，但它们同时拥有唯一的形状，以及不同的移动规则。我们来看一下，这 6 种类型的棋子是如何继承自 Piece 类的，如图 1.10 所示。

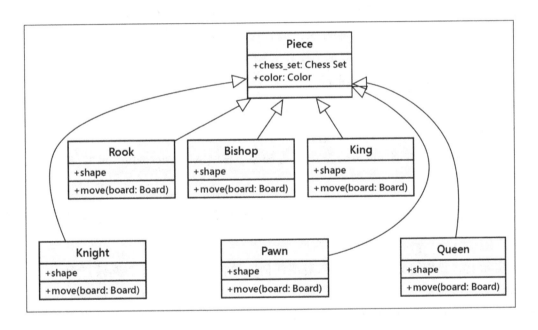

图 1.10　棋子如何继承自 Piece 类

空心箭头形状代表每种棋子类都继承自 **Piece** 类。所有的子类都自动从父类中继承了 **chess_set** 和 **color** 属性。每种棋子都有不同的 **shape** 属性（当渲染棋盘时被绘制在屏幕上）以及不同的 **move** 方法，用于移动到新的位置上。

我们知道所有的 **Piece** 类的子类都需要有一个 **move** 方法，否则当棋盘需要移动一枚棋子时不知道该怎么办。假如我们想要创建一个新版的象棋游戏，那么可以在里面加入一种新的棋子（巫师，Wizard）。如果这个新类没有 **move** 方法，棋盘在要移动这种棋子时就会被卡住，而我们现在的设计无法阻止这种事情的发生。

我们可以通过给 **Piece** 类创建一个假的 move 方法来解决这个问题。这个方法可能只会抛出一个错误提示信息：**这枚棋子无法被移动**，而子类用具体的实现来**重写**（**Override**）这个方法。①

在子类中重写方法能够让我们开发出非常强大的面向对象系统。例如，我们要实现一个具有人工智能的 **Player** 类，假设名为 **DeepBluePlayer**，我们可以在父类的 **Player** 类中提供一个 calculate_move 方法，决定移动哪一枚棋子和移动到什么位置上。父类可能只是随机选择一枚棋子和方向进行移动，我们可以在 **DeepBluePlayer** 子类中用更智能的逻辑重写这个方法。前者可能只适合与新手对抗，而后者可以挑战大师级的选手。重要的是，这个类的其他方法（比如通知棋盘选中了哪枚棋子等）完全不用改动，它们的实现可以在两个类中共享。

在 Piece 的示例中，为 move 方法提供一个默认的实现并没有什么意义。我们要做的是要求在子类中必须有 move 方法。要做到这一点，可以将 **Piece** 创建为**抽象类**（**Abstract Class**），并将 move 方法声明为**抽象方法**（**Abstract Method**）。抽象方法基本上就是说：

"在当前类中不提供方法的具体实现，但我们要求所有非抽象的子类必须实现这一方法。"

实际上，我们可以创建一个不实现任何方法的抽象类。这个类只告诉我们它应该做什么，但是完全不告诉我们要如何去做。在某些编程语言中，这种完全抽象的类也被叫作**接口**（**Interface**）。在 Python 中可以定义只包含抽象方法的类，但这极少见。②

---

① 麦叔注：如果子类有具体的 move 方法，则棋盘会调用子类的 move 方法，否则会调用父类的 move 方法，而这个方法会提示：棋子无法被移动。

② 麦叔注：在抽象方法中虽然没有实现，但包含方法名、参数列表和返回值。通过这些可以清晰地定义这个方法要完成什么任务，而具体如何实现任务就留给子类根据自己的特点完成，比如在象棋中，棋子马是按照日字形移动的，而棋子象是按照田字形移动的，它们虽然都实现了 move 方法，但是 move 方法中的具体实现很不一样。

1.6.1 继承提供抽象

让我们探索一下面向对象术语中最长的一个单词**多态**（**Polymorphism**），它是调用同一个方法时根据子类的不同实现而有不同表现的能力。我们已经在前面描述的棋子系统（图 1.10）中见过了。如果我们的设计继续深入，可能会发现 **Board** 对象可以从玩家那里接收移动指令并调用棋子的 **move** 方法。**Board** 不需要知道棋子的类型，只需调用其 **move** 方法，相应的棋子子类将会知道如何移动，比如使用马（**Knight**）的移动方法或者兵（**Pawn**）的移动方法。

多态是一个非常酷的概念，但在 Python 编程中是一个很少出现的单词。Python 使用另一种方法让子类看起来像父类。用 Python 实现的棋盘对象可以接收任何拥有 **move** 方法的对象，不管它是棋子象、汽车还是鸭子。当 **move** 方法被调用时，棋子**象**（**Bishop**）会在棋盘上移动，汽车会驶向某处，鸭子则会看心情游走或飞走。

Python 中的这种多态通常被称为**鸭子类型**[①]：如果它走路像鸭子，游泳像鸭子，那么它就是鸭子。我们不关心它是否真的是一只鸭子（继承自鸭子类），只要它可以像鸭子一样会游泳或走路即可。鹅和天鹅就很容易提供这种像鸭子的行为。以鸟类设计为例，鸭子类型允许将来的设计者方便地创建新的鸟类，而不用为所有可能种类的水鸟指定正式的继承层级。在上面的棋子示例中，我们用正规的继承关系涵盖了所有可能的棋子类型。鸭子类型也允许程序员扩展原有的设计，加入一些原来的设计者完全没有考虑的行为。比如，将来的设计者可以创建一个会游泳、会走路的企鹅，它可以使用同样的鸭子接口但不需要继承自鸭子父类。

1.6.2 多重继承

当我们把继承理解为族谱树时，会发现我们可能不单从父母之一那里继承了特征

[①] 麦叔注：鸭子类型可以被理解为只要你提供了所需的方法就可以，不管你的父类是什么。在棋子系统中，move 方法是棋子必需的，任何有 move 方法的类都可以被当作棋子用，而不管它是否是 Piece 的子类。而在 Java 等强类型语言中，会同时要求你的类型正确和方法正确，也就是说棋子必须继承自 Piece 或者 Piece 的子类，否则就算有 move 方法也不能当作棋子。

（我们通常同时继承了父亲和母亲的特征）。当陌生人对一位自豪的妈妈说她的儿子眼睛很像爸爸时，妈妈的回答可能是"对，但他的鼻子像我"。

面向对象设计同样可以实现这样的**多重继承**，允许子类从多个父类那里继承特征。在实践中，多重继承可能是一件棘手的事情，有些编程语言（尤其是 Java）甚至严格禁止这样做。然而，多重继承也有它的用处。最常见的是，用于创建包含两组完全不同行为的对象。例如，设计一个对象用于连接扫描仪并将扫描的文件通过传真发送出去，这一对象可能继承自两个完全独立的 scanner 和 faxer 对象。

只要两个父类拥有完全不同的接口，子类同时继承这两个类就并没有什么坏处。但是如果两个类的接口有重叠，多重继承就可能造成混乱。扫描仪和传真并没有相同的接口，同时继承它们的功能并没有什么问题。举个相反的示例，有一个摩托车类拥有 move 方法，还有一个船类也拥有 move 方法。

我们先想要将它们合并为一个终极水陆两用车，当调用 move 方法时，生成的类如何知道要执行的操作呢？这需要在设计时详细解释（本书作者之一是一名住在船上的水手，他确实需要解决这个问题）。

Python 有一个**方法解析顺序**（**Method Resolution Order**，**MRO**），可以帮我们确定优先调用哪个方法。使用 MRO 规则是简单的，但最好的办法是避免多重继承。虽然多重继承作为一种可以把不相关的特征整合在一起的**混入**（**mixin**）[①]技术有一定的帮助，但在很多情况下使用对象**组合**是更简单的选择。

继承是一个非常有力的扩展行为和功能的工具，也是与面向对象设计相比更早的编程方法最具进步性的地方。因此，它通常是面向对象程序员最早学会的工具。但是要注意不要手里拿着锤子就把螺丝钉也看作普通钉子。继承对严格的"是一个"关系是最优的解决方案，但是可能被滥用。程序员经常用继承来共享代码，即使两种对象之间可能只有很少的关联，而不是严格的"是一个"关系。虽然这不一定是坏的设计，但却是一个极好的机会去考虑为何要采用这样的设计，用别的关系或者设计模式是否会更合适。

---

① 麦叔注：mixin 的中文是混合或混入，在不同的编程语言中具体含义不同。它通常指通过引入其他类或模块来增强当前类功能的一种编程模式，与通过继承来增加当前类的功能不同。

1.7　案例学习

我们的案例学习将会跨越本书的多个章节。我们将会从不同的角度深入研究同一个问题。多次寻求不同的设计和设计模式是非常重要的。我们将会给出不唯一的正确答案：有多个不错的答案。我们的意图是提供一个真实的案例，它具有现实中的深度和复杂度，会给我们带来一些很难抉择的难题。我们的目标是帮助读者应用面向对象编程和设计概念。这意味着选择不同的技术方案来创建有用的软件。

这个案例学习的第一部分是问题的概述和目标。问题的背景会涵盖多个方面，以便我们在后面的章节中设计和构建解决方案。概述部分会用一些 UML 图来描绘要解决问题的要素。这些 UML 图会随着我们在后面的章节中细化设计和改变设计而不断演化。

就像很多现实中的问题一样，作者也会带入一些个人的偏见和假设。关于技术可能带来的偏见，可以考虑阅读相关的图书，比如 Sara Wachter-Boettecher 的 *Technically Wrong*。

我们的用户想要自动化一个通常被称作**分类**（**classification**）的工作。这是支撑产品推荐的观念：上次，一个用户购买了产品 X，所以他可能对相似的产品 Y 有兴趣。我们已经根据他们的喜好进行了分类，因此可以定位同类产品中的其他产品。这个问题可能会涉及复杂的数据组织问题。

从一个更小和更可控的问题开始会比较容易。用户最终希望能够给各种复杂的消费类产品分类，但意识到解决一个困难的问题并不是学习如何构建这类应用的好方法。最好从一些复杂程度可控的东西开始，并优化和扩展，直到可以应对所有需要解决的问题。因此，在这个案例学习中，我们将构建一个鸢尾花的分类器。这是一个经典的分类问题，已经有很多相关文章讨论如何给鸢尾花做分类。

我们需要一套训练集，其分类器可作为正确分类鸢尾花的示例。我们会在下一节讨论训练数据是什么样的。

我们会用 **UML** 创建一系列的图来描述和总结我们将要创建的软件。

我们将使用一种被称为 **4+1 视图**的技术来研究这个问题。这些视图包括：

- 数据实体的**逻辑视图**（Logic View），包括它们的属性和它们之间的关系。这是面向对象设计的核心。
- 描述如何处理数据的**过程视图**（Process View）。这可能需要多种形式，包括状态图、活动图和序列图等。
- 代码组件的**开发视图**（Development View）。该图展示了软件组件之间的关系，描述了类定义是如何被组织到不同的模块和包中的。
- 展示应用程序集成和部署的**物理视图**（Physical View）。如果应用程序遵循通用的设计模式，则物理视图不是必需的。否则，有必要使用物理视图展示各个组件是如何集成和部署的。
- **上下文视图**（Context View）为其他 4 个视图提供了统一的上下文。上下文视图通常会描述使用系统的参与者，这可能涉及用户及自动化接口。这些都属于系统的外部，系统必须响应这些外部参与者。

我们通常会先画上下文视图，这样我们就可以知道其他视图的作用。随着我们对用户和问题领域理解的演化，上下文也会演化。

所有这些 4+1 视图是一起演化的，认识到这一点非常重要。一个视图的变化通常会反映在其他视图中。一个常见的错误是认为其中一种视图是根基，其他视图基于它之上一层一层地构建，最终开发出软件。

在开始分析和设计软件之前，我们先介绍一下问题的背景和基本信息。

1.7.1 简介和问题概述

前面说过，我们从一个简单的问题开始给花分类。我们要实现一个流行的算法，叫作 **k 最近邻**（**k-nearest neighbor**），简称 **KNN**[①]。我们需要一套训练集，分类器算法将其作为正确分类鸢尾花的示例。每个训练样本都有多个属性、一个分数和最终的正

[①] 下面要介绍的 KNN 是最常用的机器学习算法之一。如果读起来有困难，则可以自行查找资料，补充一点儿相关基础知识，或关注麦叔公众号学习。

确分类（也就是鸢尾花的种类）。在这个鸢尾花的示例中，每个训练样本都是鸢尾花，有花瓣形状、大小等属性，这些属性被放在一个数字向量中（向量是 Vector，也可被理解为列表）表示这个鸢尾花，在向量中还包括这个鸢尾花的正确分类标签。

假设有一个未知样本，我们想要知道它属于哪个鸢尾花种类。我们可以计算未知样本和已知样本在向量空间中的距离，然后让少量的近邻投票。这个未知样本可以被分类到大部分近邻归属的那个分类中。

如果我们只有两个维度（或属性），那么我们可以用图 1.11 表示 KNN 分类器。

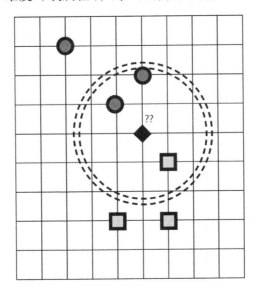

图 1.11　k 最近邻

我们的未知样本是一个带有双问号（??）的菱形。它的周围有已知样本，用圆形和正方形表示不同的种类。在用一个虚线表示的圆确定 3 个最近邻后，我们可以投票并决定这个未知样本最可能是圆形种类的（因为在它的邻居中，圆形种类有 2 个，而正方形种类只有 1 个）。

使用人工智能算法的一个基础概念是，属性需要用具体的数字来表示。把文字、地址和其他非线性的数据转换成线性的数字具有一定的挑战性。好消息是我们接下来要使用的数据都已被转换成具体的数字表示。

　　另一个概念是可以参与投票的邻居的个数。这就是 KNN 中的 k 因素。在我们的概念图中，我们让 k=3，存在 3 个邻居，其中 2 个是圆形，第 3 个是正方形。如果我们改成 k=5，将会改变参与投票的样本池，最终胜出的将会是正方形。哪个是正确的？这需要使用已知答案的测试集来确认分类算法的正确性。在上图中，菱形样本正好落在两个种类（圆形和正方形）的中间，故意制造出一个困难的分类问题。

　　鸢尾花分类数据集是学习这个分类问题的最常用数据集。通过链接 2 可以找到数据集的介绍，通过链接 3 也可以找到，在很多其他网站上也能找到。

　　在做面向对象分析和设计的过程中，更多的有经验的读者可能会注意到一些差距和矛盾之处。这是故意为之的。对任何问题的初步分析都会涉及学习和改进。这个案例学习也会随着我们的学习而演化。如果你已经发现了一些差距或矛盾，请试着做出自己的设计，看看这些差距是否会随着接下来章节的学习而逐渐缩小。

　　在研究了问题的某些方面之后，我们可以提供一个更具体的，包含参与者以及描述参与者如何与系统交互的用例（use case）或场景的上下文。我们将从上下文视图开始。

1.7.2　上下文视图

　　分类鸢尾花应用的上下文时涉及两个参与者：

- **植物学家**（Botanist）提供预先分类好的训练集和测试集。植物学家也要运行测试用例以确定分类器的一些参数。在简单的 KNN 示例中，它们要决定 k 的值。

- **用户**（User）需要给未知的数据分类。用户先仔细地测量数据，然后用测量好的数据向分类器系统发起请求，获得分类结果。"用户"这个名称有点儿模糊，但是我们暂时想不到更好的名称。我们就暂时先用它，遇到问题时再去修改。

　　下面用一个 UML 上下文图说明我们将探索的两个参与者和三个场景，如图 1.12 所示。

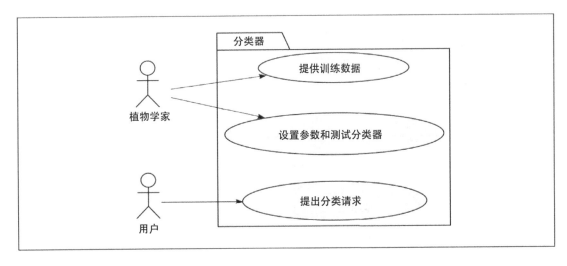

图 1.12　UML 上下文图

　　整个系统被描绘为一个矩形。它用椭圆形表示用户故事（User Story）[①]。在 UML 中，特定的形状是有意义的，我们预留矩形用来表示对象。椭圆（和圆形）用来表示用户故事，它们是系统的对外接口。

　　我们需要正确分类的训练数据，才能进行任何有用的处理。每组数据集都有两部分：训练集和测试集。下面我们将整个数据集称为"训练数据"，而不是使用更长（但更精确）的"训练和测试数据"。

　　植物学家负责调整和设置参数，他们必须检查测试结果以确保分类器正常工作。有两个参数可以调整：

- 计算距离的算法（Distance Computation Algorithm）。
- 参与投票的邻居的个数，也就是 k 值（k factor）。

　　我们将在本章后面的过程视图部分详细了解这些参数。我们还将在随后的案例学习章节中重新审视这些想法。距离算法是一个有趣的问题。

---

① 麦叔注：用户故事表示用户的操作场景，比如在 ATM 系统中，取钱是一个用户故事，存钱或查询余额又是另一个用户故事。

我们可以将一组实验定义为由不同候选方案组成的网格，并用测试集结果有条理地填充网格。植物学家将推荐使用测试结果与真相最接近的组合（最佳拟合）的参数。在我们的案例中共有两个参数（计算距离的算法和 k 值），因此可以用下面这种二维表。在更复杂的算法中，可能需要使用多维的空间。

		不同的 k 值		
		$k=3$	$k=5$	$k=7$
距离算法	欧几里得	测试结果……		
	曼哈顿			
	切比雪夫			
	索伦森			
	其他			

测试完成后，用户可以提出请求。他们提供未知数据给分类器，接收分类的结果。从长远来看，这个"用户"也许不是一个人，他们可能是某个购物网站或搜索引擎发给我们的基于分类器智能推荐引擎的网络请求。

我们可以用一个**用例**或**用户故事**来总结这些场景：

- 作为植物学家，我想为这个系统提供正确分类的训练和测试数据，以便用户正确识别植物。
- 作为植物学家，我想检查分类器的测试结果，以确保新样本被更好地正确分类。
- 作为用户，我想向这个分类器系统提供关键的测量数据，以便获得正确的鸢尾花种类。

有了用户故事中的名词和动词，我们可以使用这些信息来创建应用需要处理的数据的逻辑视图。

1.7.3　逻辑视图

根据上下文图，处理过程从训练数据和测试数据开始。也就是将已经正确分类的数据用于测试我们的分类算法。下面是一个包含训练集和测试集的类图，如图 1.13 所示。

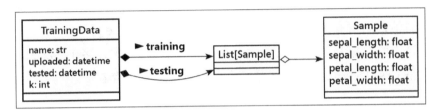

图 1.13　用于训练和测试的类图[①]

图中有代表训练集的 TrainingData 类，它包含 name，以及 uploaded、tested 等时间属性来表示测试集的上传时间、测试完成时间。现在看起来每个 TrainingData 对象都有一个用于 KNN 分类器算法的 k 调节参数。TrainingData 也包括两个 Sample 类型的列表，分别是训练列表和测试列表。

类图中的每个类都用一个包含多个部分的矩形表示：

- 最上面的部分是类的名称。第二个类的名称使用了类型提示（type hint）[②] List[Sample]。list 是一个通用类型，里面可以存放任何对象。通过类型提示，我们确保里面只能放 Sample 对象。
- 下一个部分是对象的各个属性，这些属性也被称为类的实例变量。
- 最后的部分用于添加对象的"方法"，现在都还是空的。

Sample 类的每个对象有几个属性：4 个浮点数和 1 个植物学家给这个样本设定的分类。在这里，我们的属性名使用了 class，因为 class 就是分类的意思，请不要与代码的类名混淆。

---

① 麦叔注：这个图的 Sample 类缺少分类属性。
② 麦叔注：类型提示是 Python 的一种语法，本书后面会讲解。

在 UML 的箭头中，空心的菱形和实心的菱形代表两种具体的关系。实心菱形表示**组合**（**composition**）：一个 TrainingData 对象由两个数据集合组成。空心菱形表示**聚合**（**aggregation**）：List[Sample]对象是由多个 Sample 对象聚合而成的。回顾一下我们前面学到的内容：

- 组合是一种共存关系：TrainingData 不能没有两个 List[Sample]对象。反过来，List[Sample]是为 TrainingData 而生的，也随着 TrainigData 的消亡而消亡。没有 TrainingData 就没有 List[Sample]。

- 聚合中的对象是可以各自独立存在的。在图 1.13 中，多个 Sample 对象既可以是 List[Sample]的一部分，也可以独立于它而存在。

我们不确定通过空心菱形把 Sample 对象聚合到 List 对象中是否与当前的讨论相关。这种设计细节也许帮助不大。如果不确定，则最好先去掉这些细节，直到在实现过程中确定需要它们的时候再将它们加回来。

我们用 List[Sample]表示一个独立的类。它其实是 Python 的通用类 List，只不过指定了里面存放的对象类型是 Sample。通常我们会避免这种细节，它们的关系可以简化为图 1.14。

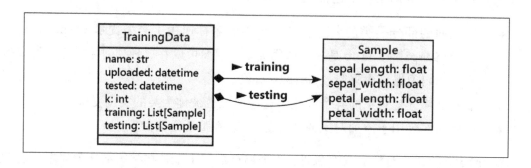

图 1.14 浓缩的类图

这个简化的类图对分析工作有帮助，因为使用什么基础数据结构在分析阶段并不重要。但它对设计工作不够友好，因为在设计阶段需要确定具体用什么 Python 类。

有了这个草图，我们将会把这个逻辑视图和上一节介绍的上下文图（图 1.12）中的 3 个场景——对比。我们要确保用户故事中的数据和处理任务可以被分配到本图所示各个类的属性和方法中。

看一遍用户故事，我们发现上面的逻辑视图有两个问题：

- 不清楚测试和参数 k 的对应关系。在图 1.14 中有一个参数 k，但没有表明不同的参数 k 和相应测试结果之间的关系。[1]
- 在图 1.14 中根本没有用户请求，也没有请求的结果。没有一个类包含相关的属性或方法。

第一个问题告诉我们，应该重新看一下用户故事并创建一个更好的逻辑视图。第二个问题则是一个边界问题。虽然图中没有网络请求和响应，但更重要的是先描述问题的根本所在——分类和 KNN。处理用户请求的网络服务是一种技术解决方案，在刚开始的阶段，我们应该先把它放一下。

现在，我们把注意力转向数据的处理。我们遵循一个似乎比较有效的描述应用程序的顺序。首先描述数据，因为它是最持久的部分，也是通过每次加工、改进始终保留下来的东西。处理过程相对于数据是第二位的，因为它会随着上下文、用户体验和用户偏好的变化而变化。

1.7.4　过程视图

现在有 3 个独立的用户故事，但这不意味着必须创建 3 个过程图。对于复杂的处理，可能会有比用户故事更多的过程图。在某些情况下，用户故事太简单了，可能不需要精心设计的过程图。

在我们的应用中，看起来至少涉及 3 个独特的过程：

- 上传包含 `TrainingData` 的初始样本。
- 设置特定的 *k* 值，运行分类测试。
- 给一个新的 `Sample` 对象做分类。

---

[1] 麦叔注：回顾前面的二维表格，植物学家要改变参数 k，做不同的测试，最终确定 k 的最优值。

我们将为这些用例绘制活动图。活动图总结了许多状态变化。处理从起始节点开始，一步步进行，直至到达结束节点。在基于事务的应用（如 Web 服务）中，通常会省略整个 Web 服务器引擎。这样我们就不用画出 HTTP 的 Header、Cookie 和安全等业务无关细节。相反，我们通常只专注于描绘每种不同类型的业务请求的处理过程。

活动图中的活动以圆角矩形显示。当涉及特定类型的对象和软件组件时，它们可以和相关活动关联起来。

重要的是，当过程视图因想法改变而发生变化的时候，确保更新相应的逻辑视图。很难完全孤立地完成任一视图。随着新的解决方案想法的出现，在每个视图中进行增量更改变得越来越重要。在某些情况下，需要用户提出新的意见，这也会导致这些视图的演化。

我们可以画一个草图，描绘当植物学家提供初始训练数据时，系统应如何响应。这是第一个示例，如图 1.15 所示。

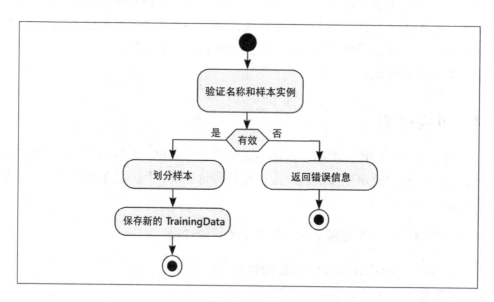

图 1.15　活 动 图

植物学家上传的已知分类的数据集会被分成两部分：训练集和测试集。在问题描述或用户故事中并没有提到这点，这表明我们原来的用户故事有所欠缺。如果在用户故事中缺少一些细节，逻辑视图可能就会不完整。现在我们假设大部分的数据，比如75%，作为训练数据，余下的 25%用作测试。[①]

比较好的做法是给每个用户故事都创建类似的图表，同时确保每个活动图都有相应的类来实现其中的步骤及状态转换。

我们在图中使用了一个动词：**划分**（**Partition**）。这建议我们应该用一个**方法**实现这个动词，可能意味着我们要重新考虑类模型以确保有相应的实现。

接下来，我们将考虑要构建的组件。这只是初步分析，我们的想法将随着我们进行更详细的设计并开始创建类而演化。

1.7.5　开发视图

最终部署和要开发的组件之间通常存在微妙的平衡。在极少数情况下，部署约束很少，设计人员可以自由考虑要开发的组件。物理视图将从开发中演化而来。在更常见的情况下，必须使用特定的目标架构，并且物理视图的元素是固定的。

有几种方法可以将分类器部署为更大应用的一部分。我们可能会构建桌面应用、手机 App 或网站。由于网络无处不在，所以一种常见的方法是创建一个分类器网站，并通过桌面应用和手机 App 连接它。

Web 服务架构意味着可以向服务器发出请求。响应可以是在浏览器中呈现的 HTML 页面，也可以是主要服务于手机 App 的 JSON 文档。一些接口请求用于提供全新的训练集，其他接口用于对未知样本进行分类。我们将在下面的物理视图中详细介绍架构。我们可能会使用 Flask 框架来构建 Web 服务。有关 Flask 的更多信息，请参阅 *Mastering Flask Web Development*（链接 4）或 *Learning Flask Framework*（链接 5）。

图 1.16 显示了构建基于 Flask 的应用所需的一些组件。

---

① 麦叔注：把已知数据集分成训练集和测试集两部分是机器学习的常见做法。训练集用于训练算法模型，测试集用于测试训练好的模型的效果。

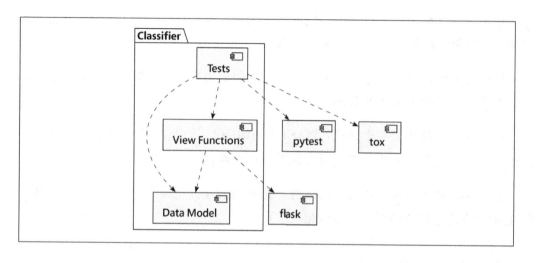

图 1.16　要构建的组件

图 1.16 中显示了一个名为 Classifier 的 Python 包，它包含多个模块（module）。顶层的 3 个模块分别是：

- **Data Model**：中文是数据模型（由于现在还处于分析阶段，所以这里的名称不是那么 Pythonic①，我们会在进入实现阶段后再修改）。把处理同一个问题的类放在一个模块中通常是很有帮助的。这使得我们可以单独测试这部分代码，而不受应用其他部分的影响。数据模型是基础，因此我们将专注于这一部分。

- **View Functions**：中文是界面功能（同样处于分析阶段，名称不是那么 Pythonic）。这个模块将会创建一个 Flash 类的实例来代表我们的应用。它将会定义一些函数，用于处理请求，创建可以展示在手机 App 或网站上的响应内容。这些函数会提供模型的一些功能，但不会像数据模型本身那么深入和复杂。书中的案例学习不会关注这个组件。

- **Tests**：我们将会为模型和界面功能创建单元测试。测试是确保软件正常工作所必需的，这是第 13 章的主题。

---

① 麦叔注：Pythonic 是为 Python 创造的单词，表示某个东西是符合 Python 风格的。

图 1.16 中用虚线和箭头指明了依赖关系。这些可以使用 Python 特定的 imports 关键字来阐明各种包和模块之间的关系。

当我们在后面的章节中进行设计时，我们将扩展这个初始视图。在考虑了需要构建什么之后，我们现在可以通过绘制应用的物理视图来考虑如何部署它。如上所述，开发和部署之间存在微妙的关系。这两个视图通常是一起构建的。

1.7.6　物理视图

物理视图展示了如何将软件安装到物理硬件中。对于 Web 服务，我们经常讨论**持续集成和持续部署（CI/CD）**管道。这意味着先将对软件的更改作为一个单元进行测试，然后与现有应用集成，作为一个集成整体再进行测试，最后面向用户发布。

我们前面假设这是一个网站，但也可以将其部署为命令行应用，它可能在本地计算机上运行，也可能在云端运行。除此之此，还可以直接在核心的分类器中创建 Web 应用。

图 1.17 显示了 Web 应用服务器图。

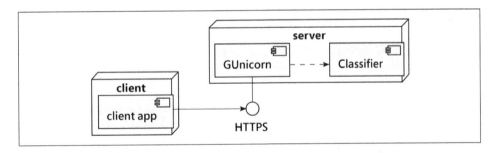

图 1.17　应用服务器图

图 1.17 中显示了客户端（client）和服务器（server）节点，以及安装在它们之上三维盒子形状的组成部分。我们已经确定了 3 个组成部分：

- 运行客户端程序的 **client app**：这个客户端程序与分类器 Web 服务连接并发出 RESTful API 请求。它可能是一个用 JavaScript 语言编写的网站，也可能是一个用 Kotlin 或 Swift 语言开发的手机 App。所有这些前端都通过 **HTTPS** 协议与我们的 Web 服务器连接。这种基于 HTTPS 的安全连接需要配置数字证书和加密密钥对。[①]

● **GUnicorn** 网站服务器：可以处理 Web 服务请求和 HTTPS 协议。更多细节可查看链接 1。

● **Classifer** 分类器应用：在这个视图中，复杂度被隐藏了，整个 Classifer 包被缩减成 Web 服务框架中的一个小组件。可以用 Python 的 Flask 框架开发 Web 服务应用。

在这些组件中，客户端的 **client app** 不是开发分类器工作的一部分。我们把它包含在图 1.17 中是为了更完整地展示上下文，但在本书中不会开发它。

我们使用了一个虚线依赖箭头来表明 Web 服务器依赖于我们的 `Classifier` 应用。**GUnicorn** 将引入我们的 Web 服务器对象并使用它来响应请求。

现在我们已经勾勒出应用，可以考虑编写一些代码。我们在写代码时，应保持图的更新。有时候，它们会在复杂的代码中为我们指明方向。

1.7.7　结论

这个案例学习中有几个关键概念：

1. 软件应用程序可能会相当复杂。可以用 5 个视图来描述用户、数据、处理过程、要构建的组件和最终的物理实现。

2. 我们会犯错。概述部分有一些遗漏。重要的是向前推动，哪怕解决方案并不完善。Python 的一大优势是可以快速地开发软件，这意味着就算有错误的决定也可以快速地修正。

3. 对扩展保持开放的心态。我们在实现了前面的设计后，会发现手工设置参数 k 是一个烦琐的工作。重要的下一步是，使用网络搜索算法自动优化参数 k。但一开始

---

① 麦叔注：Restful API 和 HTTPS 协议都属于网站开发相关知识，请根据需要自行学习，或关注麦叔公众号学习。

我们并没有考虑这种自动化算法，而是先开发出一个可用版本，然后在这个版本上再扩展有用的功能。

4. 尽量给每个类都赋予清晰的责任。到目前为止，我们做得还可以。有些责任有点儿模糊，或者被忽视了。当我们把初始分析转变成实现细节的时候，再来修正这些问题。

在后面的章节中，我们将更深入地探讨这些不同的主题。因为我们的目的是呈现真实的工作，所以这将涉及返工。随着读者接触到越来越多的可用的 Python 面向对象编程技术，一些设计决策可能会被修改。此外，解决方案的某些部分将随着我们对设计选择的理解和问题本身的发展而演变。基于经验教训的返工是敏捷开发方法的产物。

1.8　回顾

本章要点：

- 使用面向对象的上下文分析问题需求。
- 通过绘制 **UML** 图来传达系统的工作原理。
- 使用正确的术语和行话讨论面向对象的系统。
- 理解类、对象、属性和行为之间的区别。
- 某些面向对象设计技术比其他技术使用得更多。本书的案例专注于以下几方面：
    - 将特征封装到类中。
    - 使用继承给类扩展新功能。
    - 通过组合组件对象来构建新的类。

1.9　练习

这是一本实用的书。因此，我们不会搭配一堆虚构的面向对象的问题供你分析和设计。相反，我们想为你提供一些可以应用于你自己项目的想法。如果你以前有过面向对象的经验，那么在本章中你不需要花太多精力。但是，如果你已经使用 Python 一段时间，但从未真正关心过这些类相关的概念，那么它们是很有用的思考和练习材料。

首先，想想你最近完成的一个编程项目，确定设计中最重要的对象，尝试找出这个对象尽可能多的属性。它有什么属性：颜色？重量？尺寸？利润？成本？名称？ID？价格？风格？

思考属性的数据类型。它们是基础类型还是类？其中一些属性实际上是乔装的行为吗？有时，看起来像属性的数据实际上是根据对象的其他属性计算得出的，你可以使用一个方法来做计算。该对象还有哪些其他方法或行为？哪些对象调用了这些方法？它们与这个对象有什么样的关系？

现在，考虑一个即将要做的项目。项目是什么并不重要，它可能是一个有趣的业余项目或数百万美元的合同。它不必是一个完整的应用，它可以只是一个子系统。做一下基本的面向对象分析，识别需求和交互的对象。画出系统最抽象的类图。识别主要的交互对象，识别次要的支持对象。找出最重要的对象的属性和方法。对不同级别的对象做不同程度的抽象。找出可以使用继承或组合的地方。寻找应该避免继承的地方。

目标不是设计一个系统（如果你愿意且有时间，当然欢迎你这样做），目标是考虑面向对象的设计。关注你已经做过的项目，或将来要做的项目，尽量真实一点儿。

最后，访问你最喜欢的搜索引擎并查找有关 UML 的教程。可能有几百种教程，找到一种最适合你的学习方法。为你之前识别的对象绘制一些类图或序列图。不要太执着于记住语法（如果它很重要，你总是可以再看一遍），重点是感受一下 UML。有些东西会留在你的大脑中，下次讨论面向对象编程的时候，如果你能快速地画出一张图，可以让交流变得更容易。

1.10　总结

在本章中，我们快速浏览了面向对象范例的术语，重点介绍了面向对象的设计。我们可以将不同的对象分成不同的类，并通过类接口描述这些对象的属性和行为。抽象、封装和信息隐藏是高度相关的概念。对象之间存在许多不同类型的关系，包括关联、组合和继承。UML 语法对有趣的交流很有用。

第 2 章将介绍如何在 Python 中实现类和方法。

第 2 章

Python 的对象

我们有了设计，准备好了把设计变成一个可用的程序。当然，通常不会这么顺利。我们将在本书中看到优秀软件设计的示例和建议，但我们的重点是面向对象编程。那么，让我们先来学一下 Python 面向对象的语法。

本章将涉及以下主题：

- Python 的类型提示。
- 创建 Python 类和实例化对象。
- 将类组织成包和模块。
- 如何避免外部调用者破坏对象的内部数据和状态。
- 使用 PyPI（Python Package Index）提供的第三方包。

本章还将继续我们前面的案例学习，开始做一些类的设计。

2.1 类型提示

在学习如何创建类之前，我们先讨论一下什么是类，以及如何确定我们正在正确地使用它。这里的中心思想是：Python 中的一切都是对象。

当我们写出像 "Hello, world!" 或 42 这样的字面量时，我们实际上是在创建内置类的实例。我们可以打开交互式 Python，使用内置的 type() 函数查看这些对象所属的类：

```
>>> type("Hello, world!")
```

```
<class 'str'>
>>> type(42)
<class 'int'>
```

面向对象编程的重点是通过对象的交互来解决问题。当我们写 6*7 时，两个整数相乘是由 int 类型的一个方法处理的。对于更复杂的行为，我们通常需要编写特定的新类。

下面是 Python 对象的两个核心规则：

- Python 中的一切都是对象。
- 任何一个对象都至少是一个类的实例。①

这些规则会产生有趣的效果。当我们使用 class 语句定义一个类的时候，我们创建了一个 type 类型的对象。当我们创建一个类的**实例**时，它的 class 对象会用于创建和初始化这个实例对象。②

类（class）和类型（type）有什么区别？使用 class 语句可以定义新的类型（type）。实际上它们可以混着用。在本书中，我们通常使用类，必要的时候也会使用类型（type）。在 Eli Bendersky 所著的 *Python object, types, classes, and instances-a glossary*（链接 6）中有一句很有用的话：

> "术语 '类' 和 '类型' 是同一个概念的两个名称。"

我们将遵循常规，把注解称为**类型提示**。

还有另一个重要的规则：

- 变量是对对象的引用，可以想象成将写着名字的便笺纸贴在一个东西上。变量是那个便笺纸，东西是对象。

这不是什么惊天动地的规则，但实际上挺酷的。它意味着对象的类型与对象所关联的类有关，与指向对象的变量没有任何关系。下面的代码是有效的，但很让人困惑：

---

① 麦叔注：Python 支持多重继承，所以对象可能是多个类的实例。
② 麦叔注：这里可能有点儿绕，关键要认识到类也是一种对象，是另一个类（class 类）的实例。

```
>>> a_string_variable = "Hello, world!"
>>> type(a_string_variable)
<class 'str'>
>>> a_string_variable = 42
>>> type(a_string_variable)
<class 'int'>
```

我们先用内建的 **str** 类创建了一个对象，并给这个对象赋予了一个很长的名称 **a_string_variable**。然后，我们用另一个内建的 **int** 类创建了一个对象，并赋予了它同一个名称。（原来的字符串对象没被引用了，它会被销毁。）

下面并排的两个步骤显示了变量如何从一个对象转移到另一个对象，如图 2.1 所示。

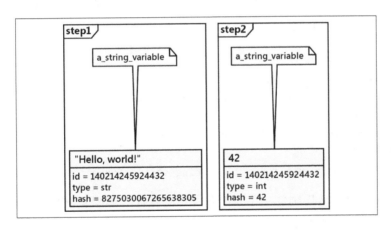

图 2.1　变量名和对象

各种属性是对象的一部分，但不是变量的一部分。当我们使用 type() 函数检查一个变量的类型时，我们看到的是变量指向的对象的类型。变量本身并没有类型，它只是一个名称而已。类似地，使用 id() 函数检查一个变量，显示的是这个变量指向的对象的内存地址（ID）。如果我们给整数对象取名 **a_string_variable**，那会有点儿误导人。

类型检查

我们进一步深入学习对象和类型的关系，看看这些规则的更多结果。下面是一个函数的定义：

```
>>> def odd(n):
...     return n % 2 != 0

>>> odd(3)
True
>>> odd(4)
False
```

这个函数接收一个参数 n，n 对 2 取余。如果 n 是偶数，则余数为 0，返回 False；如果 n 是奇数，则余数为 1，返回 True。简单地说，这个函数会判断数字 *n* 是否为奇数。

如果参数不是数字，会发生什么？我们试一下（试一下是学习 Python 的好方法）。在交互式解释器中把"Hello，World"传给 odd() 函数，会得到类似这样的结果：

```
>>> odd("Hello, world!")
Traceback (most recent call last):
  File "<doctestexamples.md[9]>", line 1, in <module>
odd("Hello, world!")
  File "<doctestexamples.md[6]>", line 2, in odd
    return n % 2 != 0
TypeError: not all arguments converted during string formatting
```

这是 Python 超灵活规则的一个重要结果：没有什么能阻止我们做一些可能引发异常的蠢事。这是一个重要的提示：

> Python 不会阻止我们尝试使用并不存在的对象方法。

在我们的示例中，%运算符在 str 类中的行为和在 int 类中的是不同的，因此抛出了异常。%在字符串中用得不多，但它是有用的，用于在字符串中插入变量值：代码 "a=%d" % 113 会产生一个字符串 'a=113'。如果字符串中没有类似%d 这样的格式占位符，给字符串做%运算就会抛出 TypeError 异常。[①]对整数来说，%用来计算除法的余

---

① 麦叔注："a=hello" % 113 是一个会报 TypeError 异常的例子。

数：355 % 113 返回整数 16。

这种灵活性反映了 Python 设计者做出的一种权衡：易用性优先于复杂的预防错误机制。这让人们在使用变量名时更加简单和轻松。

Python 的内部运算符会检查操作数是否满足运算符的要求。然而，我们编写的函数定义不包括任何运行时类型检查，我们也不想为运行时类型检查添加代码。相反，作为测试的一部分，我们使用工具来检查代码。我们可以提供被称为**类型提示**的注解，并使用工具检查我们的代码，以确保参数符合类型提示要求。

我们先来看一下这种注解。在几种情况下，我们可以在变量名后加上一个冒号和变量类型（比如 age: int）来指定变量的类型。我们可以在函数（和方法）的参数中这么做，也可以在赋值语句中这么做。另外，我们还可以用->语法说明函数（或一个类方法）的返回值。

这是一个类型提示的示例：

```
>>> def odd(n: int) -> bool:
...     return n % 2 != 0
```

我们给 odd()函数添加了两个类型提示。我们指定了参数 n 的值应该是 int 类型的，也指定了函数的结果是 Boolean 类型的。

虽然类型提示会占用一点儿存储空间，但它们对运行时没有影响。Python 在运行时会忽略这些提示，因为它们是可选的。但是，阅读你的代码的人会很高兴看到它们，它们是告知读者你的意图的好方法。你可以选择先不学习它们，但是当你回去扩展你之前写的东西时，你会喜欢它们。

mypy 是一个常用的类型检查工具。它不是 Python 自带的，需要单独下载和安装。我们会在本章后面的第三方库中讨论虚拟环境和工具的安装。现在你可以使用这个命令安装：python -m pip install mypy。如果你用 *conda*，则请使用 conda install mypy 命令。

假设 src 目录下有一个文件 bad_hints.py，里面有两个函数及几行调用 main()函数的代码：

```python
def odd(n: int) -> bool:
    return n % 2 != 0

def main():
    print(odd("Hello, world!"))

if __name__ == "__main__":
    main()
```

当我们在操作系统的终端提示下运行 mypy 命令时：

```
% mypy –strict src/bad_hints.py
```

mypy 工具会检查出一些潜在的问题，至少包括这些：

```
src/bad_hints.py:12: error: Function is missing a return type
annotation
src/bad_hints.py:12: note: Use "-> None" if function does not return a
value
src/bad_hints.py:13: error: Argument 1 to "odd" has incompatible type
"str"; expected "int"
```

上面提示错误发生在第 12 和第 13 行，因为在我们的文件中还有很多注释没显示在上面。在你的版本中，错误可能发生在第 1 行。有两个错误：

- main()函数没有返回值类型；如果函数确实没有返回值，*mypy* 建议使用-> None 显式声明这一点。
- 更重要的是第 13 行，代码试图在调用 odd()函数的时候传入一个 str 值。这与 odd()函数要求的参数类型不符。

本书的大部分示例中会使用类型提示。虽然它们是可选的，但我们认为它们总是有用的，尤其是在编程教学过程中。因为 Python 的大多数类型都是通用的，所以有些 Python 函数确实支持很多不同的类型，因此无法用作类型提示，我们将在本书中避开这些极端情况。

Python Enhancement Proposal（PEP）① 585 涵盖了一些新的语言特性，使类型提示更简单一些。我们使用 *mypy* 0.812 版本来测试本书中的所有示例。若使用老的版本，则会遇到一些新语法和注解问题。

我们已经讨论了如何使用类型提示来描述函数参数和对象属性，现在让我们实际构建一些类。

2.2　创建 Python 的类

我们不需要写太多的代码就会发现 Python 是一门非常"简单"的语言。当我们想要做什么的时候，直接做就可以，不需要进行很多的设置。你可能已经看到，著名的 *"hello world"* 例子在 Python 中只需要一行代码即可完成。

类似地，Python 3 最简单的类就像这样：

```
class MyFirstClass:
    pass
```

这就是我们的第一个面向对象程序！类定义以 **class** 关键字开始，接着是类名（由我们自己确定），最后以冒号结尾。

类名必须遵循标准的 Python 变量名原则（必须以字母或下画线开头，并只能由字母、下画线或数字组成）。除此之外，Python 风格指南（可以在网上搜"PEP 8"）建议类名应该用驼峰命名法（**CapWords** 或 **CamelCase**）（以大写字母开头，后续任意单词都以大写字母开头）。

类的定义行后面是类的内容块。与其他的 Python 代码结构一样，类也使用缩进，而非其他语言中常用的大括号关键字或方括号来分隔。除非你有足够充分的理由（比如配合其他人的代码用制表符作为缩进），否则尽量用 4 个空格作为缩进。任何好用的代码编辑器都支持将输入的 Tab 键替换为 4 个空格。

———

① 麦叔注：PEP 是 Python 改进提案的意思，它的网址是链接 7。

由于我们的第一个类实际上并不添加任何数据和行为，因此我们简单地在第 2 行用 pass 关键字作为占位符来表示下面没有进一步的动作了。

我们可能觉得这个最基本的类什么都不能做，但是它允许我们创建这个类的实例对象。我们可以将这个类加载到 Python 3 解释器中，这样就能在交互式解释器中使用它。为了做到这一点，将上面这个类定义的代码保存到名为 first_class.py 的文件中，执行命令 python -i first_class.py。-i 参数告诉 Python 启动交互式解释器并运行那个文件中的代码。下面这个解释器的会话可以说明这个类的一些基本交互操作：

```
>>> a = MyFirstClass()
>>> b = MyFirstClass()
>>> print(a)
<__main__.MyFirstClass object at 0xb7b7faec>
>>> print(b)
<__main__.MyFirstClass object at 0xb7b7fbac>
```

这段代码从这个新类中实例化了两个对象，将对象变量分别命名为 a 和 b。创建类实例很简单，只需要输入类的名字和一对括号。看起来就像一个普通的函数调用，但是 Python 知道我们**调用**的是类而不是函数，因此它知道它的任务是创建一个新对象。打印这两个变量，会输出对象的类名及其在内存中的地址。内存地址在 Python 代码中不常用到，但是在这里，可以证明这是两个不同的对象（因为地址不同）。

使用 is 运算符，我们可以看到它们是不同的对象：

```
>>> a is b
False
```

当我们创建了很多对象并为对象分配了不同的变量名时，这有助于减少混淆。

2.2.1　添加属性

现在我们有了一个基本的类，但它没什么实际用处。它没有包含任何数据，也不能做任何事。我们如何给指定的对象添加属性？

实际上，不需要改动类定义，我们可以通过点标记法为实例对象设定任意属性。

下面是一个示例：

```
class Point:
    pass


p1 = Point()
p2 = Point()


p1.x = 5
p1.y = 4


p2.x = 3
p2.y = 6


print(p1.x, p1.y)
print(p2.x, p2.y)
```

如果我们执行这段代码，最后的两个 print 语句将告诉我们两个对象新属性的值：

```
5 4
3 6
```

这段代码先创建了一个空的 Point 类，没有任何数据和行为。然后创建了这个类的两个实例，并分别赋予它们在二维坐标系中定位一个点的 x 和 y 坐标值。为对象属性赋值的语法是 <object>.<attribute> = <value>。这种方法被称为点标记法（dot notation）。这里的值可以是任何类型：Python 基本类型、内置数据类型或其他的对象，甚至可以是一个函数或另一个类！

像这样创建属性会使 *mypy* 工具感到困惑。我们没办法直接在 Point 类定义上添加类型提示。类型提示通常被添加到方法或属性定义中。我们可以在赋值语句中使用类型提示，像这样：p1.x: float = 5。在 2.2.3 节中会讲到一个更好的添加类型提示和属性的方法。不过，我们先在类定义中添加一些行为。

2.2.2　让它做点什么

让对象拥有属性已经很棒了，但是面向对象编程的重点在于不同对象之间的交互。

我们感兴趣的是，触发某些行为可以使属性发生变化。现在是时候为我们的类添加一些行为了。

让我们模拟 Point 类的一些动作。我们可以从一个让它回到原点的 reset() 方法开始（其中原点是指 x 和 y 坐标值都是 0 的点）。这个动作很适合初学者学习，因为它不需要任何参数：

```python
class Point:
    def reset(self):
        self.x = 0
        self.y = 0


p = Point()
p.reset()
print(p.x, p.y)
```

print 语句的执行结果显示两个属性值都变成了 0：

```
0 0
```

Python 中的**方法**在格式上和**函数**完全相同。它以 def 关键字开始，紧接着的是空格和方法名，然后是一对括号括起来的参数列表（我们稍后马上会讨论 self 参数，有时其也被称为实例变量），最终以冒号结尾。下一行开始是方法内部的代码块。这些语句可以是任意的 Python 代码，可以操作对象自身属性和传递给方法的参数。

我们忽略了 reset() 方法的类型提示，因为这里不是很适合使用类型提示。我们会在 2.2.3 节看到使用类型提示最好的地方。下面我们先深入看一下实例变量，以及 self 关键字的工作原理。

和自己对话——self

类方法和普通函数的区别之一是，所有的类方法都有一个必要的参数。按照惯例，这个参数通常被命名为 self；我从没见过哪个程序员使用其他名称（习惯是很有力量的）。当然，你可以用 this，甚至 Maishu 等名称，但你最好遵循 PEP 8 中的编码规范，使用 self。

简单来说，self 参数就代表被调用的对象本身。这个对象是类的实例，有时候也被称为实例变量。

我们可以通过 self 访问对象的属性和方法。这也是为什么我们可以在 reset() 方法中通过 self 对象设置对象的 x 和 y 属性。

在这个讨论中，注意类和**对象**的区别。我们可以将**方法**视为附加到类上的函数。self 参数代表类的当前实例。当在两个不同的对象上调用该方法时，调用两次相同的方法，但传递两个不同的对象作为 self 参数。

注意，当我们调用 p.reset() 方法时，我们不需要传递 self 参数给它。Python 自动帮我们做了这件事。Python 知道我们正在调用 p 对象的方法，所以它自动将 p 对象传递给 Point 类的这个方法。

方法实际上就是一个放在类中的函数。除了调用对象的方法，我们也可以直接通过类名调用函数，同时将对象名作为 self 参数传递给函数：

```
>>> p = Point()
>>> Point.reset(p)
>>> print(p.x, p.y)
```

输出结果与上一个示例完全一样，因为内部发生的过程是完全一样的。这实在不是好的编程实践，但它能加深我们对 self 参数的理解。

如果我们忘了在定义方法时添加 self 参数，会发生什么？Python 会抛出一个错误：

```
>>> class Point:
...     def reset():
...         pass
...
>>> p = Point()
>>> p.reset()
Traceback (most recent call last):
  File "<stdin>", line 1, in <module>
TypeError: reset() takes 0 positional arguments but 1 was given
```

这个错误的消息看起来不是那么清楚（如果是"你这个傻瓜，你忘记了 self 参数"，则可能看起来更直接一些）。只要记住，如果看到一条错误消息说缺少参数，第一件事就应该检查你是否忘记了方法定义中的 self 参数。

更多参数

我们如何向方法传递多个参数呢？让我们添加一个新的方法，用来将 Point 对象移动到任意指定的位置，而不仅仅是原点。我们也可以接收另一个 Point 对象作为输入，并返回它们之间的距离：

```python
import math


class Point:
    def move(self, x: float, y: float) -> None:
        self.x = x
        self.y = y

    def reset(self) -> None:
        self.move(0, 0)

    def calculate_distance(self, other: "Point") -> float:
        return math.hypot(self.x - other.x, self.y - other.y)
```

我们定义的这个类有两个属性 x 和 y，以及 3 个方法：move()、reset()及 calculate_distance()。

move()方法接收两个参数 x 和 y，并用它们的值设置 self 对象的坐标。既然 reset 操作就是把对象移动到特定的已知点，那么用 reset()方法直接调用 move()方法就可以了。

calculate_distance()方法用于计算两点之间的欧几里得距离（计算距离还有一些其他方法，我们会在第 3 章的案例学习中讨论其他方法）。我希望你可以理解其中的数学计算。数学公式 $\sqrt{(x_s - x_o)^2 + (y_s - y_o)^2}$ 可以用 math.hypot()来实现。在 Python 中，我们使用 self.x，但数学家通常使用 x_s。

下面是一个使用这个类定义的示例。它显示了如何调用一个有参数的方法：使用同样的点号标记法调用实例的方法，并把参数包在括号内。我们只是挑选了几个随机点来测试这些方法。测试代码调用了每个方法并把结果打印到控制台上：

```
>>> point1 = Point()
>>> point2 = Point()

>>> point1.reset()
>>> point2.move(5, 0)
>>> print(point2.calculate_distance(point1))
5.0
>>> assert point2.calculate_distance(point1) ==
point1.calculate_distance(
...      point2
... )
>>> point1.move(3, 4)
>>> print(point1.calculate_distance(point2))
4.47213595499958
>>> print(point1.calculate_distance(point1))
0.0
```

　　assert（断言）语句是一个神奇的测试工具。如果 assert 后面的语句的执行结果为 False（或者是零、空值、None），那么程序将会报错并退出。在这个示例中，我们用它来确保不管是哪个对象调用另一个对象的 calculate_distance()方法，距离应该是相等的。我们会在第 13 章中更多地使用 assert 语句，那时我们会写更严格的测试代码。

2.2.3　初始化对象

　　如果我们不明确设定 Point 对象的位置（使用 move()方法，或直接设置属性 x 和 y 的值），我们将会得到一个没有真实位置的 Point 对象。当我们尝试访问它时会发生什么？

　　让我们试试看，试试看是学习 Python 非常有用的途径。打开交互式解释器，大胆输入（使用交互式解释器是我们写作这本书的工具之一）。

看看如果我们尝试访问一个不存在的属性，会发生什么。如果你将前面的示例保存为文件或下载随书发布的代码，你可以用 python -i filename.py 命令把它们载入 Python 解释器：

```
>>> point = Point()
>>> point.x = 5
>>> print(point.x)
5
>>> print(point.y)
Traceback (most recent call last):
  File "<stdin>", line 1, in <module>
AttributeError: 'Point' object has no attribute 'y'
```

好吧，至少这次抛出了一个有用的异常信息。我们将会在第 4 章中详细介绍关于异常的内容。你可能之前已经见过（尤其是无处不在的 SyntaxError，它意味着你的语法出错）。现在来说，你只要知道这意味着什么东西出错了即可。

程序打印的输出对调试错误非常有用。在上面的示例中，交互式解释器告诉我们错误出现在第 1 行，这个行数并不是很有用，因为交互式解释器一次只执行一行代码。但如果我们执行的是一个 Python 脚本文件，它就能明确地告诉我们行数，让我们更容易找到出错的代码。除此之外，它也告诉我们错误是 AttributeError，并且给出一条有用的消息告诉我们这个错误的含义。

我们可以捕获并修复这一错误，但是在这个示例中，看起来我们需要指定一个默认值。也许每个新对象都应该默认通过执行 reset() 被重置，或者在创建新对象时，要求用户告诉我们 Point 所在的位置。

有意思的是，*mypy* 无法确定 x 和 y 是否应该是 Point 对象的属性，因为 Python 的属性定义是动态的，类定义中并没有一个确定的属性列表。但是 Python 有一些常用的规范，可以帮助确定对象属性的集合。

大多数面向对象的编程语言都有**构造方法**（**constructor**）的概念，它是创建对象时进行创建和初始化的特定方法。Python 有一点不一样，它同时拥有构造方法和初始化方法。除非你需要做一些异乎寻常的事，否则将很少用到构造方法__new__()。我们的讨论主要集中在初始化方法__init__()上。

Python 初始化方法和其他方法一样，除了它有特定的名称 __init__，开头和结尾的双下画线意味着，这是一个特殊方法（魔术方法），Python 解释器会将其当作特例对待。

 永远不要用以双下画线开头和结尾的名称定义你自己的方法。也许这个方法名现在对 Python 没什么特殊含义，但是有可能 Python 设计者会在未来将其作为特殊用途，一旦他们这么做了，你的代码就会崩溃。

让我们给 Point 类添加初始化方法，它要求用户在实例化 Point 对象时必须提供 x 和 y 的坐标值：

```python
class Point:
    def __init__(self, x: float, y: float) -> None:
        self.move(x, y)

    def move(self, x: float, y: float) -> None:
        self.x = x
        self.y = y

    def reset(self) -> None:
        self.move(0, 0)

    def calculate_distance(self, other: "Point") -> float:
        return math.hypot(self.x - other.x, self.y - other.y)
```

现在创建一个 Point 实例的代码是这样的：

```python
point = Point(3, 5)
print(point.x, point.y)
```

现在，我们的点永远不会没有 x 或 y 坐标值了！如果我们初始化对象时没有传入必要的参数，将会得到一个和前面在方法定义中忘记 self 参数类似的参数不足（not enough argument）错误。

在大多数情况下，我们将初始化语句放在 __init__() 函数中。在初始化方法中给所有属性做初始化是非常重要的。这样可以在一个明显的地方告诉 **mypy** 所有的属性。同时会让你的代码易于理解，他人不用通读所有代码来查找类定义之外创建的神秘属性。

虽然这是可选的，但给参数和返回值添加类型提示是很有帮助的。在上面的示例中，我们在每个参数名称之后都指定了参数类型。在方法定义的最后，我们使用->指定了方法返回值的类型。

2.2.4　类型提示和默认值

我们已经多次注意到：类型提示不是必需的。它们在程序运行的时候是不起任何作用的。但是，有些工具可以检查代码中的类型是否一致。**mypy** 是一种广泛使用的类型检查工具。

如果我们不想让这两个参数作为必填参数，我们同样可以使用 Python 函数的默认值语法。使用等号可以给关键字参数设置默认值。如果调用者没有提供这些参数值，那么这些默认值将被使用。参数变量仍然可以在函数中使用，只不过它们的值是参数列表中的默认值。下面是一个示例：

```python
class Point:
    def __init__(self, x: float = 0, y: float = 0) -> None:
        self.move(x, y)
```

这样写可能会让函数的每个参数定义都变长，从而可能会让一行代码变得很长。为了解决这个问题，在某些示例中，你会看到逻辑上是一行的代码但被写在了多行里。这样做没问题，因为 Python 会通过括号匹配来识别它们属于同一行代码。我们可以在一行变长时这样写：

```python
class Point:
    def __init__(
        self,
        x: float = 0,
        y: float = 0
    ) -> None:
        self.move(x, y)
```

这种写法并不是很常见，但是这种写法是有效的，可以让每行代码很短，因此易于理解。

类型提示和默认值很方便，但我们还可以做更多的事情在新的需求出现时让类易于理解和扩展。我们可以通过文档字符串的方式给类添加文档。

2.2.5　使用文档字符串

Python 是一门非常易读的编程语言，有些人可能说 Python 的代码就是文档。但在面向对象编程中，编写能清晰总结每个对象和方法的 API 文档是非常重要的。代码可能会时常变动，保持文档的同步更新是很难的，所以最好的方式是直接把文档写进代码里。

Python 通过**文档字符串**（**docstring**）来支持在代码中直接嵌入文档。我们可以在每个类、函数或方法的定义语句（冒号结尾那一行）之后的第 1 行添加标准 Python 字符串作为说明文档。这一行的缩进应该与后面的代码相同。

文档字符串就是用单引号（'）或双引号（"）包围的 Python 字符串。通常文档字符串都相当长而且跨越多行（风格指南建议每行的长度不应超过 80 个字符），因此可以用多行字符串的形式，用 3 个单引号（'''）或 3 个双引号（"""）包围。

文档字符串应该简明扼要地描述类或方法的目的，应该解释所有用途不够明显的参数，同时可以放一些简短的使用 API 的示例。对用户容易出错或误解 API 的一些地方最好也加以说明。

文档字符串最好的用法之一是在其中添加一些测试用例。像 **doctest** 这样的工具可以找到这些用例并测试它们能否正确执行。本书中所有的示例都通过了 doctest 的验证。

为了说明文档字符串的用途，本节以完整注释版的 Point 类作为结束：

```
class Point:
    """
    代表二维坐标中的一点
```

```
>>> p_0 = Point()
>>> p_1 = Point(3, 4)
>>> p_0.calculate_distance(p_1)
5.0
"""

    def __init__(self, x: float = 0, y: float = 0) -> None:
        """
```

创建一个新的 Point 对象，可以通过参数指定 x 和 y 坐标值。如果不指定 x 和 y 坐标值，则将其默认为原点，x 和 y 坐标值都为 0

```
        :param x: float x-coordinate
        :param y: float x-coordinate
        """
        self.move(x, y)

    def move(self, x: float, y: float) -> None:
        """
```

把当前 Point 移动到新的位置

```
        :param x: float x-coordinate
        :param y: float x-coordinate
        """
        self.x = x
        self.y = y

    def reset(self) -> None:
        """
```

把当前 Point 重置为原点

```
        """
        self.move(0, 0)

    def calculate_distance(self, other: "Point") -> float:
        """
```

计算当前点到另一个点的欧几里得距离

```
:param other: Point instance
:return: float distance
"""
return math.hypot(self.x - other.x, self.y - other.y)
```

试着输入或加载（使用 python -i filename.py 命令）这个文件到交互式解释器中。然后，在 Python 提示符处输入 help(Point) 并按下回车键。你将会看到这个类的完善的文档，如下所示：

```
Help on class Point in module point_2:

class Point(builtins.object)
 |  Point(x: float = 0, y: float = 0) -> None
 |
 |  Represents a point in two-dimensional geometric coordinates
 |
 |  >>> p_0 = Point()
 |  >>> p_1 = Point(3, 4)
 |  >>> p_0.calculate_distance(p_1)
 |  5.0
 |
 |  Methods defined here:
 |
 |  __init__(self, x: float = 0, y: float = 0) -> None
 |      Initialize the position of a new point. The x and y
 |      coordinates can be specified. If they are not, the
 |      point defaults to the origin.
 |
 |      :param x: float x-coordinate
 |      :param y: float x-coordinate
 |
 |  calculate_distance(self, other: 'Point') -> float
 |      Calculate the Euclidean distance from this point
 |      to a second point passed as a parameter.
 |
 |      :param other: Point instance
 |      :return: float distance
```

```
|
|   move(self, x: float, y: float) -> None
|       Move the point to a new location in 2D space.
|
|       :param x: float x-coordinate
|       :param y: float x-coordinate
|
|   reset(self) -> None
|       Reset the point back to the geometric origin: 0, 0
|
|   ----------------------------------------------------------------
|   Data descriptors defined here:
|
|   __dict__
|       dictionary for instance variables (if defined)
|
|   __weakref__
|       list of weak references to the object (if defined)
```

我们的文档不仅看起来像内置函数一样专业，而且可以运行 `python -m doctest point_2.py` 来确认文档中的示例是否可以正确运行。

而且，我们可以运行 *mypy* 做类型检查。使用 `mypy --strict src/*.py` 可以检查 `src` 文件夹下的所有文件。如果没有问题，*mypy* 将不会产生任何输出。（记住，*mypy* 不是内置库，你需要自己安装它。查看本书前言可以获取需要安装的额外软件包的有关信息。）

2.3　模块和包

现在我们知道了如何创建类和实例化对象，但是应该如何组织它们呢？对于小的程序来说，我们可以把所有的类都放到一个文件里，然后在文件最后添加一小段代码，让它们交互起来。然而，随着项目规模的增长，很难从众多类中找出我们需要修改的那一个。这时就需要**模块**（**module**）了。模块就是 Python 文件，仅此而已。我们的小程序中的一个文件就是一个模块，两个 Python 文件就是两个模块。如果在同一个目录下有两个文件，则我们可以从其中一个模块中导入类到另一个模块中使用。

Python 的模块名就是不包含 .py 后缀的文件名，比如有文件叫 model.py，那么模块的名称就是 model。Python 通过查找当前目录和已经安装的包所在的目录来寻找模块。

import 语句用于从模块中导入其他模块、特定的类或函数。我们在前面章节的 Point 类的示例中已经见到过。我们用 import 语句访问 Python 内置的 math 模块，并在我们的 distance 计算中使用它的 hypot() 函数。我们来看一个新示例。

如果我正在创建一个电子商务系统，则可能需要在数据库中存储很多数据。我们可以把所有与数据库操作相关的类和函数都放到一个独立的文件中（可以取名为 database.py）。然后，其他的模块（如客户模块、产品信息模块和库存模块）就可以从 database 模块中导入这些类，从而对数据库进行操作。

我们从创建一个 database.py 模块开始，其中包含一个 Database 类，还有另一个模块 products.py，用于处理产品相关的查询。products 模块中的类需要实例化来自 database.py 的 Database 类，用来查询数据库中的产品表。

import 语句用于访问 Database 类的语法有几种写法。第一种是导入整个模块：

```
>>> import database
>>> db = database.Database("path/to/data")
```

这种写法是导入整个 database 模块，它会创建一个 database 命名空间，database 模块中的任何类或方法都可以通过 database.<something> 来使用。

另一种写法，可以用 from...import 语法直接导入我们需要的某个类：

```
>>> from database import Database
>>> db = Database("path/to/data")
```

这种写法只从 database 模块中导入了 Database 类，我们在代码中可以直接用 Database 而不需要添加 database. 前缀。如果我们只有少量的模块和少量的类或方法，则这种写法不用在代码中添加模块前缀，会比较简单。但如果我们有很多模块、很多类或方法，则这种写法会让我们搞不清某个类或方法来自哪个模块，从而造成混淆。

如果因为某些原因，products 已经有一个名为 Database 的类，而我们不想将这两个类名搞混，则可以将导入的类重命名：

```
>>> from database import Database as DB
>>> db = DB("path/to/data")
```

我们也可以在一个语句中一次导入多个条目。如果我们的 database 模块中还包含一个 Query 类，则可以同时导入两个类：

```
from database import Database, Query
```

我们也可以用下面的语法一次性地导入 database 模块中的所有类和函数，这样我们就可以在代码中直接使用模块中的所有类和函数而不用加模块前缀：

```
from database import *
```

不要这样做！每个有经验的 Python 程序员都会告诉你永远不要用这种语法（有些人会告诉你在某些情况下这种写法很有用，但我们不认同）。有一种方法，可以让你知道为什么要避免这种语法，你可以用这种语法写一些代码，然后过两年再回头看你的代码。但我们还是省点时间吧，不用把烂代码保存两年，现在就告诉你：不要用这种写法。

我们要避免这种写法的原因有如下几个。

● 当我们在文件的开头用 from database import Database 明确地导入 database 中的类时，可以清楚地看到 Database 这个类来自哪里。我们可能在文件的 400 行之后才用到 db = Database()，可以通过 import 语句快速找到 Database 类的来源。然后，如果我们想弄清楚如何使用 Database 类，则可以浏览它所在的源文件（或者在交互式解释器中导入模块，用 help (database.Database)命令查看帮助信息）。然而，如果你使用了 from database import *语法，就需要花费更多的时间去找出这个类的位置。维护这样的代码简直就是一场噩梦。

- 如果存在有冲突的名称，我们就完蛋了。假设我们有两个模块，它们都有 Database 类。使用 from module_1 import *和 from module_2 import * 意味着第二个 import 语句中的 Database 类会覆盖第一个 import 语句中的 Database 类。如果我们使用 import module_1 和 import module_2，则可以使用模块名来区分 module_1.Database 和 module_2.Database。

- 除此之外，如果用前面的两种导入语法，大多数编辑器能够提供额外的功能，例如代码补全、跳转到类定义的位置或者查看注释等。但是 import *语法通常会搞乱编辑器的这些功能。

- 用 import*语法也会将预料之外的对象带入我们的局部命名空间。除非模块中使用 __all__ 变量来限定对外暴露的接口，import 除了会导入所有模块自己定义的类和函数，也会导入这个模块本身所导入的所有类或模块。

模块中用到的每一个变量名（包括类名和函数名）都应该被明确地定义出处，不管是在模块中定义的还是从其他模块中导入的。不应该有凭空出现的魔法变量。我们应该总是能够立刻识别出当前命名空间中变量名的来源。我们可以向你保证，如果你用了这个邪恶的语法，总有一天你会遇到让你极度抓狂的时刻，这个类到底是从哪里来的？

> 说点好玩的，在交互式解释器中输入 import this。它会打印一首诗（其中包含几个只有程序员才懂的笑话），诗的内容主要是 Python 大师们所推崇的程序设计理念。其中有一句 "Explicit is better than implicit"（显式优于隐式）正好和本节讨论的内容相关。相比 from module import *这样的隐式语法，使用显式的方式引入模块中的名称会让你的代码更易于理解。

2.3.1　组织模块

随着项目中的模块变得越来越多，我们可能会想要添加另一层抽象，为模块层级添加某种嵌套等级。但是，我们不能将模块添加到模块中，毕竟一个文件只能容纳一个文件，而模块就只是 Python 文件而已。

文件可以存储在目录下，模块也可以。一个包（**package**）是一个目录下模块的集合。包的名称就是目录的名称。我们只需要在目录下添加一个名为 __init__.py 的文件（通常是空文件），就可以告诉 Python 这个目录是一个包。如果忘记添加这个文件，我们就没办法从目录中导入模块了。

现在把我们的模块放入工作目录下的 ecommerce 包中，工作目录下还包含用于启动项目的 main.py 文件。此外，在 ecommerce 包中还包含一个用于处理各种支付方式的 payments 包。

在创建包的层级结构时，我们要多加小心。Python 社区一般建议：扁平结构优于层级结构。在这个示例中，我们需要创建一个具有层级结构的包，这是因为我们有多种具有一定共性的支付方式，把它们放在一个包中会更清晰。

这个目录层级如下所示，源代码通常放在项目目录的 src 目录下（src 是 source 的缩写）：

```
src/
 +-- main.py
 +-- ecommerce/
     +-- __init__.py
     +-- database.py
     +-- products.py
     +-- payments/
     |   +-- __init__.py
     |   +-- common.py
     |   +-- square.py
     |   +-- stripe.py
     +-- contact/
         +-- __init__.py
         +-- email.py
```

src 是项目目录下的其中一个目录。除了 src，一般还会有 docs、tests 等目录用于存放文档和测试文件。目录下常常还会有用于 *mypy* 等工具的配置文件。我们会在第 13 章中再次讨论这个主题。

在引入包中的模块或类的时候，我们必须注意包的层级结构。在 Python 3 中，有两种导入模块的方法：绝对导入和相对导入。接下来我们分别学习它们。

绝对导入

　　绝对导入是指定我们想要导入的模块、函数或类的完整路径。如果我们需要访问 products 模块中的 Product 类，则可以用下面这些语法进行绝对导入：

```
>>> import ecommerce.products
>>> product = ecommerce.products.Product("name1")
```

　　或者，我们可以指定导入包中模块内的特定的类：

```
>>> from ecommerce.products import Product
>>> product = Product("name2")
```

　　或者，我们可以导入包中的整个模块：

```
>>> from ecommerce import products
>>> product = products.Product("name3")
```

　　import 语句用点运算符（period operator）来分割包和模块。一个包是包含了模块名称的命名空间，就像一个对象是包含了属性名称的命名空间。

　　绝对导入的写法可以在任何模块中运行。我们可以用这一语法在 main.py、database 模块或某个 paytments 下的模块中成功实例化 Product 类。确实，只要这些包存在于当前 Python 环境中，就可以导入它们。例如，这些包也可以被安装到 Python 的 site-packages 目录下，或者通过修改 PYTHONPATH 环境变量来动态地告诉 Python 在导入时到哪些目录下搜索包和模块。

　　既然有这么多选择，那么我们该用哪种语法呢？这取决于你的个人爱好和具体的应用。如果 products 模块下有数十个我们需要用的类和函数，那么我们通常会先用 from ecommerce import products 语法来导入模块名，然后通过 products.Product 的形式访问每个类。如果 products 模块下只有一两个类是我们需要的，那么可以直接用 from ecommerce. products import Product 语法导入。你可以选择任何一种方式，重要的是要让你的代码容易阅读和扩展。

相对导入

在很深的包层级结构中使用同一个包下的相关模块时，指定长长的完整路径看起来有点儿愚蠢，这时就需要**相对导入**（**relative imports**）。相对导入基于当前模块的相对位置来定位要导入的类、函数或模块。它只在复杂的包结构中各个模块之间相互导入的时候才有意义。

例如，如果我们想在 products 模块中导入与之相邻的 database 模块的 Database 类，就可以使用相对导入：

```
from .database import Database
```

database 前面的点号的意思是，"使用当前包内的 database 模块"。在这个示例中，当前包就是包含我们正在编辑的 products.py 文件所在的包，也就是 ecommerce 包。

如果我们正在编辑 ecommerce.payments 包中的 stripe 模块，则可能想要使用父包中的 database 包。这可以非常简单地用两个点号来实现，就像这样：

```
from ..database import Database
```

我们可以用更多的点号来访问更高的层级，但应该注意包的层级太多是一种不好的设计。当然，我们也可以先退回到上级包，再回到其他下级包。在 ecommerce.contact 包中有一个 email 模块，下面的语句可以向 payments.stripe 模块导入 email 模块内的 send_email 函数：

```
from ..contact.email import send_mail
```

这里的导入使用了两个点号，也就是说 payments.strip 包的上一层，然后用正常的 package.module 语法回到 contact 包的 email 模块。

相对导入并不是很有用。在之前提到的"Python 之禅"（*Zen of Python*，可以通过在交互式解释器中运行 import this 获得）中也提出"扁平结构优于层级结构"。Python 的标准库都相对扁平，只有少量的包，有层级的包就更少了。如果你熟悉 Java，则会知道 Java 的包通常有很深的层级结构，但这是 Python 社区想要避免的。相对导入只在特定情况下比较有用，比如不同的包中有相同名称的模块时。如果你需要使用超过两个点来定位更上一层的包，则这通常意味着你应该把你的代码重新设计得更扁平一些。

通过整个包导入

最后，我们可以直接通过包导入代码，而不需要使用包中的模块。我们将会看到，虽然导入的是一个模块中的变量，但导入时不需要使用模块名。在这个示例中，我们的 ecommerce 包中有两个模块文件，名为 database.py 和 products.py。database 模块包含一个 db 变量，很多其他的模块都需要访问这个变量。如果可以用 from ecommerce import db 而不是 from ecommerce.database import db 导入代码，岂不是很方便？

还记得那个将目录定义为包的 __init__.py 文件吗？这个文件可以包含任何变量或类的声明，它们可以作为包的一部分被使用。在我们的示例中，如果 ecommerce/__init__.py 文件包含如下这行：

```
from .database import db
```

我们就可以使用如下的代码在 main.py 或其他任何文件中直接访问 db 属性：

```
from ecommerce import db
```

可以将 ecommerce/__init__.py 文件看作 ecommerce.py 文件，就像这个文件是一个模块而不代表一个包。如果你将所有的代码放到同一个模块中，后来又决定将其拆分为一个包中的多个模块，可能会很有用。你可以把对外的接口都放在新包的 __init__.py 文件中，这样对外界模块来说，还是和同一个模块打交道，虽然代码被组织在多个模块或子包中。

但是，我们建议不要将太多代码放到 __init__.py 文件中。这个文件中不应该有具体的业务逻辑，就像 from x import *语法一样，这样做会导致我们找不到某个变量的出处，直到最后检查 __init__.py 文件。

学习了模块的基本知识，我们现在看看模块中应该包含什么。规则其实很灵活（不像其他编程语言）。如果你熟悉 Java，你会看到 Python 可以更自由、更清晰地组织有意义的代码。

2.3.2　组织模块内容

Python 模块是一个重点概念。每一个应用或者 Web 服务都有至少一个模块，甚至最简单的 Python 脚本也是一个模块。在任何一个模块中，我们可以定义变量、类或函数，可以用非常方便的形式存储全局变量，并且不会引起命名空间上的冲突。例如，我们在不同的模块中导入了 Database 类并且进行了实例化，但是更合理的做法是只有一个全局的 database 对象（导入自 database 模块）。database 模块看起来应该是这样的：

```python
class Database:
    """数据库实现"""

    def __init__(self, connection: Optional[str] = None) -> None:
        """创建一个数据库连接"""
        pass

db = Database("path/to/data")
```

然后我们可以用前面讨论过的任意一个导入方法获取 db 对象，例如：

```python
from ecommerce.database import db
```

前面这个模块的问题在于，db 对象会在导入模块时立即被创建，通常是在程序启动的时候。这通常并不是最理想的，因为连接数据库可能需要一点儿时间，这会降低启动速度，或者因数据库连接不可用而导致启动失败，因为我们需要读取配置文件。我们可以推迟创建数据库，直到真正需要的时候通过调用 **initialize_database()** 函数来创建模块层级变量：

```python
db: Optional[Database] = None

def initialize_database(connection: Optional[str] = None) -> None:
    global db
    db = Database(connection)
```

类型提示 Optional[Database] 告诉 *mypy* 工具变量 db 可能为 None，也可能有 Database 类的实例。Optional 是在 typing 模块中定义的。它方便我们在程序的其他地方判定 db 变量是否为 None。

global 关键字告诉 Python，initialize_database() 方法内部的 db 变量就是我们刚刚在模块层级定义的全局变量。如果我们没有指定其为全局变量，Python 会创建一个新的局部变量，它在函数退出时就会被丢弃，而不会改变模块层级变量的值。

我们还需要做出一个改动。我们需要引入整个 database 模块。我们不能直接引入模块内的 db 对象，因为它可能还没有被初始化。我们在 db 变量拥有有意义的值之前要确保已经执行了函数 database.initialize_database()。如果我们要访问 db 对象，我们可以使用 database.db。

一个常见的做法是，通过一个函数返回当前的数据库对象。我们在需要访问数据库的地方引入这个函数：

```python
def get_database(connection: Optional[str] = None) -> Database:
    global db
    if not db:
        db = Database(connection)
    return db
```

正如以上示例说明的，所有模块层级的代码都会在导入的时候立即执行。然而，使用 class 或 def 定义的类或函数代码，导入时只会创建相关的类或函数，内部代码只有在被调用时才会执行。对于要执行的脚本来说，有时候这可能会引起一些麻烦（例如，我们电子商务示例中的主脚本）。通常我们会先写一个有用的程序，然后发现需要从其他程序的模块中导入某些函数或类。然而，一旦我们导入它们，所有模块层级的代码就都会立即执行。如果我们没有注意，可能会执行被导入模块中的脚本代码，而实际上我们只想要访问其中的几个函数。

为了解决这一问题，我们通常将脚本代码放到一个函数中（根据惯例，这个函数一般被叫作 main()），只有在将模块作为脚本运行时才会执行这一函数，在被其他脚本导入时则不会执行这一函数。我们可以通过把对 main() 函数的调用放在一个条件语句下来实现这一目的，如下所示：

```python
class Point:
    """
    代表二维坐标中的一个点
    """
    pass
```

```
def main() -> None:
    """
    具体的代码逻辑

    >>> main()
    p1.calculate_distance(p2)=5.0
    """
    p1 = Point()
    p2 = Point(3, 4)
    print(f"{p1.calculate_distance(p2)=}")


if __name__ == "__main__":
    main()
```

这样写，Point 类就可以被其他模块引入，而不用担心导入时触发脚本代码。只有我们直接执行这个模块时，才会调用 main() 函数。

这是因为，每个模块都有一个特殊变量 __name__（记住，Python 用双下画线标记特殊变量，如类中的 __init__ 方法）存储模块被导入时的名称。如果直接通过 python module.py 执行这一模块，也就是说模块没有被导入，__name__ 将被赋值为字符串 "__main__"。

 把这当作一个原则：将所有的脚本代码包含在 if __name__ == "__main__": 下，以防你写的函数将来有可能被其他模块导入。

方法定义在类里，类定义在模块里，模块存在于包中。这就是全部规则吗？

实际上并不是。这只是 Python 程序中一种典型的顺序，但并不是唯一可能出现的情况。类可以在任何地方被定义，通常在模块层级定义，但是也可以在一个函数或方法的内部定义，就像这样：

```
from typing import Optional


class Formatter:
    def format(self, string: str) -> str:
        pass
```

```
def format_string(string: str, formatter: Optional[Formatter] = None) -> str:
    """
    使用 formatter 对象格式化字符串，formatter 对象应该有一个接收字符串参数的 format()方法。
    """
    class DefaultFormatter(Formatter):
        """给字符串做 title 格式化，每个单词的首字母大写，the、of 等虚词除外。"""

        def format(self, string: str) -> str:
            return str(string).title()

    if not formatter:
        formatter = DefaultFormatter()

    return formatter.format(string)
```

我们定义了一个 Formatter 类来代表格式化类的抽象。我们还没有使用过抽象基类（abstract base class，abc），这些会在第 6 章中详细讲解。在上面的代码中，我们提供了一个没有具体实现的 format()方法，它有完善的类型提示，这样 *mypy* 可以明确知道方法的目的。

在 format_string()函数内部，我们创建了一个内部类，它继承了 Formatter 类。这种继承关系指明了内部类所需要包含的方法。format_string()的参数 formatter 是 Formatter 类型的，内部类 DefautFormatter 又继承自 Formatter 类，这就把它们关联了起来，确保符合参数的类型要求。

我们可以这样执行这个函数：

```
>>> hello_string = "hello world, how are you today?"
>>> print(f" input: {hello_string}")
 input: hello world, how are you today?
>>> print(f"output: {format_string(hello_string)}")
output: Hello World, How Are You Today?
```

format_string()函数接收一个字符串和一个可选的 Formatter 对象作为参数，然后将 Formatter 的格式应用到字符串上。如果没有提供 Formatter 实例，则自己在内部

创建一个 `DefaultFormatter` 实例。由于这个类是在函数的内部创建的，从函数外部是无法访问这个类的。类似地，函数也可以被定义在其他函数内部，一般来说，任何 Python 语句都可以在任何时间执行。

这些内部类和函数通常是一次性的对象，不需要在模块层级用到它们，或者只有在某个方法内它们才是有意义的。但是，在 Python 的代码中，这种用法并不常见。

我们已经学习了如何创建类和模块。有了这些核心技能，我们就可以开始考虑如何创建有用的软件去解决实际问题。但是当程序或服务变得越来越大时，我们经常会碰到边界问题。我们需要确保对象尊重彼此的内部隐私，避免混淆纠缠，使复杂的软件变成一碗相互纠缠的意大利面条。我们希望每个类都是一个封装得很好的馄饨。接下来，让我们看看组织软件创建良好设计的另一个方面。

2.4 谁可以访问我的数据

大多数面向对象编程语言都有**访问权限**的概念，这与抽象有关。一些对象的属性和方法可以被标记为私有，意味着只有当前对象可以访问它们。另外一些被标记为受保护的，意味着只有该类及其子类可以访问它们。剩下的就是公开的，意味着任何对象都可以访问它们。

Python 不是这样做的。Python 不相信强制性的规矩，这些规矩将来可能会成为障碍。相反，它提供的是非强制性的指南和最佳实践。严格来说，类的所有方法和属性都是对外公开的。如果我们想要说明某个方法不应该公开使用，可以在它的文档字符串中表明这个方法只在内部使用（最好也解释一下相对的公开方法）。

我们经常这样提醒彼此：我们都是成年人。既然我们都可以看到源代码，把某些变量声明为私有就没有太大的意义。

按照惯例，我们通常在内部属性或方法前加上下画线字符_。Python 程序员看到前面有下画线的函数或变量，会把其理解成：这一个内部变量，使用它之前一定要三思！但是如果他们一定要使用内部变量，Python 解释器完全不会阻止他们。再说了，如果他们真的需要这样做，为什么要阻止他们呢？我们不知道我们的类将来会被用作什么，并且可能会在未来的版本中被删除。但下画线是一个非常明确的警告标志，应该尽量避免使用它。

还有另一种方式可以更强势地表明外部对象不能访问某个属性或方法：用双下画线__作为前缀。这会导致 Python 解释器对相关名称进行**命名改装**（**name mangling**）。实际上，命名改装意味着如果真的需要，外面的对象仍然可以调用这一方法，只不过需要做一些额外的工作。这样做可以强烈地对外声明这个属性或方法的**私有性**。

当我们用双下画线时，属性将被加上_<类名>的前缀。当方法在类内部访问变量时，可以直接使用原本的名称，Python 解释器会确保其能够被正确访问。当外部的类要访问时，它们必须自己进行命名改装。所以说，命名改装并不能保证私有性，它只是强烈建议保持私有。这种写法很少使用，并且在使用时经常会造成混淆。

 不要自己创建以新的双下画线开头的名称，这只会带来麻烦。你可以认为这是为 Python 内部定义的特殊名称而保留的用法。

重要的是将封装作为一种设计原则，确保类的方法封装属性的状态变化。属性（或方法）是否是私有的并不会改变源自封装思想的良好设计。

封装原则适用于单个类及具有多个类的模块。它也适用于包含多个模块的包。作为面向对象 Python 的设计者，我们重新隔离了职责并清楚地封装了特性。

当然，我们正在使用 Python 来解决问题。事实证明，有一个巨大的标准库可以帮助我们创建有用的软件。庞大的标准库是我们将 Python 描述为"自带电池"语言的原因。开箱即用，你几乎拥有所需的一切，无须跑到商店购买电池。

除了标准库，还有更多的第三方包。在下一节中，我们将看看如何用第三方包扩展我们的 Python 开发环境。

2.5　第三方库

Python 附带了很多可爱的标准库，也就是每台运行 Python 语言的机器上都能用的包和模块的集合。然而，你很快会发现这还是不够用。这时，你有两个选择：

- 自己写一个包。
- 使用别人的代码。

我们不会介绍如何将你的包打包成库的细节，但是如果你遇到需要解决的问题而又不想自己写代码解决（最好的程序员都是非常懒的，宁可重用已存在被证实的代码，也不愿自己写），你可以从 **Python Package Index**（**PyPI**，地址是链接 8）上找到你需要的库。当你找到想要安装的库时，你可以用一个叫作 pip 的工具进行安装。

你可以在操作系统命令行中用下面的命令安装第三方包，比如：

```
% python -m pip install mypy
```

如果你直接运行这个命令，你可能会把第三方包安装到操作系统自带的 Python 目录中，更可能的是，遇到没有权限更新系统自带 Python 的错误。

Python 社区的普遍共识是，你不要动操作系统自带的 Python。较老的 Mac OS X 版本安装了 Python 2.7，这么老的 Python 版本，我们自己编程时根本就不会去用。最好将它视为操作系统的一部分而忽略它，并始终安装全新的 Python 给自己用。

Python 提供了一个叫作 venv 的工具，它可以在你的工作目录下提供给你一个迷你版本的 Python，其被称为**虚拟环境**（**virtual environment**）。当你激活这一迷你版本的 Python 时，与 Python 相关的命令将在虚拟环境中执行，而不会影响系统 Python。因此当你执行 pip 或 python 命令时，根本不会用到系统 Python。下面是如何使用 venv 的命令：

```
cd project_directory
python -m venv env
source env/bin/activate # Linux 或 macOS 用这个命令激活
env/Scripts/activate.bat # Windows 用这个命令激活
```

如果你使用其他操作系统，可以在链接 9 查看相应的激活命令。

一旦虚拟环境被激活，运行 python -m pip 命令将会把第三方包安装到虚拟环境中，而不会影响系统 Python。你现在可以用 python -m pip install mypy 命令把 *mypy* 工具添加到当前的虚拟环境中。

在自己的计算机上，你有管理员权限，也许可以管理和使用一个集中的系统 Python。在公司环境中，系统 Python 需要特殊的权限，使用虚拟环境就变得非常必要了。既然使用虚拟环境总是有效的，而使用集中式系统 Python 并不总是有效的，那么创建和使用虚拟环境通常是最佳实践，不管是用自己的计算机还是用公司的计算机。

通常我们会给每个 Python 项目创建不同的虚拟环境。你可以把虚拟环境保存在任何目录下，但好的实践是把它和其他项目文件放在同一个目录下。当使用 **Git** 等版本管理工具时，你可以编辑 .gitignore 文件来确保你的虚拟环境不会被上传到 Git 仓库。

当开始一个新项目时，我们通常会创建一个目录，然后使用 cd 命令进入这个目录。接下来，运行 `python -m venv env` 命令来创建一个虚拟环境。我们通常使用 env 这样简单的名称，有时候也可能会使用复杂点的名称，比如 CaseStudy39。

最后，我们可以使用上面代码中最后两行中的一行（取决于你使用的操作系统）激活虚拟环境。

我们每次需要运行某个项目时，先使用 cd 命令进入那个目录，执行激活命令（`source` 或 `activate.bat`）激活相应的虚拟环境。当切换到其他项目时，可以使用 `deactivate` 命令退出当前的虚拟环境。

虚拟环境是让你将第三方依赖与 Python 标准库分隔开的最好的方法。不同的项目依赖于特定库的不同版本是很常见的（例如，老的网站可能运行的是 Django 1.8，而新的网站可能运行在 Django 2.1 上）。让不同的项目拥有不同的虚拟环境，使其更容易运行在不同版本的 Django 上。除此之外，如果你想要使用不同的工具安装同一个包，虚拟环境还能防止系统安装的包和 pip 安装的包之间产生冲突。最后，虚拟环境可以避免系统自带 Python 的相关权限问题。

> 有一些有效管理虚拟环境的第三方包，包括 virtualenv、pyenv、virtualenvwrapper 和 conda 等。如果你做的是数据科学相关工作，你可能需要使用 conda，因为它更易于安装与数据科学相关的更复杂的包。不同的应用场景导致了不同的管理庞大的 Python 第三方包生态的工具。

2.6　案例学习

本节我们将扩展之前的实际案例的面向对象设计。我们从 **UML** 图开始，这可以帮助我们方便地描述和总结将要创建的软件。

我们将会讨论 Python 类设计中要考虑的各种情况。下面先温习一下之前设计的类图。

2.6.1　逻辑视图

这是我们需要创建的类的概览。这基本就是我们前一章的类图，只是添加了一个方法，如图 2.2 所示。

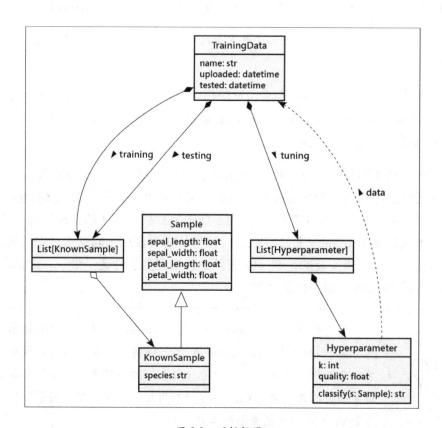

图 2.2　逻辑视图

有 3 个类用于定义我们的核心数据模型，还有一些使用 List[类名]定义的泛型列表类。下面是 4 个核心类：

- TrainingData 类包含两个数据样本列表，其中一个列表是训练集，另外一个是测试集。两个列表中都是 KnownSample 实例。另外，它还有一个 Hyperparameter（超参数）值的可选列表。不同的超参数会产生不同的模型效果。基本思想就是通过尝试使用不同的超参数来找到最高质量的模型。TrainingData 类还包含一些元数据属性：数据集的名称 name，第一次上传数据集的时间 uploaded，运行测试的时间 tested。
- Sample 的每个实例包含了数据的核心信息。在我们的示例中，它包含萼片的长度和宽度，花瓣的长度和宽度。沉着冷静的植物学研究生仔细测量了大量的花朵来收集这些数据。我们希望他们在工作时有时间停下来闻一闻玫瑰花香。
- KnownSample 对象扩展了 Sample 类。这部分设计展示了第 3 章的重点。一个 KnownSample 就是一个 Sample，但它包含了一个额外的属性：species（物种）。这些信息来自成熟的植物学家，他们对这些用于训练和测试的数据进行了预先分类。
- Hyperparameter 类包含变量 k，它代表 KNN 算法中需要考虑的邻居数量。变量 quality 记录当前超参数的分类结果的质量（用小数表示，比如 0.8 代表 80%正确）。我们可以预料到，非常小的 k 值（比如 1 或 3）的分类结果不会很好，中间的 k 值可能会好一些，而非常大的 k 值的分类结果也不会太好。

类图中的 KnownSample 类也许没必要被定义成单独的类。随着不断深入细节，我们会讨论这些类的其他设计方案。

我们先从 Sample（和 KnownSample）类开始。Python 提供了 3 个定义新类的基本方法：

- 使用 class 语句定义类。我们将从这种方法开始。
- 使用@dataclass 定义类。它提供了许多内置功能。虽然它很方便，但对于刚接触 Python 的程序员来说并不理想，因为它会隐藏一些实现细节。我们将把它放在第 7 章中介绍。

- 扩展 **typing.NamedTuple** 类。这种方法定义的类最显著的特点是对象的状态是不可变的，属性值不能更改。不变的属性有时候会很有用，它可以确保应用程序中的错误不会干扰训练数据。我们将把它留到第 7 章介绍。

我们的第一个设计决策是使用 Python 的 **class** 语句为 **Sample** 及其子类 **KnownSample** 编写类定义。这可能会在未来（如第 7 章）被 **dataclass** 和 **NamedTuple** 等方案所取代。

2.6.2　样本和状态

图 2.2 显示了 **Sample** 类和它的子类 **KnownSample**，但其似乎没能分解出所有不同特征的样本。我们回顾一下用户故事和流程视图，可以看到这个设计的缺失之处：具体来说，用户做出分类请求时，需要传入一个未知样本（**UnknownSample**）。它与 **Sample** 具有相同的属性，但没有 **KnownSample** 的 species 属性。此外，这个未知样本的属性值不会发生变化。未知样本永远不会被植物学家正式分类；它将被我们的算法分类，但我们的算法只是人工智能，而不是植物学家。

我们可以给 **Sample** 创建两个不同的子类：

- **UnknownSample**：这个类包含 **Sample** 类的 4 个属性。用户传入它的实例做分类。
- **KnownSample**：这个类包含 **Sample** 的属性及分类结果，也就是一个物种名。我们使用它训练和测试模型。

通常，我们将类定义视为封装状态和行为的一种方法。用户提供的 **UnknownSample** 实例一开始没有 species 属性。然后，在分类器算法计算出一个 species 属性之后，**Sample** 会改变状态以拥有一个由算法分配的物种。

关于类定义，我们必须经常问的一个问题是：

> 对象的行为是否会随着状态的变化而变化？

在我们的示例中，它们似乎没有什么新的或不同的行为。也许，我们可以用一个包含可选属性的类来实现，而没必要创建两个不同的类。

有一个其他的状态变化需要我们关注。现在没有一个类负责把样本分成训练集和测试集。这也是一种状态变化。

这就引出了第二个重要问题：

哪个类应该负责这个状态变化？

在这个示例中，似乎 TrainingData 类应该负责分割训据集和测试集。

审查我们的类设计的一种方法是，枚举单个样本的各种状态。这种技术有助于发现类所需的属性。它还有助于识别类中用于改变对象状态的方法。

2.6.3　样本状态转换

我们来看看 Sample 对象的生命周期。一个对象的生命周期开始于对象的创建，然后是各种状态变化，最后当没有其他引用指向对象时，有时候还需要一个方法负责销毁对象。我们有 3 个场景：

1. **加载数据**：我们需要一个 load()方法把原始数据加载到 TrainingData 对象中。这里我们提前学一点儿第 9 章中的知识，读取一个 CSV 文件通常会产生一个字典序列。我们可以想象 load()方法使用 CSV 阅读器创建具有物种信息的 Sample 对象，把它们转换成 KnownSample 对象。load()方法也会把 KnowSample 对象分割成训练集和测试集。这个分割过程是 TrainingData 对象的一个重要状态变化。

2. **超参数测试**：Hyperparameter 类需要一个 test()方法。它使用 TrainingData 对象的测试样本。对于每一个样本，它使用分类算法，对比 AI 算法的分类结果和植物学家预先提供的结果，记录正确分类的次数。这说明我们还需要一个给单个样本做 AI 分类的方法 classify()。test()方法会更新 Hyperparameter 对象中的质量分数（quality）属性。

3. **用户分类请求**：一个 RESTful Web 应用程序通常被分解为单独的视图函数来处理请求。在处理对未知样本进行分类的请求时，视图函数需要一个用于分类的 Hyperparameter 对象，这是植物学家选择的最优超参数。用户输入将是一个 UnknownSample 实例。视图函数应用 Hyperparameter.classify()方法来创建对用户的响应，其中包含鸢尾花的分类结果。AI 对 UnknownSample 进行分类时发生的状态变化真的很重要吗？这里有两种保存分类结果的方法：

- 每个 UnknownSample 有一个代表"AI 分类结果"的属性 classified。设置这个属性就会改变 Sample 的状态。这个状态的改变似乎不会引起行为的改变。

- 分类结果不保存在 Sample 类中。它是视图函数的一个局部变量。这属于函数的状态变化，用于创建用户响应，但对 Sample 对象没有任何影响。

这些不同方案的详细分解背后有一个关键概念：

 没有绝对"正确"的答案。

一些设计决策基于非功能性和非技术性的考虑。这些可能包括应用程序的寿命、未来的用例、其他潜在用户、项目的时间安排和预算、教学价值、技术风险、知识产权的申请，以及在会议上演示效果如何酷炫等。

在第 1 章中，我们曾提到这个程序也许是消费类产品推荐器程序的一部分。我们是这样说的：用户最终希望能够给各种复杂的消费类产品分类，但意识到解决一个困难的问题并不是学习构建这类应用的好方法。最好从一些容易管理复杂度的东西开始，并优化和扩展直到可以应对所有需要解决的问题。

因此，我们认为从 UnknownSample 到 ClassifiedSample 的状态变化非常重要。Sample 对象将存在于数据库中，用于额外的营销活动，或者当有新的产品和训练集发生变化时重新分类。

我们决定将 AI 分类结果属性（classification）和正确物种属性（species）保留在 UnknownSample 类中。基于这些分析，我们包含多个 Sample 子类的类图就变成了如图 2.3 所示的样子。

图 2.3 中使用空心箭头显示 Sample 的多个子类。我们不会直接为它们创建子类。我们用箭头是为了表明这些对象有不同的用例。具体来说，KnownSample 的独特之处在于，它包含物种信息（species is not None）。类似地，UnknownSample 的独特之处在于它**没有物种信息**（species is None）。

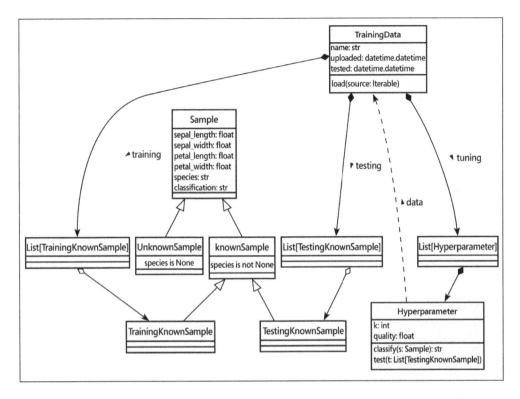

图 2.3　更新后的 UML 图

　　在这些 UML 图中，我们一般会避免显示 Python 的特殊方法，比如几乎所有类都有的 __init__()方法，这是为了让图看起来更清爽。有些时候，某个特殊方法可能对表达设计是很有必要的，也可以被添加到图中。

　　有一个非常有用的特殊方法 __repr__()[①]，该方法用于创建一个对象的字符串表示。它的返回值通常是一个包含了 Python 类名、属性名和属性值的字符串。我们可以基于这个字符串重新构建出对象。如果是数字，它就返回数字。如果是字符串，它会包含引号。如果是更复杂的对象，它会包含所有必要的 Python 要素，包括对象的类和状态的所有细节。我们通常使用带有类名和属性值的 f-string 来创建它的返回值。

　　下面是 Sample 类的第一个版本，它似乎包含了单个样本的所有特征：

---

① 麦叔注：__repr__()方法相当于 Java 中的 toString()方法。

```python
class Sample:

    def __init__(
        self,
        sepal_length: float,
        sepal_width: float,
        petal_length: float,
        petal_width: float,
        species: Optional[str] = None,
    ) -> None:
        self.sepal_length = sepal_length
        self.sepal_width = sepal_width
        self.petal_length = petal_length
        self.petal_width = petal_width
        self.species = species
        self.classification: Optional[str] = None

    def __repr__(self) -> str:
        if self.species is None:
            known_unknown = "UnknownSample"
        else:
            known_unknown = "KnownSample"
        if self.classification is None:
            classification = ""
        else:
            classification = f", {self.classification}"
        return (
            f"{known_unknown}("
            f"sepal_length={self.sepal_length}, "
            f"sepal_width={self.sepal_width}, "
            f"petal_length={self.petal_length}, "
            f"petal_width={self.petal_width}, "
            f"species={self.species!r}"
            f"{classification}"
            f")"
        )
```

  __repr__()方法反映了 Sample 对象复杂的内部状态。物种和分类的存在与否所代表的对象状态会导致一定的行为变化。到目前为止，对象行为的变化仅仅体现在用于展示对象当前状态的__repr__()方法上。

  重要的是，要认识到状态的变化的确会导致行为的变化，虽然很微小。

  Sample 类有两个针对应用的方法，它们是：

```python
def classify(self, classification: str) -> None:
    self.classification = classification


def matches(self) -> bool:
    return self.species == self.classification
```

  classify()方法会把状态由未分类变成已分类。matches()方法会对比分类的结果和植物学家指定的分类，用来测试分类的结果。

  下面是状态变化的示例：

```python
>>> from model import Sample
>>> s2 = Sample(
...     sepal_length=5.1, sepal_width=3.5, petal_length=1.4, petal_
width=0.2, species="Iris-setosa")
>>> s2
KnownSample(sepal_length=5.1, sepal_width=3.5, petal_length=1.4, petal_
width=0.2, species='Iris-setosa')
>>> s2.classification = "wrong"
>>> s2
KnownSample(sepal_length=5.1, sepal_width=3.5, petal_length=1.4, petal_
width=0.2, species='Iris-setosa', classification='wrong')
```

  我们现在有一个可以运行的 Sample 类。__repr__()方法挺复杂的，这里可能有一定的改进空间。

  它可以帮助定义每个类的职责，可以对属性和方法的重点做总结，解释属性和方法之间的关联性。

2.6.4　类的职责

哪个类负责执行测试？在测试集中，Training 类负责对每个已知样本进行分类吗？或者，它把测试集提供给 Hyperparameter 类，让 Hyperparameter 执行测试吗？既然 Hyperparameter 类拥有 KNN 中的超参数 k，那么把一组已知样本实例提供给它，让它用它的 k 值执行测试似乎是合理的。

很明显，TrainingData 类可以负责记录各种超参数（Hyperparameter 实例）。这意味着 TrainingData 类可以识别哪些 Hyperparameter 实例的 k 值具有最高的分类准确度。

这里有多个相关的状态变化。在这种情况下，Hyperparameter 和 TrainingData 类各自完成部分工作。系统作为一个整体，将随着单个元素改变状态而改变状态。这有时被描述为**涌现行为**。我们没有编写一个做很多事情的巨大的类，而是编写了更小的类来相互协作以实现预期目标。

TrainingData 的 test()方法没有被画在 UML 图中。我们只给 Hyperparameter 类中添加了 test()方法。在画 UML 图的时候，似乎没有必要给 TrainingData 添加 test()方法。

下面是 Hyperparameter 类的起始定义：

```python
class Hyperparameter:
    """一个超参数的值，以及它的分类质量分 quality"""

    def __init__(self, k: int, training: "TrainingData") -> None:
        self.k = k
        self.data: weakref.ReferenceType["TrainingData"] = weakref.ref(training)
        self.quality: float
```

注意我们如何给还没有定义的类添加类型提示。当一个类在文件的后面才定义时，在文件的前面对尚未定义的类的任何引用都是前向引用（*forward reference*）。在上面的代码中，对尚未定义的 TrainingData 类的前向引用使用字符串，而不是简单的类名。当 *mypy* 分析代码的时候，它会把字符串解析成类名。

下面是 test()方法的定义：

```
def test(self) -> None:
    """运行整个测试套件"""
    training_data: Optional["TrainingData"] = self.data()
    if not training_data:
        raise RuntimeError("Broken Weak Reference")
    pass_count, fail_count = 0, 0
    for sample in training_data.testing:
        sample.classification = self.classify(sample)
        if sample.matches():
            pass_count += 1
        else:
            fail_count += 1
    self.quality = pass_count / (pass_count + fail_count)
```

我们首先把训练数据赋值给可选变量 training_data。如果 training_data 不存在，这里会抛出一个异常。然后给每一个样本做分类，并为样本的 classification 属性赋值。使用 matches()方法判断分类是否正确。最后，用正确样本数除以总样本数计算出分类正确率，将其赋值给质量属性 quality。我们这里使用的正确率，是一个浮点数。我们也可以用整数记录正确的数量来代表质量。

我们不会在本章实现具体的分类方法，我们把它留在第 10 章。我们再来看看 TrainingData 类，它组合了到目前为止我们讨论过的所有类。

2.6.5　TrainingData 类

TrainingData 类包含由 Sample 对象的两个子类的实例组成的列表。KnownSample 和 UnknownSample 都是 Sample 类的子类。

我们会在第 7 章中从多个角度来看这个问题。TrainingData 类也有一个由 Hyperparameter 实例组成的列表。TrainingData 类可以简单、直接地引用前面定义好的类名。

它有两个方法用于启动流程：

- `load()`方法用于读取原始数据，把它们分成训练数据和测试数据。这两类数据的本质都是 KnownSample 实例，但用于不同的目的。训练集用于训练 KNN，测试集用于测试超参数 *k* 的分类效果。

- `test()`方法用于使用 Hyperparameter 对象执行测试，并保存结果。

回顾一下第 1 章中的上下文视图，我们有 3 个用户故事：提供训练数据，设定参数；测试分类器；处理分类请求。我们似乎应该添加一个方法基于给定的 Hyperparameter 实例执行分类操作。这会给 TrainingData 类添加一个 `classify()`方法。同样地，在我们最开始设计的时候，没必要添加这个方法，但现在是时候了。

下面是 TrainingData 类的起始定义：

```python
class TrainingData:
    """一组训练数据和测试数据，以及相应的加载和测试样本的方法。"""

    def __init__(self, name: str) -> None:
        self.name = name
        self.uploaded: datetime.datetime
        self.tested: datetime.datetime
        self.training: List[Sample] = []
        self.testing: List[Sample] = []
        self.tuning: List[Hyperparameter] = []
```

我们已经定义了几个属性来跟踪这个类的历史变化，比如上传（uploaded）时间和测试（tested）时间。Training、testing 和 tuning 属性用于保存 Sample 对象和 Hyperparameter 对象。

我们不会添加设置属性的 `setter()`方法。在 Python 中，我们直接访问属性。这可以最大程度地简化代码。类的责任是封装数据，但我们通常不会写很多 getter() 或 setter()方法[①]。

---

① 麦叔注：Java 开发者通常会给属性添加 getter()和 setter()方法，用于读取和设置属性值。

在第 5 章中，我们会看到一些更聪明的方法，比如 Python 的属性定义，以及其他处理属性的方法。

在我们的设计中，load()方法用于处理参数传入的数据。我们也可以把 load()设计成自己打开和读取一个文件，但这样会把 TrainingData 类和具体的文件格式绑定在一起。更好的做法是把文件格式的细节和模型训练的细节隔离在不同的类中。在第 5 章中，我们会仔细学习如何读取和验证外部数据。在第 9 章中，我们将重新讨论文件格式的问题。

现在，load()的方法骨架（伪代码）是这样的，我们来获取训练数据：

```python
def load(
        self,
        raw_data_source: Iterable[dict[str, str]]
) -> None:
    """加载并划分原始数据"""
    for n, row in enumerate(raw_data_source):
        ... filter and extract subsets (See Chapter 6)
        ... Create self.training and self.testing subsets
    self.uploaded = datetime.datetime.now(tz=datetime.timezone.utc)
```

我们需要一个数据源。我们使用类型提示 Iterable[dict[str, str]]来描述这个数据源。Iterable 是可迭代的意思，它表明这个变量可以被 for 循环遍历或者可以被转换成 list。集合中的 list、file 等都是可以被遍历的。生成器（generator）也是可迭代的，我们将在第 10 章中进一步学习。

这个迭代器的返回值是一个键和值都是字符串的字典。这是一种很通用的结构，它看起来像这样：

```
{
    "sepal_length": 5.1,
    "sepal_width": 3.5,
    "petal_length": 1.4,
    "petal_width": 0.2,
```

```
        "species": "Iris-setosa"
}
```

这种结构看起来很灵活，我们可以方便地通过对象生成它。我们将在第 9 章中详细学习相关内容。

这个类的其余方法将大部分工作委托给 Hyperparameter 类。它不做分类工作，而是依赖另一个类来做这个工作：

```
def test(
        self,
        parameter: Hyperparameter) -> None:
    """测试参数中指定的超参数"""
    parameter.test()
    self.tuning.append(parameter)
    self.tested = datetime.datetime.now(tz=datetime.timezone.utc)


def classify(
        self,
        parameter: Hyperparameter,
        sample: Sample) -> Sample:
    """用指定的超参数给样本分类"""
    classification = parameter.classify(sample)
    sample.classify(classification)
    return sample
```

这两个方法都有一个特定的 Hyperparameter 对象作为参数。对于测试来说，需要传入不同的超参数对象，分别测试它们的效果。而对于分类来说，应该传入测试效果最好的那个超参数对象。

本章案例学习创建了 Sample、KnownSample、TrainingData 和 Hyperparameter 类的定义。这些类是整个程序的一部分。当然，还不完善，我们漏掉了一些很重要的算法。我们从明确的事情开始，识别类的行为和状态变化，并定义类的责任。然后，下一轮设计可以围绕这个现有框架填充细节。

2.7　回顾

本章要点：

- Python 有可选的类型提示，用于描述对象属性类型，以及方法或函数的参数类型。
- 我们用 class 语句创建 Python 类，我们使用特殊的 __init__()方法初始化对象的属性。
- 模块和包用于组织类。
- 我们需要有计划地组织模块的内容。一般来说，扁平结构要优于层级结构。在某些情况下，可能使用嵌套包比较好。
- Python 没有"私有"数据的概念。我们常说"我们都是成年人"；我们可以看到源代码，私有声明没有多大意义。这不会改变我们的设计，我们仍然可以通过一些规范来声明某些数据的私有性，只是我们不需要使用 private 等关键字。
- 我们可以使用 pip 工具安装第三方包。我们可以使用 venv 等工具创建虚拟环境。

2.8　练习

写一些面向对象的代码。目标是使用本章学到的设计原则和语法。要确保你不只是读过，而且会用！如果你已经在做一些 Python 项目，返回去看一下你是否能创建一些对象并为它们添加一些属性或方法。如果项目太大，试着将其分成几个模块，甚至是包，然后使用这些语法。虽然把一个简单的脚本分解成模块和包以后似乎变得复杂了，但是它会带来灵活性和可扩展性。

如果你没有这样一个项目，试着开始一个新的项目。并不一定要完成整个项目，只需要用上一些基本的设计就可以。你不需要完全实现所有东西，仅一些 print("this method will do something")就可以描述整体设计了。这被称为自上而下的设计（top-down design），在真正实现之前，先找出不同的交互并描述它们如何工作。

与之对应的是**自下而上的设计**（**bottom-up design**），先实现细节部分，然后将它们整合到一起。两种模式在不同的情境下都很有用，但是对于理解面向对象的设计原则来说，自上而下的工作流程更合适。

如果你不知道要做什么项目，可以试着写一个任务清单应用。它可用于追踪你每天想要做的事，并可以标记已完成的事。你可能也需要 Started 等中间状态，表示任务已开始但尚未完成。

现在尝试设计一个更大的项目。创建一些类为玩扑克牌建模可能是一个有趣的挑战。扑克牌的卡片拥有一些功能，但规则有很多变化。随着卡片的添加，你手里的牌局类会发生有趣的状态变化。找到你喜欢的游戏并创建类来模拟卡片、牌局和游戏。（不要解决赢牌策略的问题，这可能很难。）

像"争上游"这样的纸牌游戏，如果有 5 张连续的单牌，就可以作为一套牌一次性打出去，这就是一个有趣的状态变化。确保使用包和模块的导入语法。为不同的模块添加一些函数并试着从其他模块和包中导入。使用相对导入和绝对导入，看一下它们的区别，然后试着想象会用到它们的场景。

2.9　总结

在本章中，我们学习了在 Python 中创建类、属性和方法是多么简单。不像其他语言，Python 区分构造方法和初始化函数，对访问控制的态度也更缓和。Python 中有很多不同等级的作用域，包括包、模块、类和函数。我们理解了绝对导入和相对导入的区别，以及如何管理非 Python 自带的第三方包。

在第 3 章中，我们将学习使用继承来共享实现。

第 3 章

当对象相似时[①]

在编程的世界中，重复的代码被认为是邪恶的。我们不应该在不同的地方写多份相同或相似的代码。[②]我们可能在一处修改了一个 Bug，但忘记修改另一处 Bug，这会给我们带来无穷无尽的麻烦。

有很多合并功能相似的代码或对象的方法。在本章中，我们将讨论最著名的面向对象原则：继承。正如在第 1 章中所讨论的，继承让我们能够创建两个或多个类之间的 "是一个" 关系，将共有的逻辑抽象到超类并在每个子类中控制具体的细节。在本章中，我们将会讨论如下的 Python 语法和原则：

● 基本的继承。
● 从内置类型继承。
● 多重继承。
● 多态与鸭子类型。

本章的案例学习将会沿用上一章的示例。我们将使用继承和抽象的概念来设计 KNN 算法中的通用代码。

我们首先研究如何通过继承提炼共同特征，这样可以避免复制粘贴代码。

---

① 麦叔注：父类和超类具有同样的含义，基于作者所了解的行业习惯，本章优先使用父类。

② 麦叔注：我们同样需要避免把看起来相似但本质不同的代码勉强地写在一起，这同样会带来很多麻烦。最好的办法是，通过良好的设计，把真正相同的逻辑放在一起，又能够通过多态或模板方法等设计模式灵活而安全地处理差异性。

3.1　基本继承

严格来说，我们创建的所有类都使用了继承关系。所有的 Python 类都是名为 object 的特殊内置类的子类。object 类提供了类的基本数据和行为（它提供的所有方法都是双下画线开头__的特殊方法，只在内部使用），从而允许 Python 以同样的方式对待所有对象。

如果我们不明确地从其他类继承，那么我们的类将默认继承自 object。当然，我们也可以声明我们的类继承自 object，使用下面的语法：

```python
class MySubClass(object):
    pass
```

这就是继承关系！严格来说，这个示例与第 2 章的第一个示例没有区别。因为如果没有明确提供其他**超类**，那么 Python 3 中的所有类都会默认继承自 object。超类，或者是父类，是指被继承的类，子类是继承自超类的类。在这个示例中，超类是 object，子类是 MySubClass。通常称子类源自父类或子类扩展自父类。

可能你已经从这个示例中搞清楚，继承关系只需要在类定义的基本语法上添加少量额外语法就可以：只要将父类的名称放进类名后及冒号前的括号内即可，这样就可以告诉 Python 新类应该继承自给定的父类。

在实践中应该如何应用继承关系？最简单和最明显的用法就是为已存在的类添加功能。让我们从一个简单的联系人管理器开始，这个管理器可以追踪多个人的名字和 E-mail 地址。Contact 类用一个类变量维护所有联系人的全局列表，并为每个联系人初始化姓名和地址：

```python
class Contact:
    all_contacts: List["Contact"] = []

    def __init__(self, name: str, email: str) -> None:
        self.name = name
        self.email = email
        Contact.all_contacts.append(self)
```

```
def __repr__(self) -> str:
    return (
        f"{self.__class__.__name__}("
        f"{self.name!r}, {self.email!r}"
        f")"
    )
```

这个示例向我们介绍了**类变量**：all_contacts 列表，由于它是类定义的一部分，因此被这个类的所有实例所共享。这意味着只有一个 Contact.all_contacts 列表。我们也可以通过 Contact.all_contacts 访问，也可以在 Contact 对象中通过 self.all_contacts 访问，如果对象中找不到相应的变量（通过 self），就会从类中去寻找，从而都会指向同一个列表。

 使用 self 访问变量时，有一个要注意的地方。使用 self 可以读取类变量的值。但如果你用 self.all_contacts =来设定变量的值，你实际上会创建一个只与那个对象相关的**新的**实例变量。原来的类变量将不会改变，仍然可以通过 Contact.all_contacts 访问。

通过下面的示例，可以看出类变量 Contact.all_contacts 记录了所有的联系人：

```
>>> c_1 = Contact("Dusty", "dusty@example.com")
>>> c_2 = Contact("Steve", "steve@itmaybeahack.com")
>>> Contact.all_contacts
[Contact('Dusty', 'dusty@example.com'), Contact('Steve', 'steve@itmaybeahack.com')]
```

这个简单的类允许我们追踪每个联系人的一些数据，但是如果我们的某些联系人同时也是供货商，我们需要从他们那里下单，该怎么办？我们可以为 Contact 类添加一个 order()方法，但是这样将会造成可以给客户、家人、朋友等不是供应商的联系人下单，这是不合理的。更好的做法是，创建一个新的 Supplier 类，它继承自 Contact 类，但是拥有一个额外的 order()方法，这个方法接收一个尚未定义的 Order 对象作为参数：

```
class Supplier(Contact):
    def order(self, order: "Order") -> None:
```

```
print(
    "If this were a real system we would send "
    f"'{order}' order to '{self.name}'"
)
```

现在，用交互式 Python 来测试这个类，我们可以发现所有的 Contact（包括 Supplier）的 __init__ 方法都接收 name 和 email 参数，但是只有 Supplier 实例有 order()方法：

```
>>> c = Contact("Some Body", "somebody@example.net")
>>> s = Supplier("Sup Plier", "supplier@example.net")
>>> print(c.name, c.email, s.name, s.email)
Some Body somebody@example.net Sup Plier supplier@example.net

>>> from pprint import pprint
>>> pprint(c.all_contacts)
[Contact('Dusty', 'dusty@example.com'),
 Contact('Steve', 'steve@itmaybeahack.com'),
 Contact('Some Body', 'somebody@example.net'),
 Supplier('Sup Plier', 'supplier@example.net')]

>>> c.order("I need pliers")
Traceback (most recent call last):
  File "<stdin>", line 1, in <module>
AttributeError: 'Contact' object has no attribute 'order'
>>> s.order("I need pliers")
If this were a real system we would send 'I need pliers' order to 'Sup
Plier'
```

所以，所有 Contact 能做的事情我们的 Supplier 类也可以做（包括把它自己加入 Contact.all_contacts 列表中），同时它也能做供货商需要处理的特殊事务。这就是继承之美。

注意，Contact.all_contacts 保存了所有 Contact 类的实例，以及它的子类 Supplier 的实例。但如果我们使用 self.all_contacts，那么将**不会**把所有对象都保存到 Contact 类中，因为 Supplier 的实例将会被保存在 Supplier.all_contacts 中。

3.1.1　扩展内置对象

继承的一个有趣的用法是给内置类添加新功能。在前面看到的 Contact 类中，我们将联系人添加到所有联系人列表中。如果想要根据名字搜索这个列表呢？我们可以为 Contact 类添加一个搜索方法，但是这个方法似乎应该属于列表本身。

下面的示例展示了如何通过继承内置类来实现这个功能，在这里我们继承 list 类。我们规定新定义的 list 子类只能存放 Contact 的实例，我们可以使用 list["Contact"]的写法把这一规定告诉 *mypy* 工具。为了使这个语法在 Python 3.9 中生效，我们需要从 __future__ 包中引入 annotations 模块：

```python
from __future__ import annotations
class ContactList(list["Contact"]):
    def search(self, name: str) -> list["Contact"]:

        matching_contacts: list["Contact"] = []
        for contact in self:
            if name in contact.name:
                matching_contacts.append(contact)
        return matching_contacts


class Contact:
    all_contacts = ContactList()

    def __init__(self, name: str, email: str) -> None:
        self.name = name
        self.email = email
        Contact.all_contacts.append(self)

    def __repr__(self) -> str:
        return (
            f"{self.__class__.__name__}("
            f"{self.name!r}, {self.email!r}" f")"
        )
```

我们没有使用通用的 list 类作为实例变量，而是创建了一个新的 ContactList 类来继承内置的 list 数据类型，然后实例化这个子类并将其赋值给 all_contacts 列表。

我们可以用如下的方式测试这个新的搜索功能：

```
>>> c1 = Contact("John A", "johna@example.net")
>>> c2 = Contact("John B", "johnb@sloop.net")
>>> c3 = Contact("Jenna C", "cutty@sark.io")
>>> [c.name for c in Contact.all_contacts.search('John')]
['John A', 'John B']
```

我们有两种创建通用 list 对象的方法。使用类型提示，我们有了另一种不需要实际创建列表实例就可以声明列表变量的方法。

首先，用[]创建一个空列表，实际上这是用 list()创建空列表的简便方式，这两种语法完全一样：

```
>>> [] == list()
True
```

实际上，[]语法就是所谓的**语法糖**（**syntax sugar**）[1]，其在底层调用 list()构造方法。这种写法只需要写 2 个字符（[]），而不是 6 个字符（list()）。这里的 list 是指一种数据类型，是一个我们可以继承的类。

mypy 或类似的工具可以检查 ContactList.search()方法，以确保它创建了一个只包含 Contact 对象的 list 实例。请使用 0.8.2 或更新的版本，因为老版本的 *mypy* 不完全支持这些基于泛型的注解。

因为 Contact 类的定义在 ContactList 定义的下面，也就是说，在定义 ContactList 的时候还没有定义 Contact 类，所以我们在指定类型的时候要使用字符串代表未被定义的 Contact 类，使用这种写法：list["Contact"]。但通常我们会先定义被引用的类，然后再定义使用它的类。如果我们先定义 Contact 类，再定义 ContactList 类，就可以直接使用类名而不用写字符串，也就是这样：list[Contact]。

作为第二个示例，我们可以扩展 dict 类。它是一些键值对的集合。与列表相似，它可以用{}作为语法糖，更简单地构造字典。下面是一个字典的扩展类，它可以追踪

---

① 麦叔注：语法糖是指为了让代码写起来简单而创建的特殊写法，它的底层通常是另一种稍微复杂点的写法。

字典中最长的 key：

```
class LongNameDict(dict[str, int]):
    def longest_key(self) -> Optional[str]:
        """实际上和 max(self, key=len)功能相同，但是更直观"""
        longest = None
        for key in self:
            if longest is None or len(key) > len(longest):
                longest = key
        return longest
```

类型提示 dict[str, int]规定了这个类的 key 必须是 str 类型的，value 必须是
int 类型的。这样可以帮助 *mypy* 判定 longest_key()方法的合理性。因为 key 是字符
串，所以可以在方法中使用 len 判定 key 的长度。最后的结果是一个 str 类型或者 None，
所以方法的返回值被描述为 Optional[str]。（返回 None 合理吗？也许不合理，或许
抛出 ValueError 异常更合理一点儿，不过这要等到第 4 章介绍）。

我们定义的类处理的是字符串和整数。也许字符串是用户名，整数是用户在网站
上读过的文章数。除了核心用户名和阅读历史，我们也需要知道最长的名字有多长，
这样就可以确定展示用户名和阅读历史的表格需要多宽。我们可以在交互式解释器中
简单测试一下：

```
>>> articles_read = LongNameDict()
>>> articles_read['lucy'] = 42
>>> articles_read['c_c_phillips'] = 6
>>> articles_read['steve'] = 7
>>> articles_read.longest_key()
'c_c_phillips'
>>> max(articles_read, key=len)
'c_c_phillips'
```

如果我们需要一个更常规的字典，该怎么办呢？比如，字典
中的值可能是字符串或整数。我们需要使用一个更宽泛的类型提
示，可以这样写：dict[str, Union[str, int]]。使用 Union，
我们指定的字典的值可能是字符串或整数。

大多数内置类型都可以用相似的方法扩展。这些内置类型可以分为几类，它们有各自的类型提示。

泛型集合 set、list、dict，使用形如 set[something]、list[something]和 dict[key, value]的类型提示指定集合中可以存放的具体类型（something），而不是存放什么都可以。为了使用这种泛型类型的注解，需要在代码第一行加上 from __future__ import annotations。

- 使用 typing.NamedTuple 可以定义新的不可变元组，并可以给元组中的元素命名。这会在第 7 章和第 8 章中涵盖。
- Python 具有与文件相关的 I/O 对象的类型提示。一种新的文件可以使用类型提示 typing.TextIO 或 typing.BinaryIO 来描述内置的文件操作。
- 通过扩展 typing.Text 可以创建新的字符串类型。在大多数情况下，内置的 str 类可以满足我们的所有需求。
- 新的数字类型通常衍生于 numbers 模块中的内置数字类型，因为它们提供了很多数字类型的基本功能。

我们将在本书中大量使用泛型集合。如前所述，我们将在后面的章节中讨论命名元组。内置类型的其他扩展对本书来说太高级了，因而不会涵盖。在下一节中，我们将更深入地研究继承的好处，以及如何在子类中选择性地利用超类的特性。

3.1.2　重写和 super

继承关系很适合向已存在的类中添加新的行为，但是如何修改某些行为？我们的 contact 类只接收 name 和 email 作为初始化参数。这对于大部分联系人足够了，但是如果想要为好朋友添加一个电话号码，该怎么办？

正如我们在第 2 章中看到的，我们可以在构造完联系人之后设定新的 phone 属性。如果想要让第 3 个变量可以在初始化过程中设定，则必须重写__init__()方法。重写意味着在子类中修改或替换超类原有的方法（用相同的名称）。重写不需要特殊的语法，子类中新创建的方法将会被优先调用，而不是用超类的方法，如下面的代码所示：

```
class Friend(Contact):
```

```
def __init__(self, name: str, email: str, phone: str) -> None:
    self.name = name
    self.email = email
    self.phone = phone
```

任何方法都可以被重写,不只是 __init__()。但在继续下去之前,我们先说明一下这个示例中的问题。我们的 Contact 和 Friend 类设定 name 和 email 属性的代码是重复的;这会让代码维护更复杂,因为我们不得不在多个地方同时更新代码。更不利的是,这样 Friend 类就无法将自己添加到 Contact 类上创建的 all_contacts 列表中。最后,如果我们给 Contact 类添加了新的功能,我们希望 Friend 类也自动拥有这个新功能。

我们真正需要做的是,在新的 Friend 类中执行 Contact 类上原有的 __init__() 方法。这正是 super()函数的功能,它返回父类实例化得到的对象,让我们可以直接调用父类的方法:

```
class Friend(Contact):
    def __init__(self, name: str, email: str, phone: str) -> None:
        super().__init__(name, email)
        self.phone = phone
```

这个示例首先用 super()获取父类对象的实例,然后调用它的 __init__()方法,传入所需的参数。然后执行它自己的初始化过程,也就是设定 phone 属性,该属性是 Friend 类独有的。

Contact 类中定义了一个 __repr__()方法,用来生成一个代表对象的字符串。我们的 Friend 类并没有重写这个方法。这样的后果是:

```
>>> f = Friend("Dusty", "Dusty@private.com", "555-1212")
>>> Contact.all_contacts
[Friend('Dusty', 'Dusty@private.com')]
```

从输出结果可以看出,打印的字符串并没有包含新的 phone 属性。在设计类时,很容易忽略某些特定方法的定义。

super()可以在任何方法中被调用。因此,所有父类方法都可以通过重写和调用

super()进行修改。我们也不必在第一行调用 super()，而是在任何一行代码中调用 super()。比如，我们可能需要先验证或修改传入的参数，然后调用 super()把参数传递给父类。

3.2　多重继承

多重继承是一个棘手的主题。从原则上说，它非常简单：继承自多个父类的子类可以获取所有父类的功能。在实践中，并没有听起来那么有用，很多专业的程序员都建议不要这样用。

 根据经验法则，如果你认为你需要使用多重继承，你可能错了；但是如果你知道（而不是认为）你需要它，那么你可能是对的。

多重继承最简单有效的形式是被称为**混入**（**mixin**）的设计模式。混入的类定义是一个不会单独实例化的父类，它的存在是为了被其他类继承并添加额外的功能。例如，我们想要为 Contact 类添加向 self.email 发送邮件的功能。发送邮件是一个通用任务，我们可能想在多个其他的类中使用。因此，我们可以创建一个简单的混入类来处理邮件相关的事务：

```python
class Emailable(Protocol):
    email: str


class MailSender(Emailable):
    def send_mail(self, message: str) -> None:
        print(f"Sending mail to {self.email=}")
        # 在此添加电子邮件逻辑
```

这个 MailSender 类并没有特别之处（实际上，它自己根本不能独立运行，因为它依赖于一个它没有的 self.email 属性）。我们上面定义了两个类，因为我们在描述两个事情：混入对宿主类[1]的要求，以及混入能给宿主类提供的功能。我们需要创建一

---

① 麦叔注：宿主类是指要混入（或者继承）MailSender 的类。

个类型提示 Emailable 来描述 MailSender 混入对宿主类的要求。

这种类型提示被称为**协议**（**protocol**）；协议通常包含方法，也可能会包含用类型提示定义的类属性，但属性通常没有赋值。协议是没完成的类，可以把它想象成描述一个类所拥有的功能的契约。协议告诉 *mypy*，任何想要混入 Emailable 对象的类（或子类）都必须包含一个 email 属性，并且这个属性必须是字符类型的。

注意，我们正在使用 Python 的名称解析规则。self.email 可能是实例变量，或者类变量，或者 Emailable.email，或者一个属性。*mypy* 工具会检查所有和 MailSender 混入在一起的实例或类的定义。我们只需要提供类属性名称和类型提示，让 *mypy* 清楚地知道 MailSender 这个混入类并没有定义属性，它混合的类将提供 email 属性。

由于 Python 的鸭子类型规则，我们可以将 MailSender 混入与任何定义了 email 属性的类一起使用。与 MailSender 混合的类不必是 Emailable 的正式子类，它只需要提供必需的属性。

为简单起见，我们没有在此处包含实际的电子邮件逻辑。如果您感兴趣，请参阅 Python 标准库中的 smtplib 模块。MailSender 类确实允许我们使用多重继承定义一个新类来描述 Contact 和 MailSender：

```python
class EmailableContact(Contact, MailSender):
    pass
```

多重继承的语法看起来就像类定义中的参数列表，我们将两个（或多个）以逗号分隔的基类放进括号中。如果使用得当，通常子类没有自己的独特功能，而仅仅是拥有了多个父类的功能，因此它的代码块中只包含 pass 占位符。

我们可以测试这个混合类以查看运行中的混入：

```python
>>> e = EmailableContact("John B", "johnb@sloop.net")
>>> Contact.all_contacts
[EmailableContact('John B', 'johnb@sloop.net')]
>>> e.send_mail("Hello, test e-mail here")
Sending mail to self.email='johnb@sloop.net'
```

如上面的结果所示，Contact 的初始化函数仍然能够把新的联系人添加到 all_contacts 列表中，而混入则能够发送电子邮件给 self.mail，因此可以看出一切都正常。

这看起来并不难，你可能想知道为什么本书前面警告要慎重使用多重继承。我们稍后会讨论更复杂的情况，在此之前我们先考虑一下不使用混入的其他方案：

- 我们可以使用一个单独的继承关系，并向 contact 子类中添加 send_mail() 函数。这里的缺点在于，任何其他需要发送邮件的类都需要重复这些代码。例如，如果我们想给我们软件的支付模块增加一个发送邮件的功能，这和 Contact 没有关系，但我们需要一个 send_mail()方法，那么我们必须在支付模块中重复这段代码。
- 我们可以创建一个独立的 Python 函数来发送邮件，当需要发送邮件时，只需要调用这个函数并将邮箱地址作为参数传入即可（这是很常用的方案）。因为这个函数不是类的一部分，我们比较难确定是否使用了正确的封装。
- 我们可以探索几种使用组合关系而非继承关系的方案。例如，EmailableContact 可以拥有一个 MailSender 对象作为属性而不是继承它。这会带来一个更复杂的 MailSender 类，因为它必须是一个能独立使用的类。这也会导致一个更复杂的 EmailableContact 类，因为每一个 Contact 必须和一个 MailSender 实例关联。
- 我们可以用猴子补丁（将会在第 13 章中简要讨论猴子补丁）在 Contact 类创建之后为其添加 send_mail()函数。这是通过定义一个接收 self 参数的函数来完成的，并将其设置为一个已有类的属性。这是一个做单元测试的好方法，但不应该用在实际的软件代码中。

多重继承在混合不同类的方法时不会出问题，但是当我们不得不调用超类的方法时，就会变得很混乱。既然有很多超类，那么我们如何判断该调用哪个？又如何知道调用顺序？

让我们通过向 Friend 类加入 address（家庭住址）来探究这些问题。我们可以采取如下几种方法：

- 地址是由街道、城市、国家及其他相关的细节所组成的一系列字符串。我们可以将这些字符串分别作为参数传递给 Friend 类的__init__()方法。我们也可以在将这些字符串存储在一个泛型元组或字典中之后，将其作为一个单独的参数传递给__init__()。如果不需要添加与地址相关的方法，这些方案都没问题。

- 另一个方法是创建一个新的 Address 类，将这些字符串保存到一起，并将它的实例作为参数传递给 Friend 类的__init__()方法。这种解决方案的优点在于，我们可以为数据添加行为（例如，指出方向或打印地图的方法），而不只是静态的存储。正如我们在第 1 章中所讨论的，这是一个组合的示例。组合中"有一个"的关系可以完美地应用在这里，并且这也允许我们在其他诸如建筑物、公司或组织等场景中重用 Address 类（这里也是使用 dataclass 的一个机会。我们将在第 7 章中探讨 dataclass）。

- 第三种方法是使用多重继承的设计。这是可行的，但是它很难通过 *mypy* 的校验。因为多重继承有很多潜在的模糊的地方，从而很难有效地通过类型提示进行描述。

我们先来尝试使用多重继承的方法。我们在这里将为地址添加一个新类。我们称这个新类为 AddressHolder 而不是 Address，因为继承关系定义的是"是一个"的关系。说 Friend 类是一个 Address 类并不准确，但是由于 Friend 可以拥有一个 Address 类，故我们可以说 Friend 类是一个 AddressHolder。稍后，我们可能创建的其他实体（公司、建筑）同样也拥有地址。

（如果类名让人费解，或者我们怀疑是不是"是一个"关系，这就表明我们应该使用组合而不是继承。）

下面是我们的幼稚版的 AddressHolder 类。我们称它为幼稚版是因为它并不是很适合多重继承关系：

```python
class AddressHolder:
    def __init__(self, street: str, city: str, state: str, code: str) -> None:
        self.street = street
        self.city = city
```

```
    self.state = state
    self.code = code
```

我们把所需的数据都通过构造方法传递进来，并赋值给实例变量。我们将会了解这种设计带来的问题，并学习一种更好的设计。

3.2.1 钻石型继承问题

我们可以用多重继承来将这个新类添加为已有的 **Friend** 类的父类。棘手的部分是，现在有两个父类的 **__init__()** 方法都需要进行初始化，而且它们需要通过不同的参数进行初始化。如何做到这一点？可以从 Friend 类的有点儿幼稚的方法开始：

```
class Friend(Contact, AddressHolder):
    def __init__(
        self,
        name: str,
        email: str,
        phone: str,
        street: str,
        city: str,
        state: str,
        code: str,
    ) -> None:
        Contact.__init__(self, name, email)
        AddressHolder.__init__(self, street, city, state, code)
        self.phone = phone
```

在这个示例中，我们直接调用每个超类的 **__init__()** 函数并明确地传递 **self** 参数给它们。这种写法理论上是可行的，我们可以直接通过这个类访问不同的变量。但是仍然存在几个问题。

首先，如果我们不明确地调用父类的初始化函数，可能会导致父类未被正确初始化。在这个示例中这样并不会导致崩溃，但可能会在其他代码中产生很难调试的崩溃情况。在有明确的 **__init__()** 方法的类中，可能会产生很多看起来很奇怪的 **AttributeError** 异常。原因是 **__init__()** 没有被调用，但这个原因非常隐蔽。

其次，更危险的是，类层级的组织可能导致超类被多次调用。看下面这个继承关系类图，如图 3.1 所示。

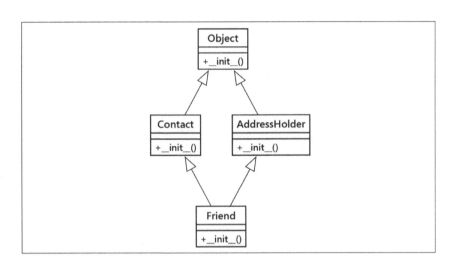

图 3.1　我们多重实现的继承关系类图

Friend 类的 __init__()方法首先调用 Contact 类的 __init__()，Contact 又隐式地初始化了 Object 父类（记住，所有的类都源自 Object）。然后 Friend 类调用 AddressHolder 的 __init__()，而 AddressHolder 再一次初始化 Object 父类。这意味着父类被初始化了两次。对于 Object 类来说，这相对没什么危害，但是在某些情况下，这可能会导致灾难。想象一下，每次请求都连接两次数据库。

基类应该只被调用一次，但应该是什么时候？先调用 Friend、Contact、Object，然后调用 AddressHolder 吗？还是先调用 Friend、Contact、AddressHolder，然后调用 Object？

为了更清楚地阐述这个问题，让我们看看另一个虚构的示例。这里有一个名叫 BaseClass 的基类，它拥有 call_me()方法。它的两个子类（LeftSubclass 和 RightSubclass）扩展了 BaseClass 类，都重写了这一方法。

然后，另一个子类用多重继承和 call_me()方法的第 4 个不同实现扩展了这两个类。由于类图的形状看起来像钻石，故被称为**钻石继承**，如图 3.2 所示。

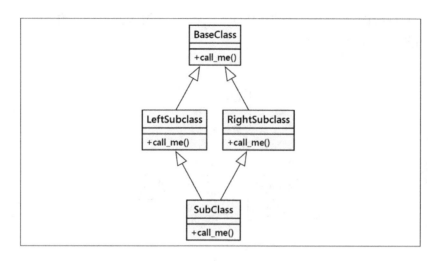

图 3.2 钻石继承

让我们将这个类图翻译成代码，这个示例显示了方法何时被调用：

```
class BaseClass:
    num_base_calls = 0

    def call_me(self) -> None:
        print("Calling method on BaseClass")
        self.num_base_calls += 1


class LeftSubclass(BaseClass):
    num_left_calls = 0

    def call_me(self) -> None:
        BaseClass.call_me(self)
        print("Calling method on LeftSubclass")
        self.num_left_calls += 1


class RightSubclass(BaseClass):
    num_right_calls = 0

    def call_me(self) -> None:
```

```
        BaseClass.call_me(self)
        print("Calling method on RightSubclass")
        self.num_right_calls += 1

class Subclass(LeftSubclass, RightSubclass):

    num_sub_calls = 0

    def call_me(self) -> None:
        LeftSubclass.call_me(self)
        RightSubclass.call_me(self)
        print("Calling method on Subclass")
        self.num_sub_calls += 1
```

　　这个示例确保每个重写的 **call_me()** 方法都直接调用了父类的同名方法。通过将信息打印到屏幕上，可以知道每次被调用的方法是哪个，同时也通过创建不同的实例变量显示了方法被调用的次数。

> 　　**self.num_base_calls += 1** 这行代码需要一点儿额外的解释。
>
> 　　这相当于 **self.num_base_calls = self.num_base_calls +**
> **1**。当 Python 看到 **self.num_base_ calls** 在等号的右侧时，它会首先查找实例变量，然后是类变量。我们已经创建了一个默认值为 0 的类变量。在执行了 +1 运算后，赋值语句会创建一个新的实例变量，它不会更新原来的类变量。
>
> 　　在第一次调用后，实例变量就存在了。通过类变量给实例变量提供默认值是一个很酷的写法。

　　如果我们实例化 Subclass 对象并调用一次 **call_me()** 方法，将会得到如下输出：

```
>>> s = Subclass()
>>> s.call_me()
Calling method on BaseClass
Calling method on LeftSubclass
Calling method on BaseClass
Calling method on RightSubclass
```

```
Calling method on Subclass
>>> print(
... s.num_sub_calls,
... s.num_left_calls,
... s.num_right_calls,
... s.num_base_calls)
1 1 1 2
```

因此，我们可以清楚地看到基类的 **call_me()** 方法被调用了两次。如果这个方法在真实环境中运行两次，例如向银行账号中存款，则可能产生隐患。

Python 的**方法调用顺序**（**Method Resolution Order，MRO**）算法会把钻石形的关系转变成一个线性的元组。我们可以通过类的 **__mro__** 属性查看这个元组。钻石线性版本的顺序是：**Subclass**、**LeftSubclass**、**RightSubclass**、**BaseClass**、**Object**。这里的重点是，**LeftSubclass** 排在 **RightSubclass** 之前（先左后右）。

关于多重继承需要记住的是，我们可能只想调用 MRO 序列中的"下一个"方法，而不是"父类"方法。实际上，下一个方法可能不属于该类的父类或更早的祖先。**super()** 函数可以找到 MRO 序列中的下一个方法。实际上，**super()** 最初就是为了实现更复杂的多重继承而设计的。

下面是同样的代码使用 super() 之后的样子。为了区分使用了 super() 版本的代码，我们给类名后面加了"_S"：

```python
class BaseClass:
    num_base_calls = 0

    def call_me(self):
        print("Calling method on Base Class")
        self.num_base_calls += 1

class LeftSubclass_S(BaseClass):
    num_left_calls = 0

    def call_me(self) -> None:
        super().call_me()
```

```
        print("Calling method on LeftSubclass_S")
        self.num_left_calls += 1

class RightSubclass_S(BaseClass):
    num_right_calls = 0

    def call_me(self) -> None:
        super().call_me()
        print("Calling method on RightSubclass_S")
        self.num_right_calls += 1

class Subclass_S(LeftSubclass_S, RightSubclass_S):
    num_sub_calls = 0

    def call_me(self) -> None:
        super().call_me()
        print("Calling method on Subclass_S")
        self.num_sub_calls += 1
```

这是非常小的改动，我们只是将原来的直接调用替换为 super()调用。钻石下部的 Subclass_S 子类只调用了一次 super()方法，而不是分别调用左右两个父类。虽然改动很简单，但让我们执行看看有什么差别：

```
>>> ss = Subclass_S()
>>> ss.call_me()
Calling method on BaseClass
Calling method on RightSubclass_S
Calling method on LeftSubclass_S
Calling method on Subclass_S
>>> print(
... ss.num_sub_calls,
... ss.num_left_calls,
... ss.num_right_calls,
... ss.num_base_calls)
1 1 1 1
```

看起来不错，基类的方法只调用了一次。我们可以通过类的 __mro__ 属性了解它的工作原理：

```
>>> from pprint import pprint
>>> pprint(Subclass_S.__mro__)
(<class 'commerce_naive.Subclass_S'>,
 <class 'commerce_naive.LeftSubclass_S'>,
 <class 'commerce_naive.RightSubclass_S'>,
 <class 'commerce_naive.BaseClass'>,
 <class 'object'>)
```

上面元组包含的类的顺序就是 super() 会使用的顺序。元组里最后一个类一般是内置的 Object 类。本章前面提到过，Object 是所有类的超类。

我们再来看看 super() 实际上做了什么。由于 print 语句在 super() 之后调用，打印出来的结果是每个方法实际执行的顺序。让我们从后向前根据输出看看调用顺序：

1. 我们首先从 Subclass_S.call_me() 方法开始，它调用了 super().call_me()。MRO 显示下一个是 LeftSubclass_S。

2. 我们开始调用 LeftSubclass_S.call_me() 方法，它又调用了 super().call_me()。MRO 显示下一个是 RightSubclass_S，但它不是 LeftSubclass_S 的父类，在钻石类图中，它们是邻居关系。

3. RightSubclass_S.call_me() 中又调用了 super().call_me()。这次指向了 BaseClass。

4. BaseClass.call_me() 方法完成了执行过程：打印一条消息，并把实例变量 self.num_base_calls 的值设为 BaseClass.num_base_calls + 1。

5. 然后，RightSubclass_S.call_me() 方法执行结束，打印一条消息并设定实例变量 self.num_right_calls。

6. 然后，LeftSubclass_S.call_me() 方法执行结束，打印一条消息并设定实例变量 self.num_left_calls。

7. 最后，Subclass_S 完成它的 call_me() 方法，结果也是打印一条消息并设定实例变量的值。成功！

特别需要注意，super() 调用并没有调用 LeftSubclass_S 的超类（也就是 BaseClass）中的方法，而是调用了 RightSubclass_S，虽然它不是 LeftSubclass_S

的直接父类，但它是 MRO 中的下一个类，并非父类方法。然后 RightSubclass_S 再调用 BaseClass，通过使用 super() 可以确保类层级中的每一个方法都只执行一次。

3.2.2 不同集合的参数

当我们回到 Friend 多重继承的示例时，事情将会变得更复杂。在 Friend 类的 __init__() 方法中，我们需要使用不同的参数分别调用两个父类的 __init__() 方法：

```
Contact.__init__(self, name, email)
AddressHolder.__init__(self, street, city, state, code)
```

当使用 super() 方法的时候，我们如何管理不同的参数呢？因为 super() 方法根据 MRO 序列的顺序进行调用，所以我们并不确定 super() 方法会先初始化哪个类。即使知道，我们也需要通过构造方法传递**额外的**参数的方法，让后续的混入类在调用 super() 方法时可以把这些参数再传递过去。

在上面的示例中，如果 MRO 的第一个类第一次调用 super() 方法时传递了 name 和 email 参数给 Contact.__init__()，然后 Contact.__init__() 继续调用 super() 方法，那么它需要能够将地址相关的参数传递给 MRO 的下一个类的方法，也就是 AddressHolder.__init__()。

每次我们需要调用超类名称相同但参数不同的方法时，都会遇到这个问题。这种冲突通常出现在特殊名称的函数中。比如，最常见的示例就是，拥有不同参数的不同的 __init__() 方法，也就是我们现在正在处理的问题。

Python 没有处理这种名称相同但参数不同的函数的特殊语法。解决这个问题唯一的办法就是精心设计我们的类参数列表。常见的设计是将子类方法的参数列表设计成可以接收任意关键字参数，每个方法必须确保能够把自己不需要的参数再传递给自己的 super() 方法，以防它们在后续的 MRO 调用中会被用到。

这是可行的，而且也挺不错的，但这种设计很难定义清晰的类型提示。因此，我们不得不在相关的地方关闭 *mypy* 的类型检查。

Python 的函数参数语法支持以上设计，不过这会让代码看起来很笨重。我们下面来看看 Friend 多重继承的新实现：

```
class Contact:
    all_contacts = ContactList()

    def __init__(self, /, name: str = "", email: str = "", **kwargs: Any) -> None:
        super().__init__(**kwargs) # type: ignore [call-arg]
        self.name = name
        self.email = email
        self.all_contacts.append(self)

    def __repr__(self) -> str:
        return f"{self.__class__.__name__}(" f"{self.name!r}, {self.email!r}" f")"

class AddressHolder:
    def __init__(
        self,
        /,
        street: str = "",
        city: str = "",
        state: str = "",
        code: str = "",
        **kwargs: Any,
    ) -> None:
        super().__init__(**kwargs) # type: ignore [call-arg]
        self.street = street
        self.city = city
        self.state = state
        self.code = code

class Friend(Contact, AddressHolder):
    def __init__(self, /, phone: str = "", **kwargs: Any) -> None:
        super().__init__(**kwargs)
        self.phone = phone
```

我们添加了**kwargs 参数，用于把额外的关键字参数值收集到一个字典中。当我们调用 Contact(name="this", email="that", street="something")时，street 参数被放入 kwargs 字典。这些额外的参数会通过 super()调用传递给下一个类。特殊

参数 "/" 用于分割位置参数和关键字参数。同时，我们把所有字符串参数的默认值设置为空字符串。

 可能你不熟悉**kwargs 语法，基本上来说，它能够收集任何传递给方法但没有明显列在参数列表中的关键字参数。这些参数将被存储在一个名为 kwargs（我们可以随便使用其他的名称，但是按照惯例推荐使用 kw 或 kwargs）的字典中。当我们使用 **kwargs 语法调用另一个方法（例如 super().__init__()）时，会将字典分解之后作为正常的关键字参数传入这一方法。我们将在第 8 章中讨论这些细节。

我们添加了两条注释，用来告诉 *mypy* 忽略这两行代码的某些类型检查，这对看代码的人也有帮助。注释# type: ignore: call-arg 中指明了要忽略的错误是 call-arg，也就是调用参数。在我们的示例中，我们要忽略 super().__init__(**kwargs)，因为 *mypy* 无法确定代码运行时 MRO 的顺序。如果有人阅读代码，我们可以通过查看 Friend 类的代码来判断顺序：Contact 和 AddressHolder。这个顺序意味着，在 Contact 类中，super() 方法会调用下一个类，也就是 AddressHolder。

然而，*mypy* 工具并没有深入研究这一点，它通过 class 语句中父类的显式列表来执行。如果没有父类，*mypy* 就会认为 super() 将调用 Object 类的构造方法。既然 *object.__init__() 不能接收任何参数，所以 *mypy* 会认为 Contact 和 AddressHolder 中的 super().init(**kwargs) 的调用是错误的。实际上，在 MRO 的调用过程中会逐渐用完所有参数，最后到了 AddressHolder 的 __init__()* 方法时已经没有额外的参数了。

更多关于多重继承的类型提示注解的信息，可以查看链接 10 中的讨论。这个问题到现在还没有被关闭，足以说明它非常困难。

上一个示例完成了它的任务，但是很难回答这个问题：我们到底应该给 Friend.__init__() 传递什么参数？这是任何一个打算使用这个类的人首先会遇到的问题，因此我们应该为这个方法添加文档字符串，写清楚这个类和它的父类所需的完整的参数列表。

当出现拼写错误或多传了参数时，错误信息也不容易理解：`TypeError: object.__init__() takes exactly one argument (the instance to initialize)`。通过这句话，我们无法知道这个额外的参数是如何传递给 `object.__init__()`的。

我们已经讨论了 Python 多重继承中许多容易引发错误的地方。我们需要应对所有可能的情况，不得不提前规划，这会导致我们的代码变得混乱。

使用混入模式的多重继承通常比较好用。主要思想是把混入类的方法添加到宿主类中，并保持所有的属性都在宿主类层级中管理。这样可以避免处理多重继承中复杂的初始化过程。

使用组合通常比复杂的多重继承更好。我们将在第 11 章与第 12 章中学习很多基于组合的设计模式。

> 继承适用于类之间清晰的"是一个"关系。多重继承展示了一些并不那么清晰的关系。比如，我们可以说"电子邮件是一种联系方式"，但如果我们说"客户是一个电子邮件"就不那么合理了。我们可以说"客户有一个电子邮件地址"或者"客户可以通过电子邮件联系"。在这种情况下，更适合使用"有一个"的组合关系，而不是"是一个"的继承关系。

3.3 多态

我们在第 1 章中已经介绍过多态。这是一个花哨的名词，但描述了一个简单的概念：同一个方法的不同子类会产生不同行为，不需要明确知道使用的是哪个子类。这有时也被称为 Liskov 替换原则，以表彰 Barbara Liskov 对面向对象编程的贡献。我们应该能够用任何子类来代替它的超类。

举个例子,想象一个播放音频文件的程序。多媒体播放器可能需要加载 `AudioFile` 对象并播放它。我们为对象添加一个 `play()`方法，负责解压缩或提取音频信息，并将其传递给声卡或音箱。播放 `AudioFile` 对象的动作可以简单写作：

```
audio_file.play()
```

然而，对于不同类型的文件，解压缩和提取音频文件的过程可能是不同的。`.wav`

文件存储的是未压缩过的信息，而.mp3、.wma 和.ogg 文件则均使用了不同的压缩算法。

我们可以用多态继承来简化设计。每种类型的文件都使用 AudioFile 不同的子类表示，例如 WavFile、MP3File。它们都有 play()方法，但是这些方法针对不同的文件实现方式也不同，以确保使用正确的提取流程。多媒体播放器对象永远不需要知道指向的是 AudioFile 的哪个子类，而只需要调用 play()方法并多态地让对象自己处理实际播放过程中的细节。让我们用一个快速的框架来展示如何做到这一点：

```python
from pathlib import Path

class AudioFile:
    ext: str

    def __init__(self, filepath: Path) -> None:
        if not filepath.suffix == self.ext:
            raise ValueError("Invalid file format")
        self.filepath = filepath

class MP3File(AudioFile):
    ext = ".mp3"

    def play(self) -> None:
        print(f"playing {self.filepath} as mp3")

class WavFile(AudioFile):
    ext = ".wav"

    def play(self) -> None:
        print(f"playing {self.filepath} as wav")

class OggFile(AudioFile):
    ext = ".ogg"

    def play(self) -> None:
        print(f"playing {self.filepath} as ogg")
```

所有的音频文件都会检查以确保在初始化之前有正确的后缀名。如果文件名的后缀名不对，将会抛出异常（关于异常将会在第 4 章中详细介绍）。

但是你注意到父类的 __init__() 方法是如何访问不同子类的类变量 ext 的了吗？这就是多态在起作用。AudioFile 父类中只有一个类型提示告诉 *mypy* 会有一个名为 ext 的属性，它并没有实际存储 ext 属性的引用。但当方法被子类继承并被子类调用时，它可以访问子类的 ext 属性。如果子类忘记给 ext 赋值，AudioFile 中的类型提示可以帮助 *mypy* 发现问题。

除此之外，AudioFile 的每个子类都以不同的方式实现了 play() 方法（这个示例不会真的播放音乐，音频压缩算法需要另外一整本书来介绍）。这也是多态的实际应用。无论文件类型是什么，多媒体播放器可以用同样的代码播放文件，而不需要考虑用的是 AudioFile 的哪个子类。解压缩音频文件的细节被封装了。如果我们测试这个示例，它应该会像我们设想的一样运行：

```
>>> p_1 = MP3File(Path("Heart of the Sunrise.mp3"))
>>> p_1.play()
playing Heart of the Sunrise.mp3 as mp3
>>> p_2 = WavFile(Path("Roundabout.wav"))
>>> p_2.play()
playing Roundabout.wav as wav
>>> p_3 = OggFile(Path("Heart of the Sunrise.ogg"))
>>> p_3.play()
playing Heart of the Sunrise.ogg as ogg
>>> p_4 = MP3File(Path("The Fish.mov"))
Traceback (most recent call last):
...
ValueError: Invalid file format
```

看到 AudioFile.__init__() 是如何在不需要知道具体子类的情况下检查文件类型的了吗？

多态实际上是面向对象编程中最酷的概念之一，并且它让一些早期范式不可能实现的编程设计变得显而易见。然而，Python 的鸭子类型让多态变得不那么酷了。Python 的鸭子类型让我们可以使用任何提供了必要方法的对象，而不一定非得是子类。Python

的动态本质让这一点变得易于实现和非常平常。下面的示例没有继承 AudioFile，但是也可以用完全相同的接口进行交互：

```
class FlacFile:
    def __init__(self, filepath: Path) -> None:
        if not filepath.suffix == ".flac":
            raise ValueError("Not a .flac file")
        self.filepath = filepath

    def play(self) -> None:
        print(f"playing {self.filepath} as flac")
```

我们的多媒体播放器可以用同样的方式播放 FlacFile 类，就像播放其他 AudioFile 的子类一样。

在很多面向对象的场景中，多态是使用继承关系最重要的原因之一。由于任何提供了正确接口的对象都可以在 Python 中互换使用，因此减少了对共有的多态超类的需求。继承仍然可以用于重用代码，但是如果需要重用的只是公共接口，那么用鸭子类型已经满足要求了。

减少使用继承关系，进而可以减少使用多重继承的需求。通常，看起来需要使用多重继承，但我们可以用鸭子类型来模拟其中一个超类。

我们可以使用 typing.Protocol 来定义鸭子类型的协议。为了让 *mypy* 知道我们的期望，我们通常会在正式的**协议**中定义几个方法或属性（或二者皆有）。这可以帮助澄清类之间的关系。比如，我们可以用这种方式定义 FlacFile 类和 AudioFile 类层级之间的共同特性：

```
class Playable(Protocol):
    def play(self) -> None:
        ...
```

当然，仅仅因为对象满足特定的协议（通过提供必需的方法或属性），并不意味着它能够在所有情况下正确运行。它对接口的实现必须符合整个系统的要求。仅仅因为某个对象提供了 play() 方法，并不意味着它就自动适用于多媒体播放器。这些方法除了满足接口的语法要求，还必须实现接口所要求的含义或功能。

鸭子类型另一个有用的特性是，鸭子类型的对象只需要提供真正被访问的方法和属性。例如，我们想要创建一个假的文件对象用于读取数据，可以创建一个新的拥有 read()方法的对象，如果与这个假对象交互的代码只需要从文件中读取，我们不需要重写 write()方法。简单来说，鸭子类型不需要提供所需对象的整个接口，而只需要满足实际被使用的协议。

3.4 案例学习

本书我们会继续做面向对象设计综合案例——鸢尾花分类器。我们在前面的章节中就在设计这个案例了，在后面的章节中我们还会继续。在这一节中，我们会回顾前面的 UML 图，以帮助描述和总结我们将要构建的软件。我们从第 2 章开始就添加特性来描绘多种不同的 KNN 算法。KNN 算法有好几种，我们可以通过这个示例来学习类的层级关系。

随着设计不断完善，我们将学习几个设计原则。比较流行的一套设计原则是 **SOLID**，它们是：

- **S**：单一责任原则。一个类应该只有一个责任。这意味着当需求变化的时候，只有一种原因会造成这个类的更改。
- **O**：开放/关闭原则。类可以被扩展但不应该被更改。
- **L**：里氏（Liskov）替换原则（以 Barbara Liskov 命名，她创建了第一个面向对象编程语言，CLU）。任何一个子类都可以替换其父类。这让我们聚焦于类层级中的通用类接口，子类可以形成多态。这个原则正是继承的本质。
- **I**：接口隔离原则。一个类应该有最小化的接口。这也许是这几个原则中最重要的一个。类应该相对比较小，且各功能独立。
- **D**：依赖反转原则。这个名词有点儿奇怪。我们需要知道什么是糟糕的依赖关系，这样我们才能把它反转成一个好的关系。编程时，我们希望类能各自独立，这样在做里氏替换的时候不需要改动很多代码。在 Python 中，这通常意味着在类型提示中引用父类，这样才能确保可以灵活地将其替换为子类。在某些情况下，它还意味着提供参数，以便我们可以在不修改任何代码的情况下进行全局类更改。

我们不会在本章中讨论所有这些原则，因为我们在学习继承，我们的设计会倾向于遵循里氏替换原则。而其他章节将会涉及其他原则。

3.4.1　逻辑视图

图 3.3 是我们在前面章节的案例学习中为这个案例画的类图。这个图有一个重要遗漏，它没有描述 Hyperparameter 类中使用的 classify 算法。

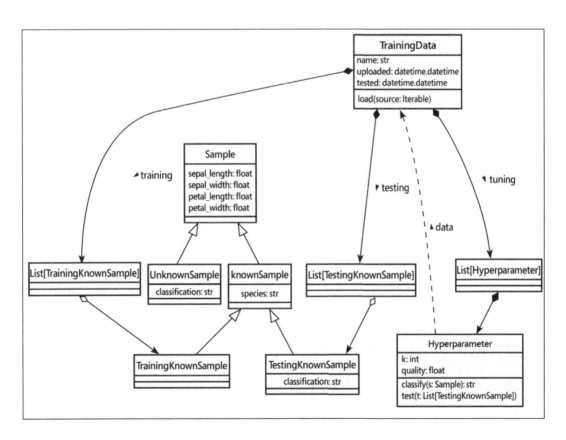

图 3.3　类图概览

在第 2 章中，我们避免深入研究分类算法。这反映了一种常见的设计策略，有时被称为"困难的部分，以后再做"，也被称为"先做容易的部分"。这个策略鼓励尽可能遵循通用设计模式来隔离困难部分。实际上，简单的部分定义了一些边界，可以先有效地隔离困难和未知的部分。

　　这个分类器是基于 k 个最近邻的算法，也被称为 KNN。给定一些已知样本和一个未知样本，我们想要找出 k 个和这个未知样本最近邻；最多最近邻所属的分类就是这个未知样本的分类。这意味着 k 通常是奇数，这样才容易得出结论。我们之前一直在规避这个问题：如何计算距离？

　　在传统的二维坐标中，我们可以使用样本之间的欧几里得距离。给定一个未知样本的坐标(u_x, u_y)和一个训练样本的坐标(t_x, t_y)，它们之间的欧几里得距离 ED2(t, u)是：

$$ED2(t,u) = \sqrt{(t_x - u_x)^2 + (t_y - u_y)^2}$$

可视化后是这样的，如图 3.4 所示。

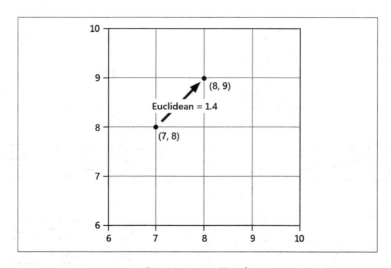

图 3.4　欧几里得距离

　　我们称它为 ED2 是因为它是二维的。在我们的案例中，实际上是四维的：萼片长度、萼片宽度、花瓣长度、花瓣宽度。这很难可视化，但是数学公式并不复杂。虽然很难想象，但我们可以写出完整的公式：

$$ED4(t,u) = \sqrt{(t_{sl} - u_{sl})^2 + (t_{sw} - u_{sw})^2 + (t_{pl} - u_{pl})^2 + (t_{pw} - u_{pw})^2}$$

虽然很难想象，但我们可以很容易地把二维的情况扩展到四维，甚至更多维。本节后面的一些图仍然以二维为示例，但实际上想表达的是四维数据的计算。

我们可以用一个类实现这个计算。Hyperparameter 类将会使用这个 ED 类的一个实例：

```
class ED(Distance):
    def distance(self, s1: Sample, s2: Sample) -> float:
        return hypot(
            s1.sepal_length - s2.sepal_length,
            s1.sepal_width - s2.sepal_width,
            s1.petal_length - s2.petal_length,
            s1.petal_width - s2.petal_width,
        )
```

我们使用了 math 模块的 hypot() 函数做平方和平方根的运算。我们使用了一个还没定义的父类 Distance。我们很确定需要一个父类，不过我们稍后再定义。

欧几里得距离是计算已知样本和未知样本之间距离的多个方法之一。有两个相对比较简单的方法，它们通常可以产生不错的结果，但不需要做复杂的平方根运算：

● **曼哈顿距离**：这是你在一个有方形街区的城市中行走的距离（有点儿像曼哈顿市的部分地区），如图 3.5 所示。

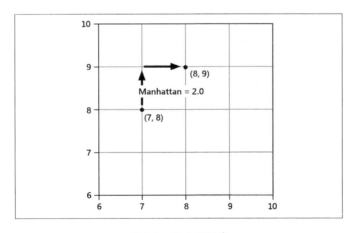

图 3.5　曼哈顿距离

- **切比雪夫距离**：这是各坐标数值差的最大值。以(x_1, y_1)和(x_2, y_2)两点为例，其切比雪夫距离为 max(|x2-x1|,|y2-y1|)。切比雪夫距离得名于俄罗斯数学家切比雪夫。[①]

对于不同的算法，我们需要定义不同的子类。这意味着我们需要定义一个代表距离的父类。这个父类可以被定义成这样：

```python
class Distance:
    """某种距离算法的定义"""
    def distance(self, s1: Sample, s2: Sample) -> float:
        pass
```

这个父类抽象了距离算法的核心方法和参数，但并没有具体的实现。现在我们来实现几个具体的子类。

曼哈顿距离是 x 轴的距离加上 y 轴的距离之和。公式可以用距离的绝对值（写作$\left| t_x - u_x \right|$）来表示：

$$\text{MD}(t, u) = \left| t_x - u_x \right| + \left| t_y - u_y \right|$$

这个距离会比欧几里得距离长 41%，然后从比较意义上来说基本不会改变比较的结果，因为仍然可以得出比较好的 KNN 结果。但它不用做平方和平方根运算，因此计算速度更快。

下面是实现了曼哈顿距离的子类：

```python
class MD(Distance):
    def distance(self, s1: Sample, s2: Sample) -> float:
        return sum(
            [
                abs(s1.sepal_length - s2.sepal_length),
                abs(s1.sepal_width - s2.sepal_width),
                abs(s1.petal_length - s2.petal_length),
```

---

① 麦叔注：原书这一段有错，对切比雪夫距离的解释说成了欧几里得距离。

```
                abs(s1.petal_width - s2.petal_width),
            ]
        )
```

切比雪夫距离是 x 轴距离或 y 轴距离最大的那个。它可以最小化多个维度的影响：

$$CD(k,u) = \max\left(\left|k_x - u_x\right|, \left|k_y - u_y\right|\right)$$

下面是切比雪夫距离的示意图，它倾向于强化彼此更接近的邻居，如图 3.6 所示。

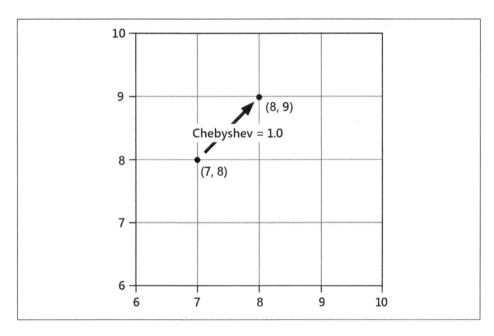

图 3.6　切比雪夫距离

下面是实现了切比雪夫距离的子类：

```
class CD(Distance()):
    def distance(self, s1: Sample, s2: Sample) -> float:
        return sum(
            [
                abs(s1.sepal_length - s2.sepal_length),
                abs(s1.sepal_width - s2.sepal_width),
                abs(s1.petal_length - s2.petal_length),
```

```
        abs(s1.petal_width - s2.petal_width),
    ]
)
```

不同距离算法对 KNN 性能的影响可以查阅链接 11 的论文。这篇论文中包含了 54 种不同的距离算法。我们案例中的这几种算法统一被称为"Minkowski"度量，因为它们相似并且平等地测量每个轴。在给定一组训练数据的情况下，使用不同距离算法的模型对未知样本可能会产生不同的分类结果。

这也改变了 Hyperparameter 类的设计：我们现在有两个不同的超参数了。k 值决定最近邻的数量，而距离算法告诉我们如何计算"最近"距离。这两个参数都是可以改变的，我们需要测试不同的组合，找出对我们的数据来说最好的方案。

我们如何实现各种不同的距离算法？简单说，我们需要为不同的距离算法分别定义子类。上面提到的论文帮我们指定了几种最有用的算法。为了确保我们的设计有效，下面再来看一种距离算法。

3.4.2　另一种距离算法

为了演示添加子类是多么容易，我们定义一个有点儿复杂的距离算法。这就是索伦森距离，也被称为布雷-柯蒂斯距离。如果我们的距离算法类可以处理这些更复杂的公式，我们就有信心它可以处理其他的：

$$\mathrm{SD}(k,u) = \frac{\left|k_x - u_x\right| + \left|k_y - u_y\right|}{(k_x + u_x) + (k_y + u_y)}$$

我们通过把每个坐标轴的距离除以可能的值范围有效地标准化了曼哈顿距离的每个分量。

图 3.7 展示了索伦森距离的工作原理。

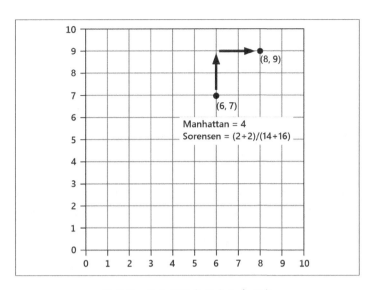

图 3.7　曼哈顿距离与索伦森距离

　　无论要计算的点距离原点有多远，简单的曼哈顿距离算法的结果是一样的。索伦森距离降低了距离原点较远的点的重要性，因此它们不会让某些大异常值主导 KNN 的结果。

　　我们可以通过添加一个 Distance 的子类来引入这种算法。这种算法和曼哈顿距离有点儿像，但最好还是放在独立的类中：

```python
class SD(Distance):
    def distance(self, s1: Sample, s2: Sample) -> float:
        return sum(
            [
                abs(s1.sepal_length - s2.sepal_length),
                abs(s1.sepal_width - s2.sepal_width),
                abs(s1.petal_length - s2.petal_length),
                abs(s1.petal_width - s2.petal_width),
            ]
        ) / sum(
            [
                s1.sepal_length + s2.sepal_length,
                s1.sepal_width + s2.sepal_width,
```

```
        s1.petal_length + s2.petal_length,
        s1.petal_width + s2.petal_width,
    ]
)
```

这种设计方法让我们可以利用面向对象的继承来实现距离算法的多态家族。我们可以基于前面这几个子类，不断构建出庞大的距离算法类家族，并将它们作为超参数逐个尝试，找出最适合的距离算法来执行所需的分类。

我们需要将一个 Distance 对象集成到 Hyperparameter 类中。也就是提供这些子类之一的实例。因为它们都包含 distance()方法，因此我们可以方便地替换不同的子类，以找到最适合我们数据和属性集合的距离算法。

现在，我们可以在 Hyperparameter 类中引用一个具体的距离子类。在第 11 章中，我们将了解如何灵活地往 Distance 类定义层级中插入任何一个可能的距离算法实例。

3.5　回顾

本章要点：

- 面向对象设计的一个核心原则是继承：子类可以继承父类的功能，而不需要复制粘贴代码。子类可以扩展父类，以添加功能或以其他方式给父类添加特性。
- 多重继承是 Python 的一个功能。最常用的方式是宿主类（子类）混入其他类的功能。我们可以使用方法解析顺序（MRO）来处理多重继承中的通用问题，如初始化。
- 多态让我们可以给同一个接口（契约）创建多种不同的实现。因为 Python 支持鸭子类型，所以任何提供了正确方法的类都可以互相替换。

3.6　练习

看看你周围的物理对象，你能否用继承层级的方式描述它们？几个世纪以来，人类都是以这样的分类方法划分世界的，所以这应该并不难。这些对象的类之间有没有不那么明显的继承关系？如果你要在计算机应用中模拟这些物体，它们应该共享哪些属性和方法？哪些可以多态地重写？哪些属性应该完全不同？

现在，写一些代码。但不是为物理对象的继承层级，那很无聊。通常物理对象的属性要比方法多。想一下过去你一直想做但没机会动手的一个宠物编程项目，不管你想要解决什么样的问题，试着考虑用一些基本的继承关系，然后实现它们。同时，要注意那些不需要用到继承的关系。有哪些地方你需要用到多重继承吗？你确定吗？你能找到其他需要用到混入的地方吗？试着快速写出一个原型。不需要真的有用甚至也不需要能运行。你已经知道怎样通过 python -i 来测试代码，只需要写一些代码并在交互式解释器中测试即可。如果能运行，就再写一些，如果不能，就修复错误！

现在再回头看看这个距离算法的案例。我们需要能够用其中的代码给测试样本分类，也需要能够为用户提供的未知样本分类。这两种样本有什么共同点？你是否可以创建一个通用的父类，并让这两种样本继承自这个父类（我们还没有仔细研究 KNN 分类算法，但你可以创建一个模拟分类器提供假的答案）？

在距离算法的示例中，我们可以看到 Hyperparameter 是一个组合，距离算法是它的参数之一，是一个可以被灵活替换的插件（plug-in）。在这种情况下，是否可以使用混入？为什么可以，为什么不可以？混入有哪些插件没有的限制？

3.7　总结

我们已经从面向对象程序员工具箱中最有用的工具——简单的继承关系一直学到了最复杂的多重继承。通过继承关系，可以向已存在的类和内置类型中添加新的功能。将类似的代码抽象到一个父类中可以增加可维护性。父类的方法可以用 super()和参数列表进行调用，但是在多重继承中一定要用安全的形式进行调用。

在第 4 章中，我们将学习处理代码异常情况的微妙艺术。

第 4 章

异常捕获

软件系统是脆弱的。虽然程序本身很有逻辑性，结果看似可以预期，但是运行时输入的数据和外界环境是不可预期的。设备故障、网络不可靠、用户输入不合理的数据，都可能导致程序出错。我们需要寻找一种方法来解决困扰计算机系统的一系列故障。

有两种常用的处理异常情况的做法。一种是返回一个错误码，比如 None。调用函数的其他程序可以通过检查返回的错误码做出相应的处理。通常对操作系统的请求就会使用这种方式返回成功或失败。另一种是在出现异常时打断正常的执行流程，从而进入专门的异常处理代码块中。Python 使用第二种做法：它消除了检查返回值的烦琐需求。

在本章中，我们将学习**异常**（**exception**），它们是处理运行时错误的特殊对象。具体地，将涉及以下主题：

- 引发异常的原因。
- 遇到异常时如何恢复。
- 如何以不同的方式处理不同类型的异常。
- 遇到异常时如何清理。
- 创建新的异常类型。
- 使用异常语法进行程序流程控制。

本章的案例学习部分将会关注数据验证。我们会学习几种使用异常的方法，确保传入分类器的数据是有效的。

我们先来看看 Python 中异常的概念，如何抛出及处理异常。

4.1 抛出异常

正常情况下，Python 按照语句的顺序从上到下执行。if、while、for 等控制语句会改变这种简单的从上到下的语句执行顺序。另外，异常也会改变执行顺序。一旦有异常抛出，就会中断语句的顺序执行。

本质上，Python 异常也是对象。有很多不同的异常类，而且我们也可以很容易地定义我们自己的异常类。它们的共同之处是，都继承自同一个内置类 BaseException。

当发生异常时，所有本该执行的代码都会停止执行，反而进入异常处理的代码块。理解吗？不用担心，你会理解的！

触发异常最简单的方式就是做一些愚蠢的事！很有可能你已经做过并且看到过异常的输出。例如，当 Python 在你的程序中遇到不能理解的代码时，它将抛出 SyntaxError，这也是一类异常。下面是一个常见的示例：

```
>>> print "hello world"
  File "<input>", line 1
    print "hello world"
                      ^
SyntaxError: Missing parentheses in call to 'print'. Did you mean
print("hello world")?
```

这个 print() 语句必须用括号将参数包裹起来。上面的代码中没有括号，所以 Python 3 解释器会抛出 SyntaxError 异常，也就是语法错误。

除了 SyntaxError，通过下面的示例可以看到其他一些常见的异常：

```
>>> x = 5 / 0
Traceback (most recent call last):
  File "<stdin>", line 1, in <module>
ZeroDivisionError: division by zero

>>> lst = [1,2,3]
>>> print(lst[3])
Traceback (most recent call last):
```

```
  File "<stdin>", line 1, in <module>
IndexError: list index out of range

>>> lst + 2
Traceback (most recent call last):
  File "<stdin>", line 1, in <module>
TypeError: can only concatenate list (not "int") to list

>>> lst.add
Traceback (most recent call last):
  File "<stdin>", line 1, in <module>
AttributeError: 'list' object has no attribute 'add'

>>> d = {'a': 'hello'}
>>> d['b']
Traceback (most recent call last):
  File "<stdin>", line 1, in <module>
KeyError: 'b'

>>> print(this_is_not_a_var)
Traceback (most recent call last):
  File "<stdin>", line 1, in <module>
NameError: name 'this_is_not_a_var' is not defined
```

我们可以大致地把这些异常分成 4 类。有些分类有点儿模糊，但有些边界是非常清晰的。

- 有些异常意味着我们的程序有明显错误，比如 SyntaxError 和 NameError。这时，我们需要根据行号找到错误的代码，修正问题。
- 有些异常意味着 Python 自身或者第三方库出现 Bug，可能会抛出 Runtime-Exception（运行时异常）。我们通常可以通过下载和安装一个新版本的 Python 或者第三方库来解决。如果你用的是发布候选（Release Candidate）版本，你可以给开发者报告这个 Bug。[①]

---

① 麦叔注：发布候选版本是指还没有正式对外发布的测试版本。虽然 Python 或第三方库可能出错，但是概率很低，出了问题时首先应该从自己的代码中找问题。

- 有些异常是设计问题。我们可能忘记考虑一个边界值问题，或者试着计算一个空的列表的平均值。这时会抛出 ZeroDivisionError。同样地，当发现这样的问题时，首先找到异常提示的行号。但找到异常后，我们需要分析引起异常的原因，找出有问题的对象。

- 大量的异常出现在程序对外的边界上。任何用户输入或者包括文件处理等操作系统请求都涉及程序之外的资源，可能会引发异常。我们可以把这些边界问题分为两个子类。

  - 外界对象处于不正常或者和预期不符的状态。比如，文件不存在（可能因为路径拼写错误）或目录创建失败（可能因为上次程序崩溃时已经创建了目录）。这些属于有清晰合理原因的 OSError（操作系统错误）。也有可能用户输入了不正确的值，甚至有人故意想要破坏系统。这些都是和软件本身相关的异常，我们应该编写代码来处理用户输入的异常数据，以及恶意的破坏性输入。

  - 还有相对较少的异常是由系统混乱引起的。一个计算机系统是由很多相互关联的设备组成的，任何一个设备都可能出错。这些错误可能是难以预测也难以按计划预防的。小的物联网计算机可能只有少量的组件，但是它们会被部署在很复杂的外界环境中。在一个由成千上万个组件组成的企业级服务器系统中，即使每个组件的出错概率只有 0.1%，也意味着任何时刻都有组件出错。

你可能已经注意到前面出现的所有 Python 内置异常的名称都以 Error 结尾。在 Python 中，**error** 和 **exception** 几乎是可以交换使用的。但有时错误比异常更严重，不过它们的处理方式完全相同。实际上，前面示例中所有的错误类都继承自 Exception（其又继承自 BaseException）。

4.1.1　抛出一个异常

我们马上会着手处理异常，但我们先来看看如何告诉用户或者调用者他们的输入不合法。我们可以使用和 Python 同样的机制。这里有一个简单的类，只能添加偶数到列表中：

```
from typing import List

class EvenOnly(List[int]):
    def append(self, value: int) -> None:
        if not isinstance(value, int):
            raise TypeError("Only integers can be added")
        if value % 2 != 0:
            raise ValueError("Only even numbers can be added")
        super().append(value)
```

这个类继承了内置的 `list` 对象，正如我们在第 2 章中所讨论的。我们使用类型提示表明它是一个只能包含整数对象的列表。通过重写 `append()`方法来检验两个条件以确保输入的是偶数。我们首先检查输入是否为 `int` 类型的实例，然后用模运算符确保它可以被 2 整除。只要其中任一条件不满足，`raise` 关键字将抛出异常。

`raise` 关键字后面跟着需要被抛出的异常对象。在前面的示例中，我们构建了两个新的内置异常类 `TypeError` 和 `ValueError`。被抛出的对象可以是我们自己创建的新异常类的实例（后面我们会看到创建新的异常类很简单），也可以是其他地方定义的异常，甚至可以是一个前面已经被抛出并处理过的异常对象。

如果我们在 Python 解释器中测试这个类，当遇到异常时，可以看到它输出有用的错误信息，就和前面的示例一样：

```
>>> e = EvenOnly()
>>> e.append("a string")
Traceback (most recent call last):
  File "<stdin>", line 1, in <module>
  File "even_integers.py", line 7, in add
    raise TypeError("Only integers can be added")
TypeError: Only integers can be added

>>> e.append(3)
Traceback (most recent call last):
  File "<stdin>", line 1, in <module>
  File "even_integers.py", line 9, in add
    raise ValueError("Only even numbers can be added")
```

```
ValueError: Only even numbers can be added
>>> e.append(2)
```

虽然这个类可以有效地演示如何抛出异常，但它本身的功能并不完善。我们仍然可能通过索引或切片语法将其他不是偶数的值添加到列表中。可以通过重写其他方法来避免这种情况，其中有些是双下画线的特殊方法。为了让这个类功能完善，我们还需要重写以下方法：extend()、insert()、__setitem__()、__init__()。

4.1.2　异常的作用

当抛出异常时，程序似乎会立即停止执行。抛出异常之后的所有代码都不会执行，除非有 except 语句处理这一异常，程序将会退出并输出错误信息。我们先看看未处理的异常，稍后会细致地学习如何处理异常。

看看下面这个简单的函数：

```
from typing import NoReturn


def never_returns() -> NoReturn:
    print("I am about to raise an exception")
    raise Exception("This is always raised")
    print("This line will never execute")
    return "I won't be returned"
```

这里类型提示使用了 NoReturn。这是告诉 *mypy*，这个函数是没有返回值的，因此不用担心执行不到最后的 return 语句。（*mypy* 可以检测到最后有一个 return 语句，由于前面会抛出异常，这个 return 语句明显是不可能执行的，正常情况下，*mypy* 会给出一个警告，使用了 NoReturn 之后，*mypy* 就会忽略这个问题。）

如果我们执行这个函数，可以看到执行了第一个 print()调用，然后抛出了异常。第二个 print()函数调用永远不会执行，而且 return 语句也永远不会执行：

```
>>> never_returns()
I am about to raise an exception
Traceback (most recent call last):
  File "<input>", line 1, in <module>
```

```
  File "<input>", line 6, in never_returns
Exception: This is always raised
```

更进一步，如果一个函数调用另一个抛出了异常的函数，在前者中调用后者的位置之后的所有代码也不会执行。抛出异常会停止执行函数调用栈中的所有代码，直到异常被正确处理，或者强制退出 Python 解释器。为了说明这一点，我们用另一个函数来调用前面的 never_returns()函数：

```
def call_exceptor() -> None:
    print("call_exceptor starts here...")
    never_returns()
    print("an exception was raised...")
    print("...so these lines don't run")
```

当我们调用这个函数时，可以发现第一个 print 语句被执行，同时还有 never_returns()函数的第 1 行。但是一旦抛出异常，将不会执行其他代码：

```
>>> call_exceptor()
call_exceptor starts here...
I am about to raise an exception
Traceback (most recent call last):
  File "<input>", line 1, in <module>
  File "<input>", line 3, in call_exceptor
  File "<input>", line 6, in never_returns
Exception: This is always raised
```

注意，*mypy* 并没有识别出 never_returns()会抛出异常给 call_executor()函数。基于之前的示例，似乎 call_exceptor()更适合被描述为 NoReturn()函数。*mypy* 的代码扫描范围是很小的，它只会比较独立地检测函数和方法，当检测 call_exceptor()的时候，它并没有意识到 never_returns()会抛出异常。

抛出异常后，我们可以控制异常的传播，我们选择在方法调用栈中的任一方法中处理这一异常。

异常输出的错误信息叫作回溯（**traceback**），它包含方法的调用栈。命令行（在回溯中显示为"<module>"）调用 call_execptor()，call_execptor()再调用

never_returns()。异常最初是在 never_returns()函数内部抛出的。

异常会顺着调用栈向上传播。在 call_exceptor()中，never_returns()函数被调用之后将异常传递给上层的调用函数。然后异常被进一步传递给更上层，也就是 Python 解释器。而解释器不知道应该如何处理这个异常，于是只能退出并打印回溯信息。

4.1.3　处理异常

现在来看异常处理的另一面。如果遇到一个异常情况，我们的代码应该如何应对或者从中恢复呢？我们通过将可能抛出异常的代码（可能是会抛出异常的代码本身，或者调用一个可能抛出异常的函数或方法）包裹在 try…except 语句中来处理异常。最基本的语法看起来就像这样：

```python
def handler() -> None:
    try:
        never_returns()
        print("Never executed")
    except Exception as ex:
        print(f"I caught an exception: {ex!r}")
        print("Executed after the exception")
```

如果我们用前面的 never_returns()函数运行这段简单的脚本，never_returns()总会抛出异常，我们将会得到如下输出：

```
I am about to raise an exception
I caught an exception: Exception('This is always raised')
Executed after the exception
```

never_returns()函数愉快地通知我们它将会抛出一个异常，然后抛出了一个异常。我们的 handler()函数中的 except 语句捕获了这一异常。一旦捕获了异常，我们就能够进行善后清理工作（在这个示例中，通过输出信息说明我们正在处理这种情况），并且继续执行代码。never_returns()函数中的后续代码还是不会被执行，但是 handler()函数中 try…except 语句之后的代码能够恢复并继续执行。

> 请注意 try 和 except 语法中的缩进。try 语句包裹了所有可能抛出异常的代码，except 语句回到与 try 相同层级的缩进。所有用于处理异常的代码都在 except 语句之后缩进一层。正常的代码又回到初始的缩进层级。

前面代码的问题在于，我们使用 Exception 类捕获所有异常。如果我们的代码可能抛出 TypeError 和 ZeroDivisionError 异常，该怎么办？我们可能只想捕获 ZeroDivisionError 异常，因为它反映的是数据问题，但我们或许希望针对其他异常直接报错，这样我们能马上发现程序中的 Bug 并修复它们。你能猜到它的语法吗？

下面这个有点儿傻的函数演示了这一语法：

```python
from typing import Union


def funny_division(divisor: float) -> Union[str, float]:
    try:
        return 100 / divisor
    except ZeroDivisionError:
        return "Zero is not a good idea!"
```

这个函数做了一个简单的运算。我们用类型提示表明它的 divisor 参数是一个浮点数（float）。我们可以提供一个整数，Python 的强制类型转换会把它转换成浮点数。*mypy* 也知道整数可以转换为浮点数，因此不会要求一定是浮点数。

但我们确实要注意返回值类型。如果我们不抛出异常，将会计算并返回一个浮点数。如果抛出 ZeroDivisionError 异常，它将会被捕获并返回一个字符串。还有其他异常吗？我们试试看：

```python
>>> print(funny_division(0))
Zero is not a good idea!
>>> print(funny_division(50.0))
2.0
>>> print(funny_division("hello"))
Traceback (most recent call last):
...
```

TypeError: unsupported operand type(s) **for** /: 'int' **and** 'str'

第 1 行输出显示，如果遇到 0，我们能够正确处理。如果用合法的数字，可以正确执行。然而如果输入的是字符串（你刚刚还在想怎样才能得到一个 TypeError，是吧？），将会抛出异常。如果只用一个空的 except 语句而不指定 ZeroDivisionError，那么当我们传递一个字符串的时候，它将会提示我们正在除以 0，也就是返回"Zero is not a good idea!"，但事实并不是这样。这不但没有帮助，而且很有误导性。

> Python 在语法上支持空的 except 语句。使用 except:而不指定具体的异常是被广泛否定的做法，因为它会无脑地阻止程序崩溃，但有时候程序就应该崩溃，因为这样我们才能知道问题所在。我们一般使用 except Exception:来显式地一次性捕获常见异常。
>
> 用空的 except 语法和使用 except BaseException:是等价的。它试图捕获几乎不可能恢复的系统级异常。确实，这样会造成你的程序出现严重问题时仍然不崩溃，进而导致我们无法知道问题存在。

我们甚至可以用同样的代码一次处理两个或更多不同的异常。这里有一个可能抛出 3 个不同异常的示例。它用同一个异常处理器处理 TypeError 和 ZeroDivisionError 异常，但是如果你传入数字 13，也可能抛出 ValueError 异常：

```python
def funnier_division(divisor: int) -> Union[str, float]:
    try:
        if divisor == 13:
            raise ValueError("13 is an unlucky number")
        return 100 / divisor
    except (ZeroDivisionError, TypeError):
        return "Enter a number other than zero"
```

我们在 except 语句中提供了多个异常类。这让我们能够用同一段异常代码处理多种异常。我们可以用多个不同的值来测试它：

```python
>>> for val in (0, "hello", 50.0, 13):
...     print(f"Testing {val!r}:", end=" ")
...     print(funnier_division(val))
```

```
...
Testing 0: Enter a number other than zero
Testing 'hello': Enter a number other than zero
Testing 50.0: 2.0
Testing 13: Traceback (most recent call last):
  File "<input>", line 3, in <module>
  File "<input>", line 4, in funnier_division
ValueError: 13 is an unlucky number
```

　　for 循环语句用几个不同的值测试函数，并打印出结果。你是不是不清楚 print() 函数中 end 参数的意思，它将默认的打印输出换行符替换为空格，这样就能够与下一行的输出信息合并为一行。

　　数字 0 和字符串都被 except 语句捕获，并打印出合适的错误信息。数字 13 引起的异常没有被捕获，因为它是一个 ValueError，ValueError 不属于要处理的异常类型。目前一切正常，但是如果我们想要分别捕获不同的异常并做出不同的反应，该怎么办？或者可能我们想要针对某种异常执行某些操作之后再上传给上层函数，就像从来没有捕获一样？

　　针对这些情况，我们不需要新的语法。可以添加多个 except 语句，其中只有第一个匹配异常类型的语句才会被执行。对于第二个问题，在异常处理代码块中，直接用不加任何参数的 raise 关键字会再次抛出当前异常。看看下面的代码：

```python
def funniest_division(divisor: int) -> Union[str, float]:
    try:
        if divider == 13:
            raise ValueError("13 is an unlucky number")
        return 100 / divider
    except ZeroDivisionError:
        return "Enter a number other than zero"
    except TypeError:
        return "Enter a numerical value"
    except ValueError:
        print("No, No, not 13!")
        raise
```

最后一行再次抛出 ValueError，也就是在输出 No,No，not 13!之后，会再次抛出这一异常。我们仍然可以在打印输出中看到原始的回溯信息。

如果像上面的示例一样，添加多个异常处理语句，就算有多个匹配的异常处理语句，也只有第一个匹配的语句才会被执行。怎么可能出现多个异常同时匹配的情况呢？记住异常也是对象，因此可能存在子类。我们将会在下一节中看到，大部分异常继承自 Exception 类（它又继承自 BaseException）。如果我们在捕获 TypeError 之前捕获了 Exception，那么只有处理 Exception 的语句会执行，因为从继承关系上来说，TypeError 也是一个 Exception。[①]

如果我们想要针对特定的几个异常单独处理，然后将其他类型的异常统一处理，这种特性就很好用。只需要在处理完所有特定类型的异常之后再捕获 Exception 即可。

有时候，当我们捕获一个异常时，需要用到对 Exception 对象的引用。这通常发生在我们自己定义的有特定参数的异常中，但也有可能用在处理标准异常时。大部分异常类的构造方法接收一组参数，而且可能需要在处理异常时获取这些属性。如果我们定义了自己的 Exception 类，甚至可以在捕获到它的时候调用特定的方法。使用 as 关键字将捕获的异常作为变量使用的语法如下：

```
>>> try:
...     raise ValueError("This is an argument")
... except ValueError as e:
...     print(f"The exception arguments were {e.args}")
...
The exception arguments were ('This is an argument',)
```

运行这段简单的代码，将会在处理异常时打印出我们在初始化 ValueError 时传递给它的字符串参数。

我们已经看到了异常处理语法的几种写法，但是仍然不知道如何做到无论是否遇到异常都执行某些代码，也不知道怎样才能在**只有不发生任何异常时**才执行某些代码。这需要另两个关键字 finally 和 else，这两个关键字都不需要额外的参数。

---

① 麦叔注：这告诉我们捕获异常的顺序非常重要。要将具体的异常放在前面，通用的异常放在后面。

我们会演示一个使用 **finally** 的示例。但在大部分情况下，会使用上下文管理器来替代异常处理代码块做这种最终处理。上下文管理器是实现不管是否有异常都要执行某段代码的更优雅的方式。主要想法是把相关的处理责任封装在上下文管理类中。

下面的示例随机选取一个异常并抛出，然后在简单的异常处理代码中使用了上面介绍的新语法：

```python
some_exceptions = [ValueError, TypeError, IndexError, None]

for choice in some_exceptions:
    try:
        print(f"\nRaising {choice}")
        if choice:
            raise choice("An error")
        else:
            print("no exception raised")
    except ValueError:
        print("Caught a ValueError")
    except TypeError:
        print("Caught a TypeError")
    except Exception as e:
        print(f"Caught some other error: {e.__class__.__name__}")
    else:
        print("This code called if there is no exception")
    finally:
        print("This cleanup code is always called")
```

这个示例几乎涵盖了所有能想到的异常处理语法。执行这个示例，将会看到如下输出：

```
(CaseStudy39) % python ch_04/src/all_exceptions.py

Raising <class 'ValueError'>
Caught a ValueError
This cleanup code is always called

Raising <class 'TypeError'>
```

```
Caught a TypeError
This cleanup code is always called

Raising <class 'IndexError'>
Caught some other error: IndexError
This cleanup code is always called

Raising None
no exception raised
This code called if there is no exception
This cleanup code is always called
```

注意，`finally` 语句下的 `print` 无论在什么条件下都会执行。如果我们需要在代码执行完成之后执行特定的任务（即便遇到了异常），这将非常有用。一些常见的示例包括：

- 关闭打开的数据库链接。
- 关闭打开的文件。
- 关闭网络连接。

所有这些一般都使用上下文管理器，这是第 8 章中的一个主题。

> 虽然不推荐，但 `finally` 语句可以在 `try` 子句中的 `return` 语句之后执行，所以它可以用于执行返回后的处理，但它也可能让阅读代码的人感到困惑。

同时注意没有抛出异常时的输出：`else` 和 `finally` 语句都执行了。这里的 `else` 语句看起来似乎有点儿多余，因为只有当没有异常时才需要执行的代码可以被直接放在整个 `try...except` 语法块之外。不同之处在于，如果有异常被捕获并处理，`else` 代码块不会执行。我们在后面讨论将异常作为控制流时，会详细讨论这一点。

在 `try` 代码块后，`except`、`else` 和 `finally` 语句都是可以省略的（但是只出现 `else` 是不合法的）。如果同时包含多个语句，`except` 一定要在 `else` 前面，`finally` 在最后。一定要注意 `except` 语句的顺序，通常是先处理特殊异常，再处理一般异常。

4.1.4　异常的层级

我们已经看到几个最常见的内置异常，你可能也已经在 Python 开发中遇见过其他的内置异常。正如前面提到的，大部分异常都是 Exception 类的子类，但并非所有异常都是。Exception 类本身实际上继承自 BaseException。事实上，所有异常必须继承自 BaseException 类或是其子类。

有两个关键的内置异常类，SystemExit 和 KeyboardInterrupt，它们直接继承自 BaseException 类，而不是 Exception 类。SystemExit 异常在程序自然退出时被抛出，通常是因为我们在代码的某处调用了 sys.exit() 函数（例如，当用户选择了菜单中的"退出"选项，或者单击了窗口中的"关闭"按钮，或者输入指令关闭服务器，或者系统发送了终止应用的信号时）。设计这个异常的目的是，在程序最终退出之前完成清理工作。

如果我们确实想要处理 SystemExit 异常，通常会将其再次抛出，因为捕获这个异常将会导致我们的程序无法退出。你可能碰到过这样的情况，有时候我们无法停掉某个占用数据库锁的存在 Bug 的网络服务，除非重启服务器。我们不希望在捕获 Exception 时意外地捕获到 SystemExit 异常，这就是它直接继承自 BaseException 的原因。

KeyboardInterrupt 异常常见于命令行程序。当用户执行和操作系统相关的按键组合（通常是 *Ctrl+C* 组合键）来中断程序时会抛出这个异常。在 Linux 和 macOS 下，使用 kill -2 <pid> 也是一样的效果。这是用户故意中断一个正在运行的程序的标准方法，与 SystemExit 类似，它也会导致程序结束。同样与 SystemExit 类似，它也可以在 finally 代码块中完成清理任务。

下面的类图可以完整地说明异常之间的层级，如图 4.1 所示。

当我们仅用 except: 语句而不添加任何类型的异常时，将会捕获 BaseException 的子类；也就是说，将捕获所有异常，包括那两个特殊的异常对象。由于我们通常想要特殊对待它们，所以不带参数的 except: 语句不是一个明智的选择。如果你想要捕获所有除了 SystemExit 和 KeyboardInterrupt 的其他异常，你应该明确指明捕获

Exception。大部分 Python 程序员会把空的 except:当成一种代码错误，会在代码审查时指出这个问题。

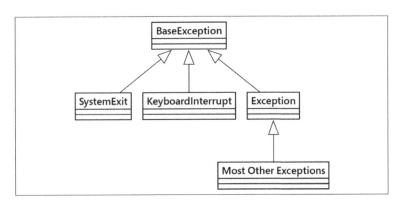

图 4.1 异常的层级

4.1.5 定义我们自己的异常

有时候，当我们想要抛出一个异常时，却发现没有一个合适的内置异常。这里的关键问题在于，我们想要如何处理这个异常。当我们想要创建一种新的异常时，这一定是因为我们想要对这种异常情况做出特殊的处理。

如果对新异常的处理和对 ValueError 的处理是一样的，那根本没必要创建新的异常，可以直接抛出 ValueError。幸运的是，定义我们自己的异常对象是很容易的。异常类的名称通常要表明发生了什么错误，而且可以向初始化函数中添加任何参数来提供额外的信息。

我们只需要继承 Exception 类或者它的子类，我们甚至不需要向类中添加任何内容！当然也可以直接继承 BaseException，但是这将会导致它无法被 except Exception 从句捕获，我们很少需要这么做。

下面这个简单的异常可能用于银行应用：

```
>>> class InvalidWithdrawal(ValueError):
...     pass
```

```
>>> raise InvalidWithdrawal("You don't have $50 in your account")

Traceback (most recent call last):
  File "<input>", line 1, in <module>
InvalidWithdrawal: You don't have $50 in your account
```

最后一行说明了如何抛出这个新定义的异常。我们可以给异常传入任意数量的参数，通常会传入一个字符串，但也可以是对后续异常处理有用的任何对象。Exception.__init__()方法被设计成可以接收任意参数，这些参数被保存在名为 args 的元组属性中。这使得我们可以更容易地定义新的异常，而不需要重写__init__()方法。

当然，如果我们想要自定义初始化函数，也可以这么做。下面的这个异常类的初始化函数接收当前余额和用户取款数额作为参数。除此之外，它还有一个方法用于计算这次取款造成的透支数额：

```
>>> from decimal import Decimal
>>> class InvalidWithdrawal(ValueError):
...     def __init__(self, balance: Decimal, amount: Decimal) -> None:
...         super().__init__(f"account doesn't have ${amount}")
...         self.amount = amount
...         self.balance = balance
...     def overage(self) -> Decimal:
...         return self.amount - self.balance
```

既然我们在处理货币运算，使用了 decimal 模块中的 Decimal 类，那么我们不能使用 Python 默认的 int 或 float 类型来做货币运算。货币运算需要固定的小数位数，需要精确的十进制运算和复杂的小数舍入规则。[①]

（同时，银行账号并没被传给异常，因为银行家不希望银行账号暴露在日志或者回溯中。）

---

① 麦叔注：之所以要使用 Decimal，而不能使用 float，是因为 float 类型使用二进制，小数在转换成十进制的过程中会造成数字不精确。相关知识请自行查询补充。

下面是如何创建 `InvalidWithdrawal` 异常的示例：

```
>>> raise InvalidWithdrawal(Decimal('25.00'), Decimal('50.00'))
Traceback (most recent call last):
...
InvalidWithdrawal: account doesn't have $50.00
```

下面是如何处理 `InvalidWithdrawal` 异常的示例：

```
>>> try:
...     balance = Decimal('25.00')
...     raise InvalidWithdrawal(balance, Decimal('50.00'))
... except InvalidWithdrawal as ex:
...     print("I'm sorry, but your withdrawal is "
...             "more than your balance by "
...             f"${ex.overage()}")
```

在这里我们使用了 `as` 关键字把捕获到的异常赋值给局部变量 `ex`。按照惯例，Python 程序员通常将异常变量命名为 `ex`、`exc` 或者 `exception`；当然，如果你愿意，你也可以把它命名为 `_exception_raised_above`，甚至是 `aunt_sally`。

我们定义自己的异常的理由可能有很多。通常是为了向异常中添加信息或以其他形式记录日志。但是自定义异常的真正优势通常体现在创建供他人使用的框架、库或 API 上。在这种情况下，需要注意确保你的代码抛出的异常对于使用你的库的程序员来说是易于理解的。下面是自定义异常的一些标准：

- 它们应该能够清楚地描述发生的情况。比如，`KeyError` 表示无法找到某个 Key，异常中应该提供是哪个 Key 无法找到。
- 调用者应该能够轻松地看出如何修复这些错误（如果抛出异常是因为代码中存在 Bug）或者处理这些异常（如果是他们需要了解的情况）。
- 自定义异常的处理逻辑应该和其他异常不同。如果处理逻辑和其他异常一样，那么最好重用已有的异常。

现在我们已经学习了如何抛出异常和创建新的异常。关于异常数据和异常的处理有很多需要我们考虑的地方，有很多不同的设计选择。我们先从这个想法开始，那就是，在 Python 中异常可以用在一些严格来说并不算错误的地方。

4.1.6　异常并不是例外

新手程序员通常会认为异常只在例外情况下才有用。但是，例外情况的定义是非常模糊的，是我们可以自己定义的。看看下面两个函数：

```python
def divide_with_exception(dividend: int, divisor: int) -> None:
    try:
        print(f"{dividend / divisor=}")
    except ZeroDivisionError:
        print("You can't divide by zero")


def divide_with_if(dividend: int, divisor: int) -> None:
    if divisor == 0:
        print("You can't divide by zero")
    else:
        print(f"{dividend / divisor=}")
```

这两个函数的行为完全相同。如果 divisor 是 0，将会打印一条错误信息；否则，打印除法的计算结果。我们可以通过一条 if 语句进行检查，从而避免抛出 ZeroDivisionError。在这个示例中，检查被除数是否为 0 是很简单的。而在某些情况下，这个检查可能很复杂，有时候可能需要计算中间结果。在最坏的情况下，这个检查涉及使用很多其他的方法或类来提前运行后续代码以判断是否会出错。

Python 程序员倾向于这样一个原则：**请求宽恕比请求许可更容易**（**It's Easier to Ask Forgiveness than Permission**），简称为 EAFP。也就是说，他们先执行代码，然后解决错误。另一种"三思而后行"（**Look Before You Leap**）的原则则是反其道而行之，简称 LBYL，没有那么流行。使用前者有很多理由，但是最主要的一点是，没有必要消耗 CPU 资源去检查一些很少才会出现的情况。

因此，对于例外情况使用异常是很明智的，即使这些情况只是很少出现的例外。更深入地探讨这一点，可以发现处理异常的语法也能够非常有效地用于流程控制。像 if 语句一样，异常可以用于决策、分支和信息传递。

想象一个公司库存应用，用于售卖小工具和部件。当客户购买物品时，如果该物品存在，则从库存中将其移除并返回剩余数量，或者有可能缺货。对于库存应用来说，缺货是再正常不过的事，因此当然不是一种例外情况。但是如果缺货，我们应该返回什么？一个说明缺货的字符串？一个负数？不管是哪种情况，调用方法将必须检查返回值是正数或其他什么，从而判断是否缺货。这样看起来有点儿乱。

相反，我们可以抛出一个 OutOfStock 异常并用 try 语句来指导程序的流程控制。有道理吗？除此之外，我们想要确保不会将同一个物品卖给两个客户，或者出售一个没库存的物品。一种方式是给每种类型的物品上锁，以确保同一时间只有一个人可以更新它。用户必须给物品上锁，操作（购买、进货、清点等）物品之后解锁。（这就是一个上下文管理器，第 8 章的主题之一。）

下面有一个不完整的 Inventory 示例，用文档字符串描述方法的功能：

```python
class OutOfStock(Exception):
    pass


class InvalidItemType(Exception):
    pass


class Inventory:
    def __init__(self, stock: list[ItemType]) -> None:
        pass

    def lock(self, item_type: ItemType) -> None:
        """进入上下文。
        锁住 item_type，确保在上下文运行过程中其他人无法修改
        inventory。"""
        pass

    def unlock(self, item_type: ItemType) -> None:
        """退出上下文。
        解锁 item_type。"""
        pass

    def purchase(self, item_type: ItemType) -> int:
```

```
        """如果 item 没有上锁，抛出
        ValueError，因为有某些东西出错了。
        如果 item_type 不存在，
        抛出 InvalidItemType。
        如果库存中没有 item，
        抛出 OutOfStock。
        如果 item 可用，
        给库存减少一个 item，返回剩余 item 的数量。
        """
        # 模拟结果
        if item_type.name == "Widget":
            raise OutOfStock(item_type)
        elif item_type.name == "Gadget":
            return 42
        else:
            raise InvalidItemType(item_type)
```

可以将这个对象原型交给一个开发者，让他按照文档实现方法，同时我们来完成"购买所需"的代码。根据购买时可能发生的不同情况，我们将用到 Python 健壮的异常处理功能来控制不同的分支。我们甚至可以写一个测试用例，确保这个类的实现符合设计的要求。

为了让这个示例更完善，下面是一个 **ItemType** 类的定义：

```
class ItemType:
    def __init__(self, name: str) -> None:
        self.name = name
        self.on_hand = 0
```

下面是在交互式解释器中使用 **Inventory** 类的示例：

```
>>> widget = ItemType("Widget")
>>> gadget = ItemType("Gadget")
>>> inv = Inventory([widget, gadget])

>>> item_to_buy = widget
```

```
>>> inv.lock(item_to_buy)
>>> try:
...     num_left = inv.purchase(item_to_buy)
... except InvalidItemType:
...     print(f"Sorry, we don't sell {item_to_buy.name}")
... except OutOfStock:
...     print("Sorry, that item is out of stock.")
... else:
...     print(f"Purchase complete. There are {num_left}
{item_to_buy.name}s left")
... finally:
...     inv.unlock(item_to_buy)
...
Sorry, that item is out of stock.
```

以上示例使用了所有可能的异常来确保在正确的时间执行正确的操作。虽然 OutOfStock 异常并不是一个真正意义上的异常，但我们仍然可以用异常来处理。同样的代码可以用 if…elif…else 结构来完成，但是用异常处理结构更容易阅读和维护。

注意，其中一个异常消息 There are {num_left} {item_to_buy.name}s left 可能会有英语语法错误。当只有一件商品的时候，它需要被改写为 There is {num_left} {item_to_buy.name} left。为了支持这种动态的语言变化，最好不要在 f-string 中掺杂语法细节，最好使用 else:语句。下面是一个选择有效语法消息的示例：

```
msg = (
    f"there is {num_left} {item_to_buy.name} left"
    if num_left == 1
    else f"there are {num_left} {item_to_buy.name}s left")
print(msg)
```

也可以通过异常在不同方法之间传递消息。例如，如果想要通知客户商品的到货日期，可以在构造 OutOfStock 异常对象时提供一个必要参数 back_in_stock。在处理这个异常时，我们可以检查这个值以将额外的信息提供给客户。异常对象附带的信息可以方便地在程序的不同位置之间传递。这个异常甚至可以提供一个方法来让库存对象重新下单。

用异常来进行流程控制，可以完成一些非常好用的程序设计。本节讨论的一个重点是，异常并不是我们应该尽量避免的坏事。发生异常也不意味着你应该阻止这种异常情况的发生。相反，它是在可能不方便直接相互调用的两段代码之间传递信息的一种强大的方式。

4.2　案例学习

本章的案例学习主要解决数据或代码可能引起的异常。数据问题和程序问题是造成异常的两种来源，但它们并不等价。我们可以这样对比它们：

- 数据异常是最常见的问题。数据可能没有遵循语法原则，格式不对。另外，更微小的错误可能源于没有由可识别的逻辑组织的数据，如列名拼写错误等。当用户试图进行越权操作时也会引发异常。我们需要提醒用户和管理员无效的数据和无效的操作。
- 代码异常通常就是指 **Bug**。应用程序不应尝试从这些问题中自动恢复。我们应该在单元测试或集成测试（第 13 章）中发现它们并修复它们。也有可能，某个问题逃过了测试，然后被发布到线上，并被用户碰到。我们应该用优雅的方式告诉用户，系统出问题了，然后停止执行，甚至让程序崩溃。程序出了问题还让用户继续使用，可能会带来更严重的后果。

在我们的案例学习中，有三个可能出错的地方：

- 植物学家提供的已知 **Sample** 实例，反映了专家判断这些数据应该是质量很好的，但是没有人可以保证不会有人不小心重命名了文件，用一些无效或无法处理的数据替代了好的数据。
- 研究员们提供的未知 **Sample** 实例，可能存在各种数据质量问题。我们稍后会讨论。
- 研究员或者植物学家所做的操作。我们再看看用例，确定一下什么角色允许做什么操作。有时候，我们可以让用户只看见他们可以操作的菜单来避免这些问题。

我们先从回顾用例开始，这样可以确定应用所需的异常类型。

4.2.1　上下文视图

在第 1 章的上下文视图中，我们使用 User 来代表所有用户。这在一开始还可以，但经过深入分析，我们可能需要把用户细分为植物学家（Botanist）和研究员（Reseacher）。植物学家提供分好类的样本，而研究员使用我们的 AI 算法做分类。

下面是扩展后的上下文视图，里面包含了两种用户和他们各自被允许的操作，如图 4.2 所示。

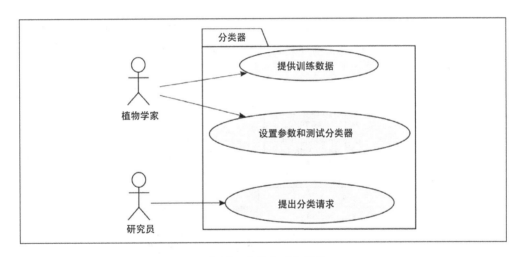

图 4.2　应用上下文视图

植物学家提供已知样本数据，他有两个有效操作。研究员提供未知样本数据，只有一个有效操作。

数据和处理用例是紧密联系在一起的。当一个植物学家提供新的训练样本或者设置参数并测试分类器时，应用程序必须验证他提供的数据的有效性。

类似地，当研究员尝试给一个未知样本分类时，应用程序必须确认数据是否有效且可用。如果是无效数据，必须把问题反馈给研究员，这样研究员才能修改数据并重新尝试。

我们可以把坏数据的处理分成两部分：

- 发现异常数据。正如我们在本章中看到的，遇到无效数据时，可以通过抛出异常来使其被发现。
- 处理异常数据。这可以通过 `try:/except:`代码块来实现，给用户提供问题的原因以及可能的解决方案。

我们先从发现异常数据开始。抛出正确的异常是处理坏数据的基础。

4.2.2　过程视图

应用程序中有很多数据对象，但我们现在聚焦在 `KnownSample` 类和 `UnknownSample` 类上，它们都继承自 `Sample` 类，它们是由另两个类创建的。图 4.3 展示了 `Sample` 对象是由谁创建的。

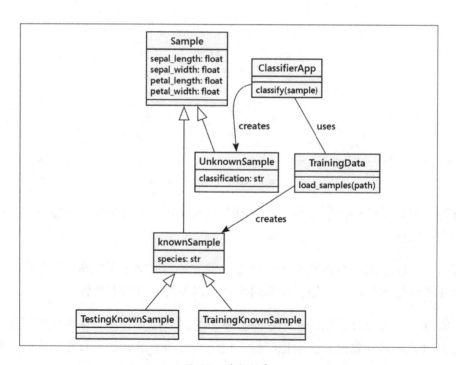

图 4.3　对象创建

图 4.3 中包含了两个会创建样本实例的类。`TrainingData` 类会加载已知样本。一个代表分类器的 `ClassifierApp` 类会验证未知样本并试图对它分类。

已知样本有 5 个属性，每个属性的有效值也是明确的：

- 4 个衡量指标 `sepal_length`、`sepal_width`、`petal_length`、`petal_width` 都是浮点数，它们都大于 0。
- 专家提供的 `species` 属性是一个字符串，它只有 3 个有效值。

未知样本只有 4 个指标属性。已知样本和未知样本继承自同一个父类确保了我们的验证逻辑可以重用。

上面属性的有效值都是各自独立的。在有些程序中，属性之间可能有复杂的关系，我们需要综合考虑多个属性的值以及它们的关系来判断数据是否有效。在我们的案例学习中，只需要关注 4 个属性各自的验证规则。

4.2.3 什么可能出错

我们要考虑一下在加载样本的时候什么可能出错，如果出错了，用户可以做什么。我们最好根据样本的验证规则，抛出一个特殊的 `ValueError` 的子类来描述数据问题，比如衡量指标不是小数、物种名是未知字符等。

我们可以使用下面的类来代表这种特殊异常：

```
class InvalidSampleError(ValueError):
    """样本数据文件格式错误"""
```

如果数据无法处理，我们就抛出 `InvalidSampleError` 异常，这个异常会携带一条消息，告诉用户具体的数据问题。

这可以帮助我们区分代码 Bug 引起的 `ValueError` 异常和真实的数据问题。当 `InvalidSampleError` 被抛出，说明不是代码有 Bug，而是数据有问题。这意味着我们需要在 `except:` 代码块中捕获 `InvalidSampleError` 异常。

如果我们直接使用 `except ValueError:`，这可能会把数据错误和代码 Bug 混在一起。我们可能会把代码 Bug 误认为是数据问题。所以要谨慎处理通用异常，因为我们可能不小心捕获了代码 Bug。代码 Bug 应该被修复，而不是被捕获。

4.2.4　错误的行为

之前我们提到过，用户可能会做出一些非法的操作。比如，一个研究员可能试图提供一个已知样本。但加载新的训练数据只有植物学家可以做。这意味着，如果研究员尝试去做这件事情，程序应该抛出某种异常。

我们的应用程序运行在操作系统环境中。对于命令行程序，我们可以把用户分成两组，并且使用操作系统的文件权限系统来限制哪组的人可以运行哪些文件。这是一个有效且全面的解决方案，不需要任何 Python 代码。

但是，对于基于 Web 的应用程序，我们需要对每个用户进行 Web 应用程序的身份验证。所有的 Python Web 框架都提供了用户身份验证机制。有些框架提供了一些很方便的插件，如 Open Authentication、OAuth 等。更多信息请查看链接 12。

对于 Web 应用，我们一般有两步验证：

- **身份验证**：这一步是为了验证用户的身份，是为了知道用户是谁。可以使用密码等单一的验证方式，也可以结合其他方式做多因素验证，比如物理密钥、手机验证码等。
- **权限验证**：这一步是为了判定用户是否有权限执行某个操作。我们通常会给用户定义角色，并根据用户的角色限定用户可以访问的资源。当用户没有权限访问某个资源时，应该抛出异常。

很多 Web 框架将异常作为一种内部信号，用异常表示某种操作是不被允许的。这种内部的异常一定要映射到外部的 HTTP 状态码，比如 401 表示没有权限访问当前资源。

这是一个很深的主题，超出了本书的范围。例如，请参阅"使用 Flask 构建 Web 应用程序"（链接 13）以了解 Web 应用程序的介绍。

4.2.5 通过 CSV 文件创建样本

关于如何读取不同格式文件的细节，我们留到第 9 章进行介绍。现在我们只关注如何读取 CSV 文件。

CSV 是 **Comma-Separated Value**（逗号隔开的值）的缩写，可以用于定义表格中的一行数据。在一行中，每一列是用逗号隔开的字符串。当 CSV 数据被 Python 的 csv 模块解析时，每一行数据被转换成一个字典。字典的 key 是列名，字典的 value 是当前行中这一列的值。

例如，一行数据看起来是这样的：

```
>>> row = {"sepal_length": "5.1", "sepal_width": "3.5",
... "petal_length": "1.4", "petal_width": "0.2",
... "species": "Iris-setosa"}
```

csv 模块的 DictReader 类会把多行数据转换成一个由 dict[str, str]行实例组成的序列。如果原始数据是合法的，我们需要把一行的字典实例转换成某个 Sample 子类的实例。如果原始数据不合法，我们要抛出异常。

假设使用上面示例中的字典，下面的方法会把字典转换成一个更有用的对象。这个方法在 KnownSample 类中：

```
@classmethod
def from_dict(cls, row: dict[str, str]) -> "KnownSample":
    if row["species"] not in {
            "Iris-setosa", "Iris-versicolour", "Iris-virginica"}:
        raise InvalidSampleError(f"invalid species in {row!r}")
    try:
        return cls(
            species=row["species"],
            sepal_length=float(row["sepal_length"]),
            sepal_width=float(row["sepal_width"]),
            petal_length=float(row["petal_length"]),
            petal_width=float(row["petal_width"]),
        )
```

```
except ValueError as ex:
    raise InvalidSampleError(f"invalid {row!r}")
```

from_dict()方法会检查 species 的值，如果它无效就抛出异常。它尝试用
float()函数把各字符串数值转换成浮点数，然后创建一个 cls 类型的实例。如果所
有数值都被成功转换为浮点数，就能成功创建对象，也就是参数 cls 指定类型的实例。

如果任何一个 float()调用报错（某个数值不是浮点数），就会抛出一个
ValueError。基于这个 ValueError 异常，我们创建了一个 InvalidSampleError 并
抛出去。

这个函数的验证混合使用了**请求宽恕比请求许可更容易**（**EAFP**）和**三思而后行**
（**LBYL**）两种风格。EAFP 在 Python 中的应用更广泛，但是在验证 species 值的时候，
没有类似于 float()的转换函数可以帮忙抛出异常或坏数据，所以我们使用了 LBYL。
我们后面会学习一种替代方案。

from_dict()方法使用了@classmethod 装饰器。这意味着真实的类对象会成为方
法的第一个参数 cls。这样做意味着任何它的子类都会把子类自身作为 cls 参数传给
这个方法。我们可以创建一个新的子类，比如 TrainingKnownSample：

```
class TrainingKnownSample(KnownSample):
    pass
```

TrainingKnownSample.from_dict()方法会把 TrainingKnownSample 作为 cls
参数值。没有写任何其他代码，from_dict()方法就会为 TrainingKnownSample 类创
建实例。

这运行起来没有问题，但 *mypy* 可能不这么认为。我们可以使用下面的方法提供
明确的类型映射：

```
class TrainingKnownSample(KnownSample):
    @classmethod
    def from_dict(cls, row: dict[str, str]) -> "TrainingKnownSample":
        return cast(TrainingKnownSample, super().from_dict(row))
```

另一种做法是继续使用前面的更简单的类定义，但在实际调用 from_dict()的地

方使用 cast() 操作, 比如 cast(TrainingKnownSample, TrainingKnownSample.from_dict(data))。既然这个方法用的地方不多, 也很难说哪个方法更简单。

下面是第 3 章中定义的 KnownSample 类的其余部分:

```python
class KnownSample(Sample):

    def __init__(
        self,
        species: str,
        sepal_length: float,
        sepal_width: float,
        petal_length: float,
        petal_width: float,
    ) -> None:
        super().__init__(
            sepal_length=sepal_length,
            sepal_width=sepal_width,
            petal_length=petal_length,
            petal_width=petal_width,
        )
        self.species = species

    def __repr__(self) -> str:
        return (
            f"{self.__class__.__name__}("
            f"sepal_length={self.sepal_length}, "
            f"sepal_width={self.sepal_width}, "
            f"petal_length={self.petal_length}, "
            f"petal_width={self.petal_width}, "
            f"species={self.species!r}, "
            f")"
        )
```

让我们看看以上代码在实践中是如何工作的。以下是加载一些有效数据的示例:

```
>>> from model import TrainingKnownSample
>>> valid = {"sepal_length": "5.1", "sepal_width": "3.5",
... "petal_length": "1.4", "petal_width": "0.2",
... "species": "Iris-setosa"}

>>> rks = TrainingKnownSample.from_dict(valid)
>>> rks
TrainingKnownSample(sepal_length=5.1, sepal_width=3.5,
petal_length=1.4, petal_width=0.2, species='Iris-setosa', )
```

我们创建了一个名为 valid 的字典，csv.DictReader 将会读取这个字典中的一行数据。接着，我们创建了一个名为 rks 的 TrainingKnownSample 的实例。这个实例拥有正确的浮点数属性值，这说明字符串到浮点数的转换都成功了。

下面是一个坏数据引发异常的示例，它展示了验证的过程：

```
>>> from model import TestingKnownSample, InvalidSampleError
>>> invalid_species = {"sepal_length": "5.1", "sepal_width": "3.5",
...  "petal_length": "1.4", "petal_width": "0.2",
...  "species": "nothing known by this app"}

>>> eks = TestingKnownSample.from_dict(invalid_species)
Traceback (most recent call last):
...
model.InvalidSampleError: invalid species in {'sepal_length': '5.1',
'sepal_width': '3.5', 'petal_length': '1.4', 'petal_width': '0.2',
'species': 'nothing known by this app'}
```

当我们试图创建 TestingKnownSample 实例时，无效的 species 值引发了异常。

我们已经发现了所有可能的问题吗？csv 模块会处理物理格式问题，如果我们提供一个 PDF 文件，它会抛出异常。无效的物种名和浮点数会在 from_dict()方法中被检查。

有一些我们还没有检查的东西。下面是一些额外的验证：

- 缺少属性（key）。如果某个属性名（字典的 key）拼写错误，代码会抛出

KeyError 异常，其不会被重新封装成 InvalidSampleError 异常。这个改动我们留给读者自行完成。

- 多余属性（key）。如果有多余的属性，数据应该算是无效的，还是应该忽略多余的属性？数据可能来自一个有多余列的数据表，我们应该忽略多余的列。这样会比较灵活，但是暴露出输入数据的潜在问题也很重要。

- 超出范围的浮点数。数值的合理范围可能是有上限和下限的。很明显，下限是 0，花瓣长度等属性值不可能为负数，但是上限就没那么清楚了。存在一些用于定位异常值的统计技术，包括**中值绝对偏差（MAD）**技术。有关如何发现似乎不符合正态分布的数据的更多信息，请参阅链接 14。

这些额外检查的第一个可以被添加到 from_dict()方法中。第二个必须与用户商讨决定，是否算是异常，如果算异常，可以将其添加到 from_dict()方法中。

异常值检测更加复杂。我们需要在加载所有测试和训练样本后执行此检查。因为异常值检查不适用于单行，所以它需要一个不同的异常。我们可以像如下这样定义另一个异常：

```
class OutlierError(ValueError):
    """数值超出预期范围"""
```

对于这个异常，可以用简单的范围检查或更复杂的 MAD 方法做异常值检测。

4.2.6　验证枚举值

有效的 species 列表被放在 from_dict()方法中，这看起来不太明显，也会带来维护问题。如果源数据改变，我们需要修改方法，这很难发现，也容易忘记。如果有效物种变多，相关代码会变得很长而难以阅读。

使用包含有效值列表的显式**枚举类（enum）**是一种将其转换为纯 EAFP 风格的方法。考虑使用以下方法来验证物种，这样做意味着重新定义多个类：

```
>>> from enum import Enum
>>> class Species(Enum):
...     Setosa = "Iris-setosa"
```

```
...        Versicolour = "Iris-versicolour"
...        Viginica = "Iris-virginica"

>>> Species("Iris-setosa")
<Species.Setosa: 'Iris-setosa'>

>>> Species("Iris-pinniped")
Traceback (most recent call last):
...
ValueError: 'Iris-pinniped' is not a valid Species
```

当我们使用 species 枚举类创建物种实例时，如果传入的字符串无效，会抛出 ValueError 异常。这与 float()和 int()函数会对非法数字字符串抛出 ValueError 异常是同样的做法。

使用可枚举的值也需要修改 KnownSample 类。它需要使用 Species 类，而不是使用 str 类来代表物种。在这个案例学习中，可枚举的物种数量有限，使用枚举类是可行的。但是，在某些问题领域中，可枚举的值可能很多，这会让枚举类变得很长，或者无法提供所有的值。

我们可以继续使用字符串对象，而不是枚举类。我们可以将该领域每个可枚举的字符串值定义为 Set[str]类的子类：

```
>>> from typing import Set
>>> class Domain(Set[str]):
...     def validate(self, value: str) -> str:
...         if value in self:
...             return value
...         raise ValueError(f"invalid {value!r}")
>>> species = Domain({"Iris-setosa", "Iris-versicolour",
"Iris-virginica"})
>>> species.validate("Iris-versicolour")
'Iris-versicolour'
>>> species.validate("odobenidae")
Traceback (most recent call last):
...
ValueError: invalid 'odobenidae'
```

我们可以像使用 float() 函数一样使用 species.validate() 函数。这将验证字符串，不会将其转换为其他类型，而是返回字符串。如果是无效的值，则会抛出 ValueError 异常。

我们可以用这种方法来重写 from_dict() 方法：

```
@classmethod
def from_dict(cls, row: dict[str, str]) -> "KnownSample":
    try:
        return cls(
            species=species.validate(row["species"]),
            sepal_length=float(row["sepal_length"]),
            sepal_width=float(row["sepal_width"]),
            petal_length=float(row["petal_length"]),
            petal_width=float(row["petal_width"]),
        )
    except ValueError as ex:
        raise InvalidSampleError(f"invalid {row!r}")
```

使用这种方法，我们要先定义一组全局的有效物种集合。令人愉快的是，这种方法使用了一致的 EAFP 风格来构建对象或引发异常。

我们前面说过，这个设计包含两部分。我们已经讨论了如何抛出合理的异常。现在，我们可以查看使用 from_dict() 方法的上下文，以及如何把错误汇报给用户。

4.2.7 读取 CSV 文件

我们将创建一个从 CSV 源数据创建对象的通用模板。这样就可以利用各个类的 from_dict() 方法创建相应的对象：

```
class TrainingData:

    def __init__(self, name: str) -> None:
        self.name = name
        self.uploaded: datetime.datetime
        self.tested: datetime.datetime
```

```
        self.training: list[TrainingKnownSample] = []
        self.testing: list[TestingKnownSample] = []
        self.tuning: list[Hyperparameter] = []

    def load(self, raw_data_iter: Iterable[dict[str, str]]) -> None:
        for n, row in enumerate(raw_data_iter):
            try:
                if n % 5 == 0:
                    test = TestingKnownSample.from_dict(row)
                    self.testing.append(test)
                else:
                    train = TrainingKnownSample.from_dict(row)
                    self.training.append(train)
            except InvalidSampleError as ex:
                print(f"Row {n+1}: {ex}")
                return
        self.uploaded = datetime.datetime.now(tz=datetime.timezone.utc)
```

load()方法把样本分成测试子集和训练子集。csv.DictReader 对象会产生可枚举的 dict[str, str]对象数据源，作为参数传给 load()方法。

我们可以这样做，一旦遇到错误就马上汇报错误信息并返回。错误信息看起来是如下这样的：

```
text Row 2: invalid species in {'sepal_length': 7.9, 'sepal_width':
3.2, 'petal_length': 4.7, 'petal_width': 1.4, 'species': 'Buttercup'}
```

这个错误信息包含了所有信息，但这种方法并不是那么好。比如，我们最好一次性返回所有错误，而不是遇到一个错误就返回。我们可以如下这样重构 load()方法：

```
def load(self, raw_data_iter: Iterable[dict[str, str]]) -> None:
    bad_count = 0
    for n, row in enumerate(raw_data_iter):
        try:
            if n % 5 == 0:
                test = TestingKnownSample.from_dict(row)
                self.testing.append(test)
```

```
    else:
        train = TrainingKnownSample.from_dict(row)
        self.training.append(train)
    except InvalidSampleError as ex:
        print(f"Row {n+1}: {ex}")
        bad_count += 1
if bad_count != 0:
    print(f"{bad_count} invalid rows")
    return
self.uploaded = datetime.datetime.now(tz=datetime.timezone.utc)
```

这种方法会捕获每一个 `InvalidSampleError` 异常，并打印一条消息，显示错误的数量。这种做法可能会更有用，因为用户可以一次性修正所有错误。

在数据集非常大的情况下，这可能会导致太多的无用细节。例如，如果我们不小心使用了包含数十万行手写数字图像的 CSV 文件，而不是鸢尾花数据，我们会收到数十万条消息，告诉我们每一行都是错误的。

围绕数据加载操作，我们可以添加一些额外的用户体验设计，以使其在各种情况下都可用。这些方案都是围绕着出现问题时引发的 Python 异常进行设计的。在本章案例学习中，我们利用了 `float()` 函数的 `ValueError` 并将其封装成我们应用程序定义的 `InvalidSampleError` 异常。我们还为无效字符串专门创建了 `ValueError` 异常。

4.2.8　不要重复你自己

`TrainingData` 的 `load()` 方法会创建 `KnownSample` 的两个子类的实例。我们把大部分逻辑放在父类 `KnownSample` 中，这样可以避免在每个子类中重复验证逻辑。

但是，对于 `UnknownSample`，我们有点儿问题：`UnknownSample` 中没有物种数据。理想情况下，应该把对 4 个测量值的验证和对物种的验证分开。如果我们这样做，我们就不能简单地将构建样本和数据验证放在同一个 EAFP 风格的方法中，要么创建所需的对象，要么引发异常。

当一个子类有新属性时，我们有两个选择：

- 放弃简单的 EAFP 验证。这种方法需要把验证和构造对象分开。这会导致两次使用 float()做类型转换：一次用于验证数据，另一次用于创建目标对象。多次 float()转换意味着我们没有遵守**不要重复你自己**（**Don't Repeat Yourself, DRY**）原则。
- 创建一个可以被子类使用的中间产物，意味着 Sample 的两个 KnownSample 子类涉及 3 个步骤。首先，创建一个 Sample 对象并验证 4 个测量值；然后，验证 species。最后，用 Sample 对象的有效属性和有效 species 值构建 KnownSample 对象。这会创建一个临时对象，但避免了重复代码。

我们将把实现细节留给读者作为练习。

一旦定义了异常，我们还需要以某种形式向用户显示结果，引导他们采取正确的修正措施。这是建立在底层异常基础上的额外的用户体验设计考虑。

4.3 回顾

本章要点：

- 当出错时，抛出异常，比如，被除数为 0 的情况。使用 **raise** 语句抛出异常。
- 异常的作用是打断正常语句的顺序执行。使用异常可以避免写很多 **if** 语句来判断是否可能会出错或者是否已经出错了。
- 使用 **try:**语句来处理异常，针对每一种我们想要处理的异常，都有一个 **except:**子句。
- 异常的层级遵守面向对象设计模式。很多我们应该处理的异常都继承自 Exception 类。有些额外的异常，比如 SystemExit 和 KeyboardInterrupt，不是 Exception 的子类，捕获这些异常会带来一些风险，又不解决什么问题，所以我们一般都不捕获它们。
- 通过继承 Exception 类，可以定义我们自己的异常。这样我们可以定义具有非常特定语义的异常。

4.4 练习

如果你以前从来没和异常打过交道，你需要做的第一件事就是，看看你之前写过的 Python 代码，并注意哪些地方应该使用异常。你应该如何处理这些异常？你需要处理所有的异常吗？有时，将异常信息传递给控制台才是与用户沟通的最好方法，尤其是当用户也是程序员时。有时，你可以从错误中恢复并让程序继续运行。有时，你只是重新格式化错误信息，使其更容易理解，然后展示给用户。

一些常见的地方，如文件 I/O（你的代码是否会尝试读取一个不存在的文件？）、数学表达式（是否被除数可能为 0？）、列表索引（列表是否为空？）以及字典（键是否存在？）。问问你自己，你是应该忽略这些问题，先检测值的有效性，还是通过异常来处理？特别注意你可能会用到 finally 和 else 的地方，确保在所有情况下都会执行正确的代码。

现在写一些新的代码来扩展我们的案例学习，以涵盖额外的数据验证。比如，我们需要检查测量值的合理范围。我们可能需要定义一个额外的 ValueError 的子类。我们可以把这个概念用在案例学习的其他地方。比如，我们可能要验证 Sample 对象，确保所有数值都是正数。

这个案例学习没在 from_dict()方法中做任何数值范围检查。检查测量值的下限是否为 0 很容易，可以先做这个练习。

为了设定各个测量值的上限，需要先了解数据。首先，调查数据并找到实际的最小值、最大值、中间值，以及与中间值的绝对偏差。基于这些信息，可以定义一组合理的限制并添加范围检查。

我们还没有解决创建 UnknownSample 实例的问题，并将它的 from_dict()方法留给读者作为练习。我们在上面的 4.2.8 节中，描述了一种实现方法，把 from_dict() 中对 4 个测量值的验证提取到了 Sample 类中。这会导致两个设计变动。

- 在 KnownSample 中，调用 Sample.from_dict()来验证测量值,验证 species，然后构建最终的 KnownSample 对象。

- 在 UnknownSample 中，调用 Sample.from_dict()来验证测量值，然后构建最终的 UnknownSample 对象。

这些变动会带来相当灵活的数据验证，不需要复制、粘贴测量值和 species 的验证规则。

最后，考虑你代码中的哪些地方可以抛出异常，可以是你写过的或者正在写的代码，或者可以写一个新的项目作为练习。你将可能有幸设计一个可以被其他人使用的小框架或 API，异常是你的代码与其他人的代码进行沟通的非常棒的工具。记住将所有自己定义的异常设计为 API 的一部分，并添加文档说明，否则别人无法知道如何处理它们！

4.5 总结

在本章中，我们详细介绍了抛出、处理、定义及操作异常的细节。异常是传达异常情况或错误条件的有效方式，使得我们可以不需要明确检查调用函数的返回值。Python 有许多内置异常，抛出它们非常简单。处理不同的异常事件有几种不同的语法。

在第 5 章中，我们将把目前学习过的所有内容整合到一起，讨论如何才能最好地将面向对象编程的原则和结构应用到 Python 程序中。

第 5 章

何时使用面向对象编程

在前面的章节中，我们已经学习了许多面向对象编程的特性。我们现在知道面向对象设计的原则和范式，也学习了 Python 中面向对象编程的语法。

然而，我们并不确切知道如何，尤其是何时，在实践中利用这些原则和语法。在本章中，我们将讨论如何应用已经学习过的知识，同时讨论一些新的主题：

- 如何识别对象。
- 再一次讨论数据和行为。
- 把数据的行为封装成属性。
- 不要重复你自己（Don't Repeat Yourself，DRY）原则和避免重复。

在本章中，我们还将讨论案例学习的一些不同设计方案。我们将研究将样本数据划分为训练集和测试集的方法。

我们先看一下对象的本质和它们的内部状态。在有些情况下，数据没有状态变化，那就没必要定义类。

5.1 将对象看作对象

这看起来似乎是显而易见的，一般来说，你应该把问题领域中的对象设计成不同的类。我们已经在前面的案例学习中看到了一些示例。首先，找出问题中的对象，然后为它们的数据和行为建模。

找出对象是面向对象分析与编程中非常重要的任务。但是这并不总是像数出一段话中的名词那么简单。记住，对象既有数据又有行为。如果我们只需要处理数据，那么通常更好的方法是将数据存储在列表、集合、字典或其他的 Python 数据结构中（我们将在第 7 章中讨论）。另外，如果我们只需要用到行为，不需要存储数据，那么简单的函数就足够了。

然而，一个对象同时拥有数据和行为，除非（或直到）有明显理由必须定义类，一个有经验的 Python 程序员才会使用内置数据结构。如果内置数据结构不能帮助我们更好地组织代码，那就没必要多增加一层复杂度。另外，所谓的"明显"理由也不是那么明显。

刚开始写 Python 程序，我们通常将数据存储在一些变量中。随着程序的扩展，可能发现经常将同一批相关变量传递给一些函数，这时候就可以考虑将这些变量和函数组合到一个类中。

例如，我们正在设计一个模拟二维空间中多边形的程序，一开始可能用一个由点组成的列表来代表多边形。这些点可以用二元组(x,y)来表示它们的位置。这就是所有的数据，存储在嵌套数据结构中（具体来说，一个由元组组成的列表）。我们可以（并且经常这样做）在命令提示符下开始尝试：

```
>>> square = [(1,1), (1,2), (2,2), (2,1)]
```

现在，如果想要计算多边形的周长，需要累加各顶点之间距离的函数。要做到这一点，我们也需要一个计算两点之间距离的函数。下面是这两个函数：

```
>>> from math import hypot
>>> def distance(p_1, p_2):
...     return hypot(p_1[0]-p_2[0], p_1[1]-p_2[1])
>>> def perimeter(polygon):
...     pairs = zip(polygon, polygon[1:]+polygon[:1])
...     return sum(
...         distance(p1, p2) for p1, p2 in pairs
...     )
```

我们可以测试一下这两个函数：

```
>>> perimeter(square)
```

```
4.0
```

这只是一个开始，但这段代码不容易理解。我们可以通过单词猜出代码和多边形（polygon）有关。但我们需要通读所有代码，才能理解这两个函数如何协作。

我们通过类型提示来澄清函数的意图，就像这样：

```
from __future__ import annotations
from math import hypot
from typing import Tuple, List

Point = Tuple[float, float]

def distance(p_1: Point, p_2: Point) -> float:
    return hypot(p_1[0] - p_2[0], p_1[1] - p_2[1])

Polygon = List[Point]

def perimeter(polygon: Polygon) -> float:
    pairs = zip(polygon, polygon[1:] + polygon[:1])
    return sum(distance(p1, p2) for p1, p2 in pairs)
```

我们定义了两个类型（Point 和 Polygon）来澄清函数的意图。Point 就是内置的 tuple 类。Polygon 是由 Point 类组成的内置 list 类。

给方法的参数添加类型提示时，我们一般可以使用已知类型的组合做名称，比如 def method(self, values: list[int]) -> None:。为了让这种做法生效，我们需要使用 from __future__ import annotations。当定义新的类型提示时，我们需要使用 typing 模块中的名字。这就是为什么定义 Point 的 Tuple[float, float]表达式使用了 typing.Tuple。[1]

①　麦叔注：这一段介绍了两种添加类型提示的方法，第一种是直接使用 list[int]组合写法，这种方法需要引入__future__模块，它的功能是告诉解释器把这个组合当成一个独立字符串，也就是一种类型。第二种是使用 typing 模块中的类名事先定义新的类型，如 Point、Polygon 等。

现在，作为面向对象的程序员，我们已经明显发现 Polygon 类可以封装点的列表（数据）和 perimeter() 函数（行为）。还有，正如我们在第 2 章中定义过的，Point 类可以封装 x 和 y 坐标以及 distance 方法。问题是这样做有价值吗？

对于前面的代码，也许有，也许没有。基于我们已经拥有的面向对象原则的经验，我们可以很快写出一份面向对象版本的代码。我们来对比一下它们：

```python
from math import hypot
from typing import Tuple, List, Optional, Iterable


class Point:
    def __init__(self, x: float, y: float) -> None:
        self.x = x
        self.y = y

    def distance(self, other: "Point") -> float:
        return hypot(self.x - other.x, self.y - other.y)


class Polygon:
    def __init__(self) -> None:
        self.vertices: List[Point] = []

    def add_point(self, point: Point) -> None:
        self.vertices.append((point))

    def perimeter(self) -> float:
        pairs = zip(
            self.vertices, self.vertices[1:] + self.vertices[:1])
        return sum(p1.distance(p2) for p1, p2 in pairs)
```

以上代码量几乎是前面代码的 2 倍。你可以说 add_point 方法不是必要的。我们也可以把变量名 vertices 改成 _vertices 以声明它是私有的，我们不希望外界直接使用这个属性，这种做法也不会减少代码量。

现在，为了更好地理解两个类的区别，让我们比较一下它们的使用方法。下面使用面向对象版本的代码来计算正方形的周长：

```
>>> square = Polygon()
>>> square.add_point(Point(1,1))
>>> square.add_point(Point(1,2))
>>> square.add_point(Point(2,2))
>>> square.add_point(Point(2,1))
>>> square.perimeter()
4.0
```

你可能觉得这相当简练且易读，但我们和函数版本的代码比较一下：

```
>>> square = [(1,1), (1,2), (2,2), (2,1)]
>>> perimeter(square)
4.0
```

也许面向对象版本的代码并没有那么简练，函数版本的代码是最短的，没有类型提示和类定义。但我们怎么知道这个列表中的元组代表什么？我们如何记住 perimeter() 函数的参数是什么类型的对象？我们需要一些文档来描述这些函数的用法。

和类定义一样，使用类型提示的函数更容易理解。使用类、类型提示或者同时使用二者，可以更好地描述对象之间的关系。

代码长度并不是一个好的衡量代码复杂程度的标准。有些程序员沉迷于用一行代码实现很复杂的功能。这可以作为一个有趣的练习，但会造成代码很难读懂，即使对原作者来说，过几天之后可能也看不懂了。少量的代码通常更容易读，但是不要盲从这一结论。

 高尔夫比赛追求用最少的杆数完成任务，但我们极少把代码量最小当作目标。

幸运的是，我们不用太纠结。我们可以让面向对象的 Polygon 使用起来和函数版本的一样简单。我们只需要更改 Polygon 类的构造方法，让它能够接收 Point 对象的列表作为参数进行初始化：

```
class Polygon_2:
    def __init__(self, vertices: Optional[Iterable[Point]] = None) -> None:
```

```
        self.vertices = list(vertices) if vertices else []

    def perimeter(self) -> float:
        pairs = zip(
            self.vertices, self.vertices[1:] + self.vertices[:1])
        return sum(p1.distance(p2) for p1, p2 in pairs)
```

对于 perimeter() 函数，我们使用 zip() 函数分别从两个列表中抽取点，创建顶点对的序列。第一个列表是最初的顶点序列。第二个列表是从第 2 个点（下标 1）开始到最后，再加上第一个点。对于一个三角形，它有 3 对顶点：(v[0], v[1])、(v[1], v[2]) 和 (v[2], v[0])。然后，我们使用 Point.distance 方法计算这些顶点对之间的距离。最后，将这些距离加起来以得到多边形的周长。这似乎有很大的进步。我们现在可以像使用函数版本一样简练地使用这个类：

```
>>> square = Polygon_2(
... [Point(1,1), Point(1,2), Point(2,2), Point(2,1)]
... )
>>> square.perimeter()
4.0
```

这样每个方法看起来更加直观。使用现在的版本几乎和使用函数版本一样简练了。虽然还没有写测试用例，但我们有信心这些代码应该可以使用。

我们再做一个改进，让它可以接收元组，我们可以根据元组自己创建 Point 对象：

```
Pair = Tuple[float, float]
Point_or_Tuple = Union[Point, Pair]


class Polygon_3:
    def __init__(self, vertices: Optional[Iterable[Point_or_Tuple]] = None) -> None:
        self.vertices: List[Point] = []
        if vertices:
            for point_or_tuple in vertices:
                self.vertices.append(self.make_point(point_or_tuple))

    @staticmethod
    def make_point(item: Point_or_Tuple) -> Point:
```

```
return item if isinstance(item, Point) else Point(*item)
```

这个构造方法遍历由 Point 或者元组组成的列表。如果传入的是元组（Tuple[float, float]），就把它转换成 Point 对象。

> 如果你尝试使用以上代码，你应该把这些类设计成 Polygon 的子类并重写 __init__()方法。如果子类和父类的方法签名差别很大，*mypy* 会报错。

在这个小例子中，面向对象版本和函数版本之间仍然没有一个明显的优胜者。它们做了同样的事。如果我们有一个新的函数接收多边形作为参数，比如用于计算面积的 area(polygon) 或者用于判定一个点是否在多边形内的 point_in_polygon (polygon, x, y)，面向对象代码的优势就更加明显。类似地，如果我们为多边形添加其他属性，例如 color 或 texture，将数据封装到一个类中就显得更加合理了。

其中的差别就是设计决策，但是通常来说，数据集合越复杂越需要创建更多操作数据的函数，使用包含属性和方法的类就越有用。

在做出这一决策时，也非常有必要考虑将如何使用这些类。如果我们只是想在一个更大的问题背景下计算一个多边形的周长，使用函数可能写起来更快而且更方便"一次性"使用。另外，如果我们的程序需要以各种不同的方式操作大量的多边形（计算周长、面积、与其他多边形的交点、移动或缩放它们等），我们几乎确定应该使用相关对象类。需要创建的实例越多，使用的类就越重要。

除此之外，还需要注意对象之间的交互。找出继承关系，不使用类很难优雅地构建继承关系，所以找出类。找出在第 1 章中讨论的其他类型的关系，比如关联和组合。

理论上，组合可以仅使用数据结构进行建模。例如，我们可以用字典列表存储元组，但有时候使用对象的类会更简单一些，尤其是当存在一些与数据相关的行为时。

> 一种尺寸并不适合所有人。内置的通用集合和函数适用于大量简单用例。类定义适用于大量更复杂的用例。但它们的边界是模糊的，需要我们自己去判断。

5.2 通过属性向类数据添加行为

在本书中，我们一直在关注行为和数据的分离。这对于面向对象编程来说非常重要，但是我们将会看到，在 Python 中，两者之间的差别异常模糊。Python 非常善于模糊差别，这确实不能很好地帮助我们"跳出思想框框"。相反，它教我们不要再考虑这些条条框框。

在深入细节之前，先来讨论一些坏的面向对象设计原则。许多面向对象的开发者告诉我们永远不要直接访问属性。他们坚持我们应该像下面这样访问属性：

```python
class Color:
    def __init__(self, rgb_value: int, name: str) -> None:
        self._rgb_value = rgb_value
        self._name = name

    def set_name(self, name: str) -> None:
        self._name = name

    def get_name(self) -> str:
        return self._name

    def set_rgb_value(self, rgb_value: int) -> None:
        self._rgb_value = rgb_value

    def get_rgb_value(self) -> int:
        return self._rgb_value
```

以下画线开头的变量意味着它们是私有的（其他语言可能会使用 private 关键字强调它们的私有性），然后提供取值（get）和赋值（set）方法来访问这些变量。实践中将会这样使用以上类：

```python
>>> c = Color(0xff0000, "bright red")
>>> c.get_name()
'bright red'
```

```
>>> c.set_name("red")
>>> c.get_name()
'red'
```

以上示例和直接访问属性相比，可读性差别很大。Python 中更推荐如下的写法：

```
class Color_Py:
    def __init__(self, rgb_value: int, name: str) -> None:
        self.rgb_value = rgb_value
        self.name = n
```

这个类使用起来也要更简单一点儿：

```
>>> c = Color_Py(0xff0000, "bright red")
>>> c.name
'bright red'
>>> c.name = "red"
>>> c.name
'red'
```

那么为什么还会有人坚持使用基于方法的语法呢？

使用取值（get）和赋值（set）方法的一个原因是封装类的定义。一些 Java 相关的工具可以自动生成这些 setter() 和 getter() 方法，程序员不用自己为它们编写代码。然而，能够自动生成方法也不能说明这是个好主意。使用 setter() 和 getter() 方法最重要的历史原因是，这样可以独立编译二进制文件，而不需要做链接。但这并不总适用于 Python。

另一个使用 setter() 和 getter() 方法的理由是，将来我们可能想要在取值或赋值的时候添加一些额外的代码。例如，我们可能决定缓存一个值来避免复杂的计算，或者可能想要验证一个输入值的准确性。

比如，我们可能想要把 set_name() 方法改成下面这样：

```
class Color_V:
    def __init__(self, rgb_value: int, name: str) -> None:
        self._rgb_value = rgb_value
        if not name:
```

```
        raise ValueError(f"Invalid name {name!r}")
    self._name = name

def set_name(self, name: str) -> None:
    if not name:
        raise ValueError(f"Invalid name {name!r}")
    self._name = name
```

如果我们最初的代码允许直接访问变量 name，后来决定改为通过方法访问（name 被改为_name），那么问题就来了：任何直接访问了 name 的代码都必须被修改为通过方法访问，否则代码就会报错。

把所有属性私有化，通过方法访问它们，在 Python 中是不成立的，因为在 Python 中并没有真正的私有成员的概念！我们可以查看源代码，我们经常说："我们都是成年人了。"我们能做些什么？我们可以使属性和方法之间的语法区别不那么明显。

Python 给我们提供了一个 property()函数，用于将方法变得看起来像属性。因此可以用直接成员访问来编写代码，如果我们偶尔需要改变取/赋属性值时的代码逻辑，也可以不用更改接口就能做到。下面看看如何做到这一点：

```
class Color_VP:
    def __init__(self, rgb_value: int, name: str) -> None:
        self._rgb_value = rgb_value
        if not name:
            raise ValueError(f"Invalid name {name!r}")
        self._name = name

    def _set_name(self, name: str) -> None:
        if not name:
            raise ValueError(f"Invalid name {name!r}")
        self._name = name

    def _get_name(self) -> str:
        return self._name

    name = property(_get_name, _set_name)
```

和前面的代码相比，首先将 name 属性改为（半）私有的_name 属性，然后添加两个（半）私有的方法来获取或设置这个变量，并在赋值过程中完成验证操作。

最后，在最下方使用了 property 声明，这就是其中的魔法。它为 Color 类创建了一个新的虚拟属性，名为 name。但当访问 name 的时候，会调用_get_name()方法；当更改 name 值的时候，会调用_set_name()方法。

这个新版本的 Color 类用起来和前面的那个版本一模一样，但它现在可以在对 name 属性赋值时进行验证：

```
>>> c = Color_VP(0xff0000, "bright red")
>>> c.name
'bright red'
>>> c.name = "red"
>>> c.name
'red'
>>> c.name = ""
Traceback (most recent call last):
  File "<stdin>", line 1, in <module>
  File "setting_name_property.py", line 8, in _set_name
    raise ValueError(f"Invalid name {name!r}")
ValueError: Invalid name ''
```

因此，如果前面已经写了一些访问 name 属性的代码，然后用基于 property 的对象进行了修改，那么前面的代码仍然可以正常运行。如果它给 name 属性设定了一个空 property 值，这是我们想要禁止的行为，我们也可以成功报错！

记住，即使对于 name 属性，前面的代码也不是百分之百安全的，人们仍然可以通过直接访问_name 属性来将其设置为空字符串。但是如果他们访问了一个我们通过下画线表示为私有的变量，那么他们应该为错误负责，而不是我们。我们定好了规矩，如果他们选择打破规矩，那么他们就要承担后果。

5.2.1　属性的细节

可以将 property()函数看作返回了一个对象，这个对象把设定或访问属性值的请求再分发给指定的相应的方法。内置的 property()函数就像这个对象的构造方法，而这个对象则被设定为私有属性的对外代表。

property()构造方法实际上还可以接收另外两个参数，一个 delete()函数和该属性的文档字符串。在实践中，很少需要提供 delete()函数，但是在记录某个值被删除时它很有用，或者如果需要也可以阻止删除。文档字符串用于描述该属性的作用，和我们在第 2 章中讨论的文档字符串一样。如果不提供这一参数，Python 会直接复制第一个参数（getter()方法）的文档字符串。

下面的示例用于演示这些方法什么时候会被调用：

```python
class NorwegianBlue:
    def __init__(self, name: str) -> None:
        self._name = name
        self._state: str

    def _get_state(self) -> str:
        print(f"Getting {self._name}'s State")
        return self._state

    def _set_state(self, state: str) -> None:
        print(f"Setting {self._name}'s State to {state!r}")
        self._state = state

    def _del_state(self) -> None:
        print(f"{self._name} is pushing up daisies!")
        del self._state

    silly = property(
        _get_state, _set_state, _del_state,
        "This is a silly property")
```

注意，state 属性有类型提示（str）但没有初始值。它可以被删掉，只存在于 NorwegianBlue 生命周期中的一部分。我们需要提供类型提示来告诉 *mypy* 它的类型，但我们不设置默认值，因为这是 setter()方法的任务。

测试一下，它可以成功打印出结果：

```
>>> p = NorwegianBlue("Polly")
>>> p.silly = "Pining for the fjords"
Setting Polly's State to 'Pining for the fjords'
>>> p.silly
Getting Polly's State
'Pining for the fjords'
>>> del p.silly
Polly is pushing up daisies!
```

此外，如果查看 NorwegianBlue 类的帮助文档（在解释器中通过 help(Norwegian Blue) 命令查看），将会看到我们为 silly 属性定义的文档字符串：[①]

```
Help on class NorwegianBlue in module colors:

class NorwegianBlue(builtins.object)
 |  NorwegianBlue(name: str) -> None
 |
 |  Methods defined here:
 |
 |  __init__(self, name: str) -> None
 |      Initialize self. See help(type(self)) for accurate signature.
 |
 |  ----------------------------------------------------------------
 |  Data descriptors defined here:
 |
 |  __dict__
 |      dictionary for instance variables (if defined)
 |
 |  __weakref__
 |      list of weak references to the object (if defined)
 |
 |  silly
 |      This is a silly property
```

---

① 麦叔注：英文原版此处好像有错误，类名是 NorwegianBlue，并不是 Silly。

再一次，结果和我们预想的一样。在实践中，创建 property 通常只需要前两个参数：getter()和 setter()方法。如果想要为属性提供文档字符串，可以在 setter()方法中定义，property 代理会将其复制为 property 自身的文档字符串。基本上不需要 delete()函数，因为我们很少需要删除一个对象的属性。

5.2.2 装饰器——另一种创建属性的方法

我们可以使用装饰器创建属性，这种方法可读性更好。装饰器是 Python 语法中无处不在的特性，具有多种用途。在大多数情况下，装饰器会修改它所装饰的函数的行为。我们将在第 11 章中更广泛地了解装饰器模式。

property()函数可以与装饰器语法一起使用，将 get()方法转换为 property 属性，如下所示：

```python
class NorwegianBlue_P:
    def __init__(self, name: str) -> None:
        self._name = name
        self._state: str

    @property
    def silly(self) -> str:
        print(f"Getting {self._name}'s State")
        return self._state
```

这里将 property()函数作为一个装饰器，与前面的 silly = property(_get_state)语法是等价的。主要区别在于可读性，在这里我们在方法的定义处将 silly()方法标记为一个属性，而不是在定义完之后再声明，那样它很容易被忽略。同时，这也意味着，我们不需要再为定义属性而创建以下画线开头的私有方法。

再进一步，我们可以用下面的方法给这个新属性指定一个 setter()方法：

```python
class NorwegianBlue_P:
    def __init__(self, name: str) -> None:
        self._name = name
        self._state: str
```

```
@property
def silly(self) -> str:
    """一个名为 silly 的 property"""
    print(f"Getting {self._name}'s State")
    return self._state


@silly.setter
def silly(self, state: str) -> None:
    print(f"Setting {self._name}'s State to {state!r}")
    self._state = state
```

　　语法@silly.setter 和@property 相比，看起来有点儿奇怪，但它的目的是很明显的。首先，将 silly()方法装饰为 getter()方法。然后，将第二个同名方法用第一个被装饰的 silly()方法的 setter()属性进行装饰。这是可行的，因为 property()函数返回一个对象，这个对象有自己的 setter 属性，它可以作为其他方法的装饰器。取值方法和赋值方法使用相同的名称，有助于将访问同一属性的多个方法组合到一起。

　　我们也可以用@silly.deleter 指定一个 delete()函数，看起来是这样的：

```
@silly.deleter
def silly(self) -> None:
    print(f"{self._name} is pushing up daisies!")
    del self._state
```

　　我们不能用 property 装饰器指定文档字符串，因此需要依赖于装饰器从初始的 getter()方法中复制文档字符串。这个类与前面那个版本的操作完全一样，包括帮助文档。你将会看到装饰器语法被广泛使用。它的工作原理依赖于函数的语法。

5.2.3　决定何时使用属性

　　使用内置 property 会让行为和数据之间的界限变得模糊，有时候可能会让人疑惑，不知道该选用哪个：属性、方法或 property。在 Color_VP 类的示例中，在修改属性值时，增加了对参数值的验证。在 NorwegianBlue 类的示例中，在属性值被修改或被删除时，打印详细的日志，还有其他的因素可以决定何时使用 property。

从理论上说，Python 中的数据、property 和方法都属于类的属性。虽然方法是可调用的，但它仍然是属性的一种。我们将会在第 8 章中看到，可以创建一个普通的对象，使其能够像函数一样被调用，也会发现函数和方法本身也是普通的对象。

认识到方法只是可调用的属性，而 property 是可定制的属性，可以帮助我们做出决定。我们建议遵循以下原则：

- 方法应该代表的是动作，可以在对象上执行或由对象执行的东西。当你调用方法时，即使只用一个参数，它都应该做点儿什么。方法的名称通常都是动词。
- 使用属性或 property 代表对象的状态。它们是用于描述对象的名词、形容词和介词。
  - 默认情况下，使用普通的属性（非 property）。它们在 __init__()函数中被初始化，一开始就有值。普通属性是我们设计的起点。
  - 当取值或赋值需要做额外运算时，使用 property，比如数据验证、打印日志和访问控制。我们稍后会看一下做缓存的示例。我们也可以使用 property 实现延时加载。因为有些属性的加载或计算很耗费时间或者很少使用，我们可以等到它们被访问的时候才去计算它们。

让我们看一个更加实际的例子。一个常见的需要自定义属性行为的地方是，缓存某个较难计算或访问需要耗时的值（例如网络请求或数据库查询）。目标在于，将这个值存于本地，以避免重复调用耗时的计算操作。

可以通过 property 自定义一个 getter()方法来实现这一点。当第一次访问这个值时，执行搜索或计算。然后可以将这个值在本地缓存为对象的私有属性（或缓存到专用的缓存软件中），当下一次需要这个值时，直接返回存储的数据。可以用下面的方法缓存一个网页：

```python
from urllib.request import urlopen
from typing import Optional, cast


class WebPage:
    def __init__(self, url: str) -> None:
```

```
        self.url = url
        self._content: Optional[bytes] = None

    @property
    def content(self) -> bytes:
        if self._content is None:
            print("Retrieving New Page...")
            with urlopen(self.url) as response:
                self._content = response.read()
        return self._content
```

最开始 self._content 的值为 None，我们会从网站请求数据。之后的访问都会直接返回这个值。可以测试这段代码看看网页是否只被访问了一次：

```
import time

webpage = WebPage("http://*********.net/①")

now = time.perf_counter()
content1 = webpage.content
first_fetch = time.perf_counter() - now

now = time.perf_counter()
content2 = webpage.content
second_fetch = time.perf_counter() - now

assert content2 == content1, "Problem: Pages were different"
print(f"Initial Request {first_fetch:.5f}")
print(f"Subsequent Requests {second_fetch:.5f}")
```

　　输出结果：

```
% python src/colors.py
Retrieving New Page...
Initial Request      1.38836
Subsequent Requests  0.00001
```

---

① 参考链接 15。

从 ccphilips.net 访问网页花了 1.388 秒。第二次访问只花了 0.01 毫秒，因为第二次是从缓存（也就是计算机内存）中直接获取网页数据的。0.01 毫秒有时也被写为 10 μs、10 微秒。由于这是最后一位，我们可以怀疑它做了四舍五入，时间可能只有一半，即可能只有 5 μs。

自定义 getter()方法对于需要根据其他对象属性实时计算的属性也很有用。例如，我们可能想要计算一个整数列表的平均值：

```python
class AverageList(List[int]):
    @property
    def average(self) -> float:
        return sum(self) / len(self)
```

这个简单的类继承自 list，因此可以使用列表自带的方法。我们只是给类添加了一个 property，我们的列表奇迹般地拥有了平均值属性：

```python
>>> a = AverageList([10, 8, 13, 9, 11, 14, 6, 4, 12, 7, 5])
>>> a.average
9.0
```

当然，可以将其定义为一个方法，不过那样的话，应该将其命名为 calculate_average()，因为方法代表的是动作。但是用一个被称为 **average** 的 property 更合适，易写又易读。

我们可以想象许多类似的 property，包括最小值、最大值、标准差、中位数和众数，所有这些都是数字集合的属性。可以通过将这些虚拟属性封装到数据值集合中来简化更复杂的分析。

正如我们前面见到的，自定义 setter()方法常用于验证，但它也常用于将一个值代理到另一个位置。例如，可以为 WebPage 类添加一个 setter 方法，它可以在每次被赋值时自动登录 Web 服务器并上传一个新页面。

5.3　管理器对象

我们一直关注对象和它们的属性及方法。现在看看如何设计更高层级的对象：管理其他对象的对象。这些对象将一切整合到一起。它们有时候被称为 Facade 对象（外观对象），因为它们封装了其他对象的复杂性，为使用者提供了一组易于使用的外观接口。请参阅第 12 章进一步了解外观模式。

我们前面示例中的对象代表的是具体事物，管理员对象更像办公室经理，它们不做那些实际上"可见"的工作，但是没有它们，部门之间就无法沟通交流，也没人知道它们应该做什么（不过，如果组织管理混乱的话，也会这样）。类似地，管理类中的属性更倾向于指向其他能做"可见"工作的对象，它们的行为都是在合适的时候调用其他的类，或者在它们之间传递信息。

管理类使用组合设计，把多个其他对象编织在一起。它的主要行为是协调对象之间的交互。在某种意义上，管理类是各种接口之间的转接器。请参阅第 12 章进一步了解适配器模式。

作为示例，我们将写一个程序，它能够对 ZIP 或 TAR 压缩文件中的文本文件执行查找和替换操作。我们将需要代表 ZIP 文件和每个文本文件的对象（幸运的是，我们不需要写这些类，可以从 Python 标准库中获取它们）。

管理员对象将负责确保下面 3 个步骤可以按顺序执行：

1. 解压缩压缩文件。
2. 执行查找和替换行为。
3. 压缩替换好的新文件。

请注意，对于以上 3 个步骤，我们需要在即时加载和延时加载方法之间做出选择。我们可以一次性解压缩整个文件，处理所有文件，然后重新压缩。这会占用很多硬盘空间。另一种方法是一次只解压缩一个文件，执行查找和替换操作，然后创建一个新的压缩文件。延时加载方法不需要那么多的存储空间。

这个设计会综合运用 `pathlib`、`zipfile` 和正则表达式（`re`）模块。最初的设计能完成工作就好。本章的后面会有新的需求，我们到时候再重新设计。

初始化这个类需要传入压缩文件的名称，初始化过程中不做任何具体处理。我们将创建一个用清晰的动词命名的方法来执行操作。

```
from __future__ import annotations
import fnmatch
from pathlib import Path
import re
import zipfile


class ZipReplace:
    def __init__(
            self,
            archive: Path,
            pattern: str,
            find: str,
            replace: str
    ) -> None:
            self.archive_path = archive
            self.pattern = pattern
            self.find = find
            self.replace = replace
```

只要给定压缩文件路径和名称、要查找的文件模式、要查找的关键字和要替换的词，就可以创建出对象。我们可能提示类似这样的参数：ZipReplace(Path("sample.zip"), "*.md","xyzzy","xyzzy")。

负责查找和替换操作的 find-and-replace()方法会修改给定的压缩文件。ZipReplace 类的这个方法使用另外两个方法，并将大部分实际工作委托给其他对象：

```
    def find_and_replace(self) -> None:
        input_path, output_path = self.make_backup()

        with zipfile.ZipFile(output_path, "w") as output:
            with zipfile.ZipFile(input_path) as input:
                self.copy_and_transform(input, output)
```

make_backup()方法使用 pathlib 模块重命名原来的压缩文件并进行备份，我们不会改动备份文件。备份文件作为 copy_and_transform()函数的输入，压缩文件原来的名称将作为最终文件的名称。这样看起来好像我们更新了原来的压缩文件。实际上，我们创建了一个新的文件，只不过使用了原来的名称。

我们使用两个上下文管理器（一种特殊的管理器）来控制打开的文件。一个打开的文件与操作系统资源绑定在一起。对于 ZIP 文件或 TAR 文件，当文件关闭时，需要正确写入摘要和校验和。使用上下文管理器，可以确保就算有异常发生也能正确完成这些额外的工作。所有文件操作都应包含在 with 语句中，以利用 Python 的上下文管理器并进行适当的清理。我们将在第 9 章再次讨论这一点。

copy_and_transform()方法使用两个 ZipFile 实例和 re 模块的方法来转换原始文件的成员。由于对原始文件进行了备份，因此将从备份文件构建输出文件。它检查压缩文件中的每个文件，执行多个步骤，包括解压缩数据、使用 transform()方法进行转换、压缩以写入输出文件，然后清理临时文件（以及目录）。

显然，可以在一个类方法中完成这 3 个步骤，或者将其全部放入复杂脚本中，根本不需要创建对象。区分这 3 个步骤有如下这些好处：

- **可读性**：每个步骤的代码都在一个自我包含的单元中，非常容易阅读和理解。方法的名称描述了这个方法是做什么的，不需要额外的文档说明。
- **扩展性**：如果子类想要使用压缩的 TAR 文件而不是 ZIP 文件，它可以重写 copy_and_transform()方法，重用其他的方法，因为其他方法是通用的。
- **隔离**：外部类可以创建此类的实例并直接使用 make_backup()或 copy_and_transform()方法，绕过 find_and_replace()管理器。

ZipReplace 类的这两个方法可创建备份，从备份中读取文件、修改文件，然后把新文件写入新的压缩包中：

```python
def make_backup(self) -> tuple[Path, Path]:
    input_path = self.archive_path.with_suffix(
        f"{self.archive_path.suffix}.old")
    output_path = self.archive_path
    self.archive_path.rename(input_path)
    return input_path, output_path
```

```python
def copy_and_transform(
    self, input: zipfile.ZipFile, output: zipfile.ZipFile
) -> None:
    for item in input.infolist():
        extracted = Path(input.extract(item))
        if (not item.is_dir()
                and fnmatch.fnmatch(item.filename, self.pattern)):
            print(f"Transform {item}")
            input_text = extracted.read_text()
            output_text = re.sub(self.find, self.replace, input_text)
            extracted.write_text(output_text)
        else:
            print(f"Ignore {item}")
            output.write(extracted, item.filename)
            extracted.unlink()
            for parent in extracted.parents:
                if parent == Path.cwd():
                    break
                parent.rmdir()
```

make_backup()方法应用了前面的策略来避免损坏文件。原始文件被重命名以保留，并创建一个具有原始文件名称的新文件。这个方法与具体文件类型或其他处理细节无关。

copy_and_transform()函数方法从原始压缩文件中提取文件，并构建新压缩文件。它为压缩文件中的每个文件执行多个步骤：

- 从原始压缩文件中解压缩文件。
- 如果这个文件不是目录（这可能性不大，但仍然有可能），而且名称符合通配符模式，我们需要转换它。下面是 3 个子步骤：
  - 读取文件的文本到内存中。
  - 在内存中使用正则表达式（re）模块的 sub()方法替换内容。
  - 把替换好的内容写入文件中，替换原来的文件内容。
- 把文件（可能更新过或者不需要更新）加入新的压缩文件中。

- 使用 unlink()方法删除临时文件。

- 清理处理过程中产生的临时目录。

- copy_and_transform()方法涉及 pathlib、zipfile 和 re 模块。将这些操作封装到使用上下文管理器的管理器中，为我们提供一个具有更简单接口的包。

我们可以创建一个主脚本来使用 ZipReplace 类：

```
if __name__ == "__main__":
    sample_zip = Path("sample.zip")
    zr = ZipReplace(sample_zip, "*.md", "xyzzy", "plover's egg")
    zr.find_and_replace()
```

我们提供了压缩文件（sample.zip）、文件名匹配模式（*.md）、要被替换的字符串（xyzzy）和要替换成的字符串（plover's egg）。这会执行一系列复杂的文件操作。更实用的方法是使用 argparse 模块来定义这个应用的**命令行界面**（**Command-Line Interface，CLI**）。

为简单起见，压缩和解压缩文件的代码没有过多文档说明。我们目前关注的是面向对象设计，如果你对 zipfile 模块的内部细节感兴趣，可以在标准库文档中查找。可以在线查看，也可以在交互式解释器中输入 import zipfile，然后输入 help(zipfile)。

当然，并不一定要通过命令行来创建 ZipReplace 类的实例，也可以通过其他模块导入（实现批量处理 ZIP 文件），或者作为 GUI（图形用户界面）接口的一部分来访问，或者作为一个更高等级的知道在哪里获取 ZIP 文件的管理器对象（例如，从 FTP 服务器获取或备份到外部磁盘）的一部分来访问。

外观模式和适配器模式的好处是将复杂性封装到更有用的类设计中。这些组合对象往往不像物理对象（和具体事物对应的对象），它们属于概念上的对象。概念对象远离现实世界的物体，它们的方法用于改变概念的状态。这时候要特别小心，因为我们开始无法找到简单的类比，而拥有具体数据和清晰行为的简单类比才更容易被理解。

互联网就是一个好示例。一个 Web 服务器为浏览器提供内容。内容可能包括 JavaScript。JavaScript 就像桌面程序一样，为了展示内容，它会去其他 Web 服务器上获取内容。这些概念关系通过字节流的传输而实现。它还包括一个浏览器，用于渲染文字、图片、视频和声音。它们都基于字节传输这个具体的行为。在课堂环境中，可以让开发人员互相传递便签和橡皮球来表示请求和响应。

这个示例很好用。当我们有新的需求时，我们需要找到一个方法来实现相关功能，而无须重复代码。我们将首先讨论这种工程实践，然后看看修改后的设计。

5.3.1　删除重复的代码

通常来说，像 ZipReplace 这样的管理型类的代码都是比较通用化的，可以用于多种用途。可以通过组合或继承来使用同一份代码，从而减少重复代码。在我们看这样的示例之前，先来讨论一下其中的设计原则。具体来说，为什么重复代码不是一件好事？

有几个原因，但最终都被归结到可读性和可维护性上。当所需的新的代码片段和之前的很像时，最简单的方式就是直接将旧代码复制和粘贴过来，把需要修改的地方改掉（变量名、逻辑、注释等），使其适用于新的地方。或者，如果我们需要编写的新代码与项目中其他地方的代码看起来相似但不完全相同，通常完全重写新的相似行为代码要比想办法提取其中重叠的功能代码简单。我们有时称其为复制意大利面（copy-pasta）编程，因为其结果是一大堆纠缠不清的代码，就像一碗意大利面条。

不过当有人不得不阅读并理解这些重复（或几乎重复）的代码块时，他们将面临额外的苦难。这会给他们带来一些问题：它们真的相同吗？如果不同，有什么区别？哪一部分是相同的？什么情况下会调用这一部分？什么时候调用另一部分？你可能觉得只有你自己会阅读你的代码，但是如果你在几个月之后再来看这些代码，将会发现它们和别人写的一样难以理解。当我们试着阅读两段相似的代码时，我们不得不理解它们为何不同，以及是如何不同的。这会浪费阅读者的时间，在写代码时可读性永远应该放在第一位。

> 我曾经尝试理解某人写的代码，有 3 处各 300 行的代码非常相似。过了一个月，我才最终明白了这 3 处"完全一样"的代码实际上是稍有不同的税额计算。有些差别是需求所致，但也有些地方很明显是改了一处代码，忘记改另外两处。

这段代码中微小、不可理喻的错误数不胜数。我最终用一个 20 行左右易读的函数替代了所有 900 行的代码。

上面的故事说明，保持两段相似代码同时更新将是一场噩梦。我们不得不记住在需要更新其中一处代码的时候同时更新两处代码，而且不得不记住它们之间的区别，从而进行相应的更改。如果忘记同时更新，我们将会陷入令人极度懊恼的错误，"我明明已经改过了，为什么还是会出错？"。

这里的关键因素是，用于故障排除、维护和增强的时间与最初创建代码所花费的时间的比例。只要软件使用时间超过几个星期，花在维护上的时间会比写代码的时间还要多。通过复制和粘贴代码"节省"的一点儿时间在维护代码的过程中都被加倍浪费掉了。

本书其中一位作者开发的一个软件几乎使用了 17 年。如果其他开发者和用户每年要多花一天时间来理解令人费解的代码，这意味着作者至少需要多花两周时间来改进代码以降低未来的维护成本。

> 与编写代码相比，代码被阅读和修改的次数和频率都更高。代码的可读性应该总是一件高优先级的事情。

这就是为什么程序员，尤其是 Python 程序员（他们更看重代码的优雅性）会遵循**不要重复你自己（DRY）**原则。DRY 的代码是可维护的代码。我给入门级程序员的建议是，永远不要使用编辑器中的复制和粘贴功能。对于中级程序员，我建议他们在按下 *Ctrl+C* 组合键之前三思而后行。

但是如何避免代码重复？最简单的方案就是，把代码放到一个函数中，通过参数来处理不同的情况。这样做不是很符合面向对象方案，但通常是最优的方案。

例如，如果我们有两段代码，将 ZIP 文件分别解压缩到不同的目标目录中，那么我们可以轻松地缩写一个函数，将解压缩的目标目录作为参数，以替换这两段代码。这样可能会导致函数稍微变长，但是函数的代码行数并不能代表可读性。写代码不是打高尔夫，不是越短越好。

好的函数名和文档字符串更重要。每个类、方法、函数、变量、属性、模块和包的名称都应该仔细选择。当写文档字符串的时候，不需要解释代码是如何工作的（这是代码应该做的），而需要注重说明函数的作用、使用函数的前提条件、函数执行的结果等。

这些理论的寓意在于：始终努力重构你的代码，使其更易于阅读，而不是编写更容易编写的糟糕代码。下面我们可以看看如何修改 **ZipReplace** 类的定义。

5.3.2 实践

让我们探索两种可以重用代码的方式。在编写代码替换 ZIP 文件的文本文件中的字符串之后，我们还想将其中所有的图片缩放至 640 像素 × 480 像素，这是适合移动设备展示的图片最小分辨率。看起来，我们可以使用跟 **ZipReplace** 很像的程序。

首先可能就是保存文件的备份，然后将 **find_replace()** 方法替换为 **scale_image()** 或者其他类似的方法。

这个过程将使用 Pillow 库打开图片文件，缩放它，然后保存它。Pillow 库可以通过下面的命令安装：

```
% python -m pip install pillow
```

Pillow 库会提供一些很强大的图片处理工具。

正如我们在本章前面讨论的，这种复制和粘贴的编程方式不是最优的。如果有一天我们想改变 **unzip()** 和 **zip()** 方法来打开 TAR 文件，该怎么办？或者，我们希望把临时文件保存在一个确保独一无二的目录中。不管是哪种情况，都需要同时修改两处代码！

我们先来示范一个基于继承的解决方案。首先修改原始的 **ZipReplace** 类，将其作为一个父类，支持使用不同的方式来处理 ZIP 文件：

```
from abc import ABC, abstractmethod

class ZipProcessor(ABC):
```

```
def __init__(self, archive: Path) -> None:
    self.archive_path = archive
    self._pattern: str

def process_files(self, pattern: str) -> None:
    self._pattern = pattern

    input_path, output_path = self.make_backup()

    with zipfile.ZipFile(output_path, "w") as output:
        with zipfile.ZipFile(input_path) as input:
            self.copy_and_transform(input, output)

def make_backup(self) -> tuple[Path, Path]:
    input_path = self.archive_path.with_suffix(
        f"{self.archive_path.suffix}.old")
    output_path = self.archive_path
    self.archive_path.rename(input_path)
    return input_path, output_path

def copy_and_transform(
    self, input: zipfile.ZipFile, output: zipfile.ZipFile
) -> None:
    for item in input.infolist():
        extracted = Path(input.extract(item))
        if self.matches(item):
            print(f"Transform {item}")
            self.transform(extracted)
        else:
            print(f"Ignore {item}")
            output.write(extracted, item.filename)
            self.remove_under_cwd(extracted)

def matches(self, item: zipfile.ZipInfo) -> bool:
    return (
        not item.is_dir()
```

```
        and fnmatch.fnmatch(item.filename, self._pattern))

    def remove_under_cwd(self, extracted: Path) -> None:
        extracted.unlink()
        for parent in extracted.parents:
            if parent == Path.cwd():
                break
            parent.rmdir()

    @abstractmethod
    def transform(self, extracted: Path) -> None:
        ...
```

ZipProcessor 的 __init__()函数去掉了 3 个 ZipReplace 特有的参数：pattern、find 和 replace。然后将 find_replace()方法更名为 process_files()。我们分解了复杂的 copy_and_transform()方法，让它调用其他几个方法做具体的工作，包括只有占位符的 transform()方法。这些名称的更改有助于展示新类的通用性。

新的 ZipProcessor 类是 ABC 的子类。ABC（Abstract Base Class）是抽象基类的意思，它允许我们提供方法的占位符（更多关于 ABC 的内容请参见第 6 章）。这个抽象类没有真的定义 transform()方法。如果我们尝试创建一个 ZipProcessor 类的实例，因缺少 tranform()方法会抛出异常。@abstractmethod 装饰器清楚地表明这里缺少实现，缺少的部分必须被实现。

在我们做图片处理程序之前，我们创建一个新版本的原始 ZipReplace 类。它将继承自 ZipProcessor 类，如下所示：

```
class TextTweaker(ZipProcessor):
    def __init__(self, archive: Path) -> None:
        super().__init__(archive)
        self.find: str
        self.replace: str

    def find_and_replace(self, find: str, replace: str) -> "TextTweaker":
        self.find = find
        self.replace = replace
```

```
    return self

def transform(self, extracted: Path) -> None:
    input_text = extracted.read_text()
    output_text = re.sub(self.find, self.replace, input_text)
    extracted.write_text(output_text)
```

这段代码比原始版本短一些，因为它从父类中继承了 ZIP 处理能力。我们首先导入刚刚编写的基类并用 TextTweaker 继承这个类，然后使用 super()初始化父类。

我们需要两个额外的参数。我们使用流式接口（*fluent interface*）来提供这两个参数。find_and_replace()方法更新对象的状态，然后返回 self 对象，这样我们就可以使用一行代码的类执行多个操作：

```
TextTweaker(zip_data)\
.find_and_replace("xyzzy", "plover's egg")\
.process_files("*.md")
```

我们创建了类的实例，使用 find_and_replace()方法设置一些属性，然后使用 process_files()方法做处理。这被称为流式接口，因为可以使用多个方法连续地完成操作。

我们已经写了不少代码来重建之前的 ZipReplace 类，功能上和原来的完全相同。但是做了这些之后，再写其他基于 ZIP 文件操作的类就简单多了，例如（前面假设的需求）图片缩放功能。

而且，如果我们想要修复或改善现有功能，只需要修改 ZipProcessor 这个父类，对所有的子类就都起作用了。这样做维护起来高效很多。

下面看看利用 ZipProcessor 的功能来创建缩放图片类有多简单：

```
from PIL import Image # type: ignore [import]


class ImgTweaker(ZipProcessor):
    def transform(self, extracted: Path) -> None:
        image = Image.open(extracted)
        scaled = image.resize(size=(640, 960))
```

```
scaled.save(extracted)
```

看看，这个类多简单！我们前面所有的付出都是值得的。我们只需要打开每个文件，缩放之后再保存。ZipProcessor 类处理了所有的压缩和解压缩功能，我们在这里不需要做额外的工作。这似乎是一个巨大的好处。

创建可重用的代码并不简单。它通常需要多个用例，才能搞清楚哪部分是通用的，哪部分是不通用的。因为我们需要具体的用例，所以应该避免根据假想的重用做设计而造成过度设计。幸好，这是 Python，做事情很灵活，可以等到有了具体用例再重构代码。

5.4 案例学习

在本章中，我们会继续开发 KNN 的案例学习。我们会使用一些 Python 面向对象设计的新特性。第一个特性是有时被称为"语法糖"的东西，这是一种方便的代码编写方式，提供了一种更简单的方式来表达比较复杂的事情。第二个特性是管理器类，它为资源管理提供上下文。

在第 4 章中，我们创建了一个异常来表示无效的输入数据。当输入数据不能被使用时，我们抛出那个异常。

在这里，我们将创建一个类，用于从文件中读取已分类的训练数据和测试数据。在本章中，我们将忽略处理异常的细节，这样我们可以专注于问题的另一个方面：把样本分成测试子集和训练子集。

5.4.1 输入验证

TrainingData 对象是从一个叫作 bezdekIris.data 的样本文件中加载的。现在，我们没有验证文件的内容。我们没有确认样本的测量值是否是数字，类型名称是否合法，而是直接创建了 Sample 实例，希望一切顺利。对数据的微小更改可能会导致我们应用程序的某个部分出现意外。如果能够在加载数据的时候就验证数据，我们就可以更好地识别问题，为用户提供清晰的反馈，告诉用户错误在第几行、第几列及出错的值是什么，比如"第 42 行有一个不合法的 `petal_length` 值 1b.25"。

训练数据是通过 `TrainingData` 类的 `load()` 方法处理的。现在，这个方法接收一个字典序列作为参数，每个样本是一个字典，包含测量值和分类。参数的类型提示是 `Iterable[dict[str, str]]`。这是 `csv` 模块工作的一种方式，使其非常易于使用。我们将在第 8 章和第 9 章中讨论加载数据的更多细节。

设想样本文件可能会有其他的格式，这告诉我们 `TrainingData` 类不应该依赖于 CSV 文件生成由 `dict[str, str]` 代表的行。虽然把一行数据放入字典中是简单的，但这使得 `TrainingData` 类需要处理一些或许不属于它的细节。数据文件的格式与训练和测试样本的管理并没有什么直接关系。这里似乎可以使用面向对象设计来解除它们之间的耦合。

为了支持不同类型的数据文件格式，我们需要一些验证输入数据的通用规则。我们需要这样一个类：

```python
class SampleReader:
    """
    有关 bezdekIris.data 文件中的属性顺序，可以查看 iris.names
    """

    target_class = Sample
    header = [
        "sepal_length", "sepal_width",
        "petal_length", "petal_width", "class"
    ]

    def __init__(self, source: Path) -> None:
        self.source = source

    def sample_iter(self) -> Iterator[Sample]:
        target_class = self.target_class
        with self.source.open() as source_file:
            reader = csv.DictReader(source_file, self.header)
```

```
    for row in reader:
        try:
            sample = target_class(
                sepal_length=float(row["sepal_length"]),
                sepal_width=float(row["sepal_width"]),
                petal_length=float(row["petal_length"]),
                petal_width=float(row["petal_width"]),
            )
        except ValueError as ex:
            raise BadSampleRow(f"Invalid {row!r}") from ex
        yield sample
```

这个类通过 csv.DictReader 实例读取输入字段并创建 Sample 超类的实例。sample_iter()方法使用一系列的转换表达式把每列输入数据都转换成有用的 Python 对象。在这个示例中，转换过程很简单，使用 float()函数把 CSV 字符串数据转换成 Python 对象。我们可以想象，在其他一些场景下这个转换过程可能会更复杂。

当 float()函数遇到非法数据（不是数字的字符串）时，会抛出 ValueError。虽然这有一定的帮助，但是有些代码 Bug，比如计算距离的公式出错了，也可能会抛出 ValueError，这可能会让人困惑。好一点儿的方式是，抛出我们应用独有的异常，这样更容易识别问题的根源。

目标类型 Sample 是作为类级变量 target_class 提供的。如果我们需要引入 Sample 的新子类，可以相对可见地修改这个类变量。这种做法不是必需的，但是这种可见依赖提供了将类彼此分离的方法。

我们将遵循第 4 章的建议来定义一个特有的异常。这可以更好地把应用错误从一般性的 Python 代码错误中区分出来：

```
class BadSampleRow(ValueError):
    pass
```

利用这种方法，我们把 float()抛出的 ValueError 异常重新封装成 BadSampleRow 异常。这可以帮助我们区分 CSV 源文件错误和由 KNN 的距离算法 Bug 引起的异常。

虽然两者都会抛出 ValueError 异常，但 CSV 处理抛出的异常会被封装成应用特有的异常，以消除上下文歧义。

我们通过在 try: 语句中封装目标类实例的创建逻辑来完成异常转换。这里引发的任何 ValueError 异常都将成为 BadSampleRow 异常。我们使用了 raise...from... 以便保留原始异常来帮助调试。

一旦我们获得了有效的输入，就需要决定该对象应该用于训练还是测试。接下来我们将转向这个问题。

5.4.2　输入分块

我们刚刚创建的 SampleReader 类使用类变量 target_class 来确定要创建的对象类型。当我们使用 SampleReader.target_class 或 self.target_class 的时候，要多加小心。

简单表达式 self.target_class(sepal_length=, … etc.) 看起来像一个方法调用，但 self.target_class 当然不是一个方法，它是另一个类。为了确保 Python 不把 self.target_class() 当作一个方法，我们把它赋值给局部变量 target_class。现在我们直接写 target_class(sepal_length=, … etc.) 就不会产生歧义了。

这很符合 Python 的风格。我们可以创建 SampleReader 类的子类，以根据原始数据创建不同类型的样本。

SampleReader 类有一个问题。同源的原始样本数据需要被分割成 KnownSample 的两个不同子类 TrainingSample 或者 TestingSample。这两个类的行为有一些差别。TestingSample 用于确认 KNN 算法是否有效，它需要比较算法分类和植物学家提供的分类。而 TrainingSample 不需要这么做。

理想情况下，SampleReader 可以创建两种类的实例。但现在的设计只能创建单个类的实例。我们有两种解决方案：

- 一种更复杂的算法，用于决定创建什么类。该算法可能使用 if 语句来判定创建一个或另一个对象的实例。

- 简单定义 KnownSample。这个类可以单独处理不可变训练样本与多次分类（和重分类）的可变测试样本。

第二种解决方案看起来不错。少一些复杂性意味着少一些代码和 Bug。第二种解决方案表明我们可以区分样本的 3 个不同方面：

- 原始数据。也就是测量值的集合。它们是不可变的。（我们将在第 7 章中讨论这种设计变化。）
- 植物学家指定的分类。训练和测试数据都有这项，但未知样本没有这项。像测量值一样，它也是不可变的。
- 算法推测的分类。这项适用于测试样本和未知样本。这个值是可变的，每次我们给一个样本做分类（或者做重新分类），都会改变这个值。

这是一个很大的设计变动。在项目的早期，这种重大变动是有必要的。在第 1 章和第 2 章中，我们决定为不同样本创建一个很复杂的类继承体系，是时候修改这个设计了。我们以后还会修改设计。好的设计来源于多次创建和丢弃不好的设计。

5.4.3　样本的类层级

我们可以从几个角度改进之前的设计。其中一个角度是让 Sample 类只包含基本数据（4 个测量值），将附加特性放在子类中。每个 Sample 实例都有 4 个附加特性，如下表所示。[①]

	已知	未知
未分类	训练集	待分类样本
已分类	测试集	已分类样本

已分类这一行的样本包含算法推测的分类信息。我们每次做分类时，分类结果都和一个特定的超参数相关。准确地说，已分类样本是使用某个特定超参数对象分类过

---

① 麦叔注：species 字段用于存放植物学家提供的分类，是可信的分类；classification 字段用于存放算法推测的分类，已分类样本是指经过算法推测已经拥有 classification 字段的样本。

的样本。这样说太复杂了，但设计时有必要意识到这一点。

　　未知这一列的两种情况区别很小，以至于大多数处理无须知道这种区别。一个未知样本先是等待被分类，然后最多几行代码就会把它变成已分类样本。[①]

　　基于这些考虑，我们或许可以创建更少的类，但仍能正确表达样本的状态和行为。

　　`Sample` 可以有两个子类，`Classification` 对象可以独立出来，如图 5.1 所示。

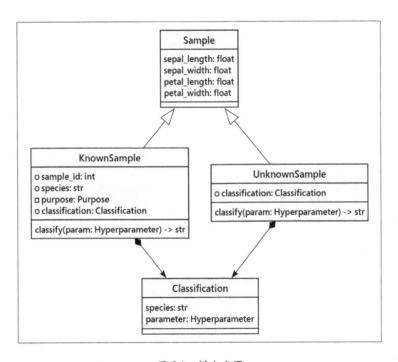

图 5.1　样本类图

我们重新设计了类继承体系来反映这两种不同的样本：

●　`KnownSample` 实例可以用于训练或测试。可以通过 `classify()`方法的实现来区分它们。这个方法依赖于 `purpose`（目的：训练或测试）属性。`purpose`

---

① 麦叔注：分类后，它仍然属于未知样本，因为这里的已知和未知是指是否有植物学家提供的确定的分类信息。

属性的前面有个正方形（有时候使用 "-"）。Python 没有私有变量，在前面放置下画线或正方形可以从设计上区分它们。公共属性的前面可以放一个小圆圈（或者放一个 "+"）。

- ◆ 当 purpose 的值是 Training（也就是样本用于训练）时，classify()方法将抛出异常，因为训练样本不应被重新分类，这会导致训练无效。
- ◆ 当 purpose 的值是 Testing（也就是样本用于测试）时，classify()方法将正常工作，使用给定的 Hyperparameter 给当前样本分类。
- ● UnknownSample 实例可以用于用户分类。它的 classify()方法不依赖于 purpose 属性的值，总会执行分类操作。

我们将使用本章学到的 @property 装饰器来实现这些行为。我们可以使用 @property 来获取动态计算的值，就像访问普通属性一样。我们也可以使用@property 来定义不能被设定（只能读取，不能更改）的属性。

5.4.4　purpose 枚举类

我们可以为 purpose 定义一个枚举类：

```
class Purpose(enum.IntEnum):
    Classification = 0
    Testing = 1
    Training = 2
```

这个类创建了一个包含 3 个对象的命名空间：Purpose.Classification、Purpose.Testing 和 Purpose.Training。比如，我们可以使用 if sample.purpose == Purpose.Testing:来判定一个测试样本。

我们可以使用 Purpose(x)把一个数字 x 转换成 Purpose 对象。这里的 x 是整数 0、1 或 2。如果传入其他的值，会抛出 ValueError 异常。我们也可以把 Purpose 对象转换回数字。比如，Purpose.Trainig.value 是 1。使用数字表示的枚举代码，可以很好地与无法识别 Python 枚举对象的外部系统交互。

我们将把 Sample 类的 KnownSample 子类分成两部分。以下是第一部分。它的构造方法接收 6 个数据变量，其中 4 个是用于 Sample.__init__()方法的测量值，其他两个是 purpose 和 species：

```
class KnownSample(Sample):

    def __init__(
        self,
        sepal_length: float,
        sepal_width: float,
        petal_length: float,
        petal_width: float,
        purpose: int,
        species: str,
    ) -> None:
        purpose_enum = Purpose(purpose)
        if purpose_enum not in {Purpose.Training, Purpose.Testing}:
            raise ValueError(
                f"Invalid purpose: {purpose!r}: {purpose_enum}"
            )
        super().__init__(
            sepal_length=sepal_length,
            sepal_width=sepal_width,
            petal_length=petal_length,
            petal_width=petal_width,
        )
        self.purpose = purpose_enum
        self.species = species
        self._classification: Optional[str] = None

    def matches(self) -> bool:
        return self.species == self.classification
```

我们验证 purpose 参数值，确保它只能被解析成 Purpose.Training 或 Purpose.Testing，否则就抛出 ValueError 异常，因为它无法作为已知样本使用。

我们创建了一个实例变量 self._classification。它以_开头，说明不是给对象外部使用的。它并不是严格私有的，因为 Python 没有私有语法。我们可以称其为"隐藏"或"注意不要使用"。

Python 没有使用某些语言提供的强制访问级别，而是使用非强制的规范把这些变量与其他变量区分开来。你仍然可以直接访问以_开头的变量，但你可能不应该这样做。

下面是第一个使用@property 的方法：

```python
@property
def classification(self) -> Optional[str]:
    if self.purpose == Purpose.Testing:
        return self._classification
    else:
        raise AttributeError(f"Training samples have no classification")
```

这个方法可被当作属性使用。下面演示了创建一个测试样本的过程：

```
>>> from model import KnownSample, Purpose
>>> s2 = KnownSample(
...     sepal_length=5.1,
...     sepal_width=3.5,
...     petal_length=1.4,
...     petal_width=0.2,
...     species="Iris-setosa",
...     purpose=Purpose.Testing.value)
>>> s2
KnownSample(sepal_length=5.1, sepal_width=3.5, petal_length=1.4,
petal_width=0.2, purpose=1, species='Iris-setosa')
>>> s2.classification is None
True
```

当我们使用 s2.classification 时，它会调用这个方法。这个方法确保样本用于测试，然后返回"隐藏"的实例变量 self._classification 的值。

如果这个样本的 purpose 属性的值是 Purpose.Training，这个属性会抛出 AttributeError 异常，因为任何代码都不应试图访问训练样本的分类值，这是 Bug，应该被修正。

5.4.5　Property setters

我们如何更新 classification？我们需要执行 self._classification = h.classify(self)语句吗？不，我们创建一个 property，用于更新"隐藏"的实例变量。这比上面的示例要复杂一点儿：

```
@classification.setter
def classification(self, value: str) -> None:
    if self.purpose == Purpose.Testing:
        self._classification = value
    else:
        raise AttributeError(
            f"Training samples cannot be classified")
```

之前的@property 为 classification 定义了一个"getter"。它用于获取属性值（它的实现基于对象描述器的 __get__()方法）。classification 的@property 定义同时创建了一个额外的装饰器@classification.setter。赋值语句使用 setter 装饰的方法。

注意，这两个 property 所装饰的方法名是一样的，都是 classification。它们的方法名就是给外部使用的属性名。

现在，s2.classification = h.classify(self)语句会使用某个 Hyperparameter 对象计算分类，然后用它设定对象的 classification。这个赋值语句会调用上面的方法来验证样本的目的。如果目的不是 Purpose.Testing，它会抛出一个 AttributeError 异常，这表明我们的程序某处出错了。

5.4.6　重复的 if 语句

我们有多个 if 语句用于检查 Purpose 的值。这似乎告诉我们这个设计不是最优的。这些同样目的的行为没有被封装到单个类中，而是在同一个类中出现了多次。

多个 if 语句检查 Purpose 枚举类的值也说明我们需要多个类。我们"简化"了类而带来了这种问题。

在 5.4.2 节，我们提到有两种改进设计的方法。一种是通过添加 purpose 属性来区分测试数据和训练数据，以便简化设计。这似乎带来了多个 if 语句，并没有真的简化设计。

我们在后面章节的案例学习部分会继续探讨更好的分块算法。目前，我们有创建有效数据的能力，但我们的代码中也充满了 if 语句。我们鼓励读者尝试不同的设计，看看哪种设计看起来更简单、更容易阅读。

5.5　回顾

本章要点：

- 当我们既有数据又有行为的时候，比较适合使用面向对象的设计。我们可以使用 Python 的通用集合和普通函数完成很多事情。当事情变得足够复杂，需要把数据和行为放在一起的时候，我们需要开始使用类。
- 当属性值是另一个对象时，比较 Pythonic 的做法是直接访问属性，我们不会编写专门的 setter 和 getter 方法。如果属性值是计算出来的，我们有两个选择：我们可以延时计算或立即计算。使用 property 可以实现延时计算，在访问属性的时候才做计算。
- 对象之间经常需要协作，应用程序的行为正源于合作。我们通常会使用管理器对象来协调各个组件和它们的交互，以创建一个集成的可正常工作的整体。

5.6　练习

我们已经了解在面向对象的 Python 程序中对象、数据及方法之间相互作用的各种方式。和往常一样，你的第一个想法应该是如何将这些原则应用到自己的工作中。你手边有没有一些混乱的代码可以用面向对象管理器来重写？从你的旧代码中找出那些没有执行动作的方法。如果它们的名称不是动词，试着用 property 来重写。

想想你（用任何语言）写过的代码，是否违背了 DRY 原则？是否存在重复代码？有没有复制和粘贴代码的地方？有没有因为你不想理解原始代码而用了两段相似的代码？回顾你之前的代码，看看是否能够用继承或组合关系重构重复代码。试着挑一个你仍然有兴趣继续维护的项目，而不是那些已经老到你不想碰的代码。这样你才有兴趣去改善这些代码。

现在，回顾本章的几个示例。从网页缓存的示例开始，它用 property 来缓存获取的数据。这个示例中存在一个明显的问题，缓存的数据永远不会被刷新。为这个 property 的 getter 方法添加一个超时特性，只有在未过期之前才返回缓存页面。你可以用 time 模块（time.time() - an_old_time 返回自 an_old_time 之后经历的时间）来确认缓存是否过期。

现在，再来看看基于继承关系的 ZipProcessor，也许使用组合关系更合理。可以将 ZipReplace 和 ScaleZip 类的实例传递给 ZipProcessor 的构造方法，调用它们完成特定的处理工作，而不是继承这个父类。尝试实现这个版本。

你觉得哪个版本更容易使用？哪个版本更优雅？哪个版本可读性更强？仁者见仁智者见智，其答案因人而异，不过知道答案是非常重要的。如果你觉得自己更喜欢用继承而不是组合，你需要额外注意在日常编码中不要过度使用继承。如果你更喜欢组合，要确保自己不会错失使用优雅的基于继承的方案的机会。

最后，为前面案例学习中的各个类添加一些处理异常的代码。应该如何处理数据有问题的样本？是让算法模型无法运行，还是应该跳过这一行？看似选择差异很小的技术实现可能会产生深远的数据科学和统计后果。我们可以创建一个允许以上任何一种行为的类吗？

在你的日常编码中，请谨慎使用复制和粘贴命令。每次要复制代码的时候，考虑一下改进程序的组织方式而只保留一个代码版本是不是更好的方案。

5.7　总结

在本章中，我们主要关注如何识别对象，尤其是那些并不十分明显的对象，用于管理和控制的对象。对象应该既有数据又有行为，但是使用 property 可以把方法当作属性使用。DRY 原则是衡量代码质量的重要指标，继承和组合可以用于减少重复的代码。

在第 6 章中，我们将学习 Python 中定义抽象基类的方法。抽象基类允许我们定义一个类似模板的类，它必须被子类继承，添加具体的实现特性。通过它，我们可以定义相互关联的类家族，并确信它们能够正常协同工作。

第 6 章
抽象基类和运算符重载

我们需要区分实体类和抽象类。实体类具有完整的属性和方法实现，而抽象类缺少实现细节。可以通过抽象来描述复杂的问题。我们可以说飞机和轮船有共性，抽象地说，它们都是交通工具，但是它们的移动方式不同。

在 Python 中，我们有两种方法来定义相似的事情：

- **鸭子类型（Duck Typing）**：当两个类定义具有相同的属性和方法时，这两个类的实例具有相同的协议且可以交换使用。我们经常说："当看到一只走路像鸭子、游泳像鸭子、叫起来也像鸭子的鸟时，我们就认为那只鸟是鸭子。"
- **继承（Inheritance）**：当两个类定义具有共同的部分时，它们作为子类可以共享父类的通用特性。这两个类的实现细节可能会有所不同，但是当我们只需要使用由父类定义的共同特性时，这些类应该是可以互换的。

我们可以把继承往前推一步。我们可以创建抽象的父类定义：抽象类本身是不能直接使用的，但它们可以被继承来创建实体类。

我们讨论一下术语问题：基类（*base class*）和超类（父类）。[①]它们是同义词，因为我们有时候会混着用。有时候我们会说：基类是基础，其他的类可以继承它。其他时候我们会说：实体类继承自父类。这里的父类是实体类的上层。在 UML 中，父类会画在子类的上面，而且需要先于子类定义，如图 6.1 所示。

[①] 麦叔注：基类、超类、父类是可以互换的同义词。本书中大部分场合下使用"父类"这个词。

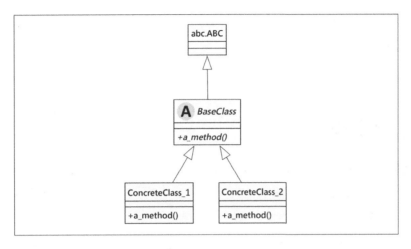

图 6.1　抽象基类

我们的基类 BaseClass 继承自一个特殊的父类 abc.ABC。这个特殊的父类提供了一些特殊的元类特性，确保实体类取代抽象类。在图 6.1 中，我们使用一个包含字母"A"的圆圈来表示它是抽象类。这个标记不是必需的，而且也没多大帮助，所以我们在其他的图中不会使用它。另外，斜体也表明这是抽象类。

图 6.1 中显示了一个抽象方法 a_method()，它没有自己的方法体，需要由它的子类来实现功能。同样，使用斜体方法名也表示这是抽象方法。两个实体子类都提供了这个方法的实现。

本章将涉及以下主题：

- 创建抽象基类。
- ABC 和类型提示。
- collections.abc 模块。
- 创建自己的抽象基类。
- 解开魔法的面纱——看看 ABC 的实现。
- 运算符重载。
- 继承内置类。
- 元类。

本章的案例学习将基于之前章节的案例学习。我们会仔细研究把数据划分成训练集和测试集的不同方法。

下面我们先来看看如何使用抽象类，以及如何基于抽象类创建实体类。

6.1　创建抽象基类

假设我们要开发一个媒体播放器，它会调用第三方插件来播放不同的媒体格式。在这种情况下，建议创建一个抽象基类（ABC）来声明第三方插件应提供的 API（声明接口是 ABC 强大的用例之一）。

一般的设计是这样的，让多个类都实现一个通用函数，比如 play()。我们不想选择某种特定的媒体格式（比如 MP4）作为父类，而让所有其他格式都继承这个类，这种做法不好。

更好的做法是将媒体播放器定义为抽象类。每种特定的媒体文件格式（如 MP4、MOV、AVI 等）都可以提供抽象类的具体实现。

abc 模块提供了我们所需的工具。下面是一个抽象类，它需要子类来提供具体的方法实现和属性：

```python
class MediaLoader(abc.ABC):
    @abc.abstractmethod
    def play(self) -> None:
        ...

    @property
    @abc.abstractmethod
    def ext(self) -> str:
        ...
```

abc.ABC 类引入了一个用于创建实体类控制定义的**元类**。Python 的默认元类是 type。当创建实例的时候，默认的元类不会检查抽象方法。abc.ABC 扩展了 type 元类，它会阻止我们为未被完全实现的类创建实例。

　　抽象类中有两处使用了装饰器来描述占位符。一处使用了@abc.abstractmethod，另一处同时使用了@property 和@abc.abstractmethod。Python 广泛使用装饰器来修改函数或方法的功能。在这个示例中，它为 ABC 类引入的元类提供了额外的细节。因为我们标注了某个方法或属性是抽象的，子类必须实现相应的方法或属性才能成为有用的、可以被实例化的类。

　　方法体是…。这个三点标记，即省略号，确实是有效的 Python 语法。它不是仅在本书中使用的占位符，它是合法的 Python 代码，用以提醒我们：具体的子类需要实现相应的方法。

　　我们在 ext()方法上也使用了@property 装饰器。我们的目的是提供一个名为 ext 的字符串类型的类变量。使用@property 把它声明为属性，这样子类可以选择使用简单的变量或者方法来实现这个属性。在实体类中使用简单变量可以满足抽象类的要求，也能通过 *mypy* 的类型检查。如果需要做一些更复杂的计算，可以使用方法来替代简单的属性变量。

　　使用了这些标记的类会拥有一个特殊的属性__abstractmethods__。这个属性会列出所有的抽象方法或属性：

```
>>> MediaLoader.__abstractmethods__
frozenset({'ext', 'play'})
```

　　如果实现一个子类，会发生什么？我们先看一个示例 Wav，它没有为抽象提供具体实现。我们会再看另一个示例 Ogg，它为抽象提供了所需的属性。相关代码如下：

```
>>> class Wav(MediaLoader):
...     pass
...
>>> x = Wav()
Traceback (most recent call last):
  File "<stdin>", line 1, in <module>
TypeError: Can't instantiate abstract class Wav with abstract methods ext, play

>>> class Ogg(MediaLoader):
...     ext = '.ogg'
```

```
...      def play(self):
...          pass
...
>>> o = Ogg()
```

子类 Wav 的定义中没有实现任何抽象属性。当我们尝试创建一个 Wav 类的实例时，抛出了异常。因为作为 MediaLoader 的子类，它仍然是抽象类，不可能创建实例。它或许是一个有用的抽象类，但你必须用子类继承它并实现抽象方法，才能使用它。

子类 Ogg 提供了抽象属性的实现，所以它可以被实例化。虽然它的 play() 方法没做什么，但重要的是所有的占位符都被填充了。这使得 Ogg 成为一个抽象类 MediaLoader 的实体子类。

 使用类变量来表示媒体文件的类型（扩展名）会有点儿小问题。因为 ext 是一个属性，它可以被更新。使用 o.ext = '.xyz' 在语法上是没错的。Python 没有提供简单的方法创建只读属性。我们通常使用文档来说明修改 ext 属性值会带来的后果。

在创建复杂的应用时，这样做具有明显的优势。像这样使用抽象，可以让 *mypy* 很清楚地判断一个类是否实现了必要的方法和属性。

这也要求执行一些导入操作，以确保模块可以访问应用程序所需的抽象基类。使用鸭子类型的一个优点是不使用复杂的导入语句，就可以创建有用类、实现多态。这一优点通常会被 abc.ABC 类定义通过 *mypy* 来支持类型检查及执行运行时检查以确保子类定义完整性的能力所抵消。当出现错误时，abc.ABC 类还提供了更多有用的错误消息。

ABC 的一个重要用例是 collections 模块。该模块使用一组复杂的基类和混入定义了内置的通用集合。

6.1.1　collections 模块中的抽象基类

真正综合使用了抽象基类的是 Python 标准库中的 collections 模块。我们经常使用的集合类（比如 list 等）继承了 Collection 抽象类，而 Collection 类又继承了一个更加抽象的 Container（中文是容器的意思）类。

既然 Container 类是基础，那么我们使用 Python 解释器来看看这个类需要哪些方法：

```
>>> from collections.abc import Container
>>> Container.__abstractmethods__
frozenset({'__contains__'})
```

所以 Container 类只有一个需要子类实现的抽象方法 __contains__()。你可以使用 help(Container.__contains__)查看它的签名：

```
>>> help(Container.__contains__)
Help on function __contains__ in module collections.abc:
__contains__(self, x)
```

可以看到，__contains__()需要一个参数。可惜，help 命令没有告诉我们这个参数的额外信息，但根据抽象基类的名称 Container，很明显用户想要检查这个参数是否存在于 Container 中。

这个特殊方法 __contains__()实现了 Python 的 in 运算符。set、list、str、tuple 和 dict 都实现了这个方法。我们也可以定义一个 Container 来告诉我们给定的数字是否是奇数：

```
from collections.abc import Container


class OddIntegers:
    def __contains__(self, x: int) -> bool:
        return x % 2 != 0
```

我们使用取余运算符来测试参数 x 是否是奇数。如果 x 对 2 取余等于 0，它就是偶数，否则它是奇数。

有意思的是，虽然 OddContainer 类并没有继承 Container 类，但我们实例化了一个 OddContainer 对象，用 isinstance()等方法检测一下，竟发现它就是 Container 的实例：

```
>>> odd = OddIntegers()
>>> isinstance(odd, Container)
True
>>> issubclass(OddIntegers, Container)
True
```

这就是鸭子类型比传统多态更酷的地方。我们可以不用承受继承的烦恼（更糟的是多重继承的烦恼）就实现了"是一个"关系。

一个 Container 基类很酷的地方在于，任何实现它要求的方法的类都可以直接使用 in 关键字。实际上，in 只是一个语法糖，真正被调用的是__contains__()方法。任何包含__contains__()方法的类都是 Container，因此可以使用 in 关键字查询存在性。试试看：

```
>>> odd = OddIntegers()
>>> 1 in odd
True
>>> 2 in odd
False
>>> 3 in odd
True
```

这一能力的价值在于，我们可以创建与 Python 内置集合类完全兼容的新的集合类。例如，我们可以创建一个新的字典类，它使用二叉树结构来保存字典的 key，而不是使用散列表结构（Python 内置的 dict 类使用散列表）。我们先查看 Mapping 抽象基类的定义，然后用新的结构实现这样的方法，如__getitem__()、__setitem__()和__delitem__()等。

Python 的鸭子类型的实现在一定程度上依赖于 isinstance() 和 issubclass() 内置方法。这些方法用于判定类之间的关系。这两个方法又基于两个内部方法：__instancecheck__() 和 __subclasscheck__()。一个抽象基类可以提供__subclasshook__()方法，这个方法会被__subclasscheck__()调用，用于确定一个类是否是这个抽象基类的子类。这些细节有点儿超出本书的范围。我们可以把抽象基类当成一个路标，它指出我们创建与内置类具有同样作用的新类时要实现的方法和属性。

6.1.2 抽象基类和类型提示

抽象基类的概念与泛型类（generic class）的概念密切相关。一个抽象基类通常是通用（generic）的，虽然子类的实现细节可能有所不同。[①]

大部分 Python 的泛型类，比如 list、dict、set 等，都可以用于类型提示。这些类型提示可以通过参数指定容器允许的数据类型。list[Any] 和 list[int] 就是两种不同的类型，值 ["a", 42, 3.14] 对于第一种类型来说是合法的，但对于第二种来说是不合法的。这种通过参数让通用类型变得更具体的概念也常常适用于抽象类。

为了使用这个特性，我们通常需要在代码第一行引入 from__future__import。这会修改 Python 的行为，允许函数和变量使用参数化的类型提示。

泛型类和抽象类不是同一个概念。它们在概念上有一定的相似性，但并不相同：

● 泛型类默认情况下允许使用任何类型，也就是 Any 类型。当我们在代码中直接写 list，相当于写 list[Any]。list 是具体的类，可以被直接使用。它可以存放任何类型的数据，当我们想要限定具体类型时，可以使用具体的类型替换 Any，比如 list[int] 用于指定当前列表只能存放 int 类型的数据。值得注意的是，**Python 解释器并不支持泛型**，它不会检查和干涉具体存放的是什么类型。泛型这种写法只用于静态的代码分析工具，比如 *mypy*。

● 抽象类中只有占位符方法，而没有实现。这些占位符方法需要子类提供具体的实现。抽象类并不是完整的类。当我们扩展它时，子类必须为占位符方法提供具体的实现，*mypy* 等代码分析工具会检查这一点。同时，如果我们不提供这些方法的实现，当我们创建抽象类的实例时，Python 解释器会抛出运行时异常。这说明 Python 解释器是支持抽象类相关概念的。

有些类可以既是抽象类又是泛型类。如上面所说，*mypy* 会根据泛型参数做类型检查，这不是必需的，但抽象类的实现是必需的。

[①] 麦叔注：泛型类（generic class）是大部分现代编程语言都支持的概念和特性。通过参数指定容器中所存放的数据类型，有利于实现代码的类型安全，避免因为传入不合法的类型而出错。

另一个和抽象类相关的概念是**协议**（**protocol**）。这是鸭子类型的关键所在：当两个类拥有同样一批方法时，它们就遵循一个共同的协议。任何时候，如果多个类拥有同样一批方法，它们就遵循一个共同的协议。我们可以使用类型提示来声明协议。

以可以被散列计算的对象为例。不可变类都实现了 `__hash__()` 方法，包括字符串、整数、元组等，但可变类没有实现 `__hash__()` 方法，比如 `list`、`dict` 和 `set`。这个方法就定义了 `Hashable` 协议。如果我们在代码中写一个这样的类型提示 `dict[list[int], list[str]]`，*mypy* 会提示一个错误，告诉我们 `list[int]` 不能作为字典的 key。它不能作为 key 是因为 `list[int]` 没有实现 `Hashable` 协议。在代码运行时，使用可变类作为 key 创建字典项时也会因为同样的原因抛出错误：a list doesn't implement the required method。

创建抽象基类的相关方法在 abc 模块中，稍后我们会学习相关内容。现在，我们先来学习如何使用抽象类，主要是使用 `collections` 模块中的类。

6.1.3　collections.abc 模块

抽象基类的主要应用场景之一就是 `collection.abc` 模块。这个模块提供了 Python 内置集合的抽象基类定义。`list`、`set` 和 `dict` 等就是基于这些抽象基类的具体实现。

我们可以使用这些抽象基类定义自己特有的数据结构，而且这些数据结构可以和其他内置集合类一样使用。我们也可以基于这些抽象基类定义更通用的类型提示，而不要求使用具体的实现类。

`collections.abc` 模块中并不包含 `list`、`set` 或 `dict`，而是提供了一些更抽象的定义，比如 `MutableSequence`、`MutableMapping` 和 `MutableSet` 等。这些正是 `list`、`dict` 和 `set` 等具体实现类所扩展的抽象基类。下面我们以 `Mapping` 类为例，追本溯源。Python 的 `dict` 类是 `MutableMapping` 类的一个具体实现。它的抽象概念就是把一个 key 关联到（mapping）到一个 value。`MutableMapping` 类基于 `Mapping` 类。`Mapping` 类是一个不可变的字典（不可变让它具有更快的查找速度）。让我们来看一下它们之间的关系，如图 6.2 所示。

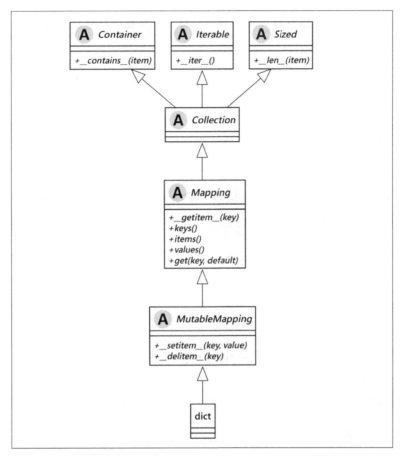

图 6.2　Mapping 抽象关系图

在图 6.2 的中间，我们可以看到 Mapping 类继承自抽象基类 Collection。Collection 又基于其他 3 个抽象基类：Sized、Iterable 和 Container。它们各自都定义了特定的方法。

如果我们自己实现一个具体的 Mapping，至少需要实现以下方法：

- Sized 抽象类要求实现__len__()方法。这可以让我们的类实例能够响应 len()函数，返回容器中数据的长度。
- Iterable 抽象类要求实现__iter__()方法。这可以让我们的对象能够在 for 循环中使用，也能响应 iter()函数。我们会在第 10 章中再次讨论这个主题。

- Container 抽象类要求实现__contains__()方法。这使得实现类可以响应 in 和 not in 运算符。
- Collection 抽象类整合了 Sized、Iterable 和 Container，但并没有添加额外的抽象方法。
- Mapping 抽象类基于 Collection，它又添加了__getitem__()、__iter__()、__len__()等几个新的抽象方法。另外，它基于__iter__()方法还提供了一个默认的__contains__()方法的实现[①]。

这些方法直接来自抽象类的继承体系。通过实现这些方法，我们可以确保我们自定义的字典类可以像其他的 Python 内置泛型类一样被使用。

通过查看 Python 的官方文档（链接 16），我们可以看到完整的抽象类列表及它们所基于的抽象类。抽象类的继承体系之间有一定的重叠，比如很多类都基于 Iterable 抽象基类，正是这种重叠让我们可以用 for 语句来遍历基于 Iterable 抽象基类的每一种集合。

现在，我们来定义一个不可变的 Mapping 对象的实现，取名为 Lookup。Lookup 类可以一次性加载字典中的键值对，用于后续的查询。因为它是不可变的，我们可以使用各种算法做优化，让查找速度特别快。

这个类的类型提示看起来是这样的：

BaseMapping = abc.Mapping[Comparable, Any]

这是一个存放键值对的字典类。它的值可以是任何类型，所以使用 Any。它的 key 是 Comparable 类型的，因为我们需要比较 key 并给它们排序。在排好序的列表中查找，通常会更快一些。

我们先来实现 Lookup 类的主体，在巩固了键值映射的新类型后再来讨论 Comparable 类的问题。

除了创建空字典，Python 自带的 dict 可以通过另外两种方法构建。我们新建的

---

① 麦叔注：在图 6.2 中没有体现出来，但可以在源代码中看到。

Lookup 类也需要支持这两种方法。以 dict 为例，下面是这两种方法：

```
>>> x = dict({"a": 42, "b": 7, "c": 6})
>>> y = dict([("a", 42), ("b", 7), ("c", 6)])
>>> x == y
True
```

我们可以基于另一个 Mapping 构建新的 Mapping，也可以基于一个包含键值对的元组序列来构建 Mapping。这意味着我们需要两个__init__()函数：

- **def __init__(self, source: BaseMapping) -> None**
- **def __init__(self, source: Iterable[tuple[Comparable, Any]]) -> None**

如上所示，这两个构造方法具有不同的类型提示。为了让 *mypy* 明白，我们需要使用@overload 装饰器来告诉 *mypy* 这是重载的方法。我们先提供两个函数定义和两个备选方案，然后提供可以有效工作的真实函数定义。上面只是类型提示，这并不是必需的，相当于文档，给我们提供帮助。

下面是 Lookup 类定义的第一部分。我们会把 Lookup 类定义分成几部分，因为__iter__()方法需要覆盖重载的两种情况：

```python
BaseMapping = abc.Mapping[Comparable, Any]
class Lookup(BaseMapping):
    @overload
    def __init__(
        self,
        source: Iterable[tuple[Comparable, Any]]
    ) -> None:
        ...

    @overload
    def __init__(self, source: BaseMapping) -> None:
        ...

    def __init__(
```

```
        self,
        source: Union[
            Iterable[tuple[Comparable, Any]],
            BaseMapping,
            None] = None,
) -> None:
        sorted_pairs: Sequence[tuple[Comparable, Any]]
        if isinstance(source, Sequence):
            sorted_pairs = sorted(source)
        elif isinstance(source, abc.Mapping):
            sorted_pairs = sorted(source.items())
        else:
            sorted_pairs = []
        self.key_list = [p[0] for p in sorted_pairs]
        self.value_list = [p[1] for p in sorted_pairs]
```

__init__()方法需要处理 3 种情况：基于键值对序列、基于另一个 Mapping 对象和创建一个空值序列。我们需要把 key 和 value 放在两个平行的列表中。排好序的 key 列表可以实现更快的查找速度。

下面是所需的 import 语句：

```
from __future__ import annotations
from collections import abc
from typing import Protocol, Any, overload, Union
import bisect
from typing import Iterator, Iterable, Sequence, Mapping
```

下面是由@abstractmethod 装饰器定义的其他抽象方法。我们提供了如下具体实现：

```
    def __len__(self) -> int:
        return len(self.key_list)

    def __iter__(self) -> Iterator[Comparable]:
        return iter(self.key_list)
```

```
    def __contains__(self, key: object) -> bool:
        index = bisect.bisect_left(self.key_list, key)
        return key == self.key_list[index]

    def __getitem__(self, key: Comparable) -> Any:
        index = bisect.bisect_left(self.key_list, key)
        if key == self.key_list[index]:
            return self.value_list[index]
        raise KeyError(key)
```

__len__()、__iter__()和__contains__()方法是 Sized、Iterable 和 Container 抽象类中所必需的。Collection 抽象类融合了这 3 个类但没有引入新的抽象方法。

__getitem__()是 Mapping 所必需的。没有它，我们无法为给定的 key 获取对应的 value。

使用 bisect 模块可以在排好序的 key 列表中快速找到指定的值。bisect.bisect_left()方法可以找到 key 在列表中的位置。如果 key 存在，我们可以返回它对应的 value。如果 key 不存在，我们可以抛出 KeyError 异常。

注意，__contains__()的类型提示是 object 类型的，与其他方法不同。这是因为 Python 的 in 运算符需要支持任何类型的对象，甚至那些明显不支持 Container 协议的对象。

下面我们使用崭新的 Lookup 类：

```
>>> x = Lookup(
...     [
...         ["z", "Zillah"],
...         ["a", "Amy"],
...         ["c", "Clara"],
...         ["b", "Basil"],
..      ]
... )

>>> x["c"]
'Clara'
```

这个类用起来和 dict 差不多，但有一些 dict 的方法不能使用，因为 Lookup 是不可写的字典，只实现了 dict 的部分方法。

如果我们尝试下面的代码：

```
>>> x["m"] = "Maud"
```

会得到如下异常：

```
TypeError: 'Lookup' object does not support item assignment
```

抛出这个异常符合我们的设计思路。如果要更新 Lookup 对象且保持 key 列表正确排序，我们需要给 key 列表重新排序，给一个大列表重新排序的代价可能会很昂贵。如果我们需要支持数据的更新，我们应该考虑其他数据结构，例如红黑树。但如果只需要查找数据，使用 bisect 算法就很好。

我们还没有定义 Comparable 类。它指定了 key 对象所必须遵守的最小特性集——协议。这是一种形式比较规范的方法，以保持 key 的映射顺序。这可以帮助 *mypy* 确认传入的用作 key 的对象是可以被比较的。

```
from typing import Protocol, Any
class Comparable(Protocol):
    def __eq__(self, other: Any) -> bool: ...
    def __ne__(self, other: Any) -> bool: ...
    def __le__(self, other: Any) -> bool: ...
    def __lt__(self, other: Any) -> bool: ...
    def __ge__(self, other: Any) -> bool: ...
    def __gt__(self, other: Any) -> bool: ...
```

Comparable 类没有具体的实现，它只是用于引入新的类型提示，所以我们在方法体中使用…。这些方法将由 key 的类型来实现，比如 str 和 int 等。

注意，我们不需要 key 有散列值。我们的类不像内置 dict 类，dict 类需要 key 有散列值。

使用抽象类的基本步骤如下：

1. 找到一个最接近你需要的抽象类。

2. 找出这个类中被标记为 abstract 的方法。通常 **collections.abc** 的文档提供了足够的信息，但有时候也需要查看一些源代码。

3. 创建子类并扩展这个抽象类，实现缺少的方法。

4. 我们可以一个个检查是否实现了所有的抽象方法，但更有效的方法是使用一些工具。比如，创建一个单元测试（我们会在第 13 章中讨论测试），也就是创建一个类的实例。如果类没有实现所有的抽象方法，就会抛出异常。另外，*mypy* 也可以指出没有在具体子类中被定义的抽象方法。

如果抽象得当，这是一种很强大的重用代码的方法。别人可以在不用了解实现细节的情况下知道类的用途。它可以让 *mypy* 更容易检测类之间的关系。除此之外，使用抽象类可以让 Python 解释器帮我们确保子类实现了必备的方法。

我们已经学习了如何使用抽象基类，下面看一下如何定义新的抽象类。

6.1.4　创建自己的抽象基类

有两种方法可以定义相似的类：使用鸭子类型或者扩展共同的抽象类。当我们使用鸭子类型时，可以使用协议来定义公共方法并创建类型提示，或者使用 Union[] 来枚举通用类型。

选择使用鸭子类型还是使用抽象类有很多考虑因素。使用鸭子类型最灵活，但可能会让类型检查（*mypy*）更困难。抽象基类需要写更多的代码，有时候也会让人困惑。

我们来写一个小游戏。这是一个包含多个骰子的掷骰子模拟游戏。有的骰子有 4 面，有的有 6 面、8 面、12 面，甚至 20 面。6 面骰子是最常见的。还有的骰子有 10 面，这很酷，但它不是一个规则的多面体，而是由两组 5 个"风筝形"面组成的。

第一个问题，如何模拟随机掷骰子的过程。Python 有 3 个内置模块可以生成随机数：random 模块、os 模块和 secrets 模块。如果使用第三方库，我们还可以使用像 pynacl 这样的密码库，它提供了更多的随机数功能。

与其预先确定好掷骰子的代码，不如定义一个代表骰子（Die）的抽象类。在具体的子类中可以选择要使用的随机数模块。random 模块方法很多，很灵活；os 模块方法有限，但它使用了熵收集器（*entropy collector*），因而随机性更好。密码库相关的模块兼具灵活性和更好的随机性。

为了创建骰子的抽象类，我们需要使用 abc 模块。这不是 collections.abc 模块。abc 模块包含抽象类定义的必备组件：

```
import abc

class Die(abc.ABC):
    def __init__(self) -> None:
        self.face: int
        self.roll()

    @abc.abstractmethod
    def roll(self) -> None:
        ...

    def __repr__(self) -> str:
        return f"{self.face}"
```

我们定义了 Die 类，它继承自 abc.ABC 类。使用 ABC 作为父类，这表明 Die 类是抽象类。如果我们尝试直接创建 Die 类的实例，就会抛出 TypeError 异常。这是运行时异常，也能够被 *mypy* 捕获。

我们在 roll() 方法上添加了 @abc.abstract 装饰器。这不是一个很复杂的方法，但任何子类都必须实现它。这个装饰器只对 *mypy* 有效，Python 解释器不会检查它。当然，如果我们在子类中创建不合理的实现，也会出现异常。比如下面这段代码：

```
>>> class Bad(Die):
...     def roll(self, a: int, b: int) -> float:
...         return (a+b)/2
```

以上代码会在运行时抛出 TypeError 异常，因为 __init__()基类中调用看起来奇怪的 roll()方法时没有提供参数 a 和 b。这个方法本身是合法的 Python 方法，但在这个上下文中存在问题。它也会产生 *mypy* 错误，提示这个方法不符合父类中的抽象方法定义。

下面是两个合法的 Die 类的扩展：

```python
class D4(Die):
    def roll(self) -> None:
        self.face = random.choice((1, 2, 3, 4))


class D6(Die):
    def roll(self) -> None:
        self.face = random.randint(1, 6)
```

这两个类都提供了 Die 类中抽象占位符的合理实现，但它们使用了不同的随机数方法。4 面骰子使用了 random.choice()，而 6 面骰子使用了 random.randint()。

我们把设计深入一步，创建另一个抽象类 Dice，它代表一组骰子。同样，骰子游戏有很多种玩法，我们可以创建一个抽象类，具体的规则由子类实现。[①]

这个设计有意思的地方在于，可以支持不同的掷骰子规则。在某些游戏中，规则要求玩家掷所有的骰子，比如只有两个骰子的游戏要求玩家每次都掷两个骰子。在其他游戏中，规则允许玩家保存骰子并重掷所选的骰子。在一些游戏中，比如在 Yacht 中，玩家最多可以重掷两次骰子。在另外一些游戏中，比如在 Zilch 中，允许玩家重掷骰子直至保存得分，或因掷出某些无效的东西而失去分数，从而获得 "Zilch"（因此得名）。

这些完全不同的规则可以被应用在 Die 实例的简单列表中。下面是 Dice 抽象类，其中 roll() 是抽象方法：

```python
class Dice(abc.ABC):
    def __init__(self, n: int, die_class: Type[Die]) -> None:
        self.dice = [die_class() for _ in range(n)]

    @abc.abstractmethod
    def roll(self) -> None:
        ...
```

---

① 麦叔注：在骰子游戏中，通常会有多个骰子，而不是只有一个。Dice 是 Die 的复数形式，用来表示由多个骰子组成的游戏。

```
@property
def total(self) -> int:
    return sum(d.face for d in self.dice)
```

__init__()方法接收一个整数参数 n 来表示骰子的数量，一个名为 die_class 的类表示 Die 实例。它的类型提示是 Type[Die]，这告诉 *mypy*：参数的类型必须是 Die 抽象基类的子类。注意，这里的参数不是 Die 子类的实例，而是类本身。比如，代码 SomeDice(6, D6)将会创建一个包含 6 个 D6 类实例的列表。

我们简便地使用列表来存放 Die 实例的集合，有些游戏会使用骰子在列表中的位置来标记特定的骰子，比如保存某些骰子，重掷其他的骰子。列表的索引正好可以起到这个作用。

下面是一个 Dice 的子类，它的规则是掷所有的骰子：

```
class SimpleDice(Dice):
    def roll(self) -> None:
        for d in self.dice:
            d.roll()
```

SimpleDice 是 Dice 的实现类。每次调用它的 roll()方法，所有的骰子都会被重新投掷，如下所示：

```
>>> sd = SimpleDice(6, D6)
>>> sd.roll()
>>> sd.total
23
```

sd 对象是从抽象类 Dice 构建的实体类 SimpleDice 的实例，它包含 6 个 D6 类的实例。D6 是从抽象类 Die 构建的实体类。

下面是另一个 Dice 的实现类，它使用完全不同的规则。除了实现必备的抽象方法，它还添加了自己特有的方法：

```
class YachtDice(Dice):
    def __init__(self) -> None:
```

```
        super().__init__(5, D6)
        self.saved: Set[int] = set()

    def saving(self, positions: Iterable[int]) -> "YachtDice":
        if not all(0 <= n < 6 for n in positions):
            raise ValueError("Invalid position")
        self.saved = set(positions)
        return self

    def roll(self) -> None:
        for n, d in enumerate(self.dice):
            if n not in self.saved:
                d.roll()
        self.saved = set()
```

我们用一个集合来记录已保存的骰子的位置，它最开始是空的。我们可以使用
saving()方法提供一组整数来表示要保存的骰子的位置，如下所示：

```
>>> sd = YachtDice()
>>> sd.roll()
>>> sd.dice
[2, 2, 2, 6, 1]
>>> sd.saving([0, 1, 2]).roll()①
>>> sd.dice
[2, 2, 2, 4, 6]
```

这个新的实现类把游戏的规则变得更加丰富多彩。

在上面的示例中，不管是 Die 类还是 Dice 类，并不能说明使用 abc.ABC 抽象基
类和@abc.abstractmethod 装饰器就明显比使用非抽象基类更好。

在某些编程语言中，使用抽象基类是必需的。在 Python 中，因为鸭子类型的存在，
使用抽象基类不是必需的。如果需要更清楚地表明设计思路，可以使用它；反之，如
果只会增加代码负担，就没必要使用它。

---

① 麦叔注：因为保存了位置 0、1、2，所以再次执行 roll()方法的时候，只有最后两个骰子被更新。

因为抽象基类大量用于集合，所以我们经常在类型提示中使用 collection.abc
名称来描述对象必须遵循的协议。在少数情况下，我们也会利用 collections.abc 抽
象类来创建我们自己特有的集合类。

6.1.5　揭开魔法的神秘面纱

在使用抽象基类的过程中，我们知道它为我们做了很多事情。我们来看看它的内
部原理：

```
>>> from dice import Die
>>> Die.__abstractmethods__
frozenset({'roll'})
>>> Die.roll.__isabstractmethod__
True
```

抽象方法 roll()被记录在一个名为__abstractmethods__的特定类属性中，这和
@abc.abstractmethod 装饰器有关。这个装饰器会把相应的方法添加到
__isabstractmethod__集合中。当 Python 为类构建各种方法和属性时，这个类属性
也会被创建，抽象方法会被添加到其中。

任何 Die 类的子类也会继承这个属性__abstractmethods__。如果某个抽象方法
在子类中实现了，它的名称就会从这个集合中被移除。只有一个类的抽象方法集合为
空时，我们才可以为这个类创建实例。

这里的关键点在于类的创建过程。类可以创建对象，这是大多数面向对象编程的
规则。但什么是类？

1. 类是一种对象，它只负责两件事：它有特殊的方法，用于创建和管理类的实例，
它作为一个容器存放类对象的方法。我们使用 class 语句创建类对象，但大部分人可
能没想过：class 语句如何创建 class 对象？

2. type 类是用于创建类的内部对象。当我们在代码中使用 class 语句时，类的
创建过程是由 type 类的方法完成的。在 type 类创建了具体的类之后，这个类会进而
创建它的实例来完成程序任务。

type 对象被称为元类（**metaclass**），也就是用于创建类的类。这意味着每个类对象都是 type 类的实例。大部分时候，我们直接使用 class 语句，让 type 类为我们创建类。但有一个地方，我们或许想要改变类的创建过程。

既然 type 本身是一个类，那么它也可以被扩展。abc.ABCMeta 类就扩展了 type 类，它会检查使用@abstractmethod 装饰器的方法。当我们扩展 abc.ABC 时，我们就在使用 ABCMeta 元类来创建一个新类。我们可以通过 ABCMeta 类的特殊属性 __mro__ 的值来验证这一点。这个属性会依次列出用于解析函数名的各个类名（**MRO** 是 **Method Resolution Order** 的缩写）。它列出的用于搜索属性或方法的类的顺序为：abc.ABCMeta 类、type 类，最后是 object 类。

如果需要，我们也可以在创建新类的时候直接使用 ABCMeta 元类：

```python
class DieM(metaclass=abc.ABCMeta):
    def __init__(self) -> None:
        self.face: int
        self.roll()

    @abc.abstractmethod
    def roll(self) -> None:
        ...
```

我们使用 metaclass 关键字参数指定元类，这意味着 abc.ABCMeta 将会用于创建最终的类对象。

现在我们知道了类是如何创建的。在必要时，可以考虑在创建和扩展类时添加其他的行为。Python 把运算符（比如/运算符）和实现类的方法绑定在一起，并允许我们改写这些方法。这使得 float 类和 int 类的/运算符可以有不同的行为，它也可以用于非常不同的目的。比如，pathlib.Path 类也使用了/运算符，我们将在第 9 章中学习。

6.2　运算符重载

Python 的运算符，比如+、-、*、/等，是由类的特殊方法实现的。这些方法也被称为魔术方法。除了内置的数字和集合类型，我们还可以更广泛地应用 Python 的运算符。这被称为运算符重载（overloading）：让运算符作用在内置类型以外的类型上。

回顾一下前面介绍的 collections.abc 模块，我们曾提到 Python 的一些功能与类的方法有关。我们来看看 collections.abc.Collection 类，它是所有的 Sized、Iterable 和 Containers 的抽象基类。它需要 3 个方法来支持两个内置功能和一个内置运算符：

- __len__()方法用于支持内置的 len()函数。
- __iter__()方法用于支持内置的 iter()函数，进而用于支持 for 循环。
- __contains__()方法用于支持内置的 in 运算符。这个运算符是由内置类的方法实现的。

我们不难想象内置的 len()函数的实现是这样的：

```python
def len(object: Sized) -> int:
    return object.__len__()
```

当我们调用 len(x)的时候，就相当于在调用 x.__len__()，但前者的写法更简单易懂，也容易记忆。同样，iter(y)就相当于 y.__iter__()，表达式 z in S 就相当于 S.__contains__(z)。

除了例外情况，Python 的工作原理就是这样的。我们在代码中使用简单易懂的表达式，这些表达式会被翻译成特殊的方法。只有逻辑运算符是例外：and、or、not 和 if-else。它们并没有直接对应的特殊方法。

因为几乎所有的 Python 操作都依赖于特殊方法，所以我们可以通过添加或修改这些方法为我们的类增加特性。我们可以在新的数据类型中重载运算符。一个突出的示例是在 pathlib 模块中：

```python
>>> from pathlib import Path
>>> home = Path.home()
>>> home / "miniconda3" / "envs"
PosixPath('/Users/maishu/miniconda3/envs')
```

注意，你的运行结果可能会不同，这取决于你的操作系统和你的用户名。

这里的/运算符不是除法，而是把一个 Path 对象与字符串对象拼接起来而形成的一个新的 Path 对象。

/运算符由__truediv__()和__rtruediv__()方法实现。为了支持运算的可交换性（Operations Commutative），Python 会尝试去两个地方寻找对应的特殊方法。假设有表达式 A *op* B，这里的 *op* 代表任何 Python 运算符，比如+运算符和对应的__add__()方法，Python 会按照下面的顺序寻找对应的特殊方法来实现运算符：

1. 如果 B 正好是 A 的子类，会先尝试 B.__r *op* __(A)。这样可以优先使用子类中重载过的方法。如果这个方法返回有效的值，而不是 NotImplemented，运算结束，否则继续后面的步骤。

2. 尝试 A.__ *op* __(B)。如果这个方法返回有效的值，而不是 NotImplemented，运算结束。比如，Path 对象的表达式 home / "maishu"会调用 home.__truediv__("maishu")，基于原有 Path 对象和字符串 maishu 创建了一个新的 Path 对象。

3. 尝试 B.__r *op* __(A)。对于加法，会调用__radd__()方法执行反向操作。如果这个方法返回有效的值，而不是 NotImplemented，运算结束。请注意，这一步操作数的顺序是相反的。对于交换运算，如加法和乘法，顺序是无关紧要的。对于非交换运算，如减法和除法，顺序的变化需要在方法实现中做相应的处理。

我们回到之前的掷骰子的示例。我们可以实现一个加法操作，用于把一个 Die 实例添加到 Dice 中。我们先实现一个允许添加不同类型的骰子的 Dice 类。我们之前的 Dice 类只能添加同类型的骰子。这个新的 Dice 类不是一个抽象类，它实现了 roll() 方法，可重掷所有骰子。我们先写一个基本的框架，之后添加__add__()特殊方法：

```python
class DDice:
    def __init__(self, *die_class: Type[Die]) -> None:
        self.dice = [dc() for dc in die_class]
        self.adjust: int = 0

    def plus(self, adjust: int = 0) -> "DDice":
        self.adjust = adjust
        return self

    def roll(self) -> None:
```

```
    for d in self.dice:
        d.roll()

@property
def total(self) -> int:
    return sum(d.face for d in self.dice) + self.adjust
```

这个类应该很容易理解。它看起来和之前的 **Dice** 类很像。我们增加了一个代表加分项的 **adjust** 属性集，这个属性集可以使用 **plus()** 方法设置。我们可以这样使用这个新类：**DDice(D6，D6，D6).plus(2)**。它更适合一些桌面角色扮演类游戏（TTRPG）。

同时，注意初始化 **DDice** 类时传入的是骰子的类型，而不是实例。我们传入的是 **D6** 类对象，而不是由 **D6()** 表达式创建的 **Die** 实例。骰子的实例是在 **DDice** 的 **__init__()** 方法中创建的。

下面是神奇的地方：我们可以实现一个让 **DDice** 对象、**Die** 类和整数相加的加法运算符：

```
def __add__(self, die_class: Any) -> "DDice":
    if isinstance(die_class, type) and issubclass(die_class, Die):
        new_classes = [type(d) for d in self.dice] + [die_class]
        new = DDice(*new_classes).plus(self.adjust)
        return new
    elif isinstance(die_class, int):
        new_classes = [type(d) for d in self.dice]
        new = DDice(*new_classes).plus(die_class)
        return new
    else:
        return NotImplemented

def __radd__(self, die_class: Any) -> "DDice":
    if isinstance(die_class, type) and issubclass(die_class, Die):
        new_classes = [die_class] + [type(d) for d in self.dice]
        new = DDice(*new_classes).plus(self.adjust)
        return new
```

```
elif isinstance(die_class, int):
    new_classes = [type(d) for d in self.dice]
    new = DDice(*new_classes).plus(die_class)
    return new
else:
    return NotImplemented
```

以上两个方法看起来很像。我们来看看 3 种不同的加法运算符：

- 如果参数值 die_class 是一个类型并且是 Die 类的子类，那么我们会给 DDice 集合添加一个新的 Die 对象，类似这样：DDice(D6) + D6 + D6。大部分运算符的实现都是基于原来的对象创建一个新的对象，上面的方法也是这样实现的。
- 如果参数值是一个整数，那么我们会给 Dice 对象添加加分项（adjust 属性），类似这样：DDice(D6, D6, D6) + 2。
- 如果参数值既不是 Die 的子类，也不是整数，那么以上方法会返回 NotImplemented。这可能是代码的 Bug，也可能被传入的类自己实现了相关的操作。返回 NotImplemented 而不是报错，可以留给其他类机会去处理这个操作。

因为我们既添加了 __add__()方法又添加了 __radd__()方法，所以这些操作是可交换的。我们也可以这样写：D6 + DDice(D6) + D6 或者 2 + DDice(D6, D6)。

我们需要使用 isinstance()检查参数的类型，因为 Python 的运算符是通用的，而且类型提示必须是 Any。我们只能在运行时检查参数的类型。*mypy* 可以聪明地根据分支逻辑来确认整数对象只有在整数分支中才被使用。

"等等，"我们在游戏中常常会这样说，"3d6 + 2。"这是用来描述 3 个 6 面骰子和 2 分加分项的缩写。在桌面角色扮演类游戏中，这种缩写被用于总结骰子。

我们能否支持乘法操作以添加以上缩写呢？当然可以。对于乘法，我们只需要关心整数，因为不会有 D6 * D6 这样的规则，但 3 * D6 这样的写法就很接近上面的缩写了：

```
def __mul__(self, n: Any) -> "DDice":
    if isinstance(n, int):
        new_classes = [type(d) for d in self.dice for _ in range(n)]
        return DDice(*new_classes).plus(self.adjust)
    else:
        return NotImplemented
```

```
def __rmul__(self, n: Any) -> "DDice":
    if isinstance(n, int):
        new_classes = [type(d) for d in self.dice for _ in range(n)]
        return DDice(*new_classes).plus(self.adjust)
    else:
        return NotImplemented
```

以上两个方法遵循的设计模式和前面的__add__()和__radd__()方法是一样的。对于任何一个 Die 类的子类，乘法会创建多个类实例。我们可以通过这样的写法 3 * DDice(D6）+ 2来模拟上面的缩写。Python 的运算符优先级在这里仍然成立，所以会先执行 3 * DDice(D6)，然后执行加法。

Python 使用各种__ op __()和__ r op __()方法来实现各种运算符，这在不可变对象上非常有效，主要是字符串、数字和元组等。我们的掷骰子游戏就有点儿勉强，因为每个骰子的状态都是可变的。我们前面的实现把一把骰子当成不可变的，因此对 DDice 对象的每次操作都会创建新的 DDice 实例。

那可变对象呢？这个表达式 some_list += [some_item]会改变 some_list 对象的值，而不是创建新的 list。这里的+=就相当于执行 some_list.extend([some_item])。Python 通过类似__iadd__()和__imul__()等的方法来支持这些操作。这些就是用于可变对象的"原地"操作。

比如：

```
>>> y = DDice(D6, D6)
>>> y += D6
```

这可以通过以下两种方式之一进行处理：

- 如果 DDice 实现了 __iadd__() 方法，就会执行 y.__iadd__(D6)。这个对象会修改自身的值，而不是创建新的对象。
- 如果 DDice 没有实现 __iadd__() 方法，那么会执行 y = y.__add__(D6)。这会创建一个新的不可变对象，并且赋值给原来的变量名。就像这样的操作：string_variable += "."，字符串对象是不可变的，这个操作会创建新的字符串，并替换掉原来的字符串。

如果掷骰子对象应该是可变的，我们可以让 **DDice** 对象在如下方法中支持原地操作：

```python
def __iadd__(self, die_class: Any) -> "DDice":
    if isinstance(die_class, type) and issubclass(die_class, Die):
        self.dice += [die_class()]
        return self
    elif isinstance(die_class, int):
        self.adjust += die_class
        return self
    else:
        return NotImplemented
```

这个 __iadd__() 方法会在 **Dice** 对象的内部列表中添加新的骰子。它遵循和 __add__() 方法同样的逻辑：如果参数是骰子类，就会创建新的实例并将其添加到 **self.dice** 列表中；如果参数是整数，就会将其添加到 **self.adjust** 变量中。

现在我们可以对 **Dice** 对象执行增量修改了。我们可以使用赋值语句改变单个 **DDice** 对象的状态。因为对象是可变的，我们不会创建很多对象的副本。代码实例如下：

```python
>>> y = DDice(D6, D6)
>>> y += D6
>>> y += 2
```

上面的代码使用增量的方法分步创建了 3d6 + 2 的骰子。

魔术方法可以让我们自定义的类和其他 Python 功能无缝集成。我们可以使用

collections.abc 构建能够像内置集合类一样使用的新的集合类。我们可以使用魔术方法让自定义类支持常见运算符，从而让代码简单易懂。

我们可以使用魔术方法为 Python 内置的集合类添加新的功能。这正是接下来要学习的主题。

6.3 扩展内置类

Python 有两种我们可能需要扩展的内置集合类：

- 不可变对象，包括数字、字符串、字节和元组。它们通常支持多种运算符。在本章的 6.2 节，我们学习了如何为 Dice 类的对象提供算术运算符。
- 可变集合，包括元组、列表和字典。在 collections.abc 中，我们看到 Collection 继承自 Sized、Iterable 和 Container 等 3 个抽象基类。在本章 6.1.3 节中，我们基于抽象基类 Mapping 创建了一个扩展类。

Python 还有其他的内置类型，但上面这两类应用最广泛。比如，我们可以创建一个字典，它的特性是会拒绝重复的值。

内置的字典会更新原来的值。这可能会带来一些奇怪的行为，比如：

```
>>> d = {"a": 42, "a": 3.14}
>>> d
{'a': 3.14}
```

还有这个：

```
>>> {1: "one", True: "true"}
{1: 'true'}
```

虽然看起来有点儿奇怪：明明提供了两个 key，但结果只有一个 key。但这些都是基于内置字典的规则而产生的正确行为。

然而，我们可能不喜欢安静地忽略一个 key 的行为。担心重复的可能性可能会使应用变得复杂（没必要那么复杂）。我们设想一个新的字典类，如果一个 key 已经存在于字典中，它会忽略新值而不是更新原来的值。

研究一下 collections.abc，为了实现以上新的字典类，我们需要继承字典类，并改变 __setitem__() 的逻辑，以防止更新已经存在的 key。在交互式 Python 提示符下尝试以下代码：

```
>>> from typing import Dict, Hashable, Any, Mapping, Iterable
>>> class NoDupDict(Dict[Hashable, Any]):
...     def __setitem__(self, key, value) -> None:
...         if key in self:
...             raise ValueError(f"duplicate {key!r}")
...         super().__setitem__(key, value)
```

使用上面的新类，可以看到如下结果：

```
>>> nd = NoDupDict()
>>> nd["a"] = 1
>>> nd["a"] = 2
Traceback (most recent call last):
  ...
  File "<doctest examples.md[10]>", line 1, in <module>
    nd["a"] = 2
  File "<doctest examples.md[7]>", line 4, in __setitem__
    raise ValueError(f"duplicate {key!r}")
ValueError: duplicate 'a'
```

我们还没有完成，但这是一个好的开始。在某些情况下，它可以拒绝更新已经存在的 key。

但是，当我们尝试从一个字典构造另一个字典时，无法避免重复的 key，如下所示：

```
>>> NoDupDict({"a": 42, "a": 3.14})
{'a': 3.14}
```

我们还需要完善这个类。在有些情况下，它能够避免重复的 key，但在有些情况下，它还是更新了原来的值。

主要原因在于，不是所有的方法都使用了 **__setitem__()**。为了解决以上问题，我们需要重写__init__()方法。

我们也需要为我们的类添加类型提示。这样可以利用 *mypy* 来检查我们的实现是否符合规范。下面是一个包含__init__()的版本：

```python
from __future__ import annotations
from typing import cast, Any, Union, Tuple, Dict, Iterable, Mapping
from collections import Hashable

DictInit = Union[
    Iterable[Tuple[Hashable, Any]],
    Mapping[Hashable, Any],
    None]

class NoDupDict(Dict[Hashable, Any]):
    def __setitem__(self, key: Hashable, value: Any) -> None:
        if key in self:
            raise ValueError(f"duplicate {key!r}")
        super().__setitem__(key, value)

    def __init__(self, init: DictInit = None, **kwargs: Any) -> None:
        if isinstance(init, Mapping):
            super().__init__(init, **kwargs)
        elif isinstance(init, Iterable):
            for k, v in cast(Iterable[Tuple[Hashable, Any]], init):
                self[k] = v
        elif init is None:
            super().__init__(**kwargs)
        else:
            super().__init__(init, **kwargs)
```

这个版本的 NoDupDict 类实现了__init__()方法，它可以处理不同的数据类型。我们通过分支处理不同类型的 DictInit 参数。它可能是一个键值对序列，也可能是另一个字典对象。如果是一个键值对序列，我们会调用前面创建的__setitem__()方法来抛出异常以忽略重复的 key。

这涵盖了字典的初始化用例，但仍然没有涵盖所有会更新字典的方法。我们仍然需要实现 update()、setdefault()、__or__()和__ior__()等方法，以扩展可以改变字典的所有方法。这虽然看起来工作量不小，但这些代码会被封装在字典子类中，我们可以在程序中使用这个子类，它和内置的字典类完全兼容。虽然我们需要实现很多方法，但仍有很多方法可以继承自内置字典类而无须重写。

我们已经创建了一个更加复杂的字典类，它扩展了内置的 dict 类。我们的版本增加了拒绝重复 key 的功能。我们也讨论了使用 abc.ABC（和 abc.ABCMeta）来创建抽象基类。有时候，我们确实需要控制类的创建过程。接下来我们讨论元类。

6.4　元类

我们之前提到过，创建类的过程涉及 type 类。type 类的工作包括创建一个空的类对象，然后根据方法定义和属性赋值语句创建最终可用的类。

下面是类的创建过程，如图 6.3 所示。

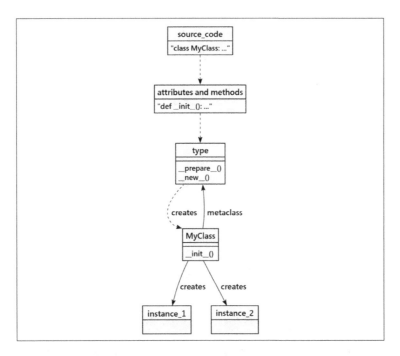

图 6.3　type 如何创建 MyClass

class 语句用于确定使用哪个元类。如果没有特别指明，就会使用 type 类。type 类会准备一个空的名为 namespace 的字典，然后类中语句定义的属性或方法被存放到 namespace 字典中。最后使用 new 方法完成类的创建，通常这里是改变类创建过程的地方。

图 6.4 展示了如何通过一个名为 SpecialMeta 的元类来扩展 type 以创建新类的过程。

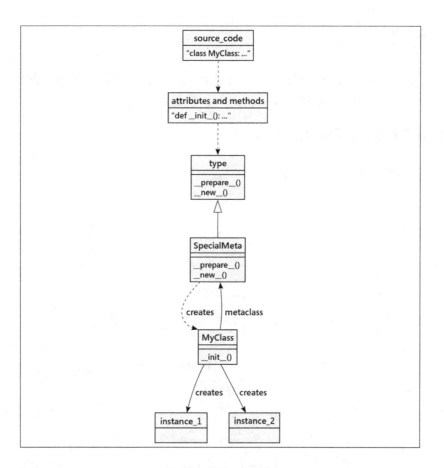

图 6.4　扩展 type 类

在创建一个类时使用 metaclass= 可以指定要使用的元类。在图 6.4 中，SpecialMeta 是 type 类的子类，它可以对我们的类定义做一些特殊处理。

虽然我们可以用这种技术做一些聪明的事情，但是要特别小心。它们改变了类对象的构建方式，有可能重新定义类的含义，甚至可能违背 Python 面向对象编程的思想。它可能会让阅读和维护代码的人搞不懂为什么某些类会有很奇怪的特性，因而产生挫败感。总之，如果没有充分的理由，不要轻易使用元类。

我们来创建一个元类，给其他的类添加一个小功能。我们回到掷骰子的游戏。我们有多种骰子，它们都继承自抽象基类 Die。我们想要给 roll()方法添加一个日志功能，记录每一次掷骰子的情况，以后可以做数据分析。

因为我们不想强迫程序员修改多个 Die 类的子类的代码实现，我们倾向于把 logging（日志模块）添加到抽象基类 Die 中，并使用元类来修改 roll()方法以添加日志功能。

这是一个艰巨的任务。因为我们正在使用抽象类，所以它变得更具挑战性。我们需要注意将抽象类的构造与实体类的构造分开处理。我们也不想强迫程序员改变他们实体 Die 子类的定义。

为了用元类解决这个问题，我们需要做 3 件事情：

1. 继承自 ABCMeta 元类。我们需要支持@abc.abstractmethod 装饰器，也需要内置 type 元类自带的所有元类特性。
2. 给每个类创建一个 logger（用于打印日志的对象）属性。通常 logger 的名称会与类名相同。这件事在元类中很容易实现。我们可以在创建类的过程中创建 logger，因此 logger 的创建会早于任何类实例的创建。
3. 把子类中提供的 roll()方法实现封装到一个新的函数中，在这个函数中打印日志。这有点儿类似于方法装饰器。

这个元类需要定义 __new__()方法来修改类的创建过程。我们不需要扩展 __prepare__()方法。我们的 __new__()方法会使用 abc.ABCMeta.__new__()来创建最终的类对象。ABCMeta 类会根据 roll()方法是否被定义来确定当前对象是实体类还是抽象类：

```
import logging
from functools import wraps
```

```
from typing import Type, Any

class DieMeta(abc.ABCMeta):
    def __new__(
        metaclass: Type[type],
        name: str,
        bases: tuple[type, ...],
        namespace: dict[str, Any],
        **kwargs: Any,
    ) -> "DieMeta":
        if "roll" in namespace and not getattr(
            namespace["roll"], "__isabstractmethod__", False
        ):
            namespace.setdefault("logger", logging.getLogger(name))

            original_method = namespace["roll"]

            @wraps(original_method)
            def logged_roll(self: "DieLog") -> None:
                original_method(self)
                self.logger.info(f"Rolled {self.face}")

            namespace["roll"] = logged_roll
        new_object = cast(
            "DieMeta", abc.ABCMeta.__new__(
                metaclass, name, bases, namespace)
        )
        return new_object
```

__new__()方法有一堆令人眼花缭乱的参数：

- metaclass 参数是最终创建类的元类。Python 通常不创建和使用元类的实例，相反元类会作为参数被传给方法。这有点儿类似于提供给对象的 self 值，但这里传入的是类，而不是类的实例。

- name 参数是要创建的目标类的名称。这个名称是从 class 语句中提取的。

- bases 参数是要创建一个基类列表。这是根据方法解析顺序（MRO）排列的混入的名称。在这个示例中，这个参数的值是我们接下来要创建的骰子的父类 DieLog。

- namespace 参数是由内置 type 类的 __prepare__()方法准备的字典。当类的代码体被执行时，会更新这个字典。def 语句和赋值语句会在字典中创建相应的条目。当我们执行 __new__()方法的时候，类的方法和变量已被保存在字典中，等待我们创建最终的类对象。

- kwargs 参数包含类定义中提供的其他的关键字参数。如果我们使用这样的语句 class D6L(Dielog, otherparam="something")来创建一个新类，那么 otherparam 会被包含在 __new__()方法的 kwargs 中。

__new__()方法必须返回新类的定义，它通常是用于构建类对象的父类的 __new__()方法的返回值。在我们的示例中，父类的方法是 abc.ABCMeta.__new__()。

在这个方法中，if 语句会检查这个类是否定义了 roll()方法。如果这个方法有 @abc.abstractmethod 装饰器的标记，那么这个方法会具有 __isabstractmethod__ 属性且属性值为 True。实体类不会具有 __isabstractmethod__ 属性。这个条件会判断是否有 roll()方法以及 roll()方法是否为实体方法。

对于有实体 roll()方法的类，我们会把"logger"添加到 namespace 中。logger 的名称就是类的名称。如果 logger 已经存在，我们就不做改变了。

接下来，通过 namespace["roll"]获得实体类中定义的 roll()方法。我们将定义一个新的方法 logged_roll()。为了确保新的 logged_roll()方法签名和原来的 roll()方法一样，我们使用@wraps 装饰器。这会复制原来的方法名和文档字符串到新的方法中，以确保它和原来的方法看起来一样。然后这个方法被放回 namespace 中，在新类中替换原来的 roll()方法。

最后，如果存在 roll()方法的具体实现，我们调用 abc.ABCMeta.__new__()并传入 metaclass、name、bases 和可能被修改过的 namespace 等参数。这个 __new__()方法会执行 Python 原本要做的各个工作，并最终创建类。

使用元类可能看起来有点儿奇怪。因此，我们通常会创建一个父类来使用元类。这意味着我们的子类可以继承这个父类而不用在类定义中使用 metaclass=参数：

```
class DieLog(metaclass=DieMeta):
    logger: logging.Logger

    def __init__(self) -> None:
        self.face: int
        self.roll()

    @abc.abstractmethod
    def roll(self) -> None:
        ...

    def __repr__(self) -> str:
        return f"{self.face}"
```

这个父类 DieLog 是使用元类 DieMeta 创建的。任何它的子类也会使用这个元类创建。

现在，我们可以创建 DieLog 的子类，而不用担心元类的细节：不需要在类定义中使用 metaclass=参数。我们最终的类看起来很简单：

```
class D6L(DieLog):
    def roll(self) -> None:
        """D6L 的注释"""
        self.face = random.randrange(1, 7)
```

我们在这里创建了一个掷骰子对象，并将每次掷骰子的结果记录在一个以该类命名的日志中。下面是把日志记录到控制台上的结果：

```
>>> import sys
>>> logging.basicConfig(stream=sys.stdout, level=logging.INFO)
>>> d2 = D6L()
INFO:D6L:Rolled 1
>>> d2.face
1
```

D6L 类的代码中完全不用关心打印日志的细节。我们可以通过修改元类来修改打印日志的细节。一旦改变元类，所以相关的类都会随之改变。

由于元类改变了类的创建方式，因此元类可以做的事情没有界限。常见的建议是，让元类只做很少的事情，因为它可能会带来你预料之外的后果。比如，元类的 `logged_roll()` 方法将丢弃子类中具体 `roll()` 方法的任何返回值。

6.5　案例学习

我们将在本章中完善之前的案例学习。在第 2 章中，我们使用了比较粗犷的方法加载训练数据，然后把它分成两组：训练集和测试集。在第 5 章中，我们学习了几种把文件转换成 Sample 实例的方法。

在本章中，我们继续深入研究如何把原始数据转换成 TrainingKnownSample 实例和 TestingKnownSample 实例。在第 5 章中，我们识别出 4 种样本对象，如下表所示。

	已知	未知
已分类	训练集	待分类样本
未分类	测试集	已分类样本

对于植物学家已经分好类的已知样本，我们需要把它们分成两组。我们可以使用不同的方法，包括一些重载比较操作。

对训练集的分割，可以使用两种不同的方法：

- 我们可以先将所有数据加载到一个列表中，然后将其分割到两个集合中。
- 我们也可以在加载过程中，直接做分割，将数据放到相应的集合中。

最终的效果是相同的。第一种方法比较简单，但是会使用更多的内存。第二种方法稍微有点儿复杂，但是比较节省内存。

我们先来构建一个有点儿复杂的集合，它是 list 类的子类，除了像 list 类一样存放数据，它还会跟踪两个子列表。

6.5.1　用两个子列表扩展 list 类

我们可以通过扩展内置的 list 类来添加一些功能。需要注意的是，扩展内置类型可能很棘手，因为这些类的类型提示有时非常复杂。

Python 的内置结构，比如 list，有多种初始化方法：

- 我们可以用 list()创建一个空列表。

- 我们可以用 list(x)从另一个可迭代对象 x 创建列表。

为了让 *mypy* 明白这一点，我们需要使用@overload 装饰器，以便公开 list 类的这两个__init__()方法的用法：

```python
class SamplePartition(List[SampleDict], abc.ABC):
    @overload
    def __init__(self, *, training_subset: float = 0.80) -> None:
        ...

    @overload
    def __init__(
        self,
        iterable: Optional[Iterable[SampleDict]] = None,
        *,
        training_subset: float = 0.80,
    ) -> None:
        ...

    def __init__(
        self,
        iterable: Optional[Iterable[SampleDict]] = None,
        *,
        training_subset: float = 0.80,
    ) -> None:
        self.training_subset = training_subset
        if iterable:
            super().__init__(iterable)
        else:
            super().__init__()

    @abc.abstractproperty
```

```
@property
def training(self) -> List[TrainingKnownSample]:
    ...


@abc.abstractproperty
@property
def testing(self) -> List[TestingKnownSample]:
    ...
```

我们定义了两个重载的__init__()方法，通过这种形式告诉 *mypy* 我们的设计目的。第一个重载的 __init__()方法没有位置参数。它将会创建一个空的存放 SampleDict 对象的列表。第二个重载的 __init__()方法唯一的位置参数是包含 SampleDict 对象的可迭代对象。其中使用*来分割位置参数和关键字参数。training_subset 参数是我们添加的特殊参数。

第三个__init__()方法包含真正的实现，不需要使用@overload 装饰器。它调用父类的__init__()方法来创建 List[SampleDict]对象。子类可以扩展这个方法，以便在创建 SamplePartition 对象时分割数据。

我们可以创建一个子类，假设其名为 SomeSamplePartition，然后使用 data = SomeSamplePartition(data, training_subset=0.67)来创建 data 对象。data 对象是一个拥有特殊功能的列表。

既然前面的类是一个父类，我们没有提供 training 和 testing 属性的定义，而是留给子类去实现具体的算法。

以上代码依赖于以下 SampleDict 的定义：

```
class SampleDict(TypedDict):
    sepal_length: float
    sepal_width: float
    petal_length: float
    petal_width: float
    species: str
```

这告诉 *mypy*，这是一个字典，但里面只有 5 个特定的 key。这支持执行一些验证来检查文件中的键值对是否匹配这些指定的 key。

让我们看两个提供不同数据分割策略的子类。我们从一个"先洗牌再分牌"的策略开始，就像打牌一样。

6.5.2　分割的洗牌策略

洗牌策略就像玩扑克牌一样，先把牌打乱，再分牌。我们可以使用 random.shuffle() 来洗牌。分割的比例是一个超参数。训练集和测试集的比例应该是多少呢？数据科学家的建议包括 80%∶20%、67%∶33% 及 50%∶50% 等。因为科学家的意见各异，我们需要提供一个方法，以便科学家调整分割比例。

我们把分割过程定义成一个方法，这样不同的子类可以实现各自的分割算法。下面是洗牌策略的实现：

```python
class ShufflingSamplePartition(SamplePartition):
    def __init__(
        self,
        iterable: Optional[Iterable[SampleDict]] = None,
        *,
        training_subset: float = 0.80,
    ) -> None:
        super().__init__(iterable, training_subset=training_subset)
        self.split: Optional[int] = None

    def shuffle(self) -> None:
        if not self.split:
            random.shuffle(self)
            self.split = int(len(self) * self.training_subset)

    @property
    def training(self) -> List[TrainingKnownSample]:
        self.shuffle()
        return [TrainingKnownSample(**sd) for sd in self[: self.split]]
```

```
@property
def testing(self) -> List[TestingKnownSample]:
    self.shuffle()
    return [TestingKnownSample(**sd) for sd in self[self.split:]]
```

既然继承了 SamplePartition 父类，我们可以重载__init__()方法。在子类中，我们需要提供和父类兼容的具体实现。

training 和 testing 属性都使用了内部的 shuffle()方法。这个方法使用了 split 属性来确保只会洗牌一次。除了跟踪是否已经洗牌，self.split 属性也记录了训练集和测试集的分割点。

training 和 testing 属性使用了 Python 列表的切片方法分割原始的 SampleDict 对象，然后从原始数据中构建 TrainingKnownSample 和 TesingKnownSample 对象。它们使用了列表推导式，遍历列表的子集，比如 self[: self.split]]，然后用类构造方法（比如 TrainingKnownSample）来创建对象。使用列表推导，我们无须使用 for 语句和一堆 append()操作来构建列表。我们将在第 10 章中继续学习列表推导式的其他用法。

我们使用了 random 模块，这会造成结果不可预测，进而让测试变得困难。很多数据科学家需要随机洗牌，但他们也需要结果可以重现。通过 random.seed()把随机种子设置成一个固定的值，我们可以创建随机但可重现的样本集合。

如下所示：

```
>>> import random
>>> from model import ShufflingSamplePartition
>>> from pprint import pprint
>>> data = [
...     {
...         "sepal_length": i + 0.1,
...         "sepal_width": i + 0.2,
...         "petal_length": i + 0.3,
...         "petal_width": i + 0.4,
...         "species": f"sample {i}",
...     }
```

```
...        for i in range(10)
... ]

>>> random.seed(42)
>>> ssp = ShufflingSamplePartition(data)
>>> pprint(ssp.testing)
[TestingKnownSample(sepal_length=0.1, sepal_width=0.2,
petal_length=0.3, petal_width=0.4, species='sample 0',
classification=None, ),
 TestingKnownSample(sepal_length=1.1, sepal_width=1.2,
petal_length=1.3, petal_width=1.4, species='sample 1',
classification=None, )]
```

因为设置了随机种子为 42，所以我们总是在测试集中得到相同的两个样本。

我们能够以多种方式构建初始列表。例如，我们可以将样本添加到一个空列表中，如下所示：

```
ssp = ShufflingSamplePartition(training_subset=0.67)
for row in data:
    ssp.append(row)
```

SamplePartition 是 list 类的子类，它继承了父类的所有方法。我们可以在提取 training 和 testing 子集之前使用 list 类的方法修改列表内部状态。我们已经添加了大小参数作为关键字参数，确保它能够和用于初始化列表的 list 对象区分开。

6.5.3　分割的增量策略

我们尝试另一种分割策略。前一个策略继承了 list 类，然后生成两个子列表。这次我们不把数据保存到一个大列表中，而是实时地把每一个 SampleDict 对象分割到训练集和测试集列表中。SampleDict 对象可能通过初始化方法、append() 方法、extend() 方法等传入。

下面是新策略的抽象类。它有 3 个公开方法用于初始化数据，提供训练集和测试集属性。我们不继承 List 类，因为这个对象不需要其他的 list 类的方法，甚至不需要

`__len__()`方法。如下所示，这个类共有 5 个方法（包括两个内部使用的方法）：

```python
class DealingPartition(abc.ABC):
    @abc.abstractmethod
    def __init__(
        self,
        items: Optional[Iterable[SampleDict]],
        *,
        training_subset: Tuple[int, int] = (8, 10),
    ) -> None:
        ...

    @abc.abstractmethod
    def extend(self, items: Iterable[SampleDict]) -> None:
        ...

    @abc.abstractmethod
    def append(self, item: SampleDict) -> None:
        ...

    @property
    @abc.abstractmethod
    def training(self) -> List[TrainingKnownSample]:
        ...

    @property
    @abc.abstractmethod
    def testing(self) -> List[TestingKnownSample]:
        ...
```

这个定义没有具体的实现。它提供了 5 个占位符，可以在其中定义以实现必要的处理算法。我们改变了 `training_subset` 参数的定义。在这里，它是两个整数。这让我们可以动态地计算和处理样本。

下面是一个实体子类，它内部包含两个用于存放测试集和训练集的集合。我们分两步完成代码，先实现集合的构建，然后创建属性对外暴露集合的值：

```python
class CountingDealingPartition(DealingPartition):
    def __init__(
        self,
        items: Optional[Iterable[SampleDict]],
        *,
        training_subset: Tuple[int, int] = (8, 10),
    ) -> None:
        self.training_subset = training_subset
        self.counter = 0
        self._training: List[TrainingKnownSample] = []
        self._testing: List[TestingKnownSample] = []
        if items:
            self.extend(items)

    def extend(self, items: Iterable[SampleDict]) -> None:
        for item in items:
            self.append(item)

    def append(self, item: SampleDict) -> None:
        n, d = self.training_subset
        if self.counter % d < n:
            self._training.append(TrainingKnownSample(**item))
        else:
            self._testing.append(TestingKnownSample(**item))
        self.counter += 1
```

在初始化方法中，我们首先创建两个空集合。然后，调用 extend()方法根据参数 items 填充集合。

extend()方法通过调用 append()方法把 SampleDict 实例分配到训练集或测试集中。主要的业务逻辑都在 append()方法中。它记录样本的数量，然后使用算术模运算决定如何分配样本。

训练集的比例被定义为一个用元组表示的分数。比如，(8, 10)表示 8/10 或 80%的数据用于训练，其余的用于测试。对于第 c 个样本，如果 c 对 10 取余后小于 8，我们把它放到训练集中，否则放到测试集中。

下面是另外两个方法，用于把两个内部列表对象的值暴露给外部：

```
@property
def training(self) -> List[TrainingKnownSample]:
    return self._training


@property
def testing(self) -> List[TestingKnownSample]:
    return self._testing
```

其实，这两个方法不是必要的。在 Python 中，我们可以简单地把这两个内容集合命名为 self.training 和 self.testing，这样就不需要上面这两个方法了。

我们已经实现了两种把原始数据分割成测试集和训练集的类。一个版本依赖于随机数和洗牌操作，另一个不依赖于随机数。当然，还有其他的方法，我们留给读者自己去探索。

6.6　回顾

本章要点：

- 使用抽象基类是一种使用占位符创建类定义的方法。这是一种方便的技术，并且比在未实现的方法中使用 raise NotImplementedError 更清晰一些。
- 抽象基类和类型提示可以描述类定义。一个抽象基类是一种类型提示，用于澄清子类所必须实现的功能。例如，通常使用 Iterable[X] 来声明我们需要一个包含类 X 的可迭代对象。
- collections.abc 模块定义了 Python 内置集合的抽象基类。如果我们需要创建自己独特的集合类，其可以和内置集合类一样使用，我们需要实现这个模块中的一些抽象基类。
- 使用 abc 模块创建自己的抽象基类。abc.ABC 类是创建一个抽象基类的很好的起点。
- type 类做了很多工作。学习这个类的方法有助于理解类的创建过程。

- Python 的运算符是由魔术方法实现的。我们在自定义的类中重载这些方法，使得自定义的类可以响应运算符。
- 通过创建内置类的子类，修改某些方法的行为，可以扩展内置类。我们通常需要调用 super() 来利用内置类的特性。
- 我们可以实现自己的元类，从根本上改变 Python 类对象的创建过程。

6.7 练习

我们学习了抽象类的概念，它可以定义多个类公共的功能。想想看，如何把这个原则应用到你的代码中。一个脚本常常可以被定义为一个类，脚本中的主要步骤可以成为独立的方法。你有没有一些类似的脚本，或许它们可以共用一个抽象类？另一个可以利用抽象类的地方是数据文件。电子表格文件通常只是布局上有点儿差别，这表示它们可能可以使用公共的抽象类，但子类的方法需要能够处理布局上的差异。

回想一下 DDice 类，它还有另一个很好的增强功能。现在运算符只能作用于 DDice 实例。为了创建一手骰子，我们需要使用 DDice 的构造方法。我们需要写成这样：3*DDice(D6)+2，这看起来有点儿麻烦。

如果可以写成 3*d6+1 就好了，这需要做如下改动：

1. 既然我们不能轻易地在类上使用运算符，我们必须使用类的实例。我们假设语句 d6 = D6() 可以创建一个 Die 实例。
2. Die 类需要 __mul__() 和 __rmul__() 方法。当我们使一个 Die 实例和整数相乘时，这会创建一个 DDice 实例，它将使用当前 Die 实例的类型作为构造方法的参数，就相当于这样：DDice(type(self))。这是因为 DDice 需要一个骰子类型，它会基于这个类型来创建骰子。

这会在 Die 和 DDice 之间创建一个循环关系。这样做不会有真正的问题，因为这两个类都在同一个模块中定义。我们可以在类型提示中使用字符串，所以在 Die() 方法的类型提示中使用 "DDice" 是没问题的。*mypy* 可以使用字符串引用还没有定义的类。

回顾一下第 5 章的示例。我们是否可以利用抽象类来简化不同类型的 Sample 实例的行为？

再看看 DieMeta 的示例。前面提到 logged_roll()方法会丢弃实体类的 roll()方法的返回值。这可能不适用于所有的情况。如何改进从而让元类的 logged_roll()方法返回 roll()方法的返回值？这会改变父类 DieLog 的定义吗？

我们可以使用一个父类提供一个 logger 吗？答案好像是响亮的"yes"。

更重要的是，我们是否可以使用装饰器为 roll()方法提供日志功能？写一下这个装饰器。然后考虑，我们是否可以依赖于程序员添加这个装饰器。我们是否应该相信其他程序员会正确使用这个框架？我们可以想象有些程序员会忘记添加这个装饰器。我们也可以考虑添加单元测试来确保日志被打印。哪个方法更好呢？使用装饰器加单元测试，还是不需要程序员做额外工作的元类？

在案例学习中，我们把训练集和测试集属性定义为 Iterable[SampleDict]，而不是 List[SampleDict]。通过 collections.abc，我们可以看到 List 是一个 Sequence，Sequence 是 Iterable 基类的子类。你可以看出这 3 种抽象层级的好处吗？如果 Iterable 是可行的，我们是否应该总是使用 Iterable？Sequence 和 Iterable 有什么区别？这些不同集合的特性对我们的案例学习中的类有影响吗？

6.8　总结

在本章中，我们专注于识别对象，尤其是那些不明显的对象，比如用于管理和控制的对象。对象有数据和行为，但属性模糊了这个边界。DRY 原则是代码质量的重要指标之一。通过继承和组合可以减少重复的代码。

在接下来的两章中，我们会学习几种内置的 Python 数据结构和对象，主要学习它们的面向对象特性，以及如何扩展和修改它们。

第 7 章

Python 的数据结构

在到目前为止的示例中,我们已经看过很多内置的 Python 数据结构了。你可能也从一些图书或教程中对它们有所了解。在本章中,将会讨论这些数据结构的面向对象特性,什么时候应该用它们而不是用一般的类,什么时候不应该用。具体来说,本章将涉及以下主题:

- 元组和命名元组。
- 数据类。
- 字典。
- 列表与集合。
- 3 种类型的队列。

本章的案例学习会优化 KNN 分类器的数据模型。在查看了 Python 复杂的内置数据结构和类定义之后,我们可以简化一些应用程序类定义。

我们先看看最基础的数据结构,特别是 object 类。

7.1　空对象

让我们从最基本的 Python 内置类型开始,之前已经见过很多次,我们创建的每一个类都继承自它:object。

实际上，可以不用创建子类，直接实例化 object：

```
>>> o = object()
>>> o.x = 5
  Traceback (most recent call last):
    File "<stdin>", line 1, in <module>
  AttributeError: 'object' object has no attribute 'x'
```

不幸的是，正如你所见，直接实例化的 **object** 无法设定任何属性。不是因为 Python 开发者想要强迫我们写自己的类，也没有其他糟糕的原因。他们这么做是为了节省内存，可以节省大量内存。当 Python 允许一个对象拥有任意属性的时候，需要消耗一定的系统内存来追踪每个对象有哪些属性，用于保存属性的名称和值。即使没有属性，也需要为潜在的新属性预留内存。考虑到一般的 Python 程序中可能有几十个、几百个甚至几千个对象（每个继承自 **object** 类的类），每个对象占用少量内存也会很快消耗大量内存。因此，Python 默认禁止向 **object** 及其他几个内置类型添加任意属性。

> 我们可以通过使用插槽（ **__slots__** ）来限制我们自己的类拥有任意属性。我们会在第 12 章中学习插槽。我们将它们视为一种为多次出现的对象节省内存的方法。

不过，我们可以很容易地创建自己的空对象类，我们已经在前面的示例中见到过：

```
>>> class MyObject:
...     pass
```

而且 class MyObject 与 class MyObject(object) 等价，我们已经见过，可以为这样的类添加任意属性：

```
>>> m = MyObject()
>>> m.x = "hello"
>>> m.x
'hello'
```

如果我们想要把未知数量的属性值放在一起，可以像这样将它们存储到一个空对象中。这样做的问题在于，没有一个统一的地方清楚地知道都有哪些属性以及属性的类型。

我们在这本书中一直强调，只有当你想要同时指定数据和行为的时候，才需要用到类和对象。因此，一开始就明确"数据究竟是单纯的数据还是伪装的对象"是非常重要的。一旦做出了决策，剩余部分的设计将会自然而然地向下推演。

7.2　元组和命名元组

元组是一种可以按照顺序存储一定数量其他对象的对象。它们是不可变的，也就是说在运行过程中我们不能添加、移除或替换其中的对象。这看起来可能有些限制重重，但事实上，如果你需要修改一个元组，那说明你选错了数据类型（通常在这种情况下列表更合适）。元组类型不可变性的最大好处在于，包含不可变对象（比如字符串、数字和其他元组）的元组有散列值，可以将其用作字典类型的 key，或放在集合中。（如果元组包含的是可变结构，比如列表、集合和字典等，那么它没有散列值。我们将在下一节中仔细研究这种区别。）

元组是用于存储数据的，不能存储行为。如果需要某个行为来操纵元组，必须将元组传递给函数（或者其他对象的方法）来执行这一操作。这是第 8 章的主题。

元组和坐标、维度等概念比较接近。数学中的坐标(x, y)或三原色(r, g, b)都是应用元组的好示例。元组中元素的顺序很关键。颜色$(255, 0, 0)$和颜色$(0, 255, 0)$完全不同。元组的主要用处是，将不同数据组合在一个容器中。

我们可以用以逗号分隔的值来创建一个元组，通常会使用括号，这样更方便阅读，这样也可以和表达式的其他部分分开，但这并不是强制的。下面两种赋值语法是相同的（记录一家相当赚钱公司的股票当前股价、最高股价与最低股价）：

```
>>> stock = "AAPL", 123.52, 137.98, 53.15
>>> stock2 = ("AAPL", 123.52, 137.98, 53.15)
```

（本书第 1 版印刷时，这只股票的交易价格约为每股 8 美元；本书每出版一版，股票价格几乎都会翻一番！）

如果在其他对象内部使用元组，如函数调用、列表推导或生成器，则括号是必需的。否则，解释器就没办法知道这是一个元组还是下一个函数参数。例如，接下来这个函数接收一个元组和一个日期，并返回日期和最高股价与最低股价的平均值所组成的元组：

```
>>> import datetime
>>> def middle(stock, date):
...     symbol, current, high, low = stock
...     return (((high + low) / 2), date)

>>> middle(("AAPL", 123.52, 137.98, 53.15), datetime.date(2020, 12, 4))
(95.565, datetime.date(2020, 12, 4))
```

在这个示例中，调用 middle() 的那行代码直接创建了一个 4 元素元组。元素用逗号隔开并且用括号包裹。元组和第二个参数 datetime.date 对象用逗号隔开。当 Python 打印一个元组时，它使用所谓的规范表示，总是使用括号。这应该成为一种普遍作法，虽然它不是必需的。middle() 的 return 语句也特意添加了括号，虽然它似乎是多余的。

对于只有一个元素的元组，写成这样(2.718,)。后面的逗号是必需的。空元组是()。

我们也可以这样写：

```
>>> a = 42,
>>> a
(42,)
```

没错，变量 a 是一个元组。数字 42 后面的逗号创建了一个只有一个元素的元组。必须使用括号的地方有两个：（1）创建空元组，（2）用于分隔元组和其他表达式。比如下面的代码创建了嵌套元组：

```
>>> b = (42, 3.14), (2.718, 2.618),
>>> b
((42, 3.14), (2.718, 2.618))
```

最后的逗号会被省略掉。

middle() 函数的示例也说明了**元组解包**的过程。在函数内部的第 1 行，stock 参数被分解为 4 个不同的变量。元组的长度必须与变量数完全一致，否则将会抛出异常。

解包是 Python 中非常有用的一个特性。元组可以将变量组合到一起来进行简单的存储传递，然后当需要访问所有这些变量的时候，可以将其分解为多个不同的变量。当然，有时候只需要访问元组中的某一个变量。可以用与其他序列类型（例如列表和字符串）相同的语法来访问单个值：

```
>>> s = "AAPL", 132.76, 134.80, 130.53
>>> high = s[2]
>>> high
134.8
```

也可以用切片符号来提取元组中的一部分数据：

```
>>> s[1:3]
(132.76, 134.8)
```

虽然这些示例说明了元组的灵活性，但是同时也暴露出它主要的缺点之一：可读性差。我们没办法通过阅读代码知道某个元组第二个位置上的数据是什么，只能通过所赋值变量的名称来猜测，例如 high，但是如果直接在计算过程中访问元组的值而不是赋值给某个变量，就没办法做出这样的推断。读者只能向前追溯声明元组的地方来找出它的含义。

在某些情况下，可以直接访问元组成员，但是不要养成这种习惯。元组的下标会成为所谓的"魔术数字"（代码中凭空而来且没有明确含义的数字），这会导致代码错误和数小时令人崩溃的调试。只有当你知道所有的值都会立即用到，并且是通过解包的形式访问其中的值时，你才应该试图使用元组。比如，(x, y)坐标对和(r, g, b)三原色，它们的元素数量是固定的，而且每个元素的含义是明确的。

有助于使用元组的一种方法是定义许多辅助函数，它们可以帮助澄清元组的用途。下面是一个示例：

```
>>> def high(stock):
...     symbol, current, high, low = stock
...     return high
>>> high(s)
```

134.8

我们需要把这些辅助函数放在同一个命名空间中（比如同一个文件中）。写很多辅助函数会让我们怀疑：也许创建一个类是更好的选择。有一些其他的可以澄清元组内容的方法，最重要的一个就是 typing.NamedTuple 类。

使用 typing.NamedTuple 的命名元组

那么，如果我们想要将一些值组合起来，但是又需要频繁地访问它们，该怎么办呢？其实有几个选择，包括：

- 使用一个空 object 实例，就像前面所讨论的。我们可以给这个对象添加任意属性。但如果不定义清楚有哪些属性以及属性的类型，我们会很难理解这个类。我们会收到很多 *mypy* 错误。

- 我们可以使用字典。这是一个不错的方法。可以使用 typing.TypedDict 提示来规定字典可以接收的 key 列表。我们将在第 9 章的案例学习中学习相关知识。

- 我们可以使用@dataclass，这是本章后面的内容。

- 我们还可以为元组的位置提供名称。同时，我们还可以为这些命名元组定义方法，使它们更有价值。

命名元组是一种带有属性的元组，它们是组合只读数据的很好的方式。当我们定义一个**命名元组**时，是在创建一个 typing.NamedTuple 的子类，类中需要定义名称列表和数据类型。我们不需要添加__init__()方法，Python 会为我们创建。

下面是一个示例：

```
>>> from typing import NamedTuple
>>> class Stock(NamedTuple):
...     symbol: str
...     current: float
...     high: float
...     low: float
```

这个新类包含几个方法，包括__init__()、__repr__()、__hash__()和__eq__()。它包括普通元组的功能，额外的好处是每个元素都有名称。它有更多的方法，比如比较运算。下面是使用这个类创建元组的示例，看起来几乎和创建普通元组一样：

```
>>> Stock("AAPL", 123.52, 137.98, 53.15)
```

我们也可以使用关键字参数让其看起来更清楚：

```
>>> s2 = Stock("AAPL", 123.52, high=137.98, low=53.15)
```

构造方法必须拥有正确数量的参数和创建元组。参数值可以作为位置参数或关键字参数传入。

虽然名称是作为类属性定义的，但它们其实**不是**类属性。它们会被传给__init__()方法。每个元组的位置都会有相应的名称。元类帮我们做了这种神奇的转变。关于元类的更多知识，可以参考第 6 章。

NamedTuple 的子类 Stock 的实例可以被打包、解包、索引、切片及做所有可以对普通元组做的事，并且我们还可以像访问一个对象一样以名称访问它的某个单一属性：

```
>>> s.high
137.98
>>> s[2]
137.98
>>> symbol, current, high, low = s
>>> current
123.52
```

命名元组非常适合许多用例。与元组及字符串一样，命名元组也是不可变的，因此一旦为属性设定了值之后就不能更改。例如，公司股票已经下跌，但是没办法设定新的值：

```
>>> s.current = 122.25
Traceback (most recent call last):
  ...
  File "<doctest examples.md[27]>", line 1, in <module>
    s2.current = 122.25
```

```
AttributeError: can't set attribute
```

这里的不可变只是针对元组自己的属性。它不能本来存放对象 a，然后改成存放对象 b。但元组可以存放可变的对象：

```
>>> t = ("Relayer", ["Gates of Delirium", "Sound Chaser"])
>>> t[1].append("To Be Over")
>>> t
('Relayer', ['Gates of Delirium', 'Sound Chaser', 'To Be Over'])
```

对象 t 是一个元组，它是不可变的。这个元组有两个对象。第一个对象 t[0]是字符串，也是不可变的。但第二个对象 t[1]是一个可变的列表。虽然 t 是不可变的，但是和 t 关联的列表是可变的。列表是可变的，不管它是否放在元组内。元组 t 是不可变的，就算它里面放的是可变对象。

因为元组 t 包含了一个可变的列表，它没有散列值。这没什么奇怪的。hash()需要计算集合中每个元素的散列值。既然 t[1]中存放的列表没有散列值，那么元组 t 也就不能生成散列值。

当我们尝试为 t 生成散列值时，会发生以下情况：

```
>>> hash(t)
Traceback (most recent call last):
  ...
  File "<doctest examples.md[31]>", line 1, in <module>
    hash(t)
TypeError: unhashable type: 'list'
```

因为元组中的列表对象不能生成散列值，所以整个元组也不能生成散列值。

我们可以创建方法，根据命名元组的某些属性计算新的值。比如，我们给前面的 Stock 元组添加一个方法来计算中间值（或者使用@property）：

```
>>> class Stock(NamedTuple):
...     symbol: str
...     current: float
...     high: float
...     low: float
```

```
...     @property
...     def middle(self) -> float:
...         return (self.high + self.low)/2
```

我们不能改变元组的状态，但我们可以基于现在的状态计算其他值。这让我们把计算逻辑直接放在元组中。下面是用上面的 Stock 类创建的对象：

```
>>> s = Stock("AAPL", 123.52, 137.98, 53.15)
>>> s.middle
95.565
```

现在 middle()方法成为类的一部分。这样做最大的好处是什么？*mypy* 可以帮我们做类型检查了。

一旦创建了命名元组，它的内部状态就固定了。如果我们需要改变数据，我们可能需要使用 dataclass。这是我们接下来要学习的内容。

7.3　数据类

从 Python 3.7 开始，我们可以用很简单的语法定义只有属性的类，也就是数据类（dataclass）。从表面上看，它们非常像命名元组。

下面是数据类版本的 Stock：

```
>>> from dataclasses import dataclass
>>> @dataclass
... class Stock:
...     symbol: str
...     current: float
...     high: float
...     low: float
```

在这个示例中，它的定义几乎和 NamedTuple 的定义完全相同。

dataclass()函数是一个类装饰器，使用@运算符。我们在第 6 章中用过装饰器，我们将在第 11 章中深入学习它们。这个类的定义语法相比普通的基于__init__()的类定义并没有简单很多，但它带来了几个数据类的特性。

值得注意的是，变量名定义在类级别上，但它们不是类属性。这些变量名被用于几个方法，包括__init__()方法，每个实例都会有这几个属性。装饰器把我们的代码转变成更复杂的包含这些属性的类并把这些属性作为参数传递给__init__()。

因为数据类对象包含状态且状态可以被修改，它们有几个额外的特性。我们从基础开始。下面是创建 Stock 数据类实例的示例：

```
>>> s = Stock("AAPL", 123.52, 137.98, 53.15)
```

一旦实例化，Stock 对象可以像普通类一样使用。你可以访问和更新它的属性：

```
>>> s
Stock(symbol='AAPL', current=123.52, high=137.98, low=53.15)
>>> s.current
123.52
>>> s.current = 122.25
>>> s
Stock(symbol='AAPL', current=122.25, high=137.98, low=53.15)
```

就像其他对象一样，我们可以给数据类对象临时添加属性。这不是很好的做法，但我们可以这样做，因为数据类是一个普通的可变对象：

```
>>> s.unexpected_attribute = 'allowed'
>>> s.unexpected_attribute
'allowed'
```

给冻结的数据类（frozen dataclass）添加属性是不允许的，我们稍后会学习。乍一看，数据类并不比带合适的构造方法的普通类有什么优势。下面是一个功能类似的普通类：

```
>>> class StockOrdinary:
...     def __init__(self, name: str, current: float, high: float, low:
... float) -> None:
...         self.name = name
...         self.current = current
...         self.high = high
...         self.low = low
```

```
>>> s_ord = StockOrdinary("AAPL", 123.52, 137.98, 53.15)
```

一个明显的好处是，数据类只需要写一次属性名，不需要在__init__()方法的参数和方法体中重复。但这不是全部。数据类也提供了一个比隐式父类 object 更加有用的字符串表达。默认情况下，数据类也包含判断是否相等的比较运算。如果不需要比较，可以关闭这个功能。下面的示例可以比较普通类和数据类的区别：

```
>>> s_ord
<__main__.StockOrdinary object at 0x7fb833c63f10>

>>> s_ord_2 = StockOrdinary("AAPL", 123.52, 137.98, 53.15)
>>> s_ord == s_ord_2
False
```

普通类的默认字符串表达看起来很糟糕，而且它没有判断是否相等。数据类的情况就要好多了：

```
>>> stock2 = Stock(symbol='AAPL', current=122.25, high=137.98, low=53.15)
>>> s == stock2
True
```

使用@dataclass 装饰器定义的数据类也有很多其他有用的特性。比如，你可以为数据类的属性指定默认值。也许股票市场闭市了，你不知道今天股票的价格是什么：

```
@dataclass
class StockDefaults:
    name: str
    current: float = 0.0
    high: float = 0.0
    low: float = 0.0
```

你可以只用股票名称来构建类，其他的值会使用默认值。但如果需要，你仍然可以给其他属性指定值，如下所示：

```
>>> StockDefaults("GOOG")
StockDefaults(name='GOOG', current=0.0, high=0.0, low=0.0)
>>> StockDefaults("GOOG", 1826.77, 1847.20, 1013.54)
StockDefaults(name='GOOG', current=1826.77, high=1847.2, low=1013.54)
```

我们在前面看到数据类默认支持判断是否相等的比较。如果所有的属性都是相等的，那么数据类对象就相等。默认情况下，数据类不支持其他的比较，比如小于或大于，也不能排序。但如果需要，你可以轻松地添加比较判断，如下所示：

```
@dataclass(order=True)
class StockOrdered:
    name: str
    current: float = 0.0
    high: float = 0.0
    low: float = 0.0
```

你也许会问：就这么简单？是的！给装饰器添加 order=True 参数，就会创建所有的比较判断方法。这使得我们可以比较类的实例，也可以排序，就像下面这样：

```
>>> stock_ordered1 = StockOrdered("GOOG", 1826.77, 1847.20, 1013.54)
>>> stock_ordered2 = StockOrdered("GOOG")
>>> stock_ordered3 = StockOrdered("GOOG", 1728.28, high=1733.18,
low=1666.33)

>>> stock_ordered1 < stock_ordered2
False
>>> stock_ordered1 > stock_ordered2
True
>>> from pprint import pprint
>>> pprint(sorted([stock_ordered1, stock_ordered2, stock_ordered3]))
[StockOrdered(name='GOOG', current=0.0, high=0.0, low=0.0),
 StockOrdered(name='GOOG', current=1728.28, high=1733.18, low=1666.33),
 StockOrdered(name='GOOG', current=1826.77, high=1847.2, low=1013.54)]
```

当数据类装饰器接收到 order=True 参数时，默认情况下，它会根据属性定义的顺序依次比较它们的值。因此，首先比较两个对象的 name 属性值，如果相等，再比较 current 属性值。如果它们也相等，继续比较 high 属性值。如果前面的属性值都相等，再比较 low 属性值。这个规则和元组的定义相等：定义的顺序就是比较的顺序。

数据类另一个有趣的特性是 frozen=True。这会创建一个类似于 typing.Named-Tuple 的类。不过它们的特性还是有点儿差别的。我们需要使用@dataclass(frozen=True, ordered=True)来创建冻结的数据类（属性值不可变）。这就带来了一个问题：

哪个方法更好呢？答案取决于具体的用例。我们没有探索数据类的所有可选特性，比如 initialization-only 字段和 __post_init__() 方法。有些程序不需要这些特性，一个简单的 NamedTumple 就足够了。

还有其他几种方法。除了标准库，比如 attrs、pydantic 和 marshmallow，都提供了类似于数据类的属性定义能力。其他第三方包提供了额外的特性。可参考链接 17 进行比较。

我们学习了两种创建有特定属性值的特殊类的方法：命名元组和数据类。一个更简单的做法是先定义数据类，然后添加需要的方法。这可以节省一些编码时间，因为常用的功能，比如初始化、比较、字符串表达等都已经提供了。

是时候看一下 Python 内置的通用类集合 dict、list 和 set 了。我们先来看看字典。

7.4　字典

字典是非常好用的容器，它可以用来直接将一个对象映射到另一个对象。字典可以极其高效地根据给定的 **key**，找到对应的 **value**。秘诀就是通过 key 的**散列值**定位 value 的位置。任何一个不可变的 Python 对象都有一个散列值。Python 用一个简单的表保存散列值和 value 之间的直接映射关系。这意味着字典从来不需要搜索整个集合去寻找 key，而是把 key 转换成散列值，然后根据散列值立刻找到对应的 value。

字典可以用 dict() 构造方法或者 {} 语法来创建。在实践中，最常用的还是后者。构造字典时我们用冒号分隔键和值，用逗号分隔键值对。

我们也可以用关键字参数创建字典。我们可以用 dict(current=1235.20, high=1242.54, low=1231.06) 的形式创建字典 {'current': 1235.2, 'high': 1242.54, 'low': 1231.06}。dict() 语法和其他构造方法类似，比如数据类和命名元组等。

例如，在股票应用中，可能经常需要根据股票代码查看股票价格。可以创建一个以股票代码为 key，以当前股价、最高股价和最低股价所组成的元组（当然你也可以使用数据类或命名元组为 value）为 value 的字典：

```
>>> stocks = {
...     "GOOG": (1235.20, 1242.54, 1231.06),
...     "MSFT": (110.41, 110.45, 109.84),
... }
```

正如我们在前面示例中所看到的，可以用方括号来查询字典中某个 key 对应的
value。如果字典中不存在该 key，则会抛出 KeyError 异常：

```
>>> stocks["GOOG"]
(1235.2, 1242.54, 1231.06)
>>> stocks["RIMM"]
Traceback (most recent call last):
  ...
  File "<doctest examples.md[56]>", line 1, in <module>
    stocks.get("RIMM", "NOT FOUND")
KeyError: 'RIMM'
```

当然，可以捕获这一 KeyError 并进行处理，但是我们还有别的选择。记住，字
典是对象，尽管它的主要用途是存储其他对象。它们本身也有一些相关行为。最常用
的方法之一就是 get() 方法，它的第一个参数是 key，另一个可选参数是当 key 不存在
时所返回的默认值：

```
>>> print(stocks.get("RIMM"))
None
>>> stocks.get("RIMM", "NOT FOUND")
'NOT FOUND'
```

为了进一步控制，可以使用 setdefault() 方法。如果 key 存在于字典中，这个方
法就和 get() 方法一样，返回 key 对应的 value。反之，如果 key 不存在于字典中，它
不但会返回方法调用中提供的默认值（就像 get() 方法一样），还会将 key 设定为这一
默认值。或者你也可以把 setdefault() 想象成，只有在此之前没设定过 value 的时候
才将 value 设定为这一默认值。然后它会返回字典中的值，要么是之前已经存在的，
要么是刚刚提供的这个新的默认值：

```
>>> stocks.setdefault("GOOG", "INVALID")
(1235.2, 1242.54, 1231.06)
```

```
>>> stocks.setdefault("BB", (10.87, 10.76, 10.90))
(10.87, 10.76, 10.9)
>>> stocks["BB"]
(10.87, 10.76, 10.9)
```

"GOOG"股票已经存在于这个字典里了，因此当我们尝试用 setdefault()方法给它赋一个无效值时，它只会返回那个已存在于字典中的值。"BB"不存在于字典中，因此 setdefault()方法返回我们提供的默认值并将其设定为字典中这个 key 的 value。然后通过检查发现这只新股票确实已存在于字典中了。

字典的类型提示必须包含 key 和 value 的类型。从 Python 3.9 和 *mypy* 0.812 开始，我们可以使用如下类型提示描述上面的示例：dict[str, tuple[float, float, float]]，我们不需要引入 typing 模块。取决于你的 Python 版本，你可能需要在代码第一行引入 from __future__ import annotations。这将引入必要的语言支持，以将内置类视为适当的泛型类型提示。

另外 3 个有用的字典方法分别是 keys()、values()和 items()。前两个分别返回由字典中所有 key 和 value 组成的迭代器。如果想要处理这些 key 或 value，可以用 for 循环语句。我们会在第 10 章系统学习迭代器。items()方法可能是最有效的，它返回的是由(key, value)元组组成的迭代器。配合元组解包功能，这个方法可以非常好地用于 for 循环中，以遍历相应的 key 和 value。这个示例打印出字典中所有的股票及其最新价格：

```
>>> for stock, values in stocks.items():
...     print(f"{stock} last value is {values[0]}")
...
GOOG last value is 1235.2
MSFT last value is 110.41
BB last value is 10.87
```

每一个键值元组都会被解包为两个变量：stock 和 values（可以用任何想用的变量名，但是这两个变量名看起来就很合适），然后将其格式化为字符串并打印出来。

注意，股票是按照它们的插入顺序打印出来的。在 Python 3.6 之前并不是这样的，而直到 Python 3.7，才正式把这一规则加入语言规范。在此之前，Python 的 dict 实现使用不同的底层数据结构，这造成输出顺序不可预测。根据 PEP 478，Python 3.5 的最后一个版本发布于 2020 年 9 月，彻底废弃了字典顺序无法预测的情况。以前，为了保持 key 的顺序，我们不得不使用 collections 模块中的 OrderedDict 类，但现在没有必要了。

　　因此，在字典被实例化后，有很多方法可以获取其中的数据，可以用方括号索引的语法，可以用 get()方法、setdefault()方法，或者遍历 items()方法，等等。

　　最后，可能你已经知道，可以用同样的索引语法来设定字典中的值：

```
>>> stocks["GOOG"] = (1245.21, 1252.64, 1245.18)
>>> stocks['GOOG']
(1245.21, 1252.64, 1245.18)
```

　　如果 GOOG 股票今天跌了，我们可以更新字典中对应的元组值。可以用索引语法设定字典中任意 key 的 value，不管这个 key 是否存在。如果存在，老的 value 将被替换，否则，将会添加一个新的键值对。

　　目前已经用过字符串作为字典的 key，但是 key 可以不用局限于字符串。通常用字符串作为 key，尤其是当我们想要将数据存储在字典中时（而不是用带有命名属性的对象或数据类，但是我们也可以用元组、数字甚至是自定义的对象作为字典的 key，只要它是不可变对象，也就是具有__hash__()方法。我们甚至可以在同一个字典中用不同类型的对象作为 key，虽然这很难用 *mypy* 错误来描述。

　　以下是不同键值字典的示例：

```
>>> random_keys = {}
>>> random_keys["astring"] = "somestring"
>>> random_keys[5] = "aninteger"
>>> random_keys[25.2] = "floats work too"
>>> random_keys[("abc", 123)] = "so do tuples"
```

```
>>> class AnObject:
...     def __init__(self, avalue):
...         self.avalue = avalue

>>> my_object = AnObject(14)
>>> random_keys[my_object] = "We can even store objects"
>>> my_object.avalue = 12

>>> random_keys[[1,2,3]] = "we can't use lists as keys"
Traceback (most recent call last):
  ...
  File "<doctest examples.md[72]>", line 1, in <module>
    random_keys[[1,2,3]] = "we can't use lists as keys"
TypeError: unhashable type: 'list'
```

这段代码展示了几种不同的类型都可以作为字典的 key。它的类型提示是 dict[Union[str, int, float, Tuple[str, int], AnObject], str]，显然非常复杂。为此编写类型提示可能会令人困惑，表明这并不是最好的方法。

这个示例也展示了一种不能作为 key 使用的对象类型。我们已经用过很多次列表了，并且在下一节中还会看到更多关于列表的细节。由于列表是随时可变的（例如添加或移除元素），故无法得到一个特定的散列值。

我们可以使用下面的示例来访问字典中的值。因为 for 循环默认就是循环访问字典的 key：

```
>>> for key in random_keys:
...     print(f"{key!r} has value {random_keys[key]!r}")
'astring' has value 'somestring'
5 has value 'aninteger'
25.2 has value 'floats work too'
('abc', 123) has value 'so do tuples'
<__main__.AnObject object at ...> has value 'We can even store objects'
```

要作为字典的 key，对象必须可以**被散列化**，也就是具有可以把对象状态转化成一个整数值的 __hash__() 方法。内置的 hash() 函数会调用对象类的 __hash__() 方法。

这个散列值用于在字典中快速查值。例如，基于字符串中包含的字符编码计算字符串散列值，而通过组合元组中的元素来计算元组散列值。任意两个被认为相等的对象（例如拥有相同字符的字符串或值相等的元组）**必须**拥有相等的散列值，而且一个对象的散列值是永远不会变的。注意，相等性和散列值是非对称的。如果两个字符串的散列值相等，它们仍然可以不相同。可以把散列值理解成对相等的初步判断：如果散列值不同，则肯定不同，就不用进一步比较了。如果散列值相等，则进一步比较对象的属性值、元组的元素或字符串的字符等。

在下面的示例中，两个整数具有相等的散列值，但它们不相同：

```
>>> x = 2020
>>> y = 2305843009213695971
>>> hash(x) == hash(y)
True
>>> x == y
False
```

当我们把这些对象用作字典的 key 时，散列冲突算法会把它们区分开。当出现散列冲突时，会稍微降低数据的访问速度。这就是为什么字典并不**总是**可以直接找到值：散列冲突可能会降低访问速度。

内置的可变对象，包括列表、字典和集合，不能作为字典的 key。这些可变对象不能提供散列值。然而，我们可以创建自己的对象类，让它们既可变又能提供散列值。这并不安全，因为对象内部状态的变化会导致很难找到字典的 key。[1]

当然可以创建一个混合了可变和不可变属性的类，并让自定义散列计算基于不可变属性。[2]因为可变属性和不可变特性的存在，这看起来像是两个对象在协作，而不是一个包含可变和不可变特性的对象。我们也可以使用不可变的部分作为字典的 key，

---

[1] 麦叔注：自定义对象可以自己实现__hash__()方法，只要确保用于生成散列值的属性（比如学生的学号）不变化就可以，其他属性是可以变化的。这不会影响对象的存储和访问。

[2] 麦叔注：我怀疑原书中这句话有错：It is certainly possible to create a class with a mixture of mutable and immutable attributes and confifine a customized hash computation to the **mutable** attributes。这里的 mutable 应该是 immutable。这句中按 immutable 进行了翻译。

而把可变的部分作为字典的 value。

相反地，任何类型的对象都可以作为字典的 value。比如，我们可以使用字符串作为 key，将其映射到列表值，或者使用嵌套的字典作为另一个字典的 value。

7.4.1 字典的用例

字典类型有非常多的用途，主要有两种典型的用法。

- 首先是将字典作为相同类型对象的存储和查询仓库。例如，我们的股票字典有一个类型提示：`dict[str, tuple[float, float, float]]`。字符串作为 key，映射到一个由 3 个浮点数组成的元组。这是一个索引系统，我们将股票代码作为索引，用于查询价格。value 也可以是更复杂的 `Stock` 对象，我们可以有一个类型提示为 `dict[str, Stock]` 的字典，作为这些对象的索引。

- 字典的另一种设计方案是，每个 key 代表某种对象的一个属性，字典的 value 可能有不同的类型。比如，我们可用`{'name': 'GOOG', 'current': 1245.21, 'range': (1252.64, 1245.18)}`表示一只股票。这种用法与命名元组、数据类和普通对象很接近。实际上，有一种叫作 `TypedDict` 的类型提示的特殊字典就是为此设计的，它和 `NamedTuple` 类型提示很像。

第二个示例让人困惑，我们如何判断哪种做法更好呢？我们可以这样排序：

1. 在很多情况下，数据类提供了很多有用的功能而只需很少的代码。它可以是可变对象，也可以是不可变对象，很灵活。

2. 如果数据是不可变的，`NamedTumple` 比冻结的数据类要稍微有效率一点儿，大概快 5%。这里的平衡点在于属性的计算代价。`NamedTuple` 可以有 property（动态计算的属性），如果这个计算比较复杂且结果经常要使用，最好能够提前把结果计算出来，`NamedTuple` 不善于处理这种情况。如果需要提前计算属性的值，可以看一下数据类的文档，尤其是它的`__post_init__()`方法，这是一个更好的选择。

3. 如果我们不能提前知道所有 key 的集合，最理想的方法就是使用字典。在刚开始的设计阶段，我们可以使用字典来做临时的原型，用于验证概念。当我们需要写单元测试和类型提示时，就需要更正式的设计了。在某些情况下，所有可能的 key 是已知的，我们可以使用 TypedDict 的类型提示，以便限定合法的 key 和 value 的类型。

　　由于它们的语法相似，我们很容易试试哪个设计更适合我们的问题，哪个更快，哪个更易于测试，哪个更省内存。有时候，某种方案各方面都好。更多的时候，选择是一种权衡。

> 　　从技术上讲，大部分类的内部都是基于字典实现的。你可以在交互式解释器中查看对象的 __dict__ 属性。当你使用 obj.attr_name 的语法形式访问一个对象的属性时，这相当于在访问 obj.__dict__['attr_name']。实际上，要更复杂一点儿，会涉及 __getattr__() 和 __getattribute__()，但主要思想就是这样的。数据类也有 __dict__ 属性，这可以说明字典使用得多么广泛。它们不是随处可见的，但也很常见。

7.4.2　使用 defaultdict

　　我们已经看过，如何使用 setdefault() 方法来设定当 key 不存在时的默认值，但是如果每次查询值时都需要这样操作，那就有点儿烦琐了。例如，如果写一段计算一句话中字母出现频率的代码，我们可能会这样做：

```
from __future__ import annotations


def letter_frequency(sentence: str) -> dict[str, int]:
    frequencies: dict[str, int] = {}
    for letter in sentence:
        frequency = frequencies.setdefault(letter, 0)
        frequencies[letter] = frequency + 1
    return frequencies
```

　　每次访问字典时，我们需要检查它是否已经有某个 key，如果没有，那么将其设定为 0。如果每次遇到一个空 key，都需要这么做，我们就可以用另一个版本的字典，即 defaultdict。defaultdict 在 collections 模块中定义，它可以更优雅地处理缺失的值：

```
from collections import defaultdict

def letter_frequency_2(sentence: str) -> defaultdict[str, int]:
    frequencies: defaultdict[str, int] = defaultdict(int)
    for letter in sentence:
        frequencies[letter] += 1
    return frequencies
```

这段代码看起来有点儿奇怪：defaultdict()构造方法接收一个函数 int()作为参数。传入的是 int()函数本身，而不是对函数的引用。每当访问一个字典中不存在的 key 时，将会不带参数地调用这个函数，并将其结果设定为默认值。

注意，类型提示 defaultdict[str, int]比构造方法 defaultdict()看起来更复杂一点儿。defaultdict()类只需接收一个用于创建默认值的函数。生成的 key 的类型在运行时并不重要，任何具有 __hash__()方法的对象都可以。当使用 defaultdict 作为类型提示时，在确认其可以工作之前我们需要提供更多的细节。我们需要提供 key 的类型（在这个示例中是 str）和值对象的类型（在这个示例中是 int）。

在这个示例中，frequencies 对象使用整数的构造方法 int()来生成默认值。通常情况下，整数对象是通过字面量来创建的。如果用 int()构造方法，通常都是为了做类型转换，比如把字符串转换成整数：int("42")。但是如果不带参数地调用 int()，默认会返回数字 0。在这段代码中，如果字母不在 defaultdict()中，将在访问它时返回数字 0。然后会在这个数字的基础上加 1，表示我们发现了一个该字母的实例，并将更新值存回字典中。下一次再发现同一个字母时，将会返回这个数字，我们就可以再次增加这个数字，并保存回字典中。

defaultdict()在创建容器字典时非常有用。如果我们想要创建一个存储最近 30 天股价的字典，可以以股票代码为 key 将价格存储在一个 list 中；第一次访问某一股价时，可能需要创建一个空列表。只要将 list()函数传递给 defaultdict()即可，如 defaultdict(list)。list()函数将会在每次遇见不存在的 key 时被调用。类似地，也可以用集合或者空字典。

当然，也可以自己写一个函数，然后将其传递给 defaultdict()。假设我们想要创建一个 defaultdict，每个 key 对应一个包含这个 key 信息的数据类。如果这个数据类有默认值，它的类名可被当作无参数函数传递给这个字典。

下面是一个名为 Prices 的数据类及其默认值：

```
>>> from dataclasses import dataclass
>>> @dataclass
... class Prices:
...     current: float = 0.0
...     high: float = 0.0
...     low: float = 0.0
...
>>> Prices()
Prices(current=0.0, high=0.0, low=0.0)
```

既然这个类的所有属性都有默认值，我们可以使用类名而不用传递任何参数就创建一个有用的对象。这意味着我们的类名可以作为 defaultdict() 函数的参数：

```
>>> portfolio = collections.defaultdict(Prices)
>>> portfolio["GOOG"]
Prices(current=0.0, high=0.0, low=0.0)
>>> portfolio["AAPL"] = Prices(current=122.25, high=137.98, low=53.15)
```

我们在打印 portfolio 时可以看到默认值已经保存到字典中：

```
>>> from pprint import pprint
>>> pprint(portfolio)
defaultdict(<class 'dc_stocks.Prices'>,
            {'AAPL': Prices(current=122.25, high=137.98, low=53.15),
             'GOOG': Prices(current=0.0, high=0.0, low=0.0)})
```

对于未知的 key，这个 portfolio 字典会创建一个默认的 Prices 对象。我们可以这样做是因为 Prices 类的所有属性都有默认值。

我们可以进一步扩展这个示例。如果我们需要存储每只股票多个月的价格，该怎么办呢？我们可以创建一个字典，key 是股票名称，value 是另一个字典。内部字典的 key 是月份，value 是 Prices 对象。这可能很棘手，因为我们需要一个不带参数的函数来创建内部字典 defaultdict(Price)。我们可以定义一个不带参数的函数：

```
>>> def make_defaultdict():
...     return collections.defaultdict(Prices)
```

我们可以使用 Python 的 lambda 语法：一种没有名称的单行表达式函数。lambda 可以有参数，但这里不需要。这个单行表达式是用于创建字典默认值的对象：

```
>>> by_month = collections.defaultdict(
...     lambda: collections.defaultdict(Prices)
... )
```

现在，我们可以有嵌套的 **defaultdict** 字典。当某个 key 不存在时，可以创建默认值：

```
>>> by_month["APPL"]["Jan"] = Prices(current=122.25, high=137.98,
low=53.15)
```

by_month 字典的 key 指向一个内部字典。内部字典中存放了每个月的股票价格。

计数器

你可能认为没办法写出一个比 **defaultdict(int)** 更简单版本的算法，但是"我想记录迭代器中特定实例的数量"这一用例已经足够常见，因此 Python 开发者为它开发了一个特定的类。前面计算字符串中字母出现次数的代码可以用简单的一行代码来实现：

```
from collections import Counter
```

```
def letter_frequency_3(sentence: str) -> Counter[str]:
    return Counter(sentence)
```

Counter 对象的行为就像一个加强版的字典类型，它的 key 是要计数的对象，而 value 是不同对象出现的次数。其中最有用的方法之一就是 most_common() 方法，它会返回由 (key, count) 元组组成的列表并按照计数排序。你可以传入一个可选的整数参数到 most_common() 中，用于只获取出现次数最多的元素列表。例如，你可以编写一个简单的投票应用：

```
>>> import collections
>>> responses = [
...     "vanilla",
...     "chocolate",
...     "vanilla",
...     "vanilla",
...     "caramel",
...     "strawberry",
...     "vanilla"
... ]

>>> favorites = collections.Counter(responses).most_common(1)
>>> name, frequency = favorites[0]
>>> name
'vanilla'
```

在真实项目中，你可能需要从数据库获取答案，或者通过一个复杂的视觉算法来统计举手的孩子。在这里，我们将答案直接硬编码进 responses 对象，以便测试 most_common()方法。这个方法总是返回一个列表，就算我们要求它返回出现次数最多的一种元素，事实也如此。它的返回值的类型提示是 list[tuple[T, int]]，这里的 T 是我们统计的对象的类型。我们的示例是统计字符串，那么 most_common()方法的类型提示是 list[tuple[str, int]]。我们只需要列表中的第一个元素，所以[0]是需要的。然后我们可以把这个包含两个元素的元组分解成对象值和相应的数量。

说到列表，是时候深入研究一下 Python 的 list 了。

7.5　列表

列表是 Python 语言的核心部分，不需要导入就可以直接使用。而且它和多个 Python 特性融合在一起，几乎不需要使用调用方法的语法就可以使用。我们不需要创建迭代器对象，就能遍历列表。我们可以用很简单的语法创建一个列表（字典也是）。除此之外，列表推导式和生成器表达式堪称实现各种计算功能的"瑞士军刀"。

如果你不知道如何创建列表、如何给列表添加元素、如何访问列表中的元素，以及什么是切片符号，建议你阅读一下官方教程，在线地址是链接 18。在本章中，我们不会讨论列表的基础知识，而是讨论什么时候应该用列表，以及它们的面向对象特性。

在 Python 中，列表通常用于存储一些"相同"类型对象的实例，字符串或数字的列表。我们通常使用这样的类型提示 list[T] 来指定类型，T 代表列表中对象的类型。比如，list[int]或者 list[str]。

（不要忘记，上面的类型提示需要使用 from__future__import annotations）如果我们想要按照某种顺序存储一些元素，那么就该使用列表。这些元素通常是按照被插入的顺序排序的，但是它们也可以按照其他标准排序。

列表是可变的，所以列表中的元素可以被添加、替换或删除。这可以方便地用于存储一些更复杂对象的状态。

和字典一样，Python 列表使用非常高效的内部数据结构，因此我们不用担心如何存储，只需考虑要存储什么。Python 基于列表实现了其他特殊的数据结构，如队列和栈。Python 不区分基于数组的列表还是基于链表的列表。通常来说，内置的列表数据结构可以满足各种要求。

不要使用列表来存储某个对象的不同属性，元组、命名元组、字典及对象都是更合适的选择。在本章开头处，我们的第一个 Stock 示例使用一个序列来保存当前股价、最低股价和最高股价等属性。这个实现很不理想，命名元组和数据类明显是更好的选择。

下面是另一个相当复杂的反例。这个示例展示了如何用列表来完成字母频率的统计。使用字典实现同样的功能，要简单得多。这个示例说明选择正确（或错误）的数据结构可以影响代码的可读性（和性能）。代码如下所示：

```
from __future__ import annotations
import string

CHARACTERS = list(string.ascii_letters) + [" "]

def letter_frequency(sentence: str) -> list[tuple[str, int]]:
    frequencies = [(c, 0) for c in CHARACTERS]
```

```
for letter in sentence:
    index = CHARACTERS.index(letter)
    frequencies[index] = (letter, frequencies[index][1] + 1)
non_zero = [
    (letter, count)
    for letter, count in frequencies if count > 0
]
return non_zero
```

这段代码首先创建了一个包含所有可能字母的列表。`string.ascii_letters` 属性提供了包括所有小写和大写字母、按顺序排列的字符串。我们将其转化为列表，然后用列表连接符（+运算符用于将两个列表合并到一起）添加一个新的字符，即空格。这些就是我们的频率列表中所有可能出现的字符（如果试图添加一个不在这个列表中的字符，这段代码将会崩溃）。

函数中的第 1 行用列表推导式将 CHARACTERS 列表转化为一个由元组构成的列表。然后，我们遍历句子中的每个字符。首先找到字符在 CHARACTERS 列表中的索引位置，我们已经知道这个索引位置与频率列表中的相同，因为后者是根据前者创建得到的。然后创建一个新元组来替换频率列表这一索引位置的原值。即便不考虑垃圾回收和内存浪费，这段代码看起来也相当难读。

最后，我们过滤所有元组，只保留计数大于 0 的元组，去掉那些相应字母没有出现过的元组。

除了代码有点儿长，`CHARACTERS.index(letter)`操作可能也很慢。最坏的情况需要遍历列表中的每个字符。大部分情况下，需要遍历列表的一半。相比之下，字典使用散列计算，通常可以一次运算就找到相应的对象。（除非出现散列冲突，需要执行二次操作，但散列冲突的概率很低。）

上面对象的类型提示可以写成这样：`list[tuple[str, int]]`。列表中的每个元组都是一个包含两个值的元组。*mypy* 基于类型提示确认列表的整体结构和列表中的每个元组的结构。

和字典一样，列表也是对象，可以对它执行许多方法。下面是几个常用方法：

- `append(element)`方法在列表最后添加一个元素。

- `insert(index, element)`方法在指定位置插入一个元素。
- `count(element)`方法计算某个元素在列表中出现的次数。
- `index()`方法指示某个元素在列表中的索引位置，如果没有找到则抛出异常。
- `find()`方法和 `index()`方法一样，只不过当不存在某个元素时，将会返回 `-1` 而不是抛出异常。
- `reverse()`方法正如方法名一样，将列表顺序倒置。
- `sort()`方法拥有一些相对复杂的面向对象行为，接下来马上就会介绍。

还有一些不常用的方法。完整的方法列表可以在 Python 标准库文档的 *Sequence Types* 部分（链接 19）找到。

列表排序

不带任何参数的话，`list` 对象的 `sort()`方法基本上就能实现我们所期望的操作。如果针对的是字符串列表，将会使其按照字母表顺序排列。这个操作是大小写敏感的，所有的大写字母都会排在小写字母前面，也就是 Z 在 a 前面。如果针对的是数字列表，将会使其按照数字顺序排列。如果针对的是元组列表，将会按照元组中的元素依次进行排列。如果混合了一些无法互相比较的元素，`sort()`方法将会抛出 `TypeError` 异常。

如果想要将我们自定义的对象放到列表中并进行排序，我们需要做一点儿额外的工作，为对象的类定义一个代表"小于"的`__lt__()`特殊方法，从而使其实例可以相互比较。列表的 `sort()`方法将会访问每个对象的这一方法，以决定这个对象在列表中的位置。如果传入参数大于我们的对象，则这一方法应该返回 `True`，否则返回 `False`。

通常，当我们需要这样比较时，可以使用数据类。在本章的"数据类"一节中我们讨论过，`@dataclass(order=True)`装饰器会帮我们创建所有与比较相关的方法。命名元组也默认自带排序功能。

排序时容易出错的一个地方是，给**标签联合**（**tagged union**）对象排序。标签联合对象的属性并不总是和当前对象相关。某个属性的值可能决定其他属性是否和当前对象相关。这就好像一个对象中包含了多种子类型，使用一个标签属性来决定其类型。

下面是一个示例，其中"**数据源**"列是标签属性，它的值决定了如何使用其他列。当**数据源**的值是 Local 时，我们使用"时间戳"列，当值是 Remote 时，我们使用"创建日期"列。

数据源	时间戳	创建日期	名称、所有者等
Local	1607280523		"Some File"，etc.
Remote		"2020-12-06T13:47:52.849153"	"Another File"，etc.
Local	1579373292		"This File"，etc.
Remote		"2020-01-18T13:48:12.452993"	"That File"，etc.

我们如何给这些对象排序？我们希望列表中包含的是单一的数据类型，但这里的数据是使用标签属性区分的两种数据类型。

一个简单的 `if row.data_source == "Local":`语句可以区分它们，但 *mypy* 可能会抛出警告。使用一两个 `if` 语句也不算太坏，但从设计原则上讲，使用 `if` 语句可扩展性不好。

在这个示例中，我们可以考虑使用**时间戳**来排序。当数据源的值是 Remote 时，我们只需把创建日期的字符串也当作时间戳来使用。在这个示例中，不管是"时间戳"列的浮点数还是"创建日期"列的字符串都能正确排序。这是因为字符串使用了精心设计的 ISO 格式。如果它使用美国的 mm-dd-yyyy 日期格式，则必须先转换成时间戳类型才能正确排序。

把所有不同的输入格式都转换成 Python 自带的 `datetime.datetime` 类型是另一个选择。这样做的优点在于，该类型独立于任何源数据类型。虽然工作量大点，但这样做更加灵活，因为源数据的格式将来可能会改变。也就是说，把所有不同的输入格式都转换成统一的数据类型 `datatime.datetime`。

核心思想在于，把两个子类型当成对象的一个类来处理，但这样做有时也会出问题。通常，这是一个设计约束。当我们有其他数据源时，不得不考虑这个约束。

我们将创建一种类型来支持两类数据。这并不理想，但能够实现要求。下面是类的定义：

```python
from typing import Optional, cast, Any
from dataclasses import dataclass
import datetime


@dataclass(frozen=True)
class MultiItem:
    data_source: str
    timestamp: Optional[float]
    creation_date: Optional[str]
    name: str
    owner_etc: str

    def __lt__(self, other: Any) -> bool:
        if self.data_source == "Local":
            self_datetime = datetime.datetime.fromtimestamp(
                cast(float, self.timestamp)
            )
        else:
            self_datetime = datetime.datetime.fromisoformat(
                cast(str, self.creation_date)
            )
        if other.data_source == "Local":
            other_datetime = datetime.datetime.fromtimestamp(
                cast(float, other.timestamp)
            )
        else:
            other_datetime = datetime.datetime.fromisoformat(
                cast(str, other.creation_date)
            )
        return self_datetime < other_datetime
```

这个 __lt__() 方法把当前 MultiItem 类的实例和另一个同类型的实例比较。因为我们有两种子类型，所以必须检查 tag 属性，也就是 self.data_source 和 other.data_source，以便确定哪些属性是相关的。我们先把时间戳或字符串类型转换成统一的数据类型，然后就可以基于统一的数据类型做比较了。

　　类型转换部分的代码基本上是重复代码。在本节后面，我们会做代码重构，去掉冗余部分。cast()操作的作用在于：明确告诉 *mypy* 这个值是非空的。虽然我们知道规则，也就是基于标签（"**数据源**"列）确定使用哪个属性，但我们需要通过某种方式让 *mypy* 也理解。cast()并不会做真的转换，而是会告诉 *mypy* 数据的类型。

　　注意，我们程序的类型提示可能并不完善，可能会有 Bug，非 MultiItem 类的实例也许可以和 MultiItem 类的实例做比较。这可能会产生运行时错误。cast()用于声明代码的目的和设计，它并不会影响运行时。由于 Python 的鸭子类型，如果其他某个类型具有正确的属性，它也可以和 MultiItem 类的实例做比较。就算有了精心设计的类型提示，单元测试也是必要的。

　　以下代码展示了 MultiItem 类的排序情况：

```
>>> mi_0 = MultiItem("Local", 1607280522.68012, None, "Some File",
"etc. 0")
>>> mi_1 = MultiItem("Remote", None, "2020-12-06T13:47:52.849153",
"Another File", "etc. 1")
>>> mi_2 = MultiItem("Local", 1579373292.452993, None, "This File",
"etc. 2")
>>> mi_3 = MultiItem("Remote", None, "2020-01-18T13:48:12.452993",
"That File", "etc. 3")
>>> file_list = [mi_0, mi_1, mi_2, mi_3]
>>> file_list.sort()

>>> from pprint import pprint
>>> pprint(file_list)
[MultiItem(data_source='Local', timestamp=1579373292.452993,
creation_date=None, name='This File', owner_etc='etc. 2'),
 MultiItem(data_source='Remote', timestamp=None, creation_date='2020-
01-18T13:48:12.452993', name='That File', owner_etc='etc. 3'),
 MultiItem(data_source='Remote', timestamp=None, creation_date='2020-
12-06T13:47:52.849153', name='Another File', owner_etc='etc. 1'),
 MultiItem(data_source='Local', timestamp=1607280522.68012,
creation_date=None, name='Some File', owner_etc='etc. 0')]
```

　　可以看出，比较规则被应用于同一个类定义的不同数据类型。但是，如果比较规则更复杂，再这样做可能会变得笨拙。

排序只需要实现__lt__()方法。这个类可能需要实现类似的几个方法：__gt__()、
__eq__()、__ne__()、__ge__()、__le__()等。这样确保<、>、==、!=、>=和<=等
运算符也能正常工作。有个捷径，你可以先实现__lt__()和__eq__()，然后使用
@total_ordering 类装饰器自动支持其他操作：

```python
from functools import total_ordering
from dataclasses import dataclass
from typing import Optional, cast
import datetime


@total_ordering
@dataclass(frozen=True)
class MultiItem:
    data_source: str
    timestamp: Optional[float]
    creation_date: Optional[str]
    name: str
    owner_etc: str

    def __lt__(self, other: "MultiItem") -> bool:
        pass
        #练习：参考下面的__eq__()方法重新实现这个方法


    def __eq__(self, other: object) -> bool:
        return self.datetime == cast(MultiItem, other).datetime

    @property
    def datetime(self) -> datetime.datetime:
        if self.data_source == "Local":
            return datetime.datetime.fromtimestamp(
                cast(float, self.timestamp))
        else:
            return datetime.datetime.fromisoformat(
                cast(str, self.creation_date))
```

我们没有重复 `__lt__()` 方法的代码, 鼓励读者参考 `__eq__()` 方法的写法重新实现这个方法。当提供了<（或>）和=操作的实现时, `@total_order` 装饰器可以推导出其他逻辑运算符的实现。比如, $a \geq b$ 等同于 $a < b$, 大于或等于操作 `__ge__(self, other)` 就是 `not(self < other)`。

注意, 在类中定义的方法只能比较这些对象的 `timestamp` 和 `creation_date` 属性。这种写法可能不够灵活。通常, 我们有两种可能的设计:

- 根据具体的用例定义比较操作。在上面的示例中, 只比较时间属性（ `timestamp` 和 `creation_date` ）而忽略其他属性。这不够灵活但是很高效。
- 更灵活地定义比较运算, 但通常只支持 `__eq__()` 和 `__ne__()` 操作。我们在类的外面提取要比较的属性, 基于它们实现排序操作。

第二种设计要求我们把比较规则提供给 `sort()` 方法而不是写在类定义中。`sort()` 方法可以接收一个可选的 key 参数。我们使用 key 参数提供一个 "提取 key" 的函数给 `sort()` 方法, 用于提取要比较的属性。`sort()` 的这个参数是一个函数, 用于把列表中的每一个对象转换成可以进行比较的对象。在我们的示例中, 我们通过一个函数提取 `timestamp` 和 `creation_date`, 用于做比较。代码如下:

```python
@dataclass(frozen=True)
class SimpleMultiItem:
    data_source: str
    timestamp: Optional[float]
    creation_date: Optional[str]
    name: str
    owner_etc: str


def by_timestamp(item: SimpleMultiItem) -> datetime.datetime:
    if item.data_source == "Local":
        return datetime.datetime.fromtimestamp(
            cast(float, item.timestamp))
    elif item.data_source == "Remote":
        return datetime.datetime.fromisoformat(
            cast(str, item.creation_date))
    else:
```

```
        raise ValueError(f"Unknown data_source in {item!r}")
```

下面展示了如何使用这个 **by_timestamp()** 函数来比较使用来自 **SimpleMultiItem** 对象的 **datetime** 对象的对象：

```
>>> file_list.sort(key=by_timestamp)
```

我们把排序规则从类定义中提取出来并进行了简化。可以用这种方式提供其他排序规则。比如，我们只想按照名称排序。这比上面的要简单，因为我们不需要做属性的转换：

```
>>> file_list.sort(key=lambda item: item.name)
```

我们创建了一个 lambda 对象，它是只有一行代码的匿名函数。它接收 **item** 为参数，返回 **item.name** 的值。lambda 是一个函数，但它没有名称，不包含任何语句，而且它只能有一个表达式。如果你需要复杂的语句（比如 **try/except**)，你需要事先在 **sort()** 方法参数外创建一个普通的函数。

在排序时提供 key 操作是很常见的操作，所以 Python 提供了内置方法。比如，给元组列表排序默认会使用元组的第一个元素排序，而我们常常需要使用其他元素排序。我们可以用 **operator.attrgetter()** 方法指定要使用的排序属性：

```
>>> import operator
>>> file_list.sort(key=operator.attrgetter("name"))
```

attrgetter() 方法用于获取对象中的指定属性。当给元组或字典排序时，**itemgetter()** 可以用于根据名称或位置获取指定元素。还有一个 **methodcaller()**，可以调用正在排序的对象中的某个方法并返回那个方法的返回值。更多信息可参考 **operator** 模块的文档。

我们很少只按照一个规则给数据对象排序。把 key 函数传递给 **sort()** 方法，可以让我们灵活地定义排序规则，而不用在类定义中编写复杂的逻辑。

学习了字典和列表，接下来我们看看集合。

7.6　集合

列表是拥有非常多功能的工具，几乎可以覆盖大部分容器对象的应用。但是如果想要确保一个列表中的对象必须是唯一的，列表就不那么好用了。例如，一个歌曲列表可能包含同一位艺术家的许多歌曲。如果我们要创建一个艺术家列表，则必须先检查某个艺术家是否已被添加到列表中，这样才能避免重复。

这就需要用到集合。集合源自数学概念，代表一组无序的、不重复的数字。可以向集合中多次加入同一个数字，但是集合中只会保留一个。

在 Python 中，集合可以保存任意可散列化的对象，而不只是数字或字符串。可散列化的对象要实现 __hash__() 方法，它们和字典的 key 要求相同，因此可变列表、集合和字典不能保存在集合中。和数学集合一样，同一个对象只会存储一份。如果想要创建一个歌唱艺术家的列表，我们可以把代表艺术家名字的字符串添加到集合中。下面的示例是由一个 (song, artist) 元组构成的列表，创建了一个歌唱艺术家集合：

```
>>> song_library = [
...     ("Phantom Of The Opera", "Sarah Brightman"),
...     ("Knocking On Heaven's Door", "Guns N' Roses"),
...     ("Captain Nemo", "Sarah Brightman"),
...     ("Patterns In The Ivy", "Opeth"),
...     ("November Rain", "Guns N' Roses"),
...     ("Beautiful", "Sarah Brightman"),
...     ("Mal's Song", "Vixy and Tony"),
... ]

>>> artists = set()
>>> for song, artist in song_library:
...     artists.add(artist)
```

与列表或字典不同，我们无法使用字面量创建空集合，我们用 set() 构造方法创建一个集合。不过，我们可以用花括号（和字典语法相同）来创建包含值的集合。如果用冒号来分隔键值对，那么就是字典，就像 {'key': 'value', 'key2': 'value2'}。如果只是用逗号来分隔值，那么就是集合，就像 {'value', 'value2'}。

可以用 **add()** 方法向集合中添加单个元素，用 **update()** 方法批量更新元素。如果执行上面这段代码，可以看到集合正如我们宣称的一样：

```
{'Sarah Brightman', "Guns N' Roses", 'Vixy and Tony', 'Opeth'}
```

如果你注意输出的内容就会发现，打印出的元素与添加它们的顺序不一样。

每次运行上面这段代码，元素的打印顺序都不一样。集合和字典一样，是无序的。它们都利用底层基于散列值的数据结构来保证高效。因为它们是无序的，故集合无法通过索引来查找元素。使用集合的主要目的是，将"世界"一分为二："存在于集合中的"和"存在于集合之外的"。很容易就可以检查某个元素是否存在于集合中，或者遍历集合中所有的元素，但是如果想要对它们进行排序，则必须先将集合转换为列表。下面的代码展示了这些操作：

```
>>> "Opeth" in artists
True
>>> alphabetical = list(artists)
>>> alphabetical.sort()
>>> alphabetical
["Guns N' Roses", 'Opeth', 'Sarah Brightman', 'Vixy and Tony']
```

这个输出很可能会出现变化，取决于散列随机算法，元素可能会以任何一种顺序输出。

```
>>> for artist in artists:
...     print(f"{artist} plays good music")
...
Sarah Brightman plays good music
Guns N' Roses plays good music
Vixy and Tony play good music
Opeth plays good music
```

集合的主要特性是唯一性。它常常用于去除重复的数据。集合也常用于组合操作，包括合并（union）集合和查找集合间的差异。set 类型的大多数方法都是对其他集合进行操作，使我们能够有效地组合或比较两个或多个集合中的元素。

union() 方法是最常用也最易于理解的。其接收另一个集合作为参数，并返回一

个新集合，其中包含了两个集合中的所有元素。如果某个元素同时存在于两个集合中，那么在结果中它仍然只会出现一次。并集就像逻辑运算符 or，而且的确，如果你不想调用方法的话，| 运算符可用于对两个集合实现并集。

相反地，`intersection()`方法接收另一个集合作为参数并返回一个新集合，其中包含同时存在于两个集合中的元素。就像逻辑运算符 and 运算一样，也可以使用&运算符。

最后，`symmetric_difference()`方法用于返回剩下的元素，也就是只出现在其中一个集合而不同时出现在两个或多个集合中的所有元素。它可以使用^运算符。下面的示例通过操作两个不同的人喜欢的艺术家集合来展示这些方法：

```
>>> dusty_artists = {
...     "Sarah Brightman",
...     "Guns N' Roses",
...     "Opeth",
...     "Vixy and Tony",
... }

>>> steve_artists = {"Yes", "Guns N' Roses", "Genesis"}
```

如果执行这段代码，将会打印出这些方法的执行结果：

```
>>> print(f"All: {dusty_artists | steve_artists}")
All: {'Genesis', "Guns N' Roses", 'Yes', 'Sarah Brightman', 'Opeth',
'Vixy and Tony'}
>>> print(f"Both: {dusty_artists.intersection(steve_artists)}")
Both: {"Guns N' Roses"}
>>> print(
... f"Either but not both: {dusty_artists ^ steve_artists}"
... )
Either but not both: {'Genesis', 'Sarah Brightman', 'Opeth', 'Yes',
'Vixy and Tony'}
```

并集、交集和对称差分方法是可交换的。也就是说，无论用哪个集合作为方法调用者，方法的执行结果都是一致的。我们可以说 dusty_artists.union(steve_ artists)或 steve_artists.union(dusty_artists)返回相同的结果。由于散列随机算法，这些值的排序可能会不同，但两个集合包含的元素是相同的。

也有一些方法是不可交换的，会因为调用者和参数的调换而返回不同的结果。这些方法包括 issubset()和 issuperset()，它们是彼此相反的两个方法。它们都返回 bool 类型的值。

- 如果调用者集合中的所有元素都存在于参数集合中，issubset()方法返回 True，也可以使用<=运算符实现同样的效果。
- 如果参数集合中的所有元素都存在于调用者集合中，issuperset()方法返回 True。因此 s.issubset(t)、s <= t、t.issuperset(s)和 t >= s 是完全相同的。
- 如果 t 包含 s 中的所有元素，两个方法都返回 True。（<和>运算符用于真子集和真超集，这些操作没有相应的命名方法。）

最后，difference()方法返回所有存在于调用者集合中但不存在于参数集合中的元素，就像是 symmetric_difference()方法结果的一半。difference()方法也可以用-运算符表示。下面的代码说明了这些方法的用法：

```
>>> artists = {"Guns N' Roses", 'Vixy and Tony', 'Sarah Brightman',
'Opeth'}
>>> bands = {"Opeth", "Guns N' Roses"}

>>> artists.issuperset(bands)
True
>>> artists.issubset(bands)
False
>>> artists - bands
{'Sarah Brightman', 'Vixy and Tony'}

>>> bands.issuperset(artists)
False
>>> bands.issubset(artists)
True
>>> bands.difference(artists)
set()
```

最后一个表达式中的 difference() 方法返回了一个空集，因为没有哪个元素存在于 bands 集合中但不存在于 artists 集合中。我们可以这样想，从 bands 集合中去掉所有 artists 集合中的元素，就相当于 bands - artists。

union()、intersection() 和 difference() 方法都可以接收多个集合作为参数，我们可以猜想，它们将会返回的集合是将方法对应的操作施加到所有参数上的结果。

因此，集合的方法清楚地说明了集合是用于与其他集合进行运算的，而不仅仅是一个容器。如果有两个不同来源的数据，我们需要以某种形式快速地合并它们，以确定数据是否存在重复或不同，可以用集合操作来快速地比较它们；或者，如果输入数据中可能包含重复的已经加工过的数据，我们可以用集合来比较并只处理新数据。

最后，需要知道当用 in 关键字检查元素是否存在于容器中时，集合比列表的效率更高。在对一个列表或集合使用 value in container 语法时，如果 container 中有元素等于 value，则返回 True，否则返回 False。在列表中，这将会遍历所有对象，直到找到相同的值，而对于集合来说，只需求出散列值并检查该值是否存在即可。这意味着无论集合有多大，查找一个值是否存在所需的时间是固定的。但是对于列表来说，列表长度越长，搜索一个值所需的时间就越长。

7.7　3 种队列

我们将应用列表结构来创建一个队列（queue）。队列是一种特殊的缓存区，它是**先进先出（First In First Out，FIFO）**的。它作为临时存储空间，程序的一部分可以写入队列，而另一部分则使用队列中的元素。

数据库中可能有一个队列，存放待写入硬盘的数据。当我们的程序执行一个更新操作时，本地缓存中的数据先更新，这样程序的其他部分可以读取到新的数据。而写入硬盘的操作可能会被放到等待相关程序顺序写入硬盘的一个队列中，这可能发生在几毫秒之后。[1]

---

[1] 麦叔注：因为写入硬盘的操作比较慢，所以要放入队列。

当我们处理文件和目录时，队列可用于存储目录的细节，以便它们后续被处理。我们通常用相对于文件系统的根目录的路径来表示文件所在目录。我们将在第 9 章中学习 Path 对象。它的算法类似下面：

```
queue starts empty
Add the base directory to the queue
While the queue is not empty:
    Pop the first item from the queue
    If the item is a file:
        Process the item
    Else if the item is a directory:
        For each sub-item in the directory:
            Add this sub-item to the queue
```

我们可以将这种类似列表的结构可视化为通过 append() 扩大或通过 pop(0) 缩小。它看起来如图 7.1 所示。

这里的思路是，让队列扩大和缩小：每处理一个目录会在队列中添加目录下的文件，而每处理一个文件则会把它从队列中移除。最终，所有的文件和目录都被处理完，队列变空。文件的处理顺序遵守先进先出（FIFO）原则。

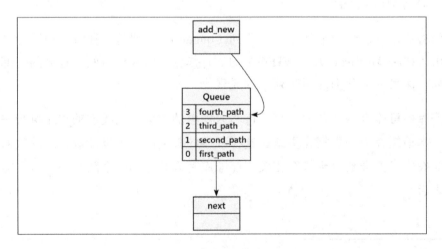

图 7.1 队列的概念

在 Python 中，有几种方法可以实现队列：

- 使用列表，并使用列表的 append()或 pop()方法给队列添加或移除元素。
- 使用 collections.deque，它支持 popleft()和 append()方法。"deque"是一个双端队列。这是一个优雅的队列实现，对于追加和弹出等特定操作，它比简单的列表更快。
- queue 模块提供了常用于多线程的队列实现，但它也可以用于上面介绍的单线程的目录树检测示例。它使用了 get()和 put()方法。由于这种结构是为并发而设计的，因此它会锁定数据结构以确保每次更改都是原子的，并且不会被其他线程中断。对于非并发应用程序，锁定开销是我们可以避免的性能损失。这是第 14 章的主题。

heapq 模块也提供了一个队列实现，但它做了一些和上面示例无关的额外操作。它把元素按照优先级排序，而不是按照它们加入队列的顺序，这打破了 FIFO 原则。我们将在第 8 章的"函数也是对象"一节使用它。

上面的实现都有细微的差别。因为需要创建一个方便的封装类来提供统一的接口。我们创建如下的类定义：

```python
class ListQueue(List[Path]):
    def put(self, item: Path) -> None:
        self.append(item)

    def get(self) -> Path:
        return self.pop(0)

    def empty(self) -> bool:
        return len(self) == 0
```

这个类包含 3 个队列所需的操作。我们可以把元素加入队列，这会把它放到队尾。我们可以从队列中获取下一个元素，这会返回队列头部的元素并把它从队列中移除。最后，我们可以询问队列是否为空。我们继承了 list 类并添加了 3 个方法：put()、get()、empyt()。

下面是一个稍有不同的实现。**typing.Deque** 类型提示是对 **collections.deque** 类的封装。Python 后来的版本修改了底层的 **collections.deque** 类，不再需要特殊的类型提示：

```python
from typing import Deque

class DeQueue(Deque[Path]):
    def put(self, item: Path) -> None:
        self.append(item)

    def get(self) -> Path:
        return self.popleft()

    def empty(self) -> bool:
        return len(self) == 0
```

很难看出这个实现和基于列表的实现的区别。事实证明，**popleft()**方法是传统列表中 **pop(0)**的更高速版本。否则，这看起来与基于列表的实现非常相似。

下面是使用 queue 模块的最终版本。queue 模块的实现使用了锁来防止数据完整性被多线程并发访问破坏。这基本上是透明的，除了有一点儿小小的性能损失。

```python
import queue
from typing import TYPE_CHECKING

if TYPE_CHECKING:
    BaseQueue = queue.Queue[Path] # 用于 mypy。
else:
    BaseQueue = queue.Queue # 用于运行时。

class ThreadQueue(BaseQueue):
    pass
```

这个实现是可行的，因为我们定义的类继承自 Queue 类。这意味着我们不需要写任何具体的代码来实现这个类。这个设计是所有类设计的总体目标。

但这里的类型提示有点儿复杂。**queue.Queue** 类定义也是一个泛型类型提示。当

代码中使用 *mypy* 时候，TYPE_CHECKING 变量为 True，我们需要为这个泛型提供一个参数。当 TYPE_CHECKING 变量为 False 时，可不使用 *mypy*，只使用类名就够了，而且不需要额外的参数。

这 3 个类的相似之处在于这 3 个方法。我们可以为它们定义一个抽象基类。或者，我们可以提供如下类型提示：

PathQueue = Union[ListQueue, DeQueue, ThreadQueue]

PathQueue 类型提示包含了 3 个类型，允许我们在实现中使用任何一个类。

到底哪个更好，取决于你需要做什么。

- 对于单线程应用，collections.deque 很理想，它就是为此而设计的。
- 对于多线程应用，需要使用 queue.Queue，它的存储结构可以被多线程安全读取和写入。我们会在第 14 章中再讨论这个问题。

虽然我们也可以使用内置的泛型类（比如 list 类），但这并不理想。另两个实现更有优势。Python 的标准库及 PYPI 上的更广泛的外部包生态系统可以提供对通用结构的改进。重要的是，在搜索"完美"的包之前明确具体的需求。在示例中，deque 和 list 的性能差异很小。时间主要花在操作系统读取原始数据上，对于大型文件系统，尤其是从多个主机上读取文件的情况，这种性能差异会变得显著。

Python 的面向对象为我们提供了探索设计替代方案的自由度。我们应该尝试多种解决问题的方法，以更好地理解问题并得出可接受的解决方案。

7.8　案例学习

在本章的案例学习中，我们将会利用 Python 的@dataclass 来完善我们的设计，它可能会让其更优雅。我们会探讨某些可选方案和限制，这会涉及困难的工程选择，有时候并没有明显的最优方案。

我们还将查看不可变的 NamedTuple 类定义。这些对象没有内部状态改变，可能会简化某些设计。这也会让我们的设计更多地使用组合而更少地使用继承。

7.8.1　逻辑模型

我们来看看当前的 `model.py` 模块的设计。图 7.2 展示了 `Sample` 相关类的继承关系，它反映了样本的不同用处。

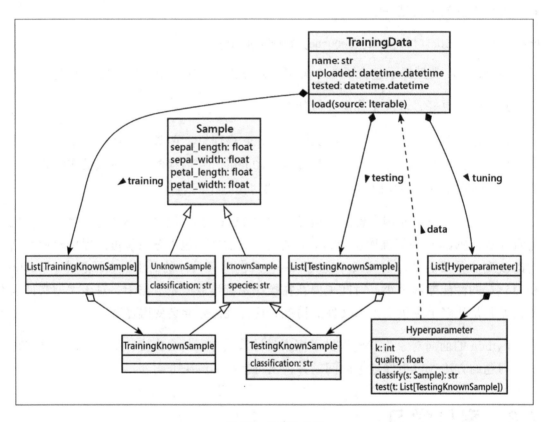

图 7.2　目前的类图

各种 `Sample` 类使用数据类的定义很合适。这些对象有多个属性，数据类自带的方法也符合我们所需的对象行为。下面是修改过的 `Sample` 类，它使用了 `@dataclass` 而不是完全自己写：

```python
from dataclasses import dataclass, asdict
from typing import Optional
```

```
@dataclass
class Sample:
    sepal_length: float
    sepal_width: float
    petal_length: float
    petal_width: float
```

我们使用了@dataclass 装饰器，基于提供的属性类型提示创建了一个类。可以这样使用 Sample 类：

```
>>> from model import Sample
>>> x = Sample(1, 2, 3, 4)
>>> x
Sample(sepal_length=1, sepal_width=2, petal_length=3, petal_width=4)
```

示例中展示了如何为@dataclass 装饰器定义的类创建实例。注意，用于展示对象的__repr__()方法被自动创建了出来。如上面的示例所示，它展示了有用的信息。这非常不错，几乎感觉像是在作弊！

下面是 Sample 类继承体系中其他类的定义：

```
@dataclass
class KnownSample(Sample):
    species: str


@dataclass
class TestingKnownSample(KnownSample):
    classification: Optional[str] = None


@dataclass
class TrainingKnownSample(KnownSample):
    """注意：它没有 classification 实例变量。"""
    pass
```

这似乎涵盖了第 1 章和第 4 章中描述的用户故事。我们可以提供测试数据、测试分类器并为未知样本分类。不需要写很多代码，就拥有了很多有用的功能。

然后，这里也有潜在问题。我们允许修改 TrainingKnownSample 实例的分类属性，但这不是个好主意。下面是一个示例，我们创建了一个用于训练的样本，然后为它设置了分类属性。

```
>>> from model import TrainingKnownSample
>>> s1 = TrainingKnownSample(
...     sepal_length=5.1, sepal_width=3.5, petal_length=1.4,
...     petal_width=0.2, species="Iris-setosa")
>>> s1
TrainingKnownSample(sepal_length=5.1, sepal_width=3.5,
petal_length=1.4, petal_width=0.2, species='Iris-setosa')

# 这是不可取的……
>>> s1.classification = "wrong"
>>> s1
TrainingKnownSample(sepal_length=5.1, sepal_width=3.5,
petal_length=1.4, petal_width=0.2, species='Iris-setosa')
>>> s1.classification
'wrong'
```

一般，Python 不会阻止我们为对象创建新的属性，比如 classification。这个行为有可能导致隐藏的 Bug（好的单元测试通常能暴露这些 Bug）。注意，额外的属性并没有在__repr__()方法过程或__eq__()方法比较中反映出来。这不是个大问题。在后面的部分，我们将使用冻结的数据类和 typing.NamedTuple 类来解决这个问题。

模型中的其余类不会像 Sample 类那样从作为数据类实现时获得巨大的好处。当一个类中有很多属性、很少方法时，使用@dataclass 定义会有很大的帮助。

另一个可以从@dataclass 处理中受益的是 Hyperparameter 类。下面是定义的相关部分，省略了方法的代码段：

```
@dataclass
class Hyperparameter:
    """一个特定的超参数对象，主要包含 k 和距离算法"""
    k: int
    algorithm: Distance
    data: weakref.ReferenceType["TrainingData"]
```

```
def classify(self, sample: Sample) -> str:
    """KNN 算法"""
    ...
```

这里展示了使用 from __future__ import annotations 时会带来的有趣特性。具体来说，weakref.ReferenceType["TrainingData"]的使用有两个要点：

- *mypy* 使用它做类型检查。我们必须提供一个限定符 weakref.ReferenceType["TrainingData"]。这里使用字符串作为对尚未定义的 TrainingData 类的前向引用。
- 在运行时，当@dataclass 装饰器创建类的定义时，这个类型限定符并不会被用到。

我们省略了 classify()方法的细节。我们将在第 10 章中讨论一些不同实现。

我们还没用到数据类的所有特性。在后面的内容中，我们将冻结数据类，以便查出把训练样本用于测试目的时的 Bug 类型。

7.8.2　冻结的数据类

使用数据类的目的通常是创建可变的对象。通过给属性赋新值可以改变对象的状态。这并不总是我们想要的特性，我们可以使数据类不可变。

我们可以通过添加«Frozen»的原型来描述 UML 的设计图。这个符号会提醒我们在做现实选择时让对象不可变。我们也必须注意冻结的数据类有一个重要规则：继承自它的子类也必须是冻结的。

冻结的 Sample 对象的定义必须与处理未知及测试样本的可变对象分开。这把我们的设计分成两部分：

- 一小部分是不可变类，具体来说就是 Sample 和 KnownSample。
- 一些利用这些冻结类的相关类。

用于测试样本、训练样本和未知样本的相关类形成了一个松散的类集合，它们具有几乎相同的方法和属性。我们可以称之为一组"划桨"的相关类。这源自鸭子类型的规则："当我看到一只像鸭子一样走路和像鸭子一样嘎嘎叫的鸟禽时，我称那只鸟禽为鸭子。"具有相同属性和相同方法的对象是可以互换的，就算它们没有共同的抽象基类。

修改后的设计如图 7.3 所示。

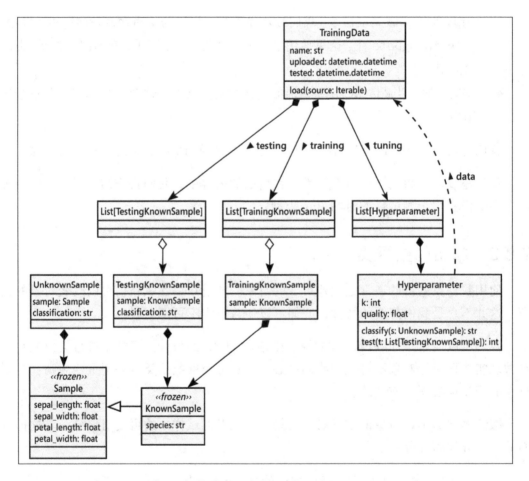

图 7.3　使用冻结类修改后的类图

下面是修改后的 Sample 类层次体系，不要忽略其中的 frozen=True 参数：

```
@dataclass(frozen=True)
class Sample:
```

```
    sepal_length: float
    sepal_width: float
    petal_length: float
    petal_width: float

@dataclass(frozen=True)
class KnownSample(Sample):
    species: str

@dataclass
class TestingKnownSample:
    sample: KnownSample
    classification: Optional[str] = None

@dataclass(frozen=True)
class TrainingKnownSample:
    """不能用于分类"""
    sample: KnownSample
```

当我们创建 TrainingKnownSample 或 TestingKnownSample 的实例的时候，我们要注意这些对象的组合：这些类中都有一个冻结的 KnownSample 对象。下面的示例展示了创建组合对象的一种方法：

```
>>> from model_f import TrainingKnownSample, KnownSample
>>> s1 = TrainingKnownSample(
...     sample=KnownSample(
...         sepal_length=5.1, sepal_width=3.5,
...         petal_length=1.4, petal_width=0.2, species="Iris-setosa"
...     )
... )
>>> s1
TrainingKnownSample(sample=KnownSample(sepal_length=5.1, sepal_width=3.5,
petal_length=1.4, petal_width=0.2, species='Iris-setosa'))
```

这个嵌套的 TrainingKnownSample 案例的构造代码，显式地包含了一个 KnownSample 对象，它暴露了不可变的 KnownSample 对象。

这个使用冻结类的设计对于探测细微的 Bug 很有帮助。下面的代码展示了不当使用 TrainingKnownSample 会抛出异常：

```
>>> s1.classification = "wrong"
Traceback (most recent call last):
... details omitted
dataclasses.FrozenInstanceError: cannot assign to field
'classification'
```

我们不会因为不小心修改了训练实例而引入 Bug。

我们的设计还有一个额外的好处，当把实例添加到训练集中时很容易出现重复。冻结版本的 Sample（以及 KnownSample）类生成了稳定的散列值。这使得它很容易通过检测具有共同散列值的元素子集来定位重复值。

恰当地使用@dataclass 和@dataclass(frozen=True)给 Python 面向对象编程带来了很大的好处。它们通过极少的代码提供了很多有用的特性。

另一个和冻结的数据类类似的方法是使用 Typing.NamedTuple，我们在接下来的内容中进行介绍。

7.8.3 NamedTuple 类

使用 typing.NamedTuple 和使用@dataclass(frozen=True)有点儿类似。但实现细节上有明显的差别，尤其是 typing.NamedTuple 类不支持普通的继承。这使得我们在 Sample 类层次体系的设计中要使用组合。通过使用继承，我们通常可以扩展基类并添加特性。通过使用组合，我们通常可以创建对象的组件并用它们组装不同的对象。

下面是使用 NamedTuple 定义的 Sample 类，它看起来类似于@dataclass 定义。但 KnownSample 类的定义变化很大。相关代码如下：

```
class Sample(NamedTuple):
    sepal_length: float
    sepal_width: float
    petal_length: float
    petal_width: float
```

```
class KnownSample(NamedTuple):
    sample: Sample
    species: str
```

KnownSample 类是一个组合，由一个 Sample 实例和初始化时添加的 species 属性组成。既然它们都是 typing.NamedTuple 的子类，那么它们的值都是不可变的。

我们的设计从继承转换到了组合。下面是两种设计的对比，如图 7.4 所示。

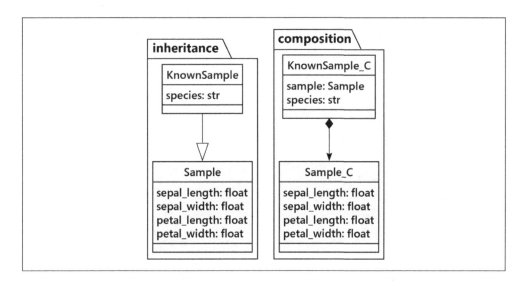

图 7.4　继承设计和组合设计对比

图 7.4 中的差异很容易被忽略：

- 使用**继承**设计，KnownSample 实例是一个 Sample 实例。它有 5 个属性，其中 4 个继承自 Sample 类，以及一个 KnownSample 子类独有的属性。
- 使用**组合**设计，KnownSample_C 实例由 Sample 实例和 species 分类属性组成。它有两个属性。

我们已经看到，这两种设计都可行。选择很困难，选择通常取决于从父类继承的方法的数量和复杂性。在这个示例中，Sample 类中并没有定义对程序重要的方法。

　　继承与组合设计决策代表了一个艰难的选择，没有单一的正确答案。认真考虑子类是否真的是父类的成员，通常对这个决策有所帮助。举个例子，我们常用苹果是一种水果来帮助理解子类与父类的关系。问题在于，苹果也可以是甜点，这为看似简单的决策增加了复杂性。

　　别忘了，苹果（苹果酱）也可能是主菜的一部分。这种复杂性可能会让"是一个"问题变得难以回答。在我们的示例中，样本、已知样本、未知样本、测试和训练样本之间关系的最好描述似乎不是"是一个"。我们似乎有多种角色（测试、训练、打标签），每个样本与某种角色关联。Sample 类可以只有两个子类：已知和未知。

　　TestingKnownSample 和 TrainingKnownSample 类定义遵循鸭子类型规则。它们有相似的属性，可以在很多场景下互换使用：

```python
class TestingKnownSample:
    def __init__(
        self, sample: KnownSample, classification: Optional[str] = None
    ) -> None:
        self.sample = sample
        self.classification = classification

    def __repr__(self) -> str:
        return (
            f"{self.__class__.__name__}(sample={self.sample!r},"
            f"classification={self.classification!r})"
        )


class TrainingKnownSample(NamedTuple):
    sample: KnownSample
```

　　在这种情况下，TestingKnownSample 和 TrainingKnownSample 都是包含 KnownSample 对象的组合对象。主要的区别在于是否存在额外的 classification 属性。

　　下面的示例创建了 TrainingKnownSample，并尝试设置 classification 属性（会报错）：

```
>>> from model_t import TrainingKnownSample, KnownSample, Sample
>>> s1 = TrainingKnownSample(
...     sample=KnownSample(
...         sample=Sample(sepal_length=5.1, sepal_width=3.5,
...         petal_length=1.4, petal_width=0.2),
...         species="Iris-setosa"
...     ),
... )
>>> s1
TrainingKnownSample(sample=KnownSample(sample=Sample(sepal_length=5.1,
sepal_width=3.5, petal_length=1.4, petal_width=0.2), species='Irissetosa'))

>>> s1.classification = "wrong"
Traceback (most recent call last):
...
AttributeError: 'TrainingKnownSample' object has no attribute
'classification'
```

上面的代码展示了"组合的组合"设计。TrainingKnownSample 实例包含
KnownSample 对象,而 KnownSample 对象又包含 Sample 对象。如上例所示,我们不
能给 TrainingKnownSample 实例添加新属性。

7.8.4　结论

到目前为止,我们已经看到了 4 种面向对象的设计和实现方法。

- 在第 6 章中,我们学习了从零创建对象,所有方法都自己定义。我们强调了
  Sample 类层次体系中类的继承关系。
- 在本章中,我们学习了用@dataclass 定义有状态的可变类。它也支持继承,
  正如 Sample 类层次体系中展示的一样。
- 我们也看到了使用@dataclass(frozen=True)定义的不可变数据类。这种情
  况更适合用组合而不是继承。
- 最后,我们学习了用 NamedTuple 创建不可变类。这种情况必须使用组合。这
  些类的初步应用使设计看起来非常简单。我们将在第 8 章中更深入地学习。

Python 具有很大的灵活性。做选择时要考虑将来可能会添加或修改什么特性，尽量遵循 SOLID 设计原则，并专注于单一职责和接口隔离来隔离和封装我们的类定义。

7.9　回顾

在本章中，我们探索了各种内置的 Python 数据结构。Python 让我们可以无须自定义很多类就实现功能强大的面向对象编程，因为我们可以使用这些内置类。

本章要点：

- 元组和命名元组让我们可以组织简单的属性集合。我们可以扩展 NamedTuple，给它添加必要的方法。
- 数据类适合复杂的属性集合。它为我们提供了多种方法，简化了我们需要编写的代码。
- 字典是一个必不可少的特性，在 Python 中被广泛使用。与 key 与 value 相关联的应用很多。Python 内置字典类的语法使其易于使用。
- 列表和集合也是 Python 的"高级选手"。我们的应用程序可以利用它们。
- 我们也学习了 3 种队列。这些是比通用列表对象更专业的结构，具有特定的访问模式。具体化和缩小特征领域可以提高性能，同时也使该概念广泛适用。

最后，在案例学习部分，我们探究了使用这些内置类定义我们的训练和测试数据样本的各种方案。

7.10　练习

学习如何选择正确的数据结构的最好方式就是多几次"试错"。选择你最近写过的几段代码，或者用列表写一段新的代码。试着用其他的数据结构来重写它们。哪种数据结构更合理？哪种数据结构不合理？哪种数据结构代码最优雅？

试着用这种方法比较其他数据结构。你可以从前面章节的练习中找到示例。有没有哪些带有方法的对象可以用数据类、NamedTuple 或 dict 来代替？试着都用用看。

有没有哪些字典可能因为你并不需要访问其值而用集合来代替？你有用列表来检查重复项吗？换成集合会更有效吗？或者用几个集合试试？哪种队列的实现更高效？限定 API 只能访问栈顶元素而不是随机访问列表是否更有用？

你最近有没有使用过容器对象，是否可以通过继承内置数据结构并重写一些魔术方法（前后带有特殊的双下画线的方法）来实现你需要的功能？你可能需要探索（用 dir、help 或 Python 库手册）以找出有哪些方法需要重写。

你确定所用的继承关系是正确的吗？基于组合的解决方案是否更有效？（如果可能）在做决定之前两个都试试。试着找出每个方法更合适的场景。

如果你在学习本章之前就已经熟悉各种 Python 数据结构及其用法，你可能会觉得厌烦。但如果是这样，很有可能你过多地使用了这些数据结构！找出一些你写过的代码，用自定义的对象来重写。仔细考虑替代方案并把它们都实现出来，看看哪种方案最易读、最容易维护？

在 MultiItem 示例中，我们先实现了一个笨重的 __lt__()方法。在这个类的第二个版本中添加了比较优雅的 __eq__()方法。使用 __eq__()的设计模式重写 __lt__() 方法。

原本类设计的主要问题在于，如何处理不同子类及其可选属性。可选属性的存在也许在提示我们应该创建独立的类。如果我们创建两个相关但不同的类 LocalItem（有 timestamp 属性）和 RemoteItem（有 created_date 属性）会怎样？我们可以定义一个通用的类型提示：Union[LocalItem,RemoteItem]。如果每个类都有一个 property，比如 creation_datatime 用于计算 datetime.datetime 对象，处理过程是否会简单点？创建这两个类，创建一些测试数据，看看使用两个子类的代码是怎么样的。

永远严格地评估你的代码和设计决策。养成审查旧代码的习惯，如果你对"好设计"的理解发生了改变，那最好做下记录。软件设计包含美学因素，就像艺术家用水彩在画布上做画一样，我们也必须找到最适合我们自己的风格。

7.11 总结

我们学习了几种内置数据结构并试着理解在不同应用中如何选择它们。有时候，我们能做的最好的事情就是创建一个新的对象类，但是通常来说，内置类型中的某一个就能够提供我们想要的东西。如果不能，也可以用继承或组合的方式来将它们应用到我们的用例中。我们甚至可以通过重写魔术方法来完全改变内置语法的行为。

在第 8 章中，我们将讨论如何整合 Python 的面向对象与非面向对象两个方面。同时，将会发现它比第一眼看上去更加地面向对象！

第 8 章

面向对象编程和函数式编程

Python 有很多方面看起来更容易让人联想到结构化编程或函数式编程，而不是面向对象编程。尽管面向对象编程在过去的二十几年里比前面两种编程方式都要抢眼，不过"老派"编程方式最近获得了复兴。就像 Python 的数据结构，它们的大部分非面向对象的写法都是在底层面向对象实现之上提供"语法糖"，我们可以将它们看作基于面向对象范式的进一步的抽象层（尽管面向对象范式已经进行了抽象）。在本章中，我们将会学习 Python 的各种不那么严格面向对象的特性：

- 内置函数通过一次调用完成常见任务。
- 方法重载的替代方案。
- 函数也是对象。
- 文件 I/O 与上下文管理器。

本章的案例学习将重温 KNN 分类的核心算法。我们将看看如何使用函数而非带有方法的类。在程序的某些部分，把算法从类定义中分离出来可以提供更多的灵活性。

我们将在本章开头介绍一些 Python 的内置函数。其中一些与类定义密切相关，它们使我们可以使用函数式编程风格，而无须使用底层的复杂对象。

8.1 Python 的内置函数

Python 中有许多函数可以针对特定类型的对象执行某些任务或计算结果，这些函数不需要是某些底层类的方法。它们通常是抽象出来的一些常用计算，可以应用于多种类型的类。这是鸭子类型最好的地方，这些函数所接收的对象拥有特定的属性或方法，并且可以利用这些属性和方法执行一般化的操作。很多方法，不是全部，是包含双下画线的特殊方法。我们已经用过很多这样的内置函数了，让我们快速浏览几个比较重要的函数并学习一些奇技淫巧。

8.1.1 len()函数

最简单的示例就是 len()函数，它可以返回某种容器对象中的对象数，例如字典或列表。你之前已经见过：

```
>>> len([1, 2, 3, 4])
4
```

为什么这些对象没有长度属性而需要调用一个函数来计算长度呢？理论上，它们是有长度属性的。应用 len()的大部分对象都有一个被称为__len__()的方法，其返回同样的值。因此 len(myobj)就是调用 myobj.__len__()。

为什么不用__len__()方法而要用 len()函数？很明显，__len__()是一个特殊的"双下画线"方法，这意味着我们不应该直接调用它。这一定有合理的解释，Python 开发者不会轻率地做出这样的设计决策。

其主要原因是效率。当调用一个对象的__len__()方法时，对象首先需要在命名空间中查找这一方法，如果定义了特殊的__getattribute__()方法（每次访问对象的属性或方法时都需要调用），必须先调用它。而且，__getattribute__()所返回的方法可能包含某些特定的逻辑，例如拒绝让我们访问特殊的__len__()方法！而 len()函数没有这些问题。它实际上调用的是底层类的__len__()方法，因此 len(myobj)实际指向的是 MyObj.__len__(myobj)。

另一个原因是可维护性。Python 开发者可能会在未来修改 len()来计算没有__len__()方法的对象的长度，例如，通过计数迭代器返回的元素来计算迭代器的长度。那么他们只需要修改一个函数而不是很多对象中的__len__()方法。

有些人认为 len(myobj)的函数式风格比方法式风格的 myobj.len()的可读性更好。有些人争辩这种写法和面向对象风格不一致，但其他人更喜欢它，因为它适用于各种集合（collection）类型。

另外，len()作为外部函数还有一个非常重要且常被忽略的原因：向后兼容。这一点通常在文章中被描述为"由于历史原因"，这是一个带有轻微不屑意味的说法，作者通常想要表示我们由于很久之前的错误而被困住了。严格来说，len()并不是一个错误，而是一个设计决策，只不过是在面向对象还没那么主流的时候做出的决策。它经受住了时间的考验并且表现出优势，因此我们应试着习惯使用它。

8.1.2　reversed()函数

reversed()函数接收任何序列作为输入，并返回一个将该序列倒序排列的复制品。通常用于 for 循环语句，从后向前遍历元素。

与 len()函数类似，reversed()函数调用传入参数所属类的__reversed__()方法。如果这一方法不存在，reversed()函数会通过调用序列必备的__len__()和__getitem__()自己构建一个倒序序列。如果想要自定义或优化倒序过程，只需要重写__reversed__()即可，如下所示：

```
>>> class CustomSequence:
...     def __init__(self, args):
...         self._list = args
...     def __len__(self):
...         return 5
...     def __getitem__(self, index):
...         return f"x{index}"

>>> class FunkyBackwards(list):
...     def __reversed__(self):
...         return "BACKWARDS!"
```

下面我们使用这个函数测试一下 3 种不同的列表：

```
>>> generic = [1, 2, 3, 4, 5]
>>> custom = CustomSequence([6, 7, 8, 9, 10])
>>> funkadelic = FunkyBackwards([11, 12, 13, 14, 15])

>>> for sequence in generic, custom, funkadelic:
```

```
...     print(f"{sequence.__class__.__name__}: ", end="")
...     for item in reversed(sequence):
...         print(f"{item}, ", end="")
...     print()
list: 5, 4, 3, 2, 1,
CustomSequence: x4, x3, x2, x1, x0,
FunkyBackwards: B, A, C, K, W, A, R, D, S, !,
```

最后的 for 循环语句打印出这 3 个列表的倒序版本，它们分别是一般列表对象，以及 CustomSequence 和 FunkyBackwards 类的实例。输出表明，它们都可以被倒序，但结果截然不同。

当倒排 CustomSequence 时，每个元素都会调用__getitem__()方法，在索引之前插入一个 x。对于 FunkyBackwards 来说，__reversed__()方法返回一个字符串，然后通过 for 循环将每个字符输出。

 CustomSequence 类的定义并不完整。它没有正确定义__iter__()方法，如果用 for 循环遍历它，将会陷入死循环。我们将在第 10 章讨论这个主题。

8.1.3 enumerate()函数

有时，在我们用 for 循环语句遍历一个容器的时候，可能想要访问当前被处理元素的索引（容器中的当前位置）。for 循环不提供索引，不过 enumerate()函数提供了更好的选择：它创建了一个元组序列，每个元组的第一个对象是索引，第二个对象是原始的元素。

它的用处在于提供了索引值。对于集合和字典等没有索引顺序的结构，这将很有用。它对于文本文件也很有用，可以提供行号。考虑下面这段简单的代码，输出一个文件中的每一行并带上行号：

```
>>> from pathlib import Path
>>> with Path("docs/sample_data.md").open() as source:
...     for index, line in enumerate(source, start=1):
```

```
...          print(f"{index:3d}: {line.rstrip()}")
```

运行这段代码输出如下内容：

```
1: # Python 3面向对象编程
2:
3: Chapter 8. The Intersection of Object-Oriented and Functional
Programming
4:
5: Some sample data to show how the `enumerate()` function works.
```

enumerate()函数返回一个可迭代对象：它返回一个元组序列。for 循环语句将每个元组分为两个值，然后 print()函数将它们一起格式化。我们在 enumerate()函数中使用了可选的 start=1 来指定序列编号从 1 开始。

我们仅仅接触了 Python 中少数几个重要的内置函数。正如你所见，其中很多指向面向对象的概念，而其他一些则是纯粹的函数式或过程式编程。标准库中还有很多这样的函数，下面列出其中一些更有趣的函数：

- abs()、str()、repr()、pow()和 divmod()分别对应魔术方法__abs__()、__str__()、__repr__()、__pow__()和__divmod__()。
- bytes()、format()、hash()和 bool()分别对应魔术方法__bytes__()、__format__()、__hash__()和__bool__()。

还有更多。本书 3.3 节提供了详细的对应关系。其他有趣的内置函数包括：

- all()和 any()，均接收可迭代对象作为参数，如果所有（all）或任一（any）元素为真（例如非空的字符串或列表、非零的数字、不是 None 的对象，或者字面量 True），则返回 True。
- eval()、exec()和 compile()，可以在解释器中将字符串当作代码执行。但是要小心使用，它们并不安全，所以不要执行未知用户提供的代码（一般来说，应该假设所有未知用户都是心存恶意或无知的，也可能两者兼存）。
- hasattr()、getattr()、setattr()和 delattr()，可以通过字符串名称访问或修改对象的属性。

- zip()，以两个或更多序列作为参数，并返回一个新的由元组构成的序列，其中每个元组包含每个参数序列中的一个值。
- 还有更多！可以通过 dir(__builtins__)列出所有内置函数，然后查看每个函数的帮助文档。

重要的是避免狭隘的观点，不要认为面向对象编程语言在一切情况下都要使用 object.method()语法。Python 注重可读性，简单的 len(collection)似乎比稍微面向对象的 collection.len()更清晰。

8.2　方法重载的另一种方式

一个许多面向对象编程语言都有的非常著名的特性是**方法重载**（**Method Overloading**）。简单来说，方法重载指存在名称相同但接收不同参数集合的多个方法。例如，在静态类型的语言中，如果我们想要让一个方法既可以接收整数也可以接收字符串作为参数，那方法重载就很有用。在非面向对象编程语言中，可能需要使用两个函数，例如 add_s()和 add_i()，以适应这种情况。在静态类型的面向对象编程语言中，需要使用两个都被命名为 add 的方法，一个用于接收字符串，一个用于接收整数。

在 Python 中，我们只需要一个方法，可以接收任何类型的对象作为参数。可能需要测试对象的类型（例如，如果是字符串，将其转换为整数），但是只需要一个方法。

参数的类型提示可以支持多种类型，但会变得比较复杂。我们通常不得不使用 typing.Union 类型提示来表示参数可以支持多个 Union[int, str]中的值。这个定义澄清了替代方案，因此 *mypy* 可以确认我们正在正确使用重载函数。

我们不得不区分两种重载方案：

- 使用 Union[...]类型提示来重载参数，允许多种不同类型的参数。
- 使用更复杂的参数模式来重载函数方法。[①]

例如，一个 E-mail 消息方法可能有两个版本，其中一个接收"寄信人"邮箱地址，

---

① 麦叔注：第一种方案使用同一个参数，但参数可以是不同类型的；第二种方案使用不同的参数。

另一个可能需要查询默认的"寄信人"邮箱地址。Python 不允许存在多个同名方法定义，但是它提供了一个不同的但同样灵活的接口，用于指定变量参数。

我们已经在前面的示例中见过一些向方法和函数传递参数的方式，但是现在将覆盖所有细节。最简单的函数不接收任何参数。我们可能不需要举例，不过可以用下面这个示例帮助理解：

```
def no_args():
    pass
```

下面是如何调用方法的：

```
>>> no_params()
'Hello, world!'
```

上例中，我们在使用交互式 Python，因此忽略了类型提示。接收参数的函数会提供一组由逗号分隔的参数名列表，只需要提供每个参数的名称即可。然而，类型提示总是有帮助的。类型提示跟在变量名后面，用冒号分隔。

当调用函数时，这些位置参数必须按照特定的顺序传递，一个也不能遗漏或跳过。这是前面的示例中最常见的传参方式：

```
>>> def mandatory_params(x, y, z):
...     return f"{x=}, {y=}, {z=}"
```

这样调用：

```
>>> a_variable = 42
>>> mandatory_params("a string", a_variable, True)
```

任何类型的对象都可以作为参数值传递：对象、容器、基本类型，甚至是函数和类。上面的调用示例传入的是一个硬编码字符串、一个变量值和一个布尔值。

一般来说，人们编写的程序并不是完全通用的。这就是为什么需要提供类型提示来限定允许的参数类型。在极少数情况下，如果我们的程序真的通用，我们可以使用 **typing.Any** 类型提示告诉 *mypy* 可以接收任何对象：

```
>>> from typing import Any
```

```
>>> def mandatory_params(x: Any, y: Any, z: Any) -> str:
...     return f"{x=}, {y=}, {z=}"
```

我们可以使用 *mypy* 的 -disallow-any-expr 选项来定位这样的代码。这可以标记出相关行，或许需要给某些重要的行指定具体的类型。

8.2.1　参数的默认值

如果我们想要一个可选参数值，可以用等号为一个参数指定默认值，而不是创建第二个方法来接收不同的参数集。如果调用它的代码没有提供这一参数值，将会赋予其默认值。不过，调用代码仍然可以选择传递一个不同的值来覆盖默认值。如果默认值是 None，可以用 typing 模块的 Optional 作为它的类型提示。

下面是定义默认参数函数的方法：

```
def latitude_dms(
    deg: float, min: float, sec: float = 0.0, dir: Optional[str] = None
) -> str:
    if dir is None:
        dir = "N"
    return f"{deg:02.0f}° {min+sec/60:05.3f}{dir}"
```

前两个参数仍然是必选的，必须由调用代码提供。后两个参数则提供了默认值。

有好几种方式可以调用这个函数。我们可以按顺序提供所有参数值，就像所有参数都是位置参数一样：

```
>>> latitude_dms(36, 51, 2.9, "N")
'36° 51.048N'
```

或者，可以按顺序提供必选参数，让其中一个关键字参数（sec）使用默认值，但给最后一个关键字参数（dir）提供值：

```
>>> latitude_dms(38, 58, dir="N")
'38° 58.000N'
```

如上所示，在调用函数时，我们可以用等号语法覆盖默认值。

令人惊喜的是，我们甚至可以用等号语法为位置参数打乱参数的顺序，只要保证提供必要的参数值即可：

```
>>> latitude_dms(38, 19, dir="N", sec=7)
'38° 19.117N'
```

你可能需要一个只能用关键字传递的参数。在这种情况下，参数值必须通过关键字参数传递。通过在所有强制关键字参数前放一个*可以实现这种效果：

```
def kw_only(
    x: Any, y: str = "defaultkw", *, a: bool, b: str = "only"
) -> str:
    return f"{x=}, {y=}, {a=}, {b=}"
```

这个函数有一个位置参数 x 和 3 个关键字参数 y、a 和 b。x 和 y 是必要的参数，但 a 只能通过关键字参数传递。y 和 b 都有默认值，因此是可选的，但如果要传递 b 的值，也只能通过关键字参数传递。

如果不传递 a 的值，程序会报错：

```
>>> kw_only('x')
Traceback (most recent call last):
  File "<stdin>", line 1, in <module>
TypeError: kw_only() missing 1 required keyword-only argument: 'a'
```

如果你把 a 作为位置参数传入，也会报错：

```
>>> kw_only('x', 'y', 'a')
Traceback (most recent call last):
  File "<stdin>", line 1, in <module>
TypeError: kw_only() takes from 1 to 2 positional arguments but 3 were
given
```

但你可以把 a 和 b 作为关键字参数传入：

```
>>> kw_only('x', a='a', b='b')
"x='x', y='defaultkw', a='a', b='b'"
```

我们也可以把参数标记为强制位置参数。我们可以在这些参数之后放一个斜杠"/"

把它们设置为强制位置参数：

```
def pos_only(x: Any, y: str, /, z: Optional[Any] = None) -> str:
    return f"{x=}, {y=}, {z=}"
```

这个函数的前两个参数 x 和 y 是必要的参数，但不能作为关键字参数传递。如果我们尝试这样做，可能会发生以下情况：

```
>>> pos_only(x=2, y="three")
Traceback (most recent call last):
  ...
  File "<doctest hint_examples.__test__.test_pos_only[0]>", line 1, in
<module>
    pos_only(x=2, y="three")
TypeError: pos_only() got some positional-only arguments passed as
keyword arguments: 'x, y'

>>> pos_only(2, "three")
"x=2, y='three', z=None"

>>> pos_only(2, "three", 3.14159)
"x=2, y='three', z=3.14159"
```

我们必须通过位置来为 x 和 y 提供参数值。第 3 个参数 z 可以作为关键字参数传递，也可以通过位置传递。

我们有 3 种可能的参数类型：

- **强制位置**：这在某些情况下很方便，相关示例可参考 PEP 570（链接 20）。
- **位置或关键字**：大部分参数属于这种情况。位置参数用起来更简便，关键字参数更加清晰。超过 3 个位置参数就会容易搞混顺序，因此一长串位置参数不是一个好主意。
- **强制关键字**：*后的参数值必须通过关键字传入。这可以让不常用的参数更加明显。可以把关键字参数理解成字典的 key。

具体如何调用函数通常不言自明，这取决于要传入哪些参数，哪些参数可以使用默认值。对于只有少数几个参数的简单方法，位置参数可能更合适。对于具有大量参数的复杂方法，使用关键字参数可以避免参数顺序出错，因此更加清楚。

默认值的额外细节

关于参数默认值，有一点需要注意：默认值只在创建函数时被创建一次，而不是每次调用时都创建。这意味着我们不能有动态生成的默认值。比如，下面的代码会和期望的不一样：

```
number = 5

def funky_function(x: int = number) -> str:
    return f"{x=}, {number=}"
```

x 参数的默认值是在定义函数时确定的。如下所示，就算我们改变了 number 变量的值，也不会改变参数的默认值：

```
>>> funky_function(42)
'x=42, number=5'

>>> number = 7
>>> funky_function()
'x=5, number=5'
```

第一个表达式和我们的期望一致。默认值就是 number 的值。这只是偶然现象。对于第二个表达式，虽然全局变量 number 的值已经改变，但输出结果显示默认值仍然是原来的值，也就是说参数的默认值不会被重新计算。

为了让它符合预期，我们通常把默认值设置为 None，然后在方法体中用全局变量 number 给参数赋值：

```
def better_function(x: Optional[int] = None) -> str:
    if x is None:
        x = number
    return f"better: {x=}, {number=}"
```

better_function() 没有把 number 变量的值绑定到参数默认值上。但它会在函数中使用全局变量 number。是的，这个函数依赖于全局变量，这应该在文档字符串中说清楚，最好用火焰表情符号包围，以使任何阅读它的人都知道该函数的结果依赖外部变量，因此可能不具有幂等性。[1]

一个更简单的写法是这样的：

```python
def better_function_2(x: Optional[int] = None) -> str:
    x = number if x is None else x
    return f"better: {x=}, {number=}"
```

表达式 number if x is None else x 表明如果调用者没有提供 x 参数，就让 x 等于全局变量 number。

在使用列表、集合和字典等可变的容器做默认参数时，这种在定义函数时执行一次的机制可能会引入 Bug。把参数的默认值设置为一个空列表（或者集合、字典）看起来是一个不错的设计。我们不应该这么做，因为它只会在第一次构建代码时创建一个可变的对象实例。这个对象会被重复利用，如下所示：

```python
from typing import List


def bad_default(tag: str, history: list[str] = []) -> list[str]:
    """一个很糟糕的设计"""
    history.append(tag)
    return history
```

这是很糟糕的设计！我们可以尝试创建一个历史列表 h，并将内容附加到其中。这似乎有效。剧透警告：默认对象是一个特定的可变列表，它是共享的：

```python
>>> h = bad_default("tag1")
>>> h = bad_default("tag2", h)
>>> h
['tag1', 'tag2']
```

---

[1] 麦叔注：函数幂等性是指用同样的参数（包括不传参数）多次调用同一个函数会返回相同的结果。以上函数依赖于全局变量，返回的结果可能不相同，因此不具有幂等性。

```
>>> h2 = bad_default("tag21")
>>> h2 = bad_default("tag22", h2)
>>> h2
['tag1', 'tag2', 'tag21', 'tag22']
```

哎呀，这不是我们所期望的！我们想要创建第二个历史列表 h2，但它却基于第一个列表，也就是唯一的默认值：

```
>>> h
['tag1', 'tag2', 'tag21', 'tag22']
>>> h is h2
True
```

常见的解决方法是把默认值设置为 None。我们在前面的示例中见到过。这是常用的方法：

```
def good_default(
        tag: str, history: Optional[list[str]] = None
) -> list[str]:
    history = [] if history is None else history
    history.append(tag)
    return history
```

如果没有提供 history 参数，函数会创建一个全新的空的 list[str]对象。这是使用可变对象做默认值的最佳方式。

8.2.2　可变参数列表

单单默认值并不足以带给我们所需的灵活性。真正能体现 Python 灵活性的是，我们写的方法可以接收任意数量的位置或关键字参数，而不需要明确命名它们。我们也可以传递任意列表和字典给函数。在其他编程语言中，这有时候被称为可变参数，通常用 **varargs** 表示。

例如，我们要写一个函数，可以接收一个或多个网址为参数，并下载对应的网页。如果只需下载一个网页，我们要避免传入只包含一个元素的列表，这看起来复杂且性能不好。我们可以接收任意数量的参数，其中每个参数都是一个不同的链接，而不是接收一个单独的链接列表。我们可以定义一个位置参数来接收所有参数值。这个参数必须在位置参数的最后，并在函数定义中使用*来装饰它，如下所示：

```python
from urllib.parse import urlparse
from pathlib import Path


def get_pages(*links: str) -> None:
    for link in links:
        url = urlparse(link)
        name = "index.html" if url.path in ("", "/") else url.path
        target = Path(url.netloc.replace(".", "_")) / name
        print(f"Create {target} from {link!r}")
        # 等等
```

*links 参数中的*表示：会接收任意数量的参数并且将它们全部放进一个名为 links 的元组中。如果只提供一个参数，它将会是一个只包含一个元素的列表；如果不提供任何参数，它将会是一个空列表。因此，下面所有这些函数调用都是合法的：

```
>>> get_pages()

>>> get_pages('https://www.*********.org①')
Create www_archlinux_org/index.html from 'https://www.*********.org②'

>>> get_pages('https://www.*********.org③',
...           'https://dusty.********.codes④',
...           'https://***********.com⑤'
... )
Create www_archlinux_org/index.html from 'https://www.*********.org⑥'
```

---

① 可参考链接 21。

② 可参考链接 21。

③ 可参考链接 21。

④ 可参考链接 22。

⑤ 可参考链接 23。

⑥ 可参考链接 21。

Create dusty_phillips_codes/index.html from 'https://dusty.********.codes[1]'
Create itmaybeahack_com/index.html from 'https://************.com[2]'

注意，示例中的类型提示表示位置参数的所有值都是 str 类型的。这是一个普遍的期望：可变参数功能只不过是语法糖，使我们免于编写看起来很愚蠢的列表。变量参数元组的另一个类型可能会令人困惑：为什么要编写一个期望不同类型的复杂集合的函数，又不在定义中指明参数？不要写那种函数。使用可变参数是更好的选择。

我们也可以接收任意关键字参数，它们进入函数中后将会变成字典。在声明函数时通过双星号指定（如**kwargs），这种写法通常用于配置设定。下面这个类允许我们指定一系列拥有默认值的选项：

```python
from __future__ import annotations
from typing import Dict, Any


class Options(Dict[str, Any]):
    default_options: dict[str, Any] = {
        "port": 21,
        "host": "localhost",
        "username": None,
        "password": None,
        "debug": False,
    }

    def __init__(self, **kwargs: Any) -> None:
        super().__init__(self.default_options)
        self.update(kwargs)
```

这个类利用了__init__()方法的特性。在类定义的层级上，我们用一个字典default-options定义默认选项及其值。__init__()方法的第一件事就是使用类级默认字典中的值初始化实例。之所以这样做而不是直接修改字典，是为了防止实例化两个不同的选项集。（记住，类层级的变量在类的所有实例之间是共享的。）

　　然后，__init__()使用新字典的 update()方法来更新所有关键字参数所提供的非默认值。因为 kwargs 也是一个字典，所以 update()方法可以用新值覆盖默认值。

　　下面展示了这个类的应用：

```
>>> options = Options(username="dusty", password="Hunter2",
...     debug=True)
>>> options['debug']
True
>>> options['port']
21
>>> options['username']
'dusty
```

　　我们使用字典索引语法访问我们的 options 实例。options 字典中既包括默认值，也包括我们通过关键字参数设定的值。

　　注意，它的父类是 typing.Dict[str, Any]，这是一个以 str 为 key 的通用字典。当我们初始化 default_options 对象时，我们可以依赖 from__future__ import annotations 表达式和 dict[str, Any]类型提示来告诉 *mypy* 期望的变量类型。这个区别很重要：该类依赖于 typing.Dict 作为父类。

　　这个变量需要类型提示，我们可以使用 typing.Dict 类或者内置的 dict 类。我们建议尽量使用内置类，只在绝对必要时才使用 typing 模块。

　　在前面的示例中，可以将任意关键字参数传递给 Options 初始化程序，以添加默认字典中不存在的选项。这在向应用程序添加新功能时会很方便。但在调试拼写错误时，这可能很糟糕。提供“Port”选项而非“port”选项带来了两个类似的选项，但只有一个应该存在。

　　防止这种拼写错误的一个方法是，定义一个只会更新已存在的 key 的 update()方法。这会防止拼写错误带来的问题。该解决方案很有趣，我们将把它作为练习留给读者。

　　当我们需要接收任意参数以传递给第二个函数，但不知道这些参数是什么时，关键字参数也非常有用。我们在第 3 章学习多重继承时曾经见过这种情况。

当然，我们可以在一个函数中同时使用可变位置参数和可变关键字参数，而且也可以同时使用普通位置参数和默认参数。以下示例包含一些扩展，但演示了同时使用4 种类型参数的情况：

```python
from __future__ import annotations
import contextlib
import os
import subprocess
import sys
from typing import TextIO
from pathlib import Path


def doctest_everything(
        output: TextIO,
        *directories: Path,
        verbose: bool = False,
        **stems: str
) -> None:
    def log(*args: Any, **kwargs: Any) -> None:
        if verbose:
            print(*args, **kwargs)
    with contextlib.redirect_stdout(output):
        for directory in directories:
            log(f"Searching {directory}")
            for path in directory.glob("**/*.md"):
                if any(
                        parent.stem == ".tox"
                        for parent in path.parents
                ):
                    continue
                log(
                    f"File {path.relative_to(directory)}, "
                    f"{path.stem=}"
                )
                if stems.get(path.stem, "").upper() == "SKIP":
                    log("Skipped")
```

```
            continue
        options = []
        if stems.get(path.stem, "").upper() == "ELLIPSIS":
            options += ["ELLIPSIS"]
        search_path = directory / "src"
        print(
            f"cd '{Path.cwd()}'; "
            f"PYTHONPATH='{search_path}' doctest '{path}' -v"
        )
        option_args = (
                ["-o", ",".join(options)] if options else []
        )
        subprocess.run(
            ["python3", "-m", "doctest", "-v"]
            + option_args + [str(path)],
            cwd=directory,
            env={"PYTHONPATH": str(search_path)},
        )
```

这个示例处理了一个包含任意路径的目录列表，并对这些目录下的所有 Markdown 文件运行 **doctest** 工具。我们来详细看看每个参数：

● 第一个参数 output 是一个用于存放输出内容的文件。

● directories 参数用于存放所有非关键字参数，它们都是 Path()对象。

● verbose 是强制关键字参数，用来告诉我们是否要打印每个处理过的文件中的信息。

● 最后，我们可以提供任意多个要特殊处理的文件名。4 个名称 output、directories、verbose 和 stems 实际上是特殊文件名，不能进行特殊处理。任何其他的关键字参数都会被收集到 stems 字典中，会被特殊处理。具体来说，如果一个文件名的值是"SKIP"，这个文件将不会被测试。如果有一个文件对应的值是"ellipsis"，它将作为特殊选项标志传给 doctest。

我们创建了一个内部辅助函数 log()，用于打印消息，但它只有在设置了 verbose 参数时才有效。这个函数把相关逻辑放在单独的地方，可以让代码可读性更好。

最外层的 with 语句把所有正常输出都重定向到 sys.stdout 指定的文件。这可以让我们把所有 print()函数的输出收集到一个日志文件中。for 语句检测所有收集到 directories 参数中的位置参数值。使用 glob()方法检测每个目录及子目录下所有的 *.md 文件。

文件的 *stem* 是不带路径和后缀的文件名，比如 ch_03/docs/examples.md 的 stem 是 examples。如果这个 stem 被用作关键字参数，参数的值会指明要如何处理该文件。比如关键字参数是 examples='SKIP'，它会被放入 **stems 字典中，所以 stem 是 examples 的文件会被跳过。

我们使用 subprocess.run()是因为 doctest 处理本地目录的方式。当我们想在多个不同的目录中运行 doctest 时，在运行 doctest 之前，确保首先设置当前工作目录（cwd），这是一种简单的方式。

在常见情况下，可以按如下命令调用这个函数：

```
doctest_everything(
    sys.stdout,
    Path.cwd() / "ch_02",
    Path.cwd() / "ch_03",
)
```

这个命令会定位这两个目录下所有的*.md 文件并执行 doctest。输出会显示在控制台上，因为我们把 sys.stdout 重定向回了 sys.stdout。因为 verbose 参数的默认值是 False，所以输出应该很少。

如果我们想要收集详细的输出，可以用如下命令调用它：

```
doctest_log = Path("doctest.log")
with doctest_log.open('w') as log:
    doctest_everything(
        log,
        Path.cwd() / "ch_04",
        Path.cwd() / "ch_05",
        verbose=True
    )
```

这会测试这两个目录中的文件并告诉我们测试过程。注意，在这个示例中不可能把 verbose 指定为位置参数，因此我们必须将其作为关键字参数。否则，Python 会认为它是另一个要处理的 Path，而把它放到 *directories 列表中。

如果我们要对列表中某些文件做特殊处理，可以传递额外的关键字参数，如下所示：

```
doctest_everything(
    sys.stdout,
    Path.cwd() / "ch_02",
    Path.cwd() / "ch_03",
    examples="ELLIPSIS",
    examples_38="SKIP",
    case_study_2="SKIP",
    case_study_3="SKIP",
)
```

这会测试这两个目录，但不会打印输出，因为我们没有指定 verbose。它会在任何 stem 是 examples 的文件上应用 doctest--ellipsis 选项。类似地，任何 stem 是 examples_38、case_study_2 或 case_study_3 的文件都会被跳过。

因为我们可以提供任何名称，它们会被收集到 stems 参数值中，我们可以利用这个灵活性来匹配目录下的文件名。当然，Python 标识符的限制使得它不能表达所有操作系统的文件名，这使得它不够完美。然而，它确实显示了 Python 函数参数的惊人灵活性。

8.2.3　参数解包

还有一个与位置参数和关键字参数有关的漂亮技巧。我们已经在前面的示例中用到过，不过现在再来解释也不迟。对于一个列表或字典，可以将它们当作正常的位置参数或关键字参数传递给一个函数。看看这段代码：

```
>>> def show_args(arg1, arg2, arg3="THREE"):
...     return f"{arg1=}, {arg2=}, {arg3=}"
```

这个函数接收 3 个参数，其中一个有默认值。但是，当我们有一个由 3 个元素组成的列表时，可以在函数调用时用*运算符将这个列表解包为 3 个参数。

在下面的示例中，我们使用*some_args 来提供一个 3 元素可迭代对象：

```
>>> some_args = range(3)
>>> show_args(*some_args)
'arg1=0, arg2=1, arg3=2'
```

*some_args 的值必须和位置参数匹配。因为 arg3 有默认值，它是可选的，因此我们可以提供两三个值。

如果有一个存储参数的字典，则可以用**语法将这个字典解包为一组关键字参数，如下所示：

```
>>> more_args = {
...         "arg1": "ONE",
...         "arg2": "TWO"}
>>> show_args(**more_args)
"arg1='ONE', arg2='TWO', arg3='THREE'"
```

这在将用户输入或外部来源（例如网页或文本文件）的信息映射到函数或方法调用时，非常有用。我们不用将外部数据源分解为单独的关键字参数，字典的 key 会被直接用作关键字参数。手动匹配参数名和字典的 key 很容易出错，类似这样：show_args(arg1=more_args['arg1'], arg2=more_args['arg2'])。

这种解包语法也可以用在其他的地方。在 8.2.2 节中定义的 Options 类有一个 __init__()方法看起来是这样的：

```
def __init__(self, **kwargs: Any) -> None:
    super().__init__(self.default_options)
    self.update(kwargs)
```

更简单的方法是像这样解包两个字典：

```
def __init__(self, **kwargs: Any) -> None:
    super().__init__({**self.default_options, **kwargs})
```

表达式{**self.default_options, **kwargs}解包每个字典，再把它们合并成一个最终的字典。因为两个字典是按照从左到右的顺序解包的，最终的字典会包含所有的默认选项，并用 kwarg 选项替换某些 key。下面是一个示例：

```
>>> x = {'a': 1, 'b': 2}
>>> y = {'b': 11, 'c': 3}
>>> z = {**x, **y}
>>> z
{'a': 1, 'b': 11, 'c': 3}
```

这种字典解包是**运算符将字典转换为函数调用的命名参数的一种方便的结果。

在学习了函数参数值传递的各种复杂方法后，我们来更广泛地研究一下函数。Python 将函数视为一种“可调用”对象，这意味着函数是对象，高阶函数可以接收其他函数作为参数值并返回另一个函数作为结果。

8.3　函数也是对象

在很多情况下，我们可能会传递一个小对象，只为执行某个动作。本质上，我们想要的是一个可调用函数对象。这在事件驱动编程中最常见，例如图形工具集或者异步服务器；我们将会在第 11 章和第 12 章中看到这些设计模式。

在 Python 中，不需要将这样的方法封装到类定义中，因为函数已经是对象了！我们可以为函数设定属性（尽管这并不常见），也可以四处传递供以后调用。它们甚至有一些特殊属性可被直接访问。

下面是一个有时用作面试题的示例：

```
>>> def fizz(x: int) -> bool:
...     return x % 3 == 0
>>> def buzz(x: int) -> bool:
...     return x % 5 == 0
>>> def name_or_number(
...         number: int, *tests: Callable[[int], bool]) -> None:
...     for t in tests:
```

```
...          if t(number):
...              return t.__name__
...      return str(number)
>>> for i in range(1, 11):
...     print(name_or_number(i, fizz, buzz))
```

fizz()和 buzz()函数检查它们的参数 x 是否是 3 或 5 的倍数。其中使用取模操作：如果 x 是 3 的倍数，则 x 除以 3 的余数为 0，在数学书中这有时候写作 $x \equiv 0 \ (\bmod\ 3)$。在 Python 中，我们将其写作 x % 3 == 0。

name_or_number()函数接收通过 tests 参数提供的任意数量的函数。for 循环语句把每个 tests 集合中的函数赋值给变量 t，然后调用函数并把参数 number 作为调用参数。如果函数的返回值为 True，就返回这个函数的名称。

传递一个数字和另一个函数给这个函数，会得到如下输出：

```
>>> name_or_number(1, fizz)
'1'
>>> name_or_number(3, fizz)
'fizz'
>>> name_or_number(5, fizz)
'5'
```

每次调用 tests 参数的值都是(fizz,)，这是一个只包含 fizz()函数的元组。name_or_number()函数调用 t(number)，这里的 t 就是 fizz()函数。当 fizz(number)为 True 时，返回值是 fizz()函数的__name__属性，也就是字符串'fizz'。函数名在运行时作为函数的属性存在。

如果我们提供多个函数，number 参数会被传给每个函数，直到有一个为 True：

```
>>> name_or_number(5, fizz, buzz)
'buzz'
```

另外，这个函数实现有点儿问题。如果我们传入 15，结果应该是什么样的？是返回 fizz，或是 buzz，还是二者？如果是返回二者，我们需要改造一下 name_or_number()，收集所有返回值为 True 的函数名。这个改进任务作为练习留给大家。

我们可以添加更多的函数。比如，定义一个 **bazz()** 函数，当 **number** 是 7 的倍数时返回 True。这是另一个练习。

如下代码所示，我们可以传递两个不同的函数给 name_or_number()函数，每次执行函数时都会有不同的输出：

```
>>> for i in range(1, 11):
...     print(name_or_number(i, fizz, buzz))
1
2
fizz
4
buzz
fizz
7
8
fizz
buzz
```

我们使用 **t(number)** 来调用每个函数。我们通过 **t.__name__** 获得函数的 **__name__** 属性值。

8.3.1　函数对象和回调函数

函数对象最常见的用法是把函数传来传去，当后面某个条件满足时再调用它。回调函数常用于构建用户界面：当用户点击某个按钮时，框架会调用一个函数为用户产生可视化的响应。对于运行很久的任务，比如传输文件，传输程序常需要回调应用程序，汇报它传输的字节数，这样应用程序才能显示进度条。

让我们用回调函数创建一个由事件驱动的计时器，它会定时调用某个函数。这对基于小型 CircuitPython 或 MicroPython 设备构建的**物联网**（**IoT**）应用来说很方便。我们把它分成两部分：一个任务（task），一个用于执行任务函数对象的调度器（scheduler）：

```
from __future__ import annotations
import heapq
```

```python
import time
from typing import Callable, Any, List, Optional
from dataclasses import dataclass, field


Callback = Callable[[int], None]


@dataclass(frozen=True, order=True)
class Task:
    scheduled: int
    callback: Callback = field(compare=False)
    delay: int = field(default=0, compare=False)
    limit: int = field(default=1, compare=False)

    def repeat(self, current_time: int) -> Optional["Task"]:
        if self.delay > 0 and self.limit > 2:
            return Task(
                current_time + self.delay,
                cast(Callback, self.callback),  # type: ignore [misc]
                self.delay,
                self.limit - 1,
            )
        elif self.delay > 0 and self.limit == 2:
            return Task(
                current_time + self.delay,
                cast(Callback, self.callback),  # type: ignore [misc]
            )
        else:
            return None
```

　　Task 类定义中有两个必要字段和两个可选字段。必要字段是 scheduled 和
callback，scheduled 提供要做事情的时间，callback 提供要做的事情。scheduled
是 int 类型的。如果要更加精确，可以使用浮点数。我们在这里忽略了这些细节。而
且 *mypy* 知道整数可以转换成浮点数，所以在这里我们无须对数字类型特别计较。

　　回调函数的类型提示是 Callable[[int], None]。这总结了函数定义应该是什么。
回调函数的定义应该看起来是这样的：def some_name(an_arg: int) -> None:。如

果它和以上格式不匹配，***mypy*** 将会提示我们。

如果任务需要重复执行，repeat()方法会返回一个任务。它计算下一次执行任务的时间，传递原始函数对象的引用，可能也会提供一个延时（delay）和剩余的执行次数（limit）。limit 记录要重复执行的次数，直到次数为 0。这样，我们就可以指定重复执行的最多次数。确保迭代会终止总是好的。

typing: ignore [misc]注释的存在是因为这一行代码会让 ***mypy*** 困扰。对于普通的方法，我们会编写 self.callback()或 someTask.callback()。但是接下来要定义的 Scheduler 类不会把它当作普通方法使用，它是一个定义在类之外的独立函数。Python 会做出如下假设：一个 Callable 属性（就是指回调函数）必须是一个函数，这意味着该函数必须有一个"self"变量。但在这种情况下，可调用对象是一个独立的函数。最简单的方法就是添加上面那行注释来让 ***mypy*** 不要检查这行代码。另一种方法是把 self.callback()赋值给另一个非 self 变量，让它看起来像是一个外部函数。

下面是整个 Scheduler 类，它将使用 Task 对象和相关的回调函数：

```python
class Scheduler:
    def __init__(self) -> None:
        self.tasks: List[Task] = []

    def enter(
        self,
        after: int,
        task: Callback,
        delay: int = 0,
        limit: int = 1,
    ) -> None:
        new_task = Task(after, task, delay, limit)
        heapq.heappush(self.tasks, new_task)

    def run(self) -> None:
        current_time = 0
        while self.tasks:
            next_task = heapq.heappop(self.tasks)
```

```
    if (delay := next_task.scheduled - current_time) > 0:
        time.sleep(next_task.scheduled - current_time)
    current_time = next_task.scheduled
    next_task.callback(current_time)  # type: ignore [misc]
    if again := next_task.repeat(current_time):
        heapq.heappush(self.tasks, again)
```

Scheduler 类的核心特性在于，使用了堆队列（head queue），它会帮我们把 Task 对象列表按照特定顺序排列。我们曾在第 7 章介绍的 3 种队列中提到过它。我们当时说，它不符合队列先进先出的原则。但在这里它可以帮我们保持要执行的任务的顺序，而不需要给列表排序。我们需要任务按照执行时间排序：接下来要执行的任务排在最前面。当把一个任务添加到队列中时，它会被按照时间插入相应的位置。当我们从队列中弹出下一个任务时，堆顶会做相应的调整，指向下一个要执行的任务。

Scheduler 类提供了一个 enter()方法，该方法用于向队列中添加新任务。这个方法接收一个 delay 参数，它代表任务执行前要等待的时间，以及代表在正确的时间要执行任务的 task()函数。task()函数需要符合上面 Callback 定义的类型提示。

运行时并不会检查传入的回调函数是否符合类型提示。只有 *mypy* 会检查。更重要的是，需要检查一下 after、delay 和 limit 等参数。比如，遇见负值 after 或 delay 时应该抛出 ValueError 异常。数据类可以用一个特殊的方法 __post_init__()来进行验证。它在 __init__()后被执行，可以用于额外的初始化、提前计算一些值，或者验证参数组合是否合理。

run()方法按照执行时间从队列中移除任务。如果已经到了执行时间，delay 将会为 0 或者负数，我们不需要等待，可以立即执行回调函数。如果时间还没有到，我们需要调用 sleep()方法直到某个时间点。

到了指定时间，我们会更新 current_time 变量的值，调用 Task 对象中的回调函数，然后检查 Task 对象的 repeat()方法是否返回了另一个要重复执行的任务。如果返回了，则将其添加到队列中。

重要的是，注意回调函数相关的代码。这个函数被传来传去，就像普通对象一样。Scheduler 和 Task 类从来不知道也不关心函数原本的名称是什么、在哪里定义。等到了时间，Scheduler 只是简单地通过 new_task.callback(current_time)调用它。

下面是几个用于测试 Scheduler 类的回调函数：

```python
import datetime

def format_time(message: str) -> None:
    now = datetime.datetime.now()
    print(f"{now:%I:%M:%S}: {message}")

def one(timer: float) -> None:
    format_time("Called One")

def two(timer: float) -> None:
    format_time("Called Two")

def three(timer: float) -> None:
    format_time("Called Three")

class Repeater:
    def __init__(self) -> None:
        self.count = 0

    def four(self, timer: float) -> None:
        self.count += 1
        format_time(f"Called Four: {self.count}")
```

这些函数都符合 Callback 类型提示的定义，所以它们都可用。Repeater 类定义中有一个方法 four()，也符合要求，所以 Repeater 的实例也可用。

我们定义了一个方便的工具函数 format_time()来输出通用消息。它使用格式化字符串语法把当前时间添加到消息中。这 3 个小回调函数会输出当前时间和一个短消息，告诉我们哪个回调函数已被触发。

下面的示例创建了一个 Scheduler 实例，并加载了几个回调函数：

```python
s = Scheduler()
```

```
s.enter(1, one)
s.enter(2, one)
s.enter(2, two)
s.enter(4, two)
s.enter(3, three)
s.enter(6, three)
repeater = Repeater()
s.enter(5, repeater.four, delay=1, limit=5)
s.run()
```

这个示例展示了多个回调函数如何与定时器交互。

Repeater 类展示了函数的方法也可以当作回调函数，因为它们只不过是绑定到对象上的函数。使用 Repeater 类的实例方法和使用其他函数是一样的。[①]

以下输出显示事件按照预期的时间顺序执行：

```
01:44:35: Called One
01:44:36: Called Two
01:44:36: Called One
01:44:37: Called Three
01:44:38: Called Two
01:44:39: Called Four: 1
01:44:40: Called Three
01:44:40: Called Four: 2
01:44:41: Called Four: 3
01:44:42: Called Four: 4
01:44:43: Called Four: 5
```

注意，有些事件的计划执行时间是一样的。比如，以上输出的第 2 行和第 3 行显示回调函数 one() 和 two() 的执行时间都是 01:44:36。没有规则定义它们两个应该谁先执行。调度器的算法就是从堆队列中弹出下一个元素。这两个时间相同的回调函数谁先执行取决于堆队列的实现细节。如果这个顺序对你的程序很关键，你需要添加额外的属性来区分它们，通常会使用一个 priority 数字来表示优先级。

---

① 麦叔注：在这里，函数定义在全局范围内，不依赖于具体对象；方法在对象内定义，属于对象的一部分。

因为 Python 是动态语言，类的内容并不是固定的。我们可以使用一些更高级的编程技术。在下面的内容中，我们将学习如何改变类的方法。

8.3.2　用函数给类打补丁

在前面的示例中，我们注意到 *mypy* 假设属性 callback 是 Task 类的一个方法。这导致 *mypy* 可能会提出如下警告：Invalid self argument "Task" to attribute function "callback" with type "Callable[[int], None]"。这是因为 callback 属性不是 Task 类的方法。

这也意味着 callback 属性可以是一个类的方法。既然我们可以给类添加额外的方法，我们也许可以在运行时给类添加所需的额外方法（打补丁）。

但我们**应该**这么做吗？这或许是一个坏主意，除非某些特殊情况。

我们可以给对象添加函数或修改函数，如下所示。首先我们定义类 A，它有一个方法 show_something()：

```
>>> class A:
...     def show_something(self):
...         print("My class is A")

>>> a_object = A()
>>> a_object.show_something()
My class is A
```

这看起来符合期望。我们在类的实例上调用该方法，看到 print()函数的结果。现在，我们给这个对象打补丁，替换掉 show_something()方法：

```
>>> def patched_show_something():
...     print("My class is NOT A")

>>> a_object.show_something = patched_show_something
>>> a_object.show_something()
My class is NOT A
```

我们使用一个函数替换了对象的方法（方法是可以被调用的属性）。当我们执行 a_object.show_something() 时，它先寻找局部属性，然后查找类的属性。因此，我们使用一个可调用属性给这个 A 类的实例打了一个局部补丁。

我们可以创建另一个类的实例，它仍然会实现类级别的方法：

```
>>> b_object = A()
>>> b_object.show_something()
My class is A
```

如果我们可以给对象打补丁，你可能会想到我们也可以给类打补丁，是可以的。我们可以用对象级别的方法替换类级别的方法。如果我们改变类，必须注意 self 参数，它会被隐式地传递给类中的方法。

特别要注意到，改变类会改变所有对象实例，包括已经创建的实例。很明显，动态改变类方法很危险，也很难维护。读代码的人会发现代码被调用，然后查看类定义。但是类中定义的方法不是被调用的方法。找出到底哪个方法被调用了可能会困难而令人沮丧，要调试很久。

我们写代码需要有一个基本的假设。它是理解软件如何工作的根本：

 人们在模块文件中看到的代码必须是正在运行的代码。

打破这个假设会让人很困惑。在前面的示例中，类 A 的第一个实例的方法 show_something() 明显和类 A 定义的方法不是同一个方法。这会让人们不信任你写的应用软件。

这种技术确实也有用武之地。在运行时动态地替换方法（被称为**猴子补丁，monkey pacthing**）通常被用在自动化测试中。如果测试一个客户端调用服务器的程序，在测试客户端的时候，我们可能不想真的连接到服务器，这可能会导致不小心转移资金或者发送邮件给真实客户。

反之，我们可以用测试代码替换调用服务器的方法，在测试方法中只记录被调用的方法及相关参数。我们将在第 13 章中详细学习。除了用在测试中，猴子补丁基本上是一个坏的设计。

有时，它会用来临时修补外部引入的组件。如果要这样做，补丁中要写清楚细节，让别人看代码的时候知道这个临时方案针对的是哪个 Bug，什么时候可以有正式方案。我们把这种代码称为技术债，因为使用猴子补丁带来的复杂性是一种后期要修复的债务。

对于前面的示例，创建一个 A 类的子类来提供不同实现的 show_something()要比猴子补丁清晰得多。

我们定义一个类，它的对象可以直接当作函数使用。这为我们提供了另一种使用小型独立函数来构建应用程序的方法。

8.3.3　可调用对象

就像函数是对象，可以有自己的属性，我们也可以创建一个对象，把它当作函数调用。任何有__call__()方法的对象都可以被调用。下面，我们把之前计时器示例中的 Repeater 类改造一下，让它更容易被调用：

```
class Repeater_2:
    def __init__(self) -> None:
        self.count = 0

    def __call__(self, timer: float) -> None:
        self.count += 1
        format_time(f"Called Four: {self.count}")
```

这个示例和之前的类没有多大差别，我们只是把 repeater()函数的名称改成了__call__，使这个对象成为可调用对象。它是如何工作的？我们来看一个示例：

```
class Repeater_2:
    def __init__(self) -> None:
        self.count = 0

    def __call__(self, timer: float) -> None:
        self.count += 1
```

```
    format_time(f"Called Four: {self.count}")
```

```
rpt = Repeater_2()
```

我们创建了一个可调用对象 rpt()。当我们执行代码 rpt(1)时，Python 会调用 rpt.__call__(1)。看起来是这样的：

```
>>> rpt(1)
04:50:32: Called Four: 1
>>> rpt(2)
04:50:35: Called Four: 2
>>> rpt(3)
04:50:39: Called Four: 3
```

下面是结合 Scheduler 对象使用 Repeater_2 类定义中的变量的示例：

```
s2 = Scheduler()
s2.enter(5, Repeater_2(), delay=1, limit=5)
s2.run()
```

注意，当我们执行 enter()时，我们把 Repeater_2()作为参数传入。在这里创建了一个类的实例。这个实例具有__call__()方法，这个方法会被 Scheduler 使用。当使用可调用对象时，我们要先创建一个类的实例。可以被调用的是实例，而不是类。

到目前为止，我们已经看到两种可调用对象：

1. 用 def 语句定义的 Python 函数。
2. 可调用对象，具有__call__()方法的类的实例。

一般来说，我们使用 def 语句就够了，但可调用对象具有普通函数不具有的优势。我们的 Repeater_2 类会统计函数被调用的次数。普通函数是无状态的，可调用对象可以有状态。虽然使用缓存要多加小心，但把结果保存到缓存中可以大幅提升某些算法的性能，而可调用对象正好具备这种缓存能力，它可以保存函数的执行结果，是一种避免重新计算的好方法。

8.4　文件 I/O

到目前为止，我们所有接触到文件系统的示例全部是基于文本文件的，没有考虑过底层机制。不过，操作系统实际上是通过字节序列来表示文件的，而不是文本。我们将在第 9 章中深入探讨字节和文本的关系。目前来说，只需要知道从文件中读取文本数据是一个相当复杂的过程，Python 帮我们处理了大部分背后的工作。

文件的概念在面向对象编程这个术语提出前很久就已经存在了。不过，Python 已经将操作系统提供的接口封装成易用的概念，让我们可以直接操作文件（或者说像文件一样，也就是鸭子类型）对象。

容易让人搞混的是，操作系统文件和 Python 的文件（file）对象都被称为文件。注意把文件概念放在合适的上下文中，以便区分基于硬盘上的字节的操作系统文件和封装了操作系统文件的 Python 文件对象，这是一件困难的事情。

Python 内置的 open()函数用于打开一个操作系统文件并返回一个 Python 文件对象。如果要从文件中读取文本，我们只需要向函数传递文件名即可。打开这个操作系统文件并进行读取，文件中的字节将会依据操作系统的默认编码转换为文本。

文件名（name）可以是相对于当前目录的文件名称，也可以是从根目录开始的一个完整的绝对路径，在这种情况下，文件名是从文件系统根目录直到路径末尾的完整名称。Linux 系统的根目录以/开始。Windows 系统有多个磁盘，每个磁盘都有自己的根目录，比如 "C:"。Window 使用\分割文件路径，Python 的 pathlib 统一使用/做分隔符，它会根据需要将字符串转换成操作系统的路径格式。

当然，我们并不总是想要读取文件，也经常需要向文件中写入数据！打开一个要写入数据的文件，我们需要传递一个 mode 参数，放在 open()第二个参数位置上，值为"w"：

```
>>> contents = "Some file contents\n"
>>> file = open("filename.txt", "w")
>>> file.write(contents)
>>> file.close()
```

我们也可以提供值"a"作为模式参数，用于向文件尾部追加内容，而不是完全覆盖已有的文件内容。

用内置函数封装好的文件在将字节转换为文本时很有效，但是如果想要打开的文件是图片、可执行文件或其他二进制文件，就会变得非常不方便了，不是吗？

要打开二进制文件，我们需要修改模式字符串以追加"b"。所以，"wb"可以打开一个文件并直接写入字节，而"rb"则允许我们读取二进制文件。它们就像文本文件一样，只不过不能自动地将文本转换为字节。当读取这样一个文件时，将会返回 bytes 类型的对象而不是 str；当写入文件时，如果想要写入文本对象，则会报错。

> 这些控制文件打开方式的模式字符串既不是Python风格的也不是面向对象的。不过，它们和其他编程语言中的用法是一致的，因为都基于标准 I/O 库。文件 I/O 是操作系统需要处理的基本任务，而所有的编程语言都必须通过同样的系统调用来与操作系统交互。

既然所有的文件都是字节，我们要意识到读取文本意味着把字节转换成文本字符。大部分操作系统使用 UTF-8 编码格式，Python 默认也使用 UTF-8 编码格式。在某些情况下，可能使用其他的编码格式，比如"cp1252"。在这种情况下，我们在打开文本文件时必须使用 encoding='cp1252'参数值。[①]

一旦文件被打开，我们就可以调用 read()、readline()或 readlines()方法来获取文件的内容。read()方法返回文件的全部内容，根据是否提供"b"模式返回 str 或 bytes 对象。注意，不要对大文件直接使用不带参数的这个方法。你肯定不想直接将那么多数据加载到内存中！

可以传递一个整数参数给 read()方法来说明我们想要从文件中读取多少字节。下一次调用 read()时将继续加载下一序列的字节，以此类推。我们可以通过 while 循环语句每次读取一块内容，直到读完整个文件。

---

① 麦叔注：在中国，大部分时候也使用 UTF-8 编码格式，其他常用的编码格式有 gb2312、gbk 等。

有些文件格式定义了细致的规则。**logging** 模块可以把日志对象转换成字节。在读取这些字节的过程中，必须首先读取 4 字节来确定一条日志的长度。这个长度决定了接下来读取多少字节才能读取一条完整的日志。

readline() 方法返回文件中的单独一行［根据创建文件的操作系统的不同，每一行都是以 newline 或（和）回车键结尾的］。可以重复这一操作读取后续行。复数形式的 **readlines()** 方法返回文件中所有行的列表。和 **read()** 方法一样，对于非常大的文件，这么做并不安全。这两个方法甚至可以在以 **bytes** 模式打开文件时起作用，但是只有当我们解析类似文本且在合适的位置有换行符的数据时才有意义。如果是图片或音频文件，就没有换行符（除非换行字节刚好代表一个特定的像素或音符），因此使用 **readline()** 没有意义。

为了保证可读性，并且避免一次向内存中读入大文件，通常用 for 循环语句来直接遍历文件对象中的代码行是更好的选择。对于文本文件来说，将会每次读取一行，并且可以在 for 循环体内部进行处理。对于二进制文件，也能起作用，但二进制文件不太可能遵守文本文件规则。对于二进制文件，最好每次用 **read()** 方法读取定量大小的数据块，通过传递一个参数指定读取字节的最大数量。

读取一个文本文件看起来是这样的：

```python
with open("big_number.txt") as input:
    for line in input:
        print(line)
```

写入文件操作也很简单，文件对象的 **write()** 方法向文件写入字符串（或者对于二进制数据来说，写入字节）对象。可以通过重复调用 **write()** 方法来一个接一个地写入多个字符串。**writelines()** 方法接收一系列字符串作为参数，并将每个值写入文件。**writelines()** 方法不会在序列的每一项后添加新行。它不过是替代 for 循环语句写入一系列字符串内容的简便函数，只是名称取得不够好而已。

写入一个文件看起来是这样的：

```python
results = str(2**2048)
with open("big_number.txt", "w") as output:
    output.write("# A big number\n")
```

```
output.writelines(
    [
        f"{len(results)}\n",
        f"{results}\n"
    ]
)
```

为了让每一行换行，我们必须显式地添加换行符，也就是\n。只有 print()函数会自动添加换行符。因为 open()函数是内置函数，对于简单的文件读写不需要 import 语句。

最后，真正的最后，是 close()方法。这个方法应该在我们完成读取或写入文件操作之后调用，以确保缓存的写入内容被写进磁盘，而且文件也被正确清理，所有与文件相关的资源都被释放给操作系统。在完成操作后，明确地清理资源是非常重要的，特别是在执行时间很长的进程时，比如 Web 服务。

每个打开的文件都是一个上下文管理器，可以用于 with 语句。如果我们使用 with 语句，close()会在上下文结束后自动被调用。在下面的内容中，我们将详细学习用上下文管理器控制操作系统的资源。

把它放在上下文中

在结束的时候关闭文件的需求，会让我们的代码看起来很丑。因为在文件 I/O 过程中的任何时刻都有可能发生异常，我们需要将所有与文件相关的调用包裹在 try…finally 语句中。不管 I/O 是否成功，文件应该在 finally 子句中被关闭。这样做非常不具备 Python 风格。当然，有更加优雅的方法。

Python 文件对象也是**上下文管理器**。简单来说，如果使用 with 语句，上下文管理器的方法会确保文件被关闭，即使在抛出异常的情况下文件也会被关闭。通过使用 with 语句，我们不需要再显式地管理文件的关闭操作。

下面是 with 语句在文件操作中的应用：

```
>>> source_path = Path("requirements.txt")
>>> with source_path.open() as source_file:
```

```
...      for line in source_file:
...          print(line, end='')
```

Path 对象的 open() 方法返回一个文件对象，它有 __enter__() 和 __exit__() 方法。返回的对象通过 as 语句被赋值给 source_file 变量。我们知道当代码返回到外面一层缩进级别时，文件将会被关闭，即使中间抛出异常也不会有影响。（我们将在第 9 章中详细学习 Path 对象。在这里，我们仅使用它们来打开文件。）

with 语句被广泛地应用在需要执行初始化或清理代码的地方。例如，urlopen() 函数返回的上下文对象可以用于 with 语句，从而在结束之后清理 Socket。线程模块使用 with 语句确保锁会在语句执行完后被自动释放。

最有趣的是，由于 with 语句可以用于所有拥有指定方法的对象（这些对象都可以是上下文管理器），我们可以将它用在我们自己的框架中。例如，字符串是不可变的，但是有时候你需要从多个部分构造一个字符串。为了提高效率，通常是将不同部分的字符串放到一个列表中，然后把它们拼接起来。让我们来扩展列表，创建一个简单的上下文管理器，可以构造一个字符序列，并在退出时自动将其转换为字符串：

```
>>> class StringJoiner(list):
...     def __enter__(self):
...         return self
...     def __exit__(self, exc_type, exc_val, exc_tb):
...         self.result = "".join(self)
```

这段代码继承自 list 类，并添加了两个上下文管理器所需的特殊方法。__enter__() 方法执行所需的任何设置代码（在这个示例里它什么都没做）并返回一个对象，这个对象将会被赋值给 with 语句中 as 之后的变量。通常，就像这个示例一样，返回的是上下文管理器对象本身。__exit__() 方法会接收 3 个参数。在正常情况下，它们都被赋 None 值。不过，如果 with 代码块中出现异常，它们将会被设定为异常的类型、值和回溯信息的值。这让 __exit__() 方法可以执行任何可能需要的清理操作，即便是发生异常。在我们的示例中，我们不管是否抛出异常，只是直接将所有字符拼接在一起。在某些情况下，有必要针对发生的异常做更精细的清理。

正式一点儿，加上类型提示：

```python
from typing import List, Optional, Type, Literal
from types import TracebackType

class StringJoiner(List[str]):
    def __enter__(self) -> "StringJoiner":
        return self

    def __exit__(
            self,
            exc_type: Optional[Type[BaseException]],
            exc_val: Optional[BaseException],
            exc_tb: Optional[TracebackType],
        ) -> Literal[False]:
        self.result = "".join(self)
        return False
```

注意，我们定义的__exit__()总是返回 False。返回 False 可以确保上下文中抛出的异常会被看到。这是典型的行为。然后，我们可以通过返回 True 来忽略某些异常。这意味着我们要把类型提示从 Literal[False]改为 bool。当然，我们需要检查异常的详情来确定异常类型是否要忽略该异常。比如，我们可以检查 exc_type 来确定异常类型是否是 StopIteration，如下：

```python
return exc_type == StopIteration
```

这只会忽略 StopIteration 异常，把其他异常传递给外部环境。关于异常，可参考第 4 章。[①]

虽然这是最简单的上下文管理器，但它是有用的。我们可以基于它使用 with 语句，如下所示：

```python
>>> with StringJoiner("Hello") as sj:
```

---

① 麦叔注：StopIteration 是 for 循环语句执行完成后抛出的异常，用于标记循环结束。它并不是真正的异常，因此不需要进一步处理。

```
...     sj.append(", ")
...     sj.extend("world")
...     sj.append("!")
>>> sj.result
'Hello, world!'
```

这段代码通过扩展一个字符列表和拼接其他字符来构建一个字符串。当 with 内的语句执行完成时，__exit__()方法会被调用，StringJoiner 对象 sj 的 result 属性会被重新构建。然后我们可以打印它的值查看结果字符串。注意，__exit()总被执行，即使有异常。下面的示例在上下文中抛出一个异常，最后字符串仍然被创建了出来：

```
>>> with StringJoiner("Partial") as sj:
...     sj.append(" ")
...     sj.extend("Results")
...     sj.append(str(2 / 0))
...     sj.extend("Even If There's an Exception")
Traceback (most recent call last):
  ...
  File "<doctest examples.md[60]>", line 3, in <module>
    sj.append(str(2 / 0))
ZeroDivisionError: division by zero
>>> sj.result
'Partial Results'
```

0 做除数会抛出一个异常。它的结果未能与 sj 变量拼接。上下文中后续的语句也没有执行。但上下文的 __exit__()方法仍然执行了，异常信息也被打印出来。__exit__()方法计算出 result 属性，并且再次抛出异常。sj 变量中只有部分结果。

我们也可以通过简单的函数构建上下文管理器。这依赖于迭代器的一个特性，我们会在第 10 章中深入学习。现在，我们只需要知道 yield 语句会生成一系列结果的第一个结果。根据 Python 迭代器的工作原理，我们可以写一个包含 yield 语句的函数，yield 之前的部分相当于由 __enter__()处理，yield 之后的部分相当于由 __exit__()处理。

上例中的字符串拼接器是一个有状态的上下文管理器。通过使用一个函数，可以把对象的状态和管理状态变化的上下文管理器分开。

下面是一个新版本的"string joiner"对象，它是整个程序的一部分。它包括要拼接的字符串和最终的 `result` 属性：

```python
class StringJoiner2(List[str]):
    def __init__(self, *args: str) -> None:
        super().__init__(*args)
        self.result = "".join(self)
```

新的上下文管理器独立于上面的对象，它包括进入（enter）和离开（exit）上下文的步骤：

```python
from contextlib import contextmanager
from typing import List, Any, Iterator


@contextmanager
def joiner(*args: Any) -> Iterator[StringJoiner2]:
    string_list = StringJoiner2(*args)
    try:
        yield string_list
    finally:
        string_list.result = "".join(string_list)
```

`yield` 之前的代码在进入上下文时执行。`yield` 语句的结果会被赋值给 with 语句中的 as 变量。当上下文正常结束时，`yield` 之后的代码才会执行。`try:` 语句中的 `finally:` 代码块会确保最终的 `result` 属性总是有值，不管执行过程中是否抛出异常。既然 `try:` 语句没有显式地处理任何异常，它不会屏蔽任何异常，异常会被抛到 with 语句之外。它的行为和之前的 `StringJoiner` 示例是完全相同的，唯一的区别是，把上下文管理器类 `StringJoiner` 替换成了一个函数 `joiner()`。

`@contextmanager` 装饰器用于给函数添加特性，让它拥有上下文管理器类的功能。这样可以免去在类中定义 `__enter__()` 和 `__exit__()` 方法的工作。在这个示例中，使用装饰器的上下文管理函数只需少量代码，似乎比更长、更复杂的类实现更合适。

上下文管理器可以做很多事情。我们把它放在简单的文件操作后讲解，是因为打开文件、数据库和网络链接等是上下文管理器最常用的地方。任何涉及操作系统或者外部资源的地方，我们都需要上下文管理器确保外部资源被正确释放，不管我们的程序出了什么错误。

> 处理文件的任何时候，永远把具体操作放在 with 语句内。

8.5　案例学习

虽然面向对象编程对于封装特性很有帮助，但它不是创建灵活、表达力强和简单的程序的唯一方法。函数式编程强调函数设计和函数组装，而不是面向对象设计。

Python 的函数式设计通常涉及一些面向对象的技巧。这是 Python 的美丽之处之一：可以选择合适的设计工具，高效地解决问题。

我们通过类和类之间的关联来表达面向对象设计。对于函数式设计，我们更关注用函数来转化对象。函数式设计和数学实践更加接近。

在本章的案例学习中，我们将使用结合类定义的函数式编程来重新设计分类器的特性。我们不再使用完全的面向对象编程，而是采用了一种混合模式。具体来说，我们会仔细研究如何将数据分割为训练集和测试集。

8.5.1　处理概述

在第 1 章的初始分析中，我们确定了 3 个操作流程，分别是收集训练数据、测试分类器和发起分类请求。上下文视图看起来如图 8.1 所示。

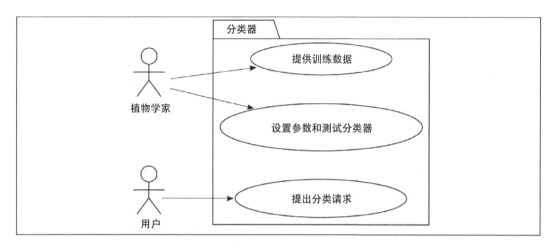

图 8.1　上下文视图

我们可以把它们理解成处理样本数据集的 3 个独立功能：

1. 第一个功能基于"提供训练数据"用例，把源数据转换成两个样本集：训练集和测试集。我们不希望把同一个样本既放到训练集中又放到测试集中，这是处理上的限制。我们可以把这个过程想成把 KnownSample 转换成 TestingKnownSample 或者 TrainingKnownSample。

2. 第二个功能基于"设置参数和测试分类器"用例，把 Hyperparameter（k 值和距离算法）和测试集样本转换成一个质量分。我们可以把这个过程想象成先把 TestingKnownSample 转换成一个正确或不正确的分类，并最后用正确数量除以总数得出一个正确率。

3. 第三个功能基于"发起分类请求"用例，把 Hyperparameter（k 值和距离算法）和一个样本转换成分类结果。

我们将分别查看这些功能。我们可以使用函数式编程，根据这些步骤创建一个替代模型。

8.5.2　分割数据[1]

分割数据可以使用过滤器函数。我们先把 Python 放一边，看看相关数学概念，确保我们在写代码前搞清楚逻辑。从概念上，我们有两个函数 $e(s_i)$ 和 $r(s_i)$，用来决定样本 s_i 应该用作测试 e，还是用作训练 r。这些函数用于把样本分成两个子集。（如果不是因为 testing 和 training 都是 t 开头的，我们可以用更好点的名称。我们可以把 $e(s_i)$ 的 e 理解成 evaluation，也就是 testing，而把 $r(s_i)$ 的 r 理解成 running，也就是运行真正的 10 分类操作，用作训练。）

如果这两个函数是互斥的，即 $e(s_i) = \neg r(s_i)$，那么问题就比较简单。（我们使用 $\neg$ 替代更长的 not。）如果它们是彼此的互斥集，这意味着我们只需要定义两个函数之一：

$$R = \{s_i \mid s_i \in S \wedge r(s_i)\}$$
$$E = \{s_i \mid s_i \in S \wedge \neg r(s_i)\}$$

如果对上面的语法不太熟悉，它的意思是训练集是元数据 S 中所有 $r(s_i)$ 是 True 的 s_i 的集合，测试集是元数据 S 中所有 $r(s_i)$ 为 False 的 s_i 的集合。这种数学形式有助于确保正确涵盖所有情况。

这个概念类似于样本集的"推导式"或者"构建器"。我们可以直接把它转换成 Python 列表的推导式。我们将把 $r(s_i)$ 实现为一个 Python 函数 **training()**。我们也把索引值 i 当作函数的参数：

```python
def training(s: Sample, i: int) -> bool:
    pass


training_samples = [
    TrainingKnownSample(s)
    for i, s in enumerate(samples)
    if training(s, i)]


test_samples = [
```

---

[1] 麦叔注：如果觉得这部分晦涩难懂，也可以直接去看相关代码，表达的意思并不复杂。

```
TestingKnownSample(s)
for i, s in enumerate(samples)
if not training(s, i)]
```

在第 10 章中，我们将深入研究它。现在，我们可以看到推导式有 3 个部分：一个表达式、一个 for 子句和一个 if 条件语句。for 子句提供了值，也就是 S 中的样本 s_i。if 条件语句过滤值，也就是 $r(s_i)$ 部分。最终的表达式 s 决定了结果列表中的对象。

我们已经创建了一个 TrainingKnownSample，用来封装源数据提供的 KnownSample 实例。这利用了第 7 章中的组合设计。

我们可以用索引值来分割数据。做除法后的余数，即模，可用于将数据分解为子集。比如，i % 5 的值是 0 到 4。如果我们将 i % 5 == 0 作为测试数据，那么 20% 的数据将被选为测试数据。当 i%5 ! = 0 时，剩下的 80% 的数据将被选为训练数据。

下面是一个没有使用 [] 进行包裹的列表推导式。我们使用 list() 函数来接收生成器产生的元素并构建一个列表：

```
test_samples = list(
    TestingKnownSample(s)
    for i, s in enumerate(samples)
    if not training(s, i))
```

使用 [] 或 list() 是一样的。有的人喜欢用 list() 是因为它更加清晰，虽然它比 [] 更长。如果我们为列表类创建自己的扩展，则查找 list(…) 比查找所有使用 [...] 的地方并将列表构建器与 [] 的其他用途区分开来要简单一些。

8.5.3　重新思考分类

在第 2 章中，我们讨论了多种处理与分类相关的状态变化的方法。有两个相似的过程，一个是用于测试的 KnownSample 对象，另一个是待分类的 UnknownSample 对象。流程图看起来很简单，但隐藏了一个重要问题。

下面是未知样本的分类过程图，如图 8.2 所示。

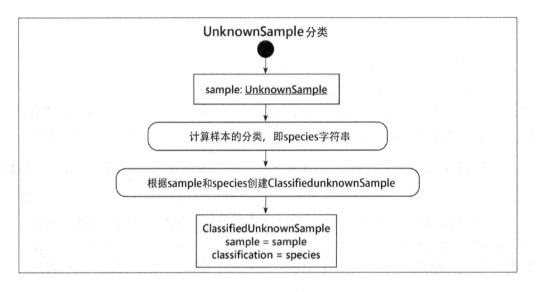

图 8.2　未知样本的分类过程图

我们可以借用图 8.2（有很小的改动），把它用于测试过程。下面是测试未知样本的分类过程图，如图 8.3 所示。

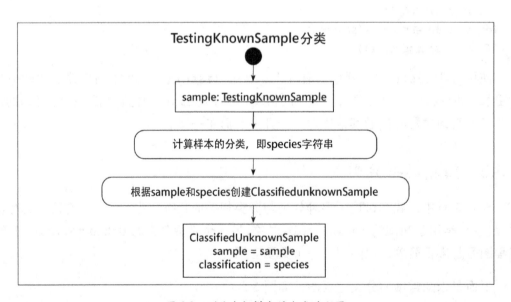

图 8.3　测试未知样本的分类过程图

理想情况下，同一套代码可以应用于两种情况，从而降低程序的复杂程度。

我们在思考不同的过程视图时，可能会带来逻辑视图的修改。下面是修改后的逻辑视图，这些类是不可变的组合，如图 8.4 所示。我们添加了注释，建议何时创建这些对象。我们强调了两个需要仔细考虑的类。

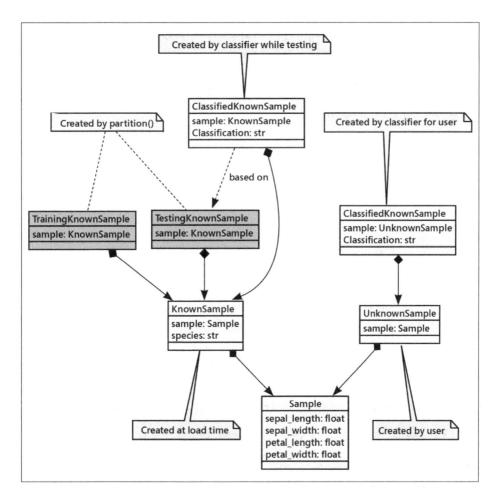

图 8.4　修改后的逻辑视图

TestingKnownSample 类和 TrainingKnownSample 类的差别很小。它们没有添加新的属性或方法。下面是它们的差异：

- TrainingKnownSample 实例从来不会用于分类。
- TestingKnownSample 和 UnknownSample 实例被用于分类和测试。我们将通过把 KnownSample 实例重新打包到新容器中来从 TestingKnownSample 对象创建 ClassifiedKnownSample 对象。这会让类定义更加一致。

这里的思想是，Hyperparameter 类的 classifier()方法可被应用在两个类的对象上，通过类型提示表示就是 Union[TestingKnownSample, UnknownSample]。这种类型提示可以帮助我们发现程序中用错类的地方。

这个逻辑视图描述了这些对象的使用方式。有这些详细信息可以让我们添加更详细的类型提示，用于阐述我们的意图。

8.5.4 partition()函数

我们可以定义多个 training()函数，用于把数据按照 80/20、75/25 或 67/33 的比例分割：

```python
def training_80(s: KnownSample, i: int) -> bool:
    return i % 5 != 0


def training_75(s: KnownSample, i: int) -> bool:
    return i % 4 != 0


def training_67(s: KnownSample, i: int) -> bool:
    return i % 3 != 0
```

下面的 partition()函数接收某个 training_xx()函数作为参数，这个 training_xx()函数用于决定一个样本是否是训练样本：

```python
TrainingList = List[TrainingKnownSample]
TestingList = List[TestingKnownSample]


def partition(
    samples: Iterable[KnownSample],
    rule: Callable[[KnownSample, int], bool]
```

```
) -> Tuple[TrainingList, TestingList]:

    training_samples = [
        TrainingKnownSample(s)
        for i, s in enumerate(samples) if rule(s, i)
    ]

    test_samples = [
        TestingKnownSample(s)
        for i, s in enumerate(samples) if not rule(s, i)
    ]

    return training_samples, test_samples
```

我们定义了一个高阶函数,这个函数接收另一个函数作为参数值。这是函数式编程的一个非常酷的特性,它是 Python 不可或缺的一部分。

partition()函数基于源数据和一个函数创建两个列表。这里涵盖了简单的场景,不考虑样本可能同时出现在训练集和测试集的情况。

这段代码很简洁,也很清晰,但这里有隐藏成本。我们想要避免两次数据检查。如果是小的已知样本数据集,问题不大,但是我们可能首先使用生成器表达式创建原始数据。由于我们只能使用一次生成器,因此我们希望避免创建大数据集的多个副本。

此外,我们希望避免出现测试样本和训练样本完全一样的情况,这变成了一个更复杂的问题。我们等到介绍第 10 章时再讨论。

8.5.5　一次性分割

我们遍历源数据一次就分割出了多个样本池。有几种方法,我们将展示一种类型提示比较简单的方法。同样,这是一个函数,而不是完整的类定义。各个样本实例具有不同的类,但这个产生不同类对象的过程更适合函数式风格。

这个想法是创建两个空列表对象,一个用于训练集,另一个用于测试集。然后我们可以为每个列表分配特定的类型提示,并利用*mypy*确保我们正确使用列表:

```
def partition_1(
        samples: Iterable[KnownSample],
        rule: Callable[[KnownSample, int], bool]
) -> Tuple[TrainingList, TestingList]:

    training: TrainingList = []
    testing: TestingList = []

    for i, s in enumerate(samples):
        training_use = rule(s, i)
        if training_use:
            training.append(TrainingKnownSample(s))
        else:
            testing.append(TestingKnownSample(s))

    return training, testing
```

在 partition_1() 函数中，我们使用了 rule() 函数来决定某个数据是否用于训练。我们希望将本章案例学习前面定义的 training_xx() 函数之一作为 rule() 函数的参数。

基于 rule() 函数的返回值，我们为每个样本实例创建合适的类，并把样本放入合适的列表中。

这个示例并没有检查测试样本和训练样本是否重复。有些数据科学家建议我们不要想着测试样本和训练样本完全一样，这会让测试产生偏差。我们可以看到，这个检查可以放在 training_use 变量赋值语句和把样本添加到列表的语句之间。如果 training_use 是 False 并且这个样本已经存在于训练集，那么这个样本也只能用作训练样本。

我们可以重构算法，稍微晚点再做类型转换。这让我们可以根据预期用途创建一个包含 KnownSample 对象的各种"池"的字典。到目前为止，我们只有两个"池"——训练集，其中 training_xx() 的规则为 True，以及测试集：

```
from collections import defaultdict, Counter
```

```
def partition_1p(
    samples: Iterable[KnownSample],
    rule: Callable[[KnownSample, int], bool]
) -> tuple[TrainingList, TestingList]:

    pools: defaultdict[bool, list[KnownSample]] = defaultdict(list)
    partition = ((rule(s, i), s) for i, s in enumerate(samples))
    for usage_pool, sample in partition:
        pools[usage_pool].append(sample)

    training = [TrainingKnownSample(s) for s in pools[True]]
    testing = [TestingKnownSample(s) for s in pools[False]]
    return training, testing
```

　　pools 是一个 defaultdict 对象，它把布尔值映射到 List[KnownSample]对象。
我们提供了 list()函数，用于给之前不存在的 key 设置默认值。我们只有两个 key，
这也可以写成 pools: dict[bool, list[KnownSample]] = {True: [], False: []}。

　　分割过程先创建一个生成器函数，用于在每个样本上应用指定的 rule()函数。生
成的对象是包含两个元素的元组。我们可以写出明确的类型提示：tuple[bool,
KnownSample]。这个赋值给变量 partition 的生成器表达式是惰性的，它知道 for
循环语句使用其中的值的时候才会进行相应的计算。

　　for 循环语句遍历生成器的值，把每个样本添加到相应的"池"中。当生成器的
值被用到时，生成器函数才执行，产生一个包含两个元素的元组、一个布尔值、一个
KnownSample 实例。

　　一旦 KnownSample 对象被分割好，我们就可以把它们封装成 TrainingKnownSample
类或 TestingKnownSample 类的实例。这个示例的类型提示似乎比前面的版本更简单。

　　这样不会创建两份数据。对 KnownSample 对象的引用被收集到字典中。
TrainingKnownSample 和 TestingKnownSample 对象列表基于这些引用创建。每个衍
生对象都包含一个指向原始的 KnownSample 对象的引用。临时字典结构会占用一点儿
内存，但总的来说，我们已经避免了两份重复数据，可以减少程序所需的内存。

这个示例有些复杂。目前尚不清楚如何防止创建与训练样本完全匹配的测试样本。可以在 for 循环语句中添加一个额外的 if 语句，用于检查测试样本（usage_pool 为 False）是否已经存在于训练集（pools[True]）中。这会增加额外的复杂性。

我们不会在这里添加额外的步骤，而是在第 10 章中再修改算法以处理重复删除，从而避免过多的特殊情况或额外的 if 语句。

在第 5 章的案例学习中，我们使用了 with 语句和 cvs 模块来加载原始样本数据。在那一章中，我们定义了 SampleReader 类。使用新的分类函数去审查老的定义，确保整个程序能够正确地读取和分割样本数据源非常重要。

8.6　回顾

我们已经接触了多种在 Python 中应用面向对象编程和函数式编程技术的方式：

- Python 内置的函数提供了可以由各种类实现的魔术方法。几乎所有的类，其中大部分是完全不相关的，都提供了 __str__() 和 __repr__() 方法的实现，它们可以被内置的 str() 和 repr() 函数使用。有许多这样的函数，其中提供了一个函数来访问跨越类边界的实现。

- 有些面向对象编程语言依赖于方法重载——同一个方法名可以有多个不同参数的组合的实现。Python 提供了另一种方案，一个函数可以有可选的、强制的、基于位置的、基于关键字的参数。这提供了很大的灵活性。

- 函数也是对象，可以像其他对象一样使用。我们可以把它们当作参数值使用，可以从函数中返回它们。函数也有属性。

- 文件 I/O 引导我们仔细研究如何与外部对象交互。文件总是由字节组成的。对于文本文件，Python 会帮我们把字节转换成文本。最常用的编码格式，也是默认的编码格式，是 UTF-8，但我们也可以指定其他编码格式。

- 上下文管理器是一种确保正确清理操作系统资源的方法，即使出现异常也能正常清理，但它的用处不限于处理文件和网络链接。只要我们有明确的上下文，我们希望在进入或退出时进行一致的处理，我们就可以应用上下文管理器。

8.7　练习

如果你在此之前没遇到过 with 语句和上下文管理器，我一如既往地鼓励你去翻看以前的代码并找到所有打开文件的地方，确保它们可以通过 with 语句安全地关闭。也找一找你可以写自己的上下文管理器的地方。难看或重复的 try…finally 语句或许是适合入手的地方，但是可能会发现在需要在上下文任务之前和/或之后执行操作的任何时间，上下文管理器都很有用。

在此之前你可能已经用过很多基本的内置函数。我们讨论了其中一些，但是没有涉及太多细节。尝试一下 enumerate、zip、reversed、any 和 all，直到你会在工作中把它们当作正确的工具使用。enumerate()函数尤其重要，因为不用它通常会带来一些非常难看的 while 循环。

同时也探索一下将函数作为可调用对象四处传递，或者是用__call__()方法使你自己的对象变得可调用。为函数添加属性或为对象创建__call__()方法的效果是相同的，那在什么时候、什么场景下选择哪种语法更合适呢？

参数、关键字参数、变量参数及变量关键字参数之间的关系可能有些让人困惑。我们已经在介绍多重继承时见过它们彼此交互的痛苦，设计一些新的示例来看看如何让它们更好地一起工作，并理解什么情况下它们不能同时使用。

Options 示例中使用**kwargs 存在一个潜在问题。继承自 dict 类的 update()方法会添加或替换 key。如果我们只想替换 key 呢？我们不得不实现自己的 update()方法，只更新原有的 key，如果碰到新的 key，就抛出 ValueError 异常。

name_or_number()函数的示例有一个公然存在的 Bug，它不完全正确。对于数字15，它不会同时汇报"fizz"和"buzz"。修复 name_or_number()函数以收集所有返回 True 的函数名。这是一个不错的练习。

name_or_number()函数的示例有两个测试函数：fizz()和 buzz()。我们需要额外的函数 bazz()，用于检测 7 的倍数。实现这个函数并确保它可以应用于 name_or_number()函数。确保可以正确地处理数字 105。

回顾以前的案例学习并将它们组成一个更完整的应用程序，会很有帮助。本章案例学习倾向于关注细节，避免整体集成更完整的应用程序。我们将集成这一工作留给读者，让读者更深入地研究设计。

8.8　总结

本章涉猎了许多主题，每一个都代表 Python 中一个非常重要的非面向对象的特性。我们可以用面向对象原则，但并不意味着我们总是要用它！

不过，我们也发现 Python 通常为传统的面向对象语法提供了快捷语法来实现这些特性。了解这些工具背后的面向对象原则，可以让我们更有效地在自己的类中使用它们。

我们也讨论了一些内置函数和文件 I/O 操作。在使用参数调用函数时，我们有一堆不同的语法可以用，包括关键字参数、可变参数列表等。上下文管理器通常用在三明治式的、由两个方法调用包裹的代码中。函数也是对象，反过来，任何普通对象也可以被调用。

在第 9 章中，我们将学习更多关于字符串和文件操作的内容，甚至也会花时间学习标准库中与面向对象最没关系的主题之一：正则表达式。

第 9 章

字符串、序列化和文件路径

在我们研究高级设计模式之前，让我们先深入研究一下 Python 中最常用的对象：字符串。我们将看到字符串除了展示信息，还有很多其他功能。我们将涵盖基于模式的字符串查找、序列化数据（以便存储和传播）。

这些主题都和对象持久化相关。我们的程序以后可以基于文件创建对象。我们通常将持久化——把数据写入文件以便任何时间再读取——当作想当然的事情。因为持久化是基于文件的，是通过操作系统对字节进行读/写的，它涉及两次转换：我们存储好的数据必须经过解码变成可用的内存对象集合；内存中的对象需要被编码为某种文本或字节格式，以便存储、通过网络传输或在远程服务器上进行远程调用。

本章将涉及以下主题：

- 字符串、字节及字节数组的复杂性。
- 字符串格式化的输入和输出。
- 神秘的正则表达式。
- 如何用 pathlib 模块管理文件系统。
- 序列化数据的几种方式，包括 pickle 和 JSON。

本章将继续之前的案例学习，检查如何最好地处理数据文件集合。在本章案例学习中，我们将看看另一种序列化格式 CSV，这将帮助我们探索其他的训练数据和测试数据的表示方法。

我们先来看看 Python 字符串。我们经常使用它，反而容易忽视它丰富的可用特性。

9.1 字符串

字符串是 Python 中的基本类型，几乎在我们目前讨论过的所有示例中都曾用到过它。它所代表的是一组不可变的字符。不过，可能你之前没有考虑过，"字符"是一个有些歧义的词；Python 字符串可以表示一组方言字符吗？或者表示中文字符？或者表示希腊字符、西里尔字符或者波斯语字符？

在 Python 3 中，这些问题的答案是肯定的。Python 中的字符串都是通过 Unicode 表示的，Unicode 是一个字符集标准，实际上它几乎包括这个星球上任何语言的任何字符（还包括一些虚构语言和随机字符）。这是无缝完成的。所以，让我们将 Python 3 字符串看作一个不可变的 Unicode 字符序列。那么，我们可以对这个不可变序列做什么？我们已经在之前的示例中接触过很多与字符串相关的操作，不过还是让我们先完成一堂字符串理论的速成课！

有必要提一下我们过去熟悉和喜爱的老编码格式。例如，ASCII 编码格式被限制为每个字符 1 字节。Unicode 有几种编码规范。最流行的被称为 UTF-8，它对于一些标点符号和字母的编码与 ASCII 编码相同。每个字符大约是 1 字节。如果你需要其他成千上万的 Unicode 字符，它们可能会占用多个字节。

重要的规则：我们把字符编码（*encode*）为字节，把字节解码（*decode*）为字符。可以想象，两者由一个栅栏隔开，栅栏的一侧标有编码，另一侧标有解码，如图 9.1 所示。

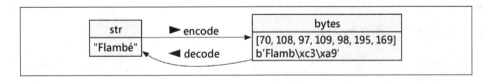

图 9.1　字符串和字节

字节值的规范显示可能会让人困惑。Python 会把 1 字节值显示为 b'Flamb'\xc3\xa9'。在字节值中，字母会被简写为数字，基于老的 ASCII 编码进行映射。比如，数字 70 在 ASCII 中对应字母 F。

对于大部分字母，UTF-8 和 ASCII 编码是相同的。b'前缀告诉我们这是字节，其中的字母只是 ASCII 码值，而不是 Unicode 字符。而 é 在 UTF-8 中的编码占用了 2 字节，没有对应的 ASCII 码值，所以会被显示为十六进制数字。

9.1.1　字符串操作

如你所知，Python 中的字符串可以通过单引号或双引号包裹的一系列字符创建。多行字符可以轻松通过三引号创建，多个硬编码字符串可以通过依次排列连接在一起。下面是几个字符串操作的示例：

```
>>> a = "hello"
>>> b = 'world'
>>> c = '''a multiple
... line string'''
>>> d = """More
... multiple"""
>>> e = ("Three " "Strings "
...        "Together")
```

最后一个字符串会被解释器自动组合成一个单独的字符串。也可以用+运算符连接多个字符串（像"hello"+"world"）。当然，字符串不一定是硬编码的。它们也可以有不同的外部来源，例如来自文本文件、用户输入或网络编码。

注意缺少的运算符

如果不小心漏掉了逗号，自动连接相邻字符串的功能可能造成一些滑稽的 Bug。但是，当需要将长字符串放置在函数调用中而不超过 Python 样式指南 PEP-8 建议的 79 个字符的行长度限制时，它非常有用。

和其他序列一样，字符串也可以（一个字符一个字符地）被遍历、索引、切片或连接。其语法与列表、元组一样。

str 类拥有大量的方法，使得字符串的操作更加简单。通过 Python 解释器中的 dir()

和 help()函数，可以查看所有方法的用法，我们将会讨论其中一些比较常见的方法。

一些布尔判断方法帮助我们判断字符串中的字符是否匹配特定的模式。其中大部分方法，例如 isalpha()、isupper()、islower()、startswith()、endswith()的用途非常明显。isspace()方法的用途也很明显，不过要记住所有的空白字符（包括制表符、换行符都算在内，不只是空格符）。如果不确定，可以通过 help()函数进行查看：

```
>>> help(str.isalpha)
Help on method_descriptor:
isalpha(...)
    S.isalpha() -> bool

    Return True if all characters in S are alphabetic and there is at least one character
    in S, False otherwise.

    A string is alphabetic if all characters in the string are alphabetic and there is
    at least one character in the string.
```

istitle()方法用于判断是否每个单词的首字母都为大写且其他字母小写。注意，它并不会严格执行英语语法定义中的标题格式，例如，Leigh Hunt 的诗 *The Glove and the Lions* 有一个合法的标题，尽管并不是所有单词的首字母都大写了。Robert Service 的 *The Gremation of Sam McGee* 也有一个合法的标题，尽管最后一个单词中间含有大写字母。因为标题中 McGee 及 *and*、*the* 等词的存在，Python 的 istitle()方法会返回 False。

在使用 isdigit()、isdecimal()和 isnumeric()方法时要注意，因为它们可能比你预想的有更多细微的差异。除了我们习惯使用的 10 个阿拉伯数字，许多 Unicode 字符也被认为是数字。更糟的是，我们用小数点构成的浮点数在字符串中并不会被认为是小数，因此对于'45.2'来说，isdecimal()返回的是 False。真正的小数点字符在 Unicode 中的值是 0660，因此 45.2 应该是 45\u06602。再者，这些方法不会验证字符串是否是合法的数字，对于 127.0.0.1 来说，这 3 个方法都会返回 True。但是在其他地方，表现又会不一样，将'45\u06602'字符传递给 float()或 int()却会将 0660 转换成 0：

```
>>> float('45\u06602')
4502.0
```

这些不一致的结果告诉我们，对这些布尔数字检查要特别小心，知道每个函数的详细规则。我们常常需要写正则表达式（稍后会学习）来确认字符串是否符合特定的数字模式。我们把它称为 LBYL [Look Before You Leap.（先检查再操作）]风格的编程。一个常用的方法是，用 try/except 块包住 int()或 float()转换代码。我们称它为 EAFP [It's Easier to Ask Forgiveness than to Ask Permission.（请求宽恕比请求许可更容易）]风格的编程。EAFP 风格更适合 Python。

其他用于模式匹配的方法不返回布尔值。count()方法告诉我们字符串中指定子字符串出现的次数，find()、index()、rfind()和 rindex()告诉我们指定子字符串在原始字符串中的位置。大部分操作从 0 索引值开始，从左到右地执行。两个以 r（代表"右"或"反向"）开头的方法从字符串的末尾开始从右到左地搜索。如果找不到，find()方法将返回-1，而 index()方法将会抛出 ValueError 异常。下面在实践中看一下这些方法：

```
>>> s = "hello world"
>>> s.count('l')
3
>>> s.find('l')
2
>>> s.rindex('m')
Traceback (most recent call last):
...
File "<doctest examples.md[11]>", line 1, in <module>
s.rindex('m')
ValueError: substring not found
```

大部分剩余的字符串方法返回转换后的字符串。upper()、lower()、capitalize()和 title()方法按照给定的格式规则返回新的由字母字符组成的字符串。translate()方法可以用字典将任何输入字符映射到特定的输出字符。

对于所有这些方法，需要注意输入的字符串是不会改变的，而会返回一个全新的 str 实例。如果需要操作返回的字符串，我们应该将其赋值给一个新的变量，比如

new_value = value.capitalize()。通常来说，一旦我们对字符串进行了转换，就不再需要旧值了，因此通常的做法是将修改后的值赋给原来的变量，如 value = value.title()。

最后，还有几个字符串方法返回或作用于列表。split()方法接收一个子字符串并在所有该子字符串出现的地方进行字符串分割，返回一个分割后的字符串列表。你可以传递数字作为第二个参数来限定结果字符串的数量。如果你不传递这个数字，那么 rsplit()方法和 split()方法完全一致；如果提供限制，那么它将会从字符串的末尾开始进行分割。partition()方法和 rpartition()方法会从子字符串第一次或最后一次出现的位置进行分割，并返回一个三元组：子字符串之前的字符、子字符串本身及子字符串之后的所有字符。

join()方法与 split()方法相反，它接收一个字符串列表作为参数，并返回列表中所有字符串通过原始字符串连接起来之后的字符串。replace()方法接收两个参数，返回的结果是将原始字符串中所有第一个参数出现的位置替换为第二个参数。下面在实践中看一下这些方法：

```
>>> s = "hello world, how are you"
>>> s2 = s.split(' ')
>>> s2
['hello', 'world,', 'how', 'are', 'you']
>>> '#'.join(s2)
'hello#world,#how#are#you'
>>> s.replace(' ', '**')
'hello**world,**how**are**you'
>>> s.partition(' ')
('hello', ' ', 'world, how are you')
```

以上就是 str 类最常用方法的快速教程！现在，让我们看看 Python 3 中用于组合字符串和变量来创建新字符串的方法。

9.1.2 字符串格式化

Python 3 提供了非常强大的字符串格式化及模板机制，允许我们将字符串字面量和变量（或表达式）组合起来生成新的字符串。我们已经在前面很多示例中用到过，但是它远比我们用过的要灵活得多。

一个格式化字符串（也称 **f-string**）以 f 为前缀，比如 f "hello world"。如果这个字符串中包含由{}包围的 Python 表达式，其中的变量会被计算，计算结果会被替换到字符串中。下面是一个示例：

```
>>> name = "Maishu"
>>> activity = "reviewing"
>>> message = f"Hello {name}, you are currently {activity}."
>>> print(message)
```

如果运行上面的代码，大括号里的表达式会被替换为变量的值：

```
Hello Maishu, you are currently reviewing.
```

转义大括号

除了用于格式化，大括号符号本身也常用于字符串。我们需要有办法转义大括号的作用，使其作为大括号符号本身出现，而不被替换。我们可以通过重复输入两个大括号来实现，例如，我们可以用 Python 来格式化一个基本的 Java 程序：

```
>>> classname = "MyClass"
>>> python_code = "print('hello world')"
>>> template = f"""
... public class {classname} {{
...     public static void main(String[] args) {{
...         System.out.println("{python_code}");
...     }}
... }}
... """
```

只要在模板中看到{{或}}，也就是用于封闭 Java 类和方法定义的符号，我们就知道 f-string 会将它们替换为单个大括号符号，而不是替换为其中的参数。下面是输出结果：

```
>>> print(template)
```

```java
public class MyClass {
    public static void main(String[] args) {
        System.out.println("print('hello world')");
    }
}
```

输出的类名和内容已被两个参数替换，而双大括号被替换为单大括号，结果就是一段合法的 Java 代码。这就是一段最简单的 Python 程序打印了一段最简单的 Java 程序，而这段 Java 程序打印的是最简单的 Python 程序！

f-string 可以包含 Python 代码

f-string 并不是只可以处理简单的字符串变量。任何原始类型，比如整数、浮点数可以被格式化。更有意思的是，复杂对象，比如列表、元组、字典和任何对象也可以使用。我们可以访问索引、变量或者 format 字符串来调用某个对象的函数。

比如，我们的 email 消息把 From 和 To 地址放到一个元组中，把标题（subject）和消息（message）放到字典中，出于一些原因（可能这是我们想使用的 sent_mail() 函数的所需输入）我们可以这样格式化它：

```python
>>> emails = ("steve@example.com", "dusty@example.com")
>>> message = {
...     "subject": "Next Chapter",
...     "message": "Here's the next chapter to review!",
... }

>>> formatted = f"""
... From: <{emails[0]}>
... To: <{emails[1]}>
... Subject: {message['subject']}
...
... {message['message']}
... """
```

模板字符串中大括号内的变量看着有点儿奇怪，我们看看它们在做什么。两个邮箱地址用表达式 emails[x] 来查询，其中 x 的值是 0 或者 1。这就是普通的元组索引

操作,所以 emails[0] 表示 emails 元组中的第一个元素。类似地,message['subject']
表达式从字典中获取元素。

　　当我们有一个更复杂的对象要显示时，这特别有效。我们可以提取对象属性和
property，甚至可以在 f-string 中调用方法。我们修改一下 email 消息数据，这次使用类：

```
>>> class Notification:
...     def __init__(
...             self,
...             from_addr: str,
...             to_addr: str,
...             subject: str,
...             message: str
...     ) -> None:
...         self.from_addr = from_addr
...         self.to_addr = to_addr
...         self.subject = subject
...         self._message = message
...     def message(self):
...         return self._message
```

　　下面是 Notification 类的一个实例：

```
>>> email = Notification(
...     "dusty@example.com",
...     "steve@example.com",
...     "Comments on the Chapter",
...     "Can we emphasize Python 3.9 type hints?",
... )
```

　　我们可以使用这个 email 实例来填充一个 f-string：

```
>>> formatted = f"""
... From: <{email.from_addr}>
... To: <{email.to_addr}>
... Subject: {email.subject}
...
... {email.message()}
```

```
... """
```

几乎任何会返回字符串（或可以使用 str()函数转换为字符串的值）的 Python 代码都可以在 f-string 中执行。作为它的强大功能的一个示例，你甚至可以在格式字符串参数中使用列表推导式或三元运算符：

```
>>> f"{[2*a+1 for a in range(5)]}"
'[1, 3, 5, 7, 9]'
>>> for n in range(1, 5):
...     print(f"{'fizz' if n % 3 == 0 else n}")
1
2
fizz
4
```

在某些情况下，我们希望值中包含一个标签。这非常适合调试；我们可以在表达式中添加一个=后缀，看起来是这样的：

```
>>> a = 5
>>> b = 7
>>> f"{a=}, {b=}, {31*a//42*b + b=}"
'a=5, b=7, 31*a//42*b + b=28
```

它为我们创建了一个标签和一个值，这很有帮助。当然，我们可以使用很多更高级的格式化选项。

输出格式化

能够在模板字符串中包含变量很好，但有时需要一些格式化操作来使变量符合显示要求。我们计划在切萨皮克湾附近航行一次。从安纳波利斯出发，我们想参观圣迈克尔斯、牛津和剑桥。为此，我们需要知道这些航行港口之间的距离。对于相对较短的距离，这里有一个有用的距离算法。首先，看一下数学公式，因为这可以帮助解释代码：

$$d = \sqrt{(R \times \Delta\phi)^2 + (r \times \cos\phi_1 \times \Delta\lambda)^2}$$

这和三角形的斜边计算公式相似：

$$h = \sqrt{(x_2 - x_1)^2 + (y_2 - y_1)^2}$$

但有些重要的区别：

- 我们将南北纬度的差异写成 $\Delta\phi$，从角度转换为弧度。这似乎比 $r(y_2) - r(y_1)$ 简单。
- 我们用 $\Delta\lambda$ 表示东西经度的差异，从角度转换为弧度。这比 $r(x_2) - r(x_1)\%2\pi$ 要简单。在世界的某些地方，经度是正数和负数的混合，我们需要整理出最小的正值距离，而不是计算环游世界的行程。
- R 的值将弧度转换为海里（约 1.85 千米，1.15 法定英里，恰好是纬度的 1/60）。
- 余弦计算反映了经度距离在极点处向零压缩的方式。在北极，我们可以绕着一个小圈走，360° 全覆盖。在赤道，我们必须步行（或步行加航行）40 000 千米才能覆盖相同的 360°。

否则，这类似于我们在第 3 章案例学习中使用的 math.hypot()函数，意味着它涉及平方根和过于精确的浮点数。

下面是相关代码：

```python
def distance(
        lat1: float, lon1: float, lat2: float, lon2: float
) -> float:

    d_lat = radians(lat2) - radians(lat1)
    d_lon = min(
        (radians(lon2) - radians(lon1)) % (2 * pi),
        (radians(lon1) - radians(lon2)) % (2 * pi),
    )
    R = 60 * 180 / pi
    d = hypot(R * d_lat, R * cos(radians(lat1)) * d_lon)
    return d
```

下面是我们的测试用例：

```
>>> annapolis = (38.9784, 76.4922)
>>> saint_michaels = (38.7854, 76.2233)
>>> round(distance(*annapolis, *saint_michaels), 9)
17.070608794
```

这听起来很有趣。乘坐约 6 节帆船航行 **17.070608794** 海里，需要 2.845101465666667 小时才能穿越海湾。如果风更小，也许我们只会走 5 节，行程需要 3.4141217588000004 小时。

小数位数太多了，没有真正起作用。船长 42 英尺（12.8 米），那是 0.007 海里；所以，小数点 3 位后都是噪声，不是有用的结果。我们需要调整这些距离以提供有用的信息。此外，我们有多段行程，不想将每段行程都视为特殊情况。我们需要提供更好的组织和更好的数据显示。

这是我们计划这次旅行的方式。首先，我们将为我们想去的地方定义 4 个航路点。然后将航路点组合成行程。

```
>>> annapolis = (38.9784, 76.4922)
>>> saint_michaels = (38.7854, 76.2233)
>>> oxford = (38.6865, 76.1716)
>>> cambridge = (38.5632, 76.0788)

>>> legs = [
...     ("to st.michaels", annapolis, saint_michaels),
...     ("to oxford", saint_michaels, oxford),
...     ("to cambridge", oxford, cambridge),
...     ("return", cambridge, annapolis),
... ]
```

接着，我们可以使用距离算法来确定到每个目的地的距离。我们可以计算出行驶速度，甚至可以计算出我们不能航行而必须开车时所需的燃料：

```
>>> speed = 5
>>> fuel_per_hr = 2.2
>>> for name, start, end in legs:
```

```
...     d = distance(*start, *end)
...     print(name, d, d/speed, d/speed*fuel_per_hr)
    to st.michaels 17.070608794397305 3.4141217588794612
    7.511067869534815
    to oxford 6.407736547720565 1.281547309544113 2.8194040809970486
    to cambridge 8.580230239760064 1.716046047952013 3.7753013054944287
    return 31.571582240989173 6.314316448197834 13.891496186035237
```

虽然我们已经安排了整个旅程，但我们仍然有太多小数位数。距离最多只需要两位小数。十分之一小时是 6 分钟，我们不需要太多的小数位数。同样，对于燃料，可以计算到最接近的十分之一加仑（十分之一加仑等于 0.4 升）。

f-string 替换规则也可以做格式化。在表达式（变量是一个很简单的表达式）之后，我们可以使用在:后面指定数字格式的方式。在下一个示例之后，我们会讨论细节。下面是一个改进版本，具有更有用的打印格式：

```
>>> speed = 5
>>> fuel_per_hr = 2.2
>>> print(f"{'leg':16s} {'dist':5s} {'time':4s} {'fuel':4s}")
leg              dist time fuel
>>> for name, start, end in legs:
...     d = distance(*start, *end)
...     print(
...         f"{name:16s} {d:5.2f} {d/speed:4.1f} "
...         f"{d/speed*fuel_per_hr:4.0f}"
...     )
to st.michaels    17.07   3.4     8
to oxford          6.41   1.3     3
to cambridge       8.58   1.7     4
return            31.57   6.3    14
```

举个例子，:5.2f 格式表示如下意思，从左到右进行解释：

- 5：占用最多 5 个字符——这保证了使用固定宽度字体时列对齐。
- .：表示小数点。
- 2：表示两位小数。

- f：将输入值格式化为浮点数。

漂亮！地点被格式化为 16s，遵循与浮点数格式化同样的模式：

- 16 意味着它要占用 16 个字符位置。默认情况下，如果字符少于指定字符数，会在右侧补充空格让它足够长（注意，如果字符串太长，它不会被截掉！）。
- s 意味着它是一个字符串。

当我们写标题时，我们使用了一个看起来很奇怪的 f-string：

f"{'leg':16s} {'dist':5s} {'time':4s} {'fuel':4s}")

它包括字面量'leg'和格式 16s、'dist'和格式 5s。这些宽度和下面的数据行相同，以确保标题每一列和下面对齐。只要尺寸匹配，就可以轻松确保标题和数据对齐。

所有这些格式说明符都有相同的模式，后面部分是可选的：

- 用于填满指定宽度的填充符（默认是空格）。
- 对齐规则。默认情况下，数字是右对齐的，字符串是左对齐的。可以用<、^和>等符号强制左对齐、居中或右对齐。
- 如何处理符号（默认为-表示负数，无表示正数）。你可以使用+显示所有符号。此外，" "（一个空格）为正数和-为负数留出了空间，以确保正确对齐。
- 如果你希望前导零填充数字的前面位置，则为 0。
- 字段的整体大小，应该包括浮点数的符号、小数位、逗号和小数点本身。
- A，如果你想要每组 1000，以"，"分隔。使用_分隔包含"_"的组。如果你有一个使用"."进行分组的区域设置，并且小数点分隔符是"，"，则你需要通过 n 格式来使用所有区域设置。f 格式偏向于使用"，"进行分组的语言环境。[1]
- 如果是浮点数（f）或通用数（g），后跟小数点右侧的位数。
- 类型。常见的类型是 s 代表字符串，d 代表十进制整数，f 代表浮点数。字符串的默认值为 s。大多数其他格式说明符都是这些格式说明符的替代版本；

---

① 麦叔注：不同国家可能使用不同的数字分隔符。

例如，o 表示八进制格式，X 表示整数的十六进制格式。n 类型说明符可用于以当前语言环境的格式格式化任何类型的数字。对于浮点数，%类型将乘以 100 并将浮点数格式化为百分比。

这是一种非常强大的数字显示方式。它可以通过减少混乱和在信息相关时将数据对齐到列中来简化原本令人困惑的输出。

错误的导航建议

这些航路点有点儿误导人。如果你是一只鸟，从圣迈克尔斯到牛津只有 6.41 英里，途中有一个大半岛，这实际上是在白杨群岛和蒂尔曼群岛之外以及乔普坦克河上游的一段令人愉快的长途旅行。需要通过实际查看海图并插入很多额外的航路点来支持对距离的表面分析。我们的算法允许这样做，并且很容易更新行程列表。

自定义格式化

虽然这些标准格式化程序适用于大多数内置对象，但其他对象也可以定义非标准的格式化说明符。例如，如果我们将 datetime 对象传递给 f-string，可以使用 datetime.strftime()函数中使用的说明符，如下所示：

```
>>> import datetime
>>> important = datetime.datetime(2019, 10, 26, 13, 14)
>>> f"{important:%Y-%m-%d %I:%M%p}"
'2019-10-26 01:14PM'
```

甚至可以为我们自己创建的对象编写自定义格式化程序，但这超出了本书的范围。如果你需要在代码中执行此操作，可以考虑覆盖__format__()特定方法。

Python 格式化语法非常灵活，但它是一种很难记住的迷你语言。可以考虑把 Python 标准库页面添加到书签以便查找详细信息。这种格式化大部分情况下很好用，但它对于更大规模的模板需求（例如生成网页）来说还不够强大。如果你需要做的不仅仅是一些字符串的基本格式设置，那么你可以查看一些第三方模板库。

format()方法

f-string 是在 Python 3.6 中引入的。由于 Python 3.5 的支持于 2020 年结束（详见 PEP-478），我们不再需要担心没有 f-string 的老版本 Python 运行时。有一个更通用的工具可以将值插入字符串模板：字符串的 `format()` 方法。它使用与 f-string 相同的格式说明符。被插入的值通过 `format()` 方法的参数传入。下面是一个示例：

```
>>> from decimal import Decimal
>>> subtotal = Decimal('2.95') * Decimal('1.0625')
>>> template = "{label}: {number:*^{size}.2f}"
>>> template.format(label="Amount", size=10, number=subtotal)
'Amount: ***3.13***'

>>> grand_total = subtotal + Decimal('12.34')
>>> template.format(label="Total", size=12, number=grand_total)
'Total: ***15.47****'
```

`format()` 方法的行为类似于 f-string，但有一个重要区别：你只能访问仅作为 `format()` 方法的参数提供的值。这允许我们在复杂的应用程序中提供消息模板作为配置项。

我们有 3 种方法来引用要插入模板字符串中的参数：

- **通过名称**：示例模板中有{label}和{number}，也通过 label=和 number=给 `format()` 方法提供了相应的命名参数。
- **通过位置**：我们在模板中使用{0}，这将会使用 `format()` 的第一个位置参数，比如"Hello {0}!".format("world")。
- **通过隐含位置**：我们可以在模板中使用{}，这将会按照它出现的顺序引用相应的位置参数，比如"{} {}!".format("Hello", "world")。

通过 f-string 和模板的 `format()` 方法，我们可以通过在模板中嵌入表达式或变量来创建复杂的字符串值。在大部分情况下，我们只需要使用 f-string。在极少数情况下，我们使用格式化字符串来配置复杂的应用程序，这时 `format()` 方法很有帮助。

9.1.3 字符串是 Unicode

在本节的开始，我们将字符串定义为不可变的 Unicode 字符集合。这实际上有时候会让事情变得很复杂，因为 Unicode 并不是真的存储格式。例如，如果你从文件或网络中获取字节字符串，它们不会是 Unicode。实际上，它们是内置的 bytes 类型，是不可变的字节序列。字节是计算过程中的底层存储格式。1 字节有 8 位，其通常被描述为 0 ~ 255 的整数或者十六进制的 **0x00 ~ 0xFF**。字节没有任何具体表示，一个字节序列可能存储的是经过编码的字符串，也可能是图像中的像素，或整数，或浮点数的一部分。

如果我们打印一个 bytes 对象，任何有对应 ASCII 字符的字节将会打印出相应的字符，非 ASCII 字符字节会被打印为转义，可以是像\n 这样的单字符转义，也可以是像\x1b 这样的十六进制代码。你可能会觉得一个代表整数的字节映射到 ASCII 字符很奇怪，不过 ASCII 只是一种用不同字母表示不同字节模式的编码，也就是不同的数字。a 字符和整数 97 代表的是相同的字节，其十六进制数是 **0x61**。具体来说，它们都是对二进制模式 **0b1100001** 的不同表示。

```
>>> list(map(hex, b'abc'))
['0x61', '0x62', '0x63']
>>> list(map(bin, b'abc'))
['0b1100001', '0b1100010', '0b1100011']
```

下面是一个既包含 ASCII 字符又包含非 ASCII 字符的字节序列的打印表示：

```
>>> bytes([137, 80, 78, 71, 13, 10, 26, 10])
b'\x89PNG\r\n\x1a\n'
```

第一个字节使用转义的十六进制代码\x89。后面的 3 个字节被显示为 ASCII 字符 P、N 和 G。后面两个是单字符转义\r 和\n。第 7 个字节也是转义的十六进制代码\x1a，因为其没有对应的 ASCII 字符。最后一个字节又是一个单字节转义\n。不包括前缀 b 和两个单引号，这 8 字节打印出来有 17 个字符。

许多 I/O 操作只能与 bytes 打交道，即便 bytes 对象代表的是文本数据。因此，知道如何在 bytes 值和 Unicode str 值之间进行转换就非常重要了。

问题是有很多将 bytes 映射到 Unicode 文本的编码格式。有些是真的国际标准，但很多其他的是商业标准或国家标准，尽管它们可能很流行但不标准。Python 的 codecs 模块提供了很多字符和字节之间相互转换的编解码规则。

多种编码格式的主要后果是，同样的字节序列用不同的编码格式可能会被转换为完全不同的文本字符。因此，bytes 必须用与编码过程中使用的同样的字符集进行解码。不知道字节是如何编码的，就无法将其解码为文本。如果我们收到一份未知编码格式的字节，就只能猜测它们的编码格式，而且未必能猜对。

把字节解码成文本

如果有一个 bytes 数组，就可以用 bytes 类的 decode() 方法将其转换为 Unicode。这个方法接收字符编码作为参数。有很多可选的字符编码，对于西方语言，常见的是 ASCII、UTF-8、latin-1 和 cp-1252。[①]

63 6c 69 63 68 c3 a9，这个字节序列（十六进制数）实际上是单词 cliché 的 UTF-8 编码表示：

```
>>> characters = b'\x63\x6c\x69\x63\x68\xc3\xa9'
>>> characters
b'clich\xc3\xa9'
```

第一行使用 b'' 字符串创建了一个 bytes 字面量。字符串前的 b 字符说明我们正在定义一个 bytes 对象，而不是常规的 Unicode 文本字符串。在这个字符串中，每个字节都用十六进制数表示。字符 \x 在字节字符串中被转义，意思是"接下来的两个字符代表的是用十六进制数所表示的字节"。

最后一行是输出，显示了 Python 对 bytes 对象的规范表示。7 个字节中的前 5 个可以用 ASCII 字符表示，但最后两个没有对应的 ASCII 字符，所以用 \xc3\xa9 表示。

假设我们使用支持 UTF-8 编码格式的命令行工具，我们可以把上面的字节解码成对应的 UTF-8 字符：

---

① 麦叔注：中国常见的编码格式有 GB2312、GBK 和 BIG5。

```
>>> characters.decode("utf-8")
'cliché'
```

decode()方法返回一个带有正确字符的文本（Unicode）str 对象。注意，字节序列\xc3\xa9 被映射为单个 Unicode 字符。

在某些情况下，Python 终端可能没有定义正确的编码，因此操作系统可以从 OS 字体中选择正确的字符。是的，从字节到文本再到显示字符的映射非常复杂，其中一部分是 Python 的问题，一部分是操作系统的问题。理想情况下，你的计算机使用 UTF-8 编码并且具有完整的 Unicode 字符集的字体。如果没有，你可能需要研究 PYTHONIOENCODING 环境变量。请参考链接 30。

不过，如果我们用西里尔字母的 iso8859-5 编码来解码同样的字符串，将会得到下面的字符串：

```
>>> characters.decode("iso8859-5")
'clichУЉ'
```

这是因为\xc3\xa9 字节在西里尔字母编码中被映射为不同的字符。多年来，人们发明了许多不同的编码，但并非所有编码都被广泛使用。

```
>>> characters.decode("cp037")
'Ä%ÑÄÇZ'
```

这就是为什么我们需要先知道使用的编码格式。一般来说，UTF-8 应该是首选的编码格式。这是一个常见的默认值，但并不总是这样的。

把文本转换成字节

把字节转换成 Unicode 字符的反面就是把 Unicode 字符转换为字节序列。我们可以通过 str 类的 encode()方法把字符转换成字节。和 decode()方法一样，它需要一个编码格式名称作为参数。下面的代码创建了一个 Unicode 字符串并按照不同的字符集进行编码：

```
>>> characters = "cliché"
>>> characters.encode("UTF-8")
b'clich\xc3\xa9'
```

```
>>> characters.encode("latin-1")
b'clich\xe9'

>>> characters.encode("cp1252")
b'clich\xe9'

>>> characters.encode("CP437")
b'clich\x82'

>>> characters.encode("ascii")
Traceback (most recent call last):
...
File "<doctest examples.md[73]>", line 1, in <module>
characters.encode("ascii")
UnicodeEncodeError: 'ascii' codec can't encode character '\xe9' in
position 5: ordinal not in range(128)
```

现在，你能理解编码的重要性了吗？同样的字符串用不同的编码格式得到的字节序列是不同的。如果我们用了错误的编码格式来将字节解码为文本，将会得到错误的字符。

最后一种情况抛出了异常，有时候我们想要让那些未知字符以不同的方式进行处理。encode()方法还接收一个可选的字符串参数，名为 errors，用于定义这些字符应该如何处理。可选的字符串如下所示：

- "strict"
- "replace"
- "ignore"
- "xmlcharrefreplace"

strict 替换策略是默认的。当字节序列在我们所需的编码中无法表示某个字符时，会抛出异常。当使用 replace 策略时，这个字符会用另一个字符替换。在 ASCII 编码中，使用的是问号；在其他编码中，可能使用不同的符号，例如空盒符号。

ignore 策略会直接略去不认识的字符，而 xmlcharrefreplace 策略会创建一个 xml 实体来表示 Unicode 字符。这样可以根据 XML 文档来转换未知字符串。

下面就是不同的策略如何影响上面示例的结果：

```
>>> characters = "cliché"
>>> characters.encode("ascii", "replace")
b'clich?'

>>> characters.encode("ascii", "ignore")
b'clich'

>>> characters.encode("ascii", "xmlcharrefreplace")
b'clich&#233;'
```

也可以不传递编码格式名称，而是直接调用 str.encode() 和 bytes.decode() 方法。这时会使用当前平台默认的编码格式。这依赖于当前操作系统和地区设置；你可以通过 sys.getdefaultencoding() 方法来检查。当然，最好还是明确指定编码格式，因为平台的默认编码格式可能会更改，或者程序可能会被扩展，用于处理更多来源的文本。

如果你想要编码文本却又不知道该使用什么编码格式，最好使用 UTF-8 编码格式。UTF-8 可以表示任何 Unicode 字符。在现代软件中，有一个不成文的标准，那就是要确保任何语言，甚至是用多语言编写的文档，可以互相替换。其他的编码格式通常用于历史遗留文档或某些仍然使用其他默认字符编码格式的地方。

UTF-8 编码用 1 字节来表示 ASCII 字符和其他常见字符，然后用最多 4 字节来表示更复杂的字符。UTF-8 很特别，因为它兼容 ASCII 字符；任何用 UTF-8 编码的 ASCII 文档都和原始的 ASCII 文档几乎一模一样。

编码和解码

很难记住从二进制字节转换成 Unicode 文本该用 encode 还是 decode，因为 Unicode 也包括 *code* 这个词，容易让人困惑。我建议忽略它们。如果我们把字节想象成代码，我们用 encode 把文本转换成字节，用 decode 把字节转换回文本。

可变字节字符串

bytes 类型和 str 一样，是不可变的。我们可以对 bytes 对象执行索引或切片操作，也可以搜索指定的字节序列，但是我们不能扩展或修改它们。这在操作 I/O 时很不方便，因为通常需要缓存输入或输出字节，直到准备好发送。例如，如果我们从网络 Socket 中接收数据，可能需要多次调用 recv 才能接收全部消息。

这就需要用到内置的 bytearray 了，这种类型就像列表一样，只是它包含的是字节。这个类的构造方法接收 bytes 对象并进行初始化。extend()方法可以用于追加其他 bytes 对象到已存在的数组中（例如，当有更多数据从 Socket 或其他 I/O 通道传来时）。

可以通过切片操作直接修改 bytearray，这省去了创建新对象的开销。例如，这段代码从 bytes 对象构造了一个 bytearray，然后替换了其中的 2 字节：

```
>>> ba = bytearray(b"abcdefgh")
>>> ba[4:6] = b"\x15\xa3"
>>> ba
bytearray(b'abcd\x15\xa3gh')
```

我们执行切片操作，用两个替换字节 b"\x15\xa3"替换掉了[4:6]切片中的字节。

如果我们想要操作 bytearray 中的单个元素，则需要传入一个 0 和 255 之间的整数。这个整数代表的是一个特定的 bytes 模式。如果我们试图传递字符或 bytes 对象，将会抛出异常。

单字节字符可以通过 ord()（ordinal 的简写）函数转换成整数。这个函数返回表示单个字符的整数：

```
>>> ba = bytearray(b"abcdefgh")
>>> ba[3] = ord(b'g')
>>> ba[4] = 68
>>> ba
bytearray(b'abcgDfgh')
```

构造了数组之后，我们将索引值为 3 的字符（第 4 个字符，因为和列表一样，索引值是从 0 开始的）替换为字节 103。这个整数是通过 ord() 函数返回的 ASCII 字符中的小写字母 g 所对应的数字。作为说明，我们也将下一个字符替换为字节数字 68，它对应 ASCII 字符中的大写字母 D。

bytearray 类型的一些方法让它可以像列表一样操作（例如，可以向其中添加整数字节）。它也可以像 bytes 对象一样（我们可以使用 count() 方法和 find() 方法）。不同之处在于，bytearray 是可变类型，它可以用于从特定输入源构建复杂的字节序列。例如，我们可能必须在读取有效负载字节之前读取带有长度信息的 4 字节协议头。直接对可变 bytearray 执行读取操作很方便，可以避免在内存中创建大量小对象的操作。

9.2　正则表达式

你知道使用面向对象原则最难做的是什么吗？那就是解析字符串并匹配任意模式。有大量的学术论文讨论了关于字符串解析的面向对象设计，不过结果总是非常啰嗦且难以阅读，因此很难广泛应用于实践。

在现实世界中，大部分编程语言通过正则表达式来处理字符串解析。正则表达式没有那么啰嗦，不过仍然非常难以阅读，至少在你学会相关语法之前是这样的。虽然正则表达式不是面向对象的，但 Python 的正则表达式库还是提供了几个类和对象，你可以用其构造和执行正则表达式。

虽然我们使用正则表达式来"匹配"字符串，但这只是对正则表达式真正含义的部分描述。可以将正则表达式视为可以生成（无限种可能）字符串集合的数学规则。当我们"匹配"一个正则表达式时，它类似于询问给定字符串是否在表达式生成的集合中。复杂之处在于使用原始 ASCII 字符集中的标点符号来表达各种规则和模式。为了帮助解释正则表达式的语法，我们将简要介绍一些使正则表达式难以阅读的排版问题。

先来看一个简单的字符串：*world*，它包含 5 个字符。想要匹配这个字符串，并不复杂。它的规则相当于：w AND o AND r AND l AND d，其中"AND"被省略。也可以用 $d = rt$ 表示，因为这个单词中有 r 个 t，在这里 r 等于 5，t 指符合要求的字母。

下面是一个有重复字符的正则表达式：*hel2o*。模式要求有 5 个字母，但其中一个字母要出现两次。字符串"hello"符合模式要求。这里强调的是正则表达式、乘法和指数之间的互相可替代性。它还指出使用指数来区分"匹配 2 个字符"和"匹配前面的表达式两次"。

有时候，我们希望更灵活，希望匹配任何数字。数学公式允许我们使用一种新的字体来表达这种要求，我们可以用 $\mathbb{D}^4$。这个长得花哨的 D 代表任何数字，或者说 $\mathbb{D}$ = {0,1,2,3,4,5,6,7,8,9}。右上角的 4 意味着数字出现 4 次。这描述了一个集合，该集合包括从"0000"到"9999"的 10 000 个可能的匹配字符串。为什么要使用花哨的数学字符？我们也可以使用其他字体和字母排列来表示"任意数字"和"4 次"的概念。代码中没有这些花哨的字体，所以设计者们需要其他的替代字符来表达这些含义。

是的，一个正则表达式看起来有点儿像很长的乘法表达式。确实有点儿像！那加法符号呢？甲方用于表示可选，或者多选一。类似于逻辑表达式中的"or"，而不是默认的"and"。

如果日期中的年份有可能是 2 位数，也有可能是 4 位数，该怎么办呢？数学表达上，我们可以将其写作 $\mathbb{D}^2|\mathbb{D}^4$。如果不确定位数呢？我们可以用 $\mathbb{D}*$表示 $\mathbb{D}$ 集合中任意个重复字符。

所有这些数学表达都必须用正则表达式语言来实现。这使得很难准确地厘清正则表达式的含义。

正则表达式可用于解决一个常见的问题：给定一个字符串，确定它是否能够匹配某个给定的模式，以及可以收集包含相关信息的子字符串。它们可用于解决如下问题：

- 这个字符串是否是一个合法的 URL？
- 日志文件中的告警信息的日期和时间是什么？
- 在 /etc/passwd 中哪些用户来自一个给定的组？
- 用户输入的 URL 中所请求的用户名和文档是什么？

在很多类似的场景中，使用正则表达式是正确的选择。在本节中，我们将获得足够的正则表达式知识，以比较字符串和相对常见的模式。

正则表达式也有限制，它无法描述嵌套结构。在 XML 或 HTML 中，比如\<p\>标签里可能包含\<span\>标签，类似这样：\<p\>\<span\>hello\</span\>\<span\>world\</span\>\</p\>。这种标签内包含标签的递归嵌套结构，通常不适合用正则表达式来处理。我们可以用正则表达式识别 XML 语言的单个元素，但是更高级别的结构（例如上面的嵌套结构）需要比正则表达式更强大的工具。Python 标准库中的 XML 解析器可以处理这些更复杂的结构。[①]

9.2.1 模式匹配

正则表达式是一门复杂的迷你语言。我们需要能够描述单个字符和字符类，以及对字符进行分组和组合的运算符，所有这些都使用一些与 ASCII 字符兼容的字符。让我们先从字面字符开始，例如字母、数字及空格符，它们只会匹配它们自己。让我们看一个基本的示例：

```
>>> import re

>>> search_string = "hello world"
>>> pattern = r"hello world"

>>> if match := re.match(pattern, search_string):
...     print("regex matches")
...     print(match)
regex matches
<re.Match object; span=(0, 11), match='hello world'>
```

Python 标准库中的正则表达式模块被称为 re。我们导入它之后创建一个搜索字符串和需要搜索的模式。在这个示例中，它们是相同的字符串。由于要搜索的字符串和模式是相匹配的，条件判断会通过且 print 语句会执行。

匹配成功会返回一个 re.Match 对象来描述匹配的结果，匹配失败会返回 None。None 在 if 条件判断语句中相当于 False。

---

① 麦叔注：正则表达式适用于非结构化文本。对于结构化文本，如 XML、JSON 等，应该使用专门针对该结构的库来处理。

我们使用"海象"运算符（:=）来计算 re.match()的结果，并将结果保存在一个变量中，作为 if 语句的一部分。这是海象运算符的最常见用法之一，计算结果并测试结果是否为 True。这个小优化可以帮助阐明，如果匹配操作的结果不是 None，将如何使用它们。

我们几乎总是使用带 r 前缀的原始字符串来表示正则表达式。在原始字符串中，Python 不会把反斜杠处理成其他字符。比如在普通字符串中，\b 被转换成一个反斜杠字符；在原始字符串中，\b 代表两个字符\和 b。在上面的示例中，r-string（原始字符串）并不是必要的，因为模式中没有包含任何特殊的\d 或\w 类型的正则表达式符号。但使用 r-string 是一个好习惯，我们试图统一使用它。

记住 match()函数是从字符串的开头开始匹配模式的。因此，如果模式被改为 r"ello world"，将无法匹配，因为"hello world"以 h 开头，而不是 e。另外，解析器找到匹配项后，将会立即停止搜索，因此模式 r"hello wo"是可以成功匹配的，只剩下几个字符。让我们构造一个示例程序来说明其中的差别，帮助我们学习其他正则表达式语法：

```python
import re
from typing import Pattern, Match


def matchy(pattern: Pattern[str], text: str) -> None:
    if match := re.match(pattern, text):
        print(f"{pattern=!r} matches at {match=!r}")
    else:
        print(f"{pattern=!r} not found in {text=!r}")
```

matchy()函数扩展了之前的示例。它接收模式和搜索字符串作为参数。我们可以看到，必须从模式的开头进行匹配，而模式一旦成功匹配会立即返回一个值。[1]

下面是使用这个函数的示例：

```
>>> matchy(pattern=r"hello wo", text="hello world")
pattern='hello wo' matches at match=<re.Match object; span=(0, 8),
```

---

[1] 麦叔注：在这个例子中，模式从开头开始匹配，但我们很快就会学习更灵活的匹配方式。

```
match='hello wo'>
>>> matchy(pattern=r"ello world", text="hello world")
pattern='ello world' not found in text='hello world'
```

我们将在后续几节中继续使用这个函数。创建一系列测试用例是开发正则表达式
的常用方法：准备一堆我们想要匹配的文本示例和我们不想匹配的文本示例，测试它
们以确保我们的表达式符合要求。

如果你需要匹配一行的开头或结尾（或者说在字符串的开头、结尾或者中间不包
含任何新行），可以用^和$符号，它们分别代表字符串的开头和结尾。

如果你想要让模式匹配整个字符串，那么同时使用它们：

```
>>> matchy(pattern=r"^hello world$", text="hello world")
pattern='^hello world$' matches at match=<re.Match object; span=(0, 11),
match='hello world'>
>>> matchy(pattern=r"^hello world$", text="hello worl")
pattern='^hello world$' not found in text='hello worl'
```

我们把^和$符号称为"锚"，它们是字符串开头和结尾的锚点。重要的是，它们
不会匹配自己，它们被称为元字符。在数学公式中，我们可能会使用不同字体来区分
做锚点的^和普通字符"^"。但 Python 代码中没有不同的字体，所以我们用\来区分元
字符和普通字符。在这种情况下，^是元字符，\^是普通字符。

```
>>> matchy(pattern=r"\^hello world\$", text="hello worl")
pattern='\\^hello world\\$' not found in text='hello worl'

>>> matchy(pattern=r"\^hello world\$", text="^hello world$")
pattern='\\^hello world\\$' matches at match=<re.Match object; span=(0,
13), match='^hello world$'>
```

因为我们使用了\^，它不是代表锚点的元字符，因此我们需要匹配字符串中的
^符号。注意，我们使用了 r "^hello…"来创建原始字符串。如果使用普通的 Python
字符串，它应该是'\\^hello…'。普通版本带有双反斜杠\\，可能难以输入。原始字
符串更易于使用，由于如上转义字符的存在，它们代表的字符和我们输入的并不完全
一致。

匹配指定的字符

让我们开始匹配任意字符。点号（.）字符用在正则表达式的模式中时，是一个元字符，表示包含所有字符的集合。在字符串中使用一个点号意味着你不关心这个字符是什么，只要有一个字符即可。下面是使用 matchy() 函数的示例：

```
pattern='hel.o world' matches at match=<re.Match object; span=(0, 11), match='hello world'>

pattern='hel.o world' matches at match=<re.Match object; span=(0, 11), match='helpo world'>

pattern='hel.o world' matches at match=<re.Match object; span=(0, 11), match='hel o world'>

pattern='hel.o world' not found in text='helo world'
```

注意最后一个示例，因为在点号的位置上没有任何字符，因此该模式不能得到匹配。点号必须匹配一个字符。本节稍后会学习如何匹配可选字符。

到目前为止一切都很好，但是，如果我们只想要几个特定的字符被匹配该怎么办？我们可以将几个字符放到一个方括号中，以匹配其中的任意一个字符。因此，如果遇到一个[abc]的正则表达式模式字符串，它只会匹配 3 个搜索字符串中的一个字符，也就是说，只能匹配 a、b、c 中的一个。注意，方括号是元字符，它们不会被匹配。下面来看几个示例：

```
pattern='hel[lp]o world' matches at match=<re.Match object; span=(0, 11), match='hello world'>

pattern='hel[lp]o world' matches at match=<re.Match object; span=(0, 11), match='helpo world'>

pattern='hel[lp]o world' not found in text='helPo world'
```

^、$、.、[和]都是元字符。元字符可以让我们定义更复杂的正则表达式特性。如果我们想要匹配一个[字符，我们就要使用\[来转义这个元字符，使其被理解为匹配[，

而不是开始定义一类字符。

这些方括号应该被命名为字符集合，不过它们更常被称为**字符类**。通常，如果我们想要用更多的字符，但逐个输入既单调又容易出错，幸运的是，正则表达式的设计者考虑到了这一点，并提供了简写方式。横杠符号在字符集合中可以代表一个范围。如果你想要匹配"所有小写字母"、"所有字母"或"所有数字"，它就非常有用了，例如：

```
'hello   world' does not match pattern='hello [a-z] world'
'hello b world' matches pattern='hello [a-z] world'
'hello B world' matches pattern='hello [a-zA-Z] world'
'hello 2 world' matches pattern='hello [a-zA-Z0-9] world'
```

有些字符类非常常用，以至于为它们设计了专门的缩写。\d 是数字，\s 是空白，\w 是"word"字符。因此[0-9]也可以写成\d。不需要列出所有 Unicode 中的空白字符，使用\s 即可。对于[a-z0-9_]，可以用\w 替代。下面是一个示例：

```
>>> matchy(r'\d\d\s\w\w\w\s\d\d\d\d', '26 Oct 2019')
pattern='\\d\\d\\s\\w\\w\\w\\s\\d\\d\\d\\d' matches at match=<re.Match
object; span=(0, 11), match='26 Oct 2019'>
```

如果没有以上缩写，上面的模式需要被表达为[0-9][0-9][\t\n\r\f\v][A-Za-z0-9_][A-Za-z0-9_][A-Za-z0-9_]…。当我们再重复[\t\n\r\f\v]类和[0-9]类 4 次时，它会变得很长。

当我们把-添加到[]中时，它变成了一个元字符。如果我们想要匹配[A-Z]及-字符本身呢？我们可以在字符类的开头或结尾再加一个-字符。[A-Z-]就意味着匹配字母 A 和 Z 之间的任意字符以及字符-。

转义字符

如我们前面所讲，很多字符有特殊含义。比如，点号字符在模式中可以匹配任意字符，那么我们如何在字符串中匹配点号呢？我们使用反斜杠转义特殊含义，把元字符的含义转义成普通字符。这意味着正则表达式中有一堆\字符，使得 r-string 真的很有帮助。

下面的正则表达式匹配介于 0.00 和 0.99 之间的所有两位小数：

```
pattern='0\\.[0-9][0-9]' matches at match=<re.Match object; span=(0, 4),
match='0.05'>
pattern='0\\.[0-9][0-9]' not found in text='005'
pattern='0\\.[0-9][0-9]' not found in text='0,05'
```

对于这个模式，\.只会匹配单个点号字符。如果点号不存在，或者是别的字符，将无法匹配。

反斜杠转义序列可以用于正则表达式中的许多特殊符号。你可以用\[来插入方括号符号而不是创建字符类；\(用于插入括号，我们稍后将会看到它也是一个特殊元字符。

更有趣的是，我们也可以使用转义符号之后加一个字符的形式来表示特殊符号，例如换行符（\n）、制表符（\t）。而且，有些字符类可以通过转义字符更高效地表达。

为了更清晰地展示原始字符串和反斜杠，我们将再次使用 **matchy()** 函数和原始字符串：

```
>>> matchy(r'\(abc\]', "(abc]")
pattern='\\(abc\\]' matches at match=<re.Match object; span=(0, 5),
match='(abc]'>

>>> matchy(r'\s\d\w', " 1a")
pattern='\\s\\d\\w' matches at match=<re.Match object; span=(0, 3),
match=' 1a'>

>>> matchy(r'\s\d\w', "\t5n")
pattern='\\s\\d\\w' matches at match=<re.Match object; span=(0, 3),
match='\t5n'>

>>> matchy(r'\s\d\w', " 5n")
pattern='\\s\\d\\w' matches at match=<re.Match object; span=(0, 3),
match=' 5n'>
```

总结一下，反斜杠有两种不同的含义：

- 对于元字符，它用来做转义。比如，.表示任意字符类，而\.表示单个点号字符；类似地，^表示字符串的开头锚，而\^表示帽子符号本身。
- 对于普通字符，反斜杠用于命名一个字符类。这样的示例并不多，最常用的包括\s、\d、\w、\S、\D 和\W。大写版本的\S、\D、\W 与小写版本的表示的意思正好相反。比如，\d 代表任意数字，而\D 代表任意非数字。

这种区别开始时会让人觉得别扭。我们只要记住\在普通字母前会创建字符类，而\在元字符前会取消元字符的含义。

匹配零次到多次

到目前为止，我们已经可以匹配大部分已知长度的字符串，但是大部分情况下我们并不知道有多少字符需要匹配。正则表达式也可以处理这种情况，我们可以给模式添加后缀。我们可以把正则表达式想象成多次相乘，重复多次的字符序列就像是指数。类似这样：a*a*a*a == a**4。

*意味着前一种模式可以匹配零次或多次。这听起来可能有些愚蠢，但它是最有用的重复字符。在我们探究其中的原因之前，先看几个示例以确保我们理解它的作用：

```
>>> matchy(r'hel*o', 'hello')
pattern='hel*o' matches at match=<re.Match object; span=(0, 5),
match='hello'>

>>> matchy(r'hel*o', 'heo')
pattern='hel*o' matches at match=<re.Match object; span=(0, 3),
match='heo'>

>>> matchy(r'hel*o', 'hellllo')
pattern='hel*o' matches at match=<re.Match object; span=(0, 8),
match='hellllo'>
```

因此，模式中的*说明前一种模式（l字符）是可选的，而且如果出现了，它可以出现任意次来匹配模式。剩余的字符（h、e 和 o）则只能出现一次。

如果将星号和其他匹配多个字符的模式组合起来，可以得到更有趣的结果。例如，.*将会匹配任意字符串，而[a-z]*将会匹配任意小写字母集合，包括空字符串。例如：

```
>>> matchy(r'[A-Z][a-z]* [a-z]*\.', "A string.")
pattern='[A-Z][a-z]* [a-z]*\\.' matches at match=<re.Match object;
span=(0, 9), match='A string.'>

>>> matchy(r'[A-Z][a-z]* [a-z]*\.', "No .")
pattern='[A-Z][a-z]* [a-z]*\\.' matches at match=<re.Match object;
span=(0, 4), match='No .'>

>>> matchy(r'[a-z]*.*', "")
pattern='[a-z]*.*' matches at match=<re.Match object; span=(0, 0),
match=''>
```

加号（+）和星号的行为类似，只不过它要求前一种模式出现的次数必须是一次或多次，而不像星号一样是可选的。问号（?）要求前一种模式只能出现零次或一次，不能更多。让我们通过数字来探索这几个符号（记住\d用于匹配与[0-9]一样的字符类）：

```
>>> matchy(r'\d+\.\d+', "0.4")
pattern='\\d+\\.\\d+' matches at match=<re.Match object; span=(0, 3),
match='0.4'>

>>> matchy(r'\d+\.\d+', "1.002")
pattern='\\d+\\.\\d+' matches at match=<re.Match object; span=(0, 5),
match='1.002'>

>>> matchy(r'\d+\.\d+', "1.")
pattern='\\d+\\.\\d+' not found in text='1.'

>>> matchy(r'\d?\d%', "1%")
pattern='\\d?\\d%' matches at match=<re.Match object; span=(0, 2),
match='1%'>

>>> matchy(r'\d?\d%', "99%")
```

```
pattern='\\d?\\d%' matches at match=<re.Match object; span=(0, 3),
match='99%'>

>>> matchy(r'\d?\d%', "100%")
pattern='\\d?\\d%' not found in text='100%'
```

这些示例展示了反斜杠的两种不同的用法。对于.字符，\.会把它由一个代表任意字符类的元字符变成普通的点号。对于字符 d，\d 把它从普通字符 d 变成了一个字符类。不要忘记，*、+和?是元字符，如果想要匹配它们本身的字符，需要使用*、\+或\?。

将模式组合在一起

到目前为止，我们已经可以多次重复特定的模式，但却仅限于那些可以重复的模式。如果想要重复单独的字符，我们已经知道该怎么做了，但是如果想要重复字符序列该怎么办？将几种模式用括号包裹起来，就可以将它们当作一个单独的模式看待，从而让我们可以应用重复操作。比较下面这些模式：

```
pattern='abc{3}' matches at match=<re.Match object; span=(0, 5),
match='abccc'>
pattern='(abc){3}' not found in text='abccc'
pattern='(abc){3}' matches at match=<re.Match object; span=(0, 9),
match='abcabcabc'>
```

正则表达式的规则和数学规则相同。abc^3 和 $(abc)^3$ 具有完全不同的含义。

与复杂模式一起使用，这种组合特性极大地扩展了我们的模式匹配能力。下面的正则表达式匹配了简单的英文句子：

```
>>> matchy(r'[A-Z][a-z]*( [a-z]+)*\.$', "Eat.")
pattern='[A-Z][a-z]*( [a-z]+)*\\.$' matches at match=<re.Match object;
span=(0, 4), match='Eat.'>

>>> matchy(r'[A-Z][a-z]*( [a-z]+)*\.$', "Eat more good food.")
pattern='[A-Z][a-z]*( [a-z]+)*\\.$' matches at match=<re.Match object;
span=(0, 19), match='Eat more good food.'>
```

```
>>> matchy(r'[A-Z][a-z]*( [a-z]+)*\.$', "A good meal.")
pattern='[A-Z][a-z]*( [a-z]+)*\\.$' matches at match=<re.Match object;
span=(0, 12), match='A good meal.'>
```

[A-Z][a-z]*表示第一个单词必须是大写字母开头的，然后是零个或多个小写字母。之后括号内是一个空格加上由一个或多个小写字母组成的单词[a-z]+。整个括号里的内容重复零次或多次([a-z]+)*，最后以点号结尾。点号之后不能有其他任何字符，因此模式的最后紧跟着$锚点。

我们已经见过许多这样的基本模式了，但是正则表达式语言支持更多内容。非常值得将 Python 文档中关于 re 模块的部分收藏做书签并经常查看。很少有正则表达式不能匹配的情况，它应该作为你解析非嵌套字符串的首选工具。

9.2.2 用正则表达式解析信息

现在让我们把注意力拉回到 Python 上。正则表达式语法不是面向对象编程的，不过，Python 的 re 模块提供了进入正则表达式引擎的面向对象的接口。

我们已经用过 re.match()函数，它返回 None 或者一个有效对象。如果模式不匹配，这个函数将会返回 None。如果匹配，将会返回一个有用的对象，我们可以从中获取模式相关的信息。

到目前为止，我们用正则表达式可以解决诸如"这个字符串是否匹配这一模式"之类的问题。模式匹配很有用，但是在很多情况下，更有趣的问题是"如果这个字符串匹配了这一模式，匹配到的字符串的值是什么"。如果你用 group()来定义模式中的一部分，而又想要在后面用到它们，你可以将它们从匹配结果中取出来，像下面这个示例一样：

```python
def email_domain(text: str) -> Optional[str]:
    email_pattern = r"[a-z0-9._%+-]+@([a-z0-9.-]+\.[a-z]{2,})"
    if match := re.match(email_pattern, text, re.IGNORECASE):
        return match.group(1)
    else:
        return None
```

用于描述合法邮箱地址的模式非常复杂，而能够精确地匹配所有可能组合的正则表达式也非常长。因此，我们创建了一个更简单的正则表达式，可以匹配一些常见的邮箱地址。重点在于我们想要获取域名信息（@符号之后的部分），从而可以联系该邮箱地址。这很简单，我们可以将这部分模式包裹在括号中，然后在 match() 方法返回的对象上调用 group() 方法。

我们使用了一个额外的参数值 re.IGNORECAE 来标记这个模式不区分大小写。否则，我们需要在模式中的 3 个地方写上[a-zA-Z…]来包括大小写字母。当大小写不重要时，这是一个简单的做法。

有 3 种方法访问匹配的组合。我们已经使用了 group() 方法，它返回一个匹配的组合。因为我们的示例中只有一对()，这看起来很谨慎。更通用的 group() 方法，返回一个包含所有组合的元组，我们可以通过索引访问指定组合。这些组合是从左向右排列的。不过，要记住组合是可以嵌套的，这意味着在一个组合中可以包含一个或多个其他组合。在这种情况下，组合是从最左侧的括号开始逐一返回的，因此最外层的组合将会比内层的组合更早返回。

我们也可以为组合提供名称，语法看起来很复杂。我们以组合方式收集匹配文本时不得不使用(?P<name>…)语法，而非(…)。?P<name>中的 name 就是我们要提供的组合名称。这使得我们可以使用 groupdict() 方法来提取名称和相应的内容。

下面是使用了分组名称的邮件域名解析器：

```
def email_domain_2(text: str) -> Optional[str]:
    email_pattern = r"(?P<name>[a-z0-9._%+-]+)@(?P<domain>[a-z0-9.-]+\.[a-z]{2,})"
    if match := re.match(email_pattern, text, re.IGNORECASE):
        return match.groupdict()["domain"]
    else:
        return None
```

我们在括号里添加了 ?P<name> 和 ?<domain> 来给这些组合提供名称。这个正则表达式的匹配部分和前面的函数是一样的，只不过为组合提供了名称。

re 模块的其他特性

除了 match() 函数，re 模块还提供了另外几个很有用的函数：search() 和

findall()。search()函数查询第一个与模式匹配的实例，而不需要限定必须从字符串的第一个字母开始匹配。注意，match()也可以实现同样的效果，你也可以在模式前加.*字符来匹配开头的其他字符。

findall()函数和 search()函数类似，只是它查询所有非重叠的匹配模式实例，而不是只是第一个。基本上，它首先找到第一个匹配结果，然后从该结果的结尾处重新设定字符串，再进行下一次搜索。

你可能已经想到了，它不返回 re.Match 对象列表，而是返回一个匹配到的字符串或元组的列表。有时候是字符串，有时候是元组。这确实不是一个很好的 API！我们不得不记住其中的差别，很难凭直觉判断。返回结果的类型依赖于正则表达式中括号组合的数量。

- 如果模式中没有组合，re.findall()将会返回一个字符串列表，其中每个值都是源字符串中与模式完全匹配的子字符串。
- 如果模式中只有一个组合，re.findall()将会返回一个字符串列表，其中每个值都是该组合中的内容。
- 如果模式中存在多个组合，re.findall()将会返回一个元组列表，其中每个元组按顺序包含来自一个匹配组中的值。

一致性很重要

如果你在自己的 Python 库中设计函数调用，一定要确保函数总是返回相同的数据结构。将函数设计为可以接收任意输入并进行处理是很好的，但是返回值不要根据输入而动态改变类型（不要有时返回单个值，有时返回列表，也不要有时返回单个值的列表，有时返回元组的列表）。记住 re.findall()的教训！

下面的示例希望能够澄清这几种返回值的区别：

```
>>> import re
>>> re.findall(r"\d+[hms]", "3h 2m 45s")
['3h', '2m', '45s']
```

```
>>> re.findall(r"(\d+)[hms]", "3h:2m:45s")
['3', '2', '45']
>>> re.findall(r"(\d+)([hms])", "3h, 2m, 45s")
[('3', 'h'), ('2', 'm'), ('45', 's')]
>>> re.findall(r"((\d+)([hms]))", "3h - 2m - 45s")
[('3h', '3', 'h'), ('2m', '2', 'm'), ('45s', '45', 's')]
```

尽可能分解数据元素似乎总是一个好实践。在这个示例中，我们将数值与单位（小时、分钟或秒）分开，从而更容易将复杂的字符串转换为时间对象。

提高正则表达式效率

每当你调用某个正则表达式方法时，re module 都需要将模式字符串编译成一种内部结构，从而使字符串搜索得更加快速。这一转换过程需要一定的时间。如果正则表达式模式需要重复使用多次（例如，在 for 或 while 循环语句中），则最好让这一转换过程只出现一次。

我们可以使用 re.compile()方法。它返回正则表达式已经经过编译的面向对象版本，拥有前面探讨过的方法（match()、search()、findall()）。它的使用方法和前面的差别不大。这是我们前面的用法：

```
>>> re.findall(r"\d+[hms]", "3h 2m 45s")
```

我们可以使用两步操作，让模式"一次编译，多次使用"：

```
>>> duration_pattern = re.compile(r"\d+[hms]")
>>> duration_pattern.findall("3h 2m 45s")
['3h', '2m', '45s']
>>> duration_pattern.findall("3h:2m:45s")
['3h', '2m', '45s']
```

在使用前提前编译模式，然后再使用，是一个很好用的优化。它让程序稍微简单点，也运行得更快一点儿。

以上就是对正则表达式的简明介绍。到目前为止，我们已经对正则表达式基本用法有所了解，也知道了何时需要进一步研究。如果遇到字符串模式匹配问题，正则表达式几乎一定能够帮助我们解决。然而，我们可能还需要更全面地学习相关语法。但现在我们知道要寻找什么了！一些工具，例如链接 24 上的 **Pythex**，可以帮助开发和调试正则表达式。下面将转向一个完全不同的主题：文件系统路径。

9.3 文件系统路径

　　大多数操作系统都提供了文件系统，这是一种将目录（通常被描述为文件夹）和文件的逻辑抽象映射到存储在硬盘驱动器或其他存储设备上的位和字节的方法。作为人类，我们通常拖曳界面与不同类型的文件夹和文件的图像进行交互。或者，我们可以使用命令行程序，例如 `cp`、`mv` 和 `mkdir`。

　　作为程序员，我们必须通过一系列系统调用与文件系统进行交互。你可以将它们视为操作系统提供的库函数，以便程序可以调用它们。操作系统的接口很笨重，要操作文件句柄和缓存的读取和写入，并且不同的操作系统接口不同。我们可以通过 Python 的 **os** 模块调用其中一些底层接口。

　　os 模块下有一个 **os.path** 模块。虽然它有效，但不是很直观。它需要很多字符串拼接起来，而且要注意操作系统的差异。比如，有一个属性 **os.sep** 代表路径分隔符，它在类 UNIX 系统上是 “/”，在 Windows 系统上是 “\”。使用 **os.path** 的效果是这样的：

```
>>> import os.path
>>> path = os.path.abspath(
...     os.sep.join(
...         ["", "Users", "dusty", "subdir", "subsubdir", "file.ext"]))
>>> print(path)
/Users/dusty/subdir/subsubdir/file.ext
```

　　os.path 模块隐藏了一些平台特定的细节。但它仍然把路径当作字符串。

　　使用字符串形式的文件系统路径通常很烦人。我们在命令行中输入一个路径，它可能在 Python 代码中是不合法的。当我们需要同时和很多路径打交道（比如计算机视觉机器学习算法会涉及处理不同数据来源的图片）时，仅仅管理这些目录就有点儿困难。

因此，Python 语言的设计者在标准库中包含了一个叫作 `pathlib` 的模块。它是路径和文件的面向对象表示，更易于使用。前面的路径使用 `pathlib`，看起来是这样的：

```
>>> from pathlib import Path
>>> path = Path("/Users") / "dusty" / "subdir" / "subsubdir" / "file.ext"
>>> print(path)
/Users/dusty/subdir/subsubdir/file.ext
```

我们可以看到，这样直观多了。注意，这里使用斜杠作为路径分隔符，而不需要在意 `os.sep` 属性。这是 Python 重载的一个优雅示例，通过重载的 `__truediv__()` 方法来提供 Path 对象的这个功能。

下面是一个有现实意义的示例，计算某个目录和子目录下所有 Python 文件的代码行数，要去掉空白行和注释行：

```python
from pathlib import Path
from typing import Callable


def scan_python_1(path: Path) -> int:
    sloc = 0
    with path.open() as source:
        for line in source:
            line = line.strip()
            if line and not line.startswith("#"):
                sloc += 1
    return sloc


def count_sloc(path: Path, scanner: Callable[[Path], int]) -> int:
    if path.name.startswith("."):
        return 0
    elif path.is_file():
        if path.suffix != ".py":
            return 0
        with path.open() as source:
            return scanner(path)
    elif path.is_dir():
        count = sum(
```

```
        count_sloc(name, scanner) for name in path.iterdir())
    return count
else:
    return 0
```

在典型的 `pathlib` 的用法中，我们很少会创建很多 Path 对象。在这个示例中，根 Path 通过参数传入。大量的 Path 操作在于定位相对于指定 Path 的其他文件或目录。其他的 Path 相关操作就是访问特定 Path 的属性。

count_slot() 函数会查看路径名，跳过名称以"."开头的路径。这会跳过"."、".."及.tox、.coverage 或.git 等由工具创建的目录。

有 3 种情况：

- 传入的文件包含 Python 源代码。我们通过检查后缀.py 来确认文件是 Python 文件，然后调用 scanner() 函数来打开和读取每个 Python 文件。计算源代码行数的方法有很多种，我们这里使用了其中一种，就是 scan_python_1() 函数，它会作为参数值传给 count_slot() 函数。
- 传入的文件是目录。在这种情况下，我们遍历目录下的内容，对它们分别调用 count_sloc() 函数。
- 传入的是其他文件系统对象，如设备挂载名称、符号链接、设备、FIFO 队列和套接字。我们会忽略这些。

Path.open() 方法的参数和内置的 open() 函数类似，但它使用了更面向对象的语法。如果路径已经存在，我们可以使用 Path('./README.md').open() 来打开文件。

scan_python_1() 函数可遍历文件中的每一行，并增加计数。我们跳过空白行和注释行，因为它们不是真正的源代码。最后返回总代码行数。

下面是调用以上函数来计算某个目录下代码行数的示例：

```
>>> base = Path.cwd().parent
>>> chapter = base / "ch_02"
>>> count = count_sloc(chapter, scan_python_1)
>>> print(
```

```
...        f"{chapter.relative_to(base)}: {count} lines of code"
... )
ch_02: 542 lines of code
```

这个复杂的示例中只使用了一次 Path()构造方法。我们从**当前工作目录**（**CWD**）跳到父目录。从那里我们可以进入 ch_02 子目录并四处翻找，查看目录和 Python 文件。

这也展示了我们如何把 scan_python_1()函数作为 scanner 参数的值。了解更多关于把函数用作另一个函数参数的知识，可参考第 8 章。

pathlib 模块中的 Path 类拥有属性或方法，基本能够应对路径操作的方方面面。除了上面的方法，这里还有一些 Path 对象的方法和属性：

- .absolute()返回从文件系统根目录开始的全路径。这有助于显示相对路径是从哪里来的。
- .parent 返回路径的父目录。
- .exists()检查一个文件或路径是否存在。
- .mkdir()在当前路径下创建一个目录。它接收两个布尔值参数，其中 parents 参数用于指定是否创建必要的多层目录，exist_ok 参数用于指定当路径已经存在的情况下程序是否报错。

更多使用方法可参考标准库文档（链接 25）。这个库的作者们应该为创建这个库而感到自豪。

在标准库模块中，几乎所有可以接收字符串路径的方法都可以接收 pathlib.Path 对象。os.PathLike 类型提示用于描述可以接收 Path 对象的参数。比如，你可以用 Path 对象打开一个压缩文件：

```
>>> zipfile.ZipFile(Path('nothing.zip'),'w').writestr('filename','contents')
```

有些第三方包可能不支持 Path 对象。在这种情况下，你可以用 str(pathobj)把 Path 对象转换成字符串。

语句与代码行数

scan_python_1()函数把由三引号定义的多行字符串的每一行都当成一行代码。如果我们确定每一个**物理**行都很重要，那么一个长文档字符串也会被计算在内，虽然它不是真正的代码。另外，我们或许应该只计算有意义的**语句**而不是物理行；在这种情况下，我们需要一个使用 ast 模块的更智能的函数。使用**抽象语法树（AST）**比只统计源文本要好得多。使用 ast 模块不会更改 Path()处理方法。它比阅读文本要复杂一些，而且超出了本书的范围。如果我们只计算语句（不包括可能由语句或三引号注释的行），那么在 542 行代码中只有 257 条语句。

我们已经学习了字符串、字节和文件系统路径。我们需要介绍的下一个概念是如何将应用程序的对象保存到文件中并从文件的字节中恢复对象。我们称这个过程为序列化。

9.4　序列化对象

我们可以用字节和文件路径把对象保存到硬盘上，实现对象持久化。为了让对象持久化，我们需要创建一系列代表对象状态的字节，然后把这些字节写入文件。这会涉及把对象编码成字节的操作。我们也需要把一系列字节解码成相互关联的对象。这个编码和解码的过程也被称为**序列化**（**serializing**）和**反序列化**（**deserializing**）。

当我们查看 Web 服务相关资料时，经常会看到服务被描述为 RESTful。这里的"REST"是 REpresentational State Transfer 的缩写，中文意思是表现层状态转换。服务器和客户端会交换对象状态的表现。其含义是：服务器和客户端并不交换对象，它们有各自的对象，它们交换的是对象状态的表现。

对象序列化的方法有很多种，我们先看一个简单又通用的方法，就是使用 pickle 模块。后面我们会学习使用 json 包。

Python 的 pickle 模块通过一种面向对象的方式直接以特殊存储格式存储对象的状态。本质上，它将一个对象的状态（以及该对象的属性所持有的一切对象的一切状态）转换为一系列字节，并可以在我们需要的时候进行存储或传输。

对于基础任务，pickle 模块拥有非常简单的接口。它由 4 个基本的函数构成，用来存储和载入数据。其中，两个函数操作类文件（file-like）的对象，另两个函数处理 bytes 对象，这样我们就可以直接操作 pickle 对象而不用自己打开文件。

dump() 方法接收一个要持久化的对象和一个类文件对象，用于写入序列化的字节。类文件对象必须拥有一个 write() 方法，而且这一方法必须知道如何处理 bytes 参数。这意味着用文本模式打开的文件不符合条件，我们必须使用 wb 模式值打开文件。

load() 方法恰好相反，它从类文件对象中读取序列化的对象状态。这里的文件对象必须拥有合适的类文件的 read() 和 readline() 方法，当然它们都必须返回 bytes 对象。pickle 模块将会读取这些字节，而 load() 方法将会返回完全重建好的对象。下面的示例展示了存储和载入列表对象中数据的过程：

```
>>> import pickle
>>> some_data = [
... "a list", "containing", 5, "items",
... {"including": ["str", "int", "dict"]}
... ]

>>> with open("pickled_list", 'wb') as file:
...     pickle.dump(some_data, file)

>>> with open("pickled_list", 'rb') as file:
...     loaded_data = pickle.load(file)

>>> print(loaded_data)
['a list', 'containing', 5, 'items', {'including': ['str', 'int',
'dict']}]

>>> assert loaded_data == some_data
```

这段代码序列化 some_list 所引用的对象，其中包括关联的字符串、字典，甚至一个整数。序列化的对象被存储到文件中，然后从同一个文件中载入。在这两种情况下，我们都用 with 语句打开文件，从而文件可以自动关闭。我们小心地使用了 wb 和 rb 模式，确保文件以字节模式而非文本模式打开。

如果新载入的对象与原始对象不相等，最后的 assert 语句将会抛出错误。相等并不代表它们是同一个对象。实际上，如果打印出这两个对象的 id()，会发现它们是具有不同内部标识符的不同对象。不过，因为它们是内容相同的列表，所以这两个列表被认为是相等的。

dumps()[1]和 loads()函数和前面的类文件对象的行为相似，只是它们返回或接收 bytes 对象而非类文件对象。dumps()函数只需要一个参数，即需要存储的对象，并返回一个序列化的 bytes 对象。loads()函数只需要一个 bytes 类型的对象作为参数，并返回载入后的对象。方法名中的 's'字符代表字符串；这是古老版本 Python 的遗留物，老版本中使用的是 str 对象而不是 bytes 对象。

可以对一个打开的文件多次执行 dump()或 load()函数。每次调用 dump()将会存储一个单独的对象（加上它包含的所有对象），而执行 load()也只会载入、返回一个对象。因此，对于单个文件，每次调用 dump()来存储对象时都应该有一个相应的 load()调用。

值得注意的是，用 pickle 序列化的对象和 Python 的版本有关。比如，用 Python 3.7 的 pickle 序列化的对象，可能在 Python 3.8 中不能使用。这意味着，pickle 文件可以作为临时的持久化存储，但不适合做长期存储，或者用于在不同的 Python 应用之间共享对象，因为不同的应用可能使用不同的 Python 版本。

把序列化字节转换成对象的过程，在某些情况下可能会执行序列化文件中的某些未知代码，这意味着 pickle 文件可以成为恶意代码的载体。所以 pickle 模块文档中有一个警告：

---

[1] 麦叔注：dumps()和 dump()的区别在于，dumps()不会把序列化对象写入文件，dump()比它多做了一步。loads()和 load()的区别是一样的。

警告

pickle 模块不安全。只对你信任的数据做反序列化。

这个建议通常会导致我们在不信任发件人或无法确保没有中间人篡改文件的情况下避免接收 pickle 格式的文件。如果只是使用 pickle 作为临时缓存，那就无须担心了。

9.4.1　定制 pickle

对于最常见的 Python 对象，pickle 能够很好地完成序列化。诸如整数、浮点数和字符串这些基本类型，都可以进行序列化，也包括任何容器对象，如列表或字典。除此之外，重要的是，任何对象都可以进行 pickle 序列化，只要其所有的属性都是可序列化的。

那么，什么样的属性不能进行 pickle 序列化呢？通常是可能发生变化的动态属性。例如，打开的网络 Socket，打开的文件，正在运行的线程、子线程、处理池或者数据库连接，序列化这些对象是不合理的。因为当我们想要重载这些对象时，很多设备和操作系统状态信息都不存在了。我们不能假装原始线程或套接字连接存在，然后凭空造出来！我们需要自定义这种短暂存在的数据的存储和载入过程。

下面的类每隔 1 小时载入一个网页的内容，以确保其保持最新。这里用到了 **threading.Timer** 类来安排下一次更新：

```python
from urllib.request import urlopen
import datetime
from threading import Timer


class URLPolling:
    def __init__(self, url: str) -> None:
        self.url = url
        self.contents = ""
        self.last_updated: datetime.datetime
        self.timer: Timer
        self.update()
```

```
    def update(self) -> None:
        self.contents = urlopen(self.url).read()
        self.last_updated = datetime.datetime.now()
        self.schedule()

    def schedule(self) -> None:
        self.timer = Timer(3600, self.update)
        self.timer.setDaemon(True)
        self.timer.start()
```

url、contents 和 last_updated 等对象都是可序列化的，但是如果我们试着序列化这个类的实例，self.timer 实例就会有点儿问题：

```
>>> import pickle
>>> poll = URLPolling("http://dusty.*******.codes①")
>>> pickle.dumps(poll)
Traceback (most recent call last):
  ...
  File "<doctest url_poll.__test__.test_broken[2]>", line 1, in
<module>
pickle.dumps(poll)
TypeError: cannot pickle '_thread.lock' object
```

这个错误提示用处不大，但看起来是因为我们试图序列化某些不应该序列化的对象。这也就是 Timer 实例；我们想要存储 schedule() 方法中的 self.timer，而这一属性是不能被序列化的。

当 pickle 试图序列化对象时，它只是简单地存储对象的状态，也就是对象的 __dict__ 属性值，__dict__ 是用于存储对象所有属性名和值的字典。幸运的是，在检查 __dict__ 之前，pickle 会先检查是否存在 __getstate__() 方法。如果存在，将会存储这个方法的返回值而不是 __dict__ 对象。我们可以通过 __getstate__() 来自定义序列化过程。

---

① 可参考链接 22。

让我们为 URLPolling 类添加一个 __getstate__()方法，它只返回__dict__的副本并删除其中未被序列化的 timer 属性：

```
def __getstate__(self) -> dict[str, Any]:
pickleable_state = self.__dict__.copy()
    if "timer" in pickleable_state:
        del pickleable_state["timer"]
    return pickleable_state
```

如果现在序列化这个扩展版本的 URLPolling 的实例，就不会再失败了。而且，也可以成功地通过 loads()重载这个对象。不过，重载的对象不再拥有 self.timer 属性，因此将不能按照最初设计的那样定期刷新内容。我们需要为反序列化的对象创建一个新的计时器（替换缺失的那个）。

如我们所料，还有一个对应的 __setstate__()方法可以实现自定义的反序列化操作。这个方法只接收一个参数，即 __getstate__()方法返回的对象。如果同时实现这两个方法，那么 __getstate__()就不一定要返回字典对象了，因为不管返回什么对象，我们都可以在自定义的 __setstate__()中处理。在我们的示例中，只想重建 __dict__，然后创建一个新的计时器：

```
def __setstate__(self, pickleable_state: dict[str, Any]) -> None:
    self.__dict__ = pickleable_state
    self.schedule()
```

__init__()和 __setstate__()的相似之处很重要，它们都调用了 self.schedule() 方法来创建（或重建）内部的计时器对象。这是使用可序列化对象来恢复对象动态状态的常用设计模式。

pickle 模块非常灵活，并且提供了其他工具进一步定制序列化过程。不过，这些内容已经超出了本书的范围。前面已经介绍过的工具，足够完成基本的序列化任务。需要序列化的对象通常是相对简单的数据对象。某些流行的机器学习框架，如 scikit-learn，使用 pickle 模块来持久化机器学习模型。这使得数据科学家将来可以用这个模型进行测试或预测。

因为 pickle 的安全问题，我们需要一种其他的格式来交换数据。基于文本的格式会比较好，因为很方便检查文本文件中是否包含恶意代码。我们接下来学习 JSON，它是一种流行的基于文本的序列化格式。

9.4.2　用 JSON 序列化对象

这些年涌现出很多基于文本的数据交换格式。**XML**（**可扩展标记语言，Extensible Markup Language**）曾经非常流行，但文件比较大。你可能偶尔看到过另一种格式 **YAML**（**另一种标记语言，Yet Another Markup Language**）。表格数据通常使用 **CSV**（**Comma Separated Value**）格式交换。随着时间的推移，其中很多格式会慢慢消失，你还可能会遇到其他不常见的格式。对于这些格式，Python 都有对应的标准库或第三方库。

在对未知数据使用这些第三方库之前，一定要查清这些库的安全情况。例如，XML 和 YAML 都有一些复杂的特性，如果被恶意利用，它们可以允许在主机上执行任意命令。这些特性可能在默认情况下没有关闭，你需要自己研究。看起来简单的格式，比如 ZIP 文件或 JPEG 图片，都可能包含恶意代码，从而创建使 Web 服务器崩溃的数据结构。

JavaScript Object Notation（**JSON**）是一种人类可读的数据交换格式。JSON 是一种标准格式，可以被各式各样的客户端系统解析。因此，JSON 非常适用于在完全不同的系统之间进行数据传输。而且，JSON 格式不支持任何可执行代码，只有数据可以被序列化。因此，更难向其中植入恶意代码。

因为 JSON 可以很容易地被 JavaScript 引擎解析，所以其通常用于在 Web 服务器和支持 JavaScript 的 Web 浏览器之间进行数据传输。如果 Web 应用服务器是用 Python 编写的，则需要将内部数据转换为 JSON 格式。

Python 有个模块可以做这件事情，叫作 json。这个模块提供和 pickle 模块类似的接口，即 dump()、load()、dumps()和 loads()函数。调用这些函数的默认方法几乎和 pickle 模块的一模一样，因此我们就不再重复这些细节了。其中有几处不同：显然，输出结果是 JSON 格式的，而不是序列化的对象。除此之外，json()函数作用于 str 对象，而不是 bytes 对象。因此，当从文件输出或载入时，我们需要创建文本文件而不是二进制文件。

　　JSON 的序列化模块没有 pickle 模块那么健壮；它只能序列化基本类型，如整数、浮点数和字符串，以及简单的容器，如字典和列表。这些都有直接对应的 JSON 格式，不过 JSON 不能表示类、方法或函数的定义。

　　一般来说，json 模块的函数基于对象的 __dict__ 属性值来序列化对象状态。更好的做法是，通过自定义代码把对象状态序列化为 JSON 格式，以及把 JSON 字典反序列化为对象状态。

　　在 json 模块中，对象的编码和解码函数都接收一个可选参数来执行自定义操作。dump() 和 dumps() 方法接收名为 cls（class 的简写，因为它是限定关键字）的关键字参数。如果传递了这一参数，它必须是 JSONEncoder 类的子类，且重写了 default() 方法。这一方法接收任意 Python 对象作为参数，并将其转换为 json 模块可以序列化的字典类型。如果不知道如何处理这一对象，可以调用 super() 方法，这样就可以按照正常的方式序列化基本类型了。

　　load() 和 loads() 方法也会接收这样一个 cls 参数，与存储不同的是，它是反向类 JSONDecoder 的子类。不过，通常用 object_hook 关键字参数给这些方法传递一个函数就足够了。这个函数接收一个字典并返回一个对象；如果不知道如何处理传入的字典，可以不经过修改而直接返回。

　　让我们来看一个示例。假设我们有下面这个简单的联系人类需要进行序列化：

```python
class Contact:
    def __init__(self, first, last):
        self.first = first
        self.last = last

    @property
    def full_name(self):
        return("{} {}".format(self.first, self.last))
```

　　我们可以试着序列化 __dict__ 属性：

```python
>>> import json
```

```
>>> c = Contact("Noriko", "Hannah")
>>> json.dumps(c.__dict__)
'{"first": "Noriko", "last": "Hannah"}'
```

直接访问特殊属性 __dict__ 的形式有点儿粗鲁。当一个属性值不能被 json 模块序列化时，比如 datetime 对象，就会出现问题。而且，如果接收端（可能是 Web 页面上的 JavaScript）也想要 full_name 属性呢？当然，我们可以手动构造字典，不过还是让我们来自定义一个编码器吧：

```
import json

class ContactEncoder(json.JSONEncoder):
    def default(self, obj: Any) -> Any:
        if isinstance(obj, Contact):
            return {
                "__class__": "Contact",
                "first": obj.first,
                "last": obj.last,
                "full_name": obj.full_name,
            }
        return super().default(obj)
```

default() 方法检查我们想要序列化的对象类型。如果这是 Contact 类，我们手动将其转换为字典。否则，让其父类来处理序列化（假设它是基本类型，json 模块知道如何处理）。注意，我们添加了一个额外的属性来说明这是一个 Contact 对象，因为在载入时无法知道它的类型。

在某些情况下，我们可能会提供一个更完整的类名，包括包和模块。记住，字典的格式依赖于接收端如何解读，必须有某种协议来说明如何解读这些数据。

通过将这个类（不是对象）传递给 dump() 和 dumps() 函数，我们可以用这个类对联系人进行编码：

```
>>> c = Contact("Noriko", "Hannah")
>>> text = json.dumps(c, cls=ContactEncoder)
>>> text
```

```
'{"__class__": "Contact", "first": "Noriko", "last": "Hannah",
"full_name": "Noriko Hannah"}'
```

对于解码过程，我们可以写一个接收字典为参数的函数，通过检查是否包含
__class__属性来决定是否将它转换为 Contact 实例或使其成为默认字典：

```
def decode_contact(json_object: Any) -> Any:
    if json_object.get("__class__") == "Contact":
        return Contact(json_object["first"], json_object["last"])
    else:
        return json_object
```

我们可以将这个函数通过 object_hook 关键字参数传递给 load()和 loads()
函数：

```
>>> some_text = (
...     '{"__class__": "Contact", "first": "Milli", "last": "Dale", '
...     '"full_name": "Milli Dale"}'
... )
>>> c2 = json.loads(some_text, object_hook=decode_contact)
>>> c2.full_name
'Milli Dale'
```

这些示例展示了常见的 Python 对象和 JSON 格式之间的转换。对于不常见的
Python 对象，我们可以直接添加编码器来处理更复杂的情况。在较大的应用程序中，
我们可能会包含一个特殊的 to_json()方法来生成对象的 JSON 格式。

9.5　案例学习

在前几章的案例学习中，我们一直在回避处理复杂数据时经常出现的问题。文件
既有逻辑布局又有物理格式。我们一直默认假设我们的文件是 CSV 格式的，布局由文
件的第一行定义。在第 2 章中，我们谈到了文件加载。在第 6 章中，我们重新审视了
加载数据并将数据划分为训练集和测试集。

在前两章中，我们假设数据将采用 CSV 格式。这不是一个很好的假设。我们需要
考虑备选方案，对比不同设计方案。我们还需要构建灵活性，以便随着应用程序的上

下文的发展而进行更改。

将复杂对象映射到整洁的 JSON 字典是很常见的。出于这个原因，Classifier Web
应用程序使用字典。我们还可以将 CSV 数据解析为字典。使用字典的想法提供了一种
CSV、Python 和 JSON 的大统一。我们将首先使用 CSV 格式，然后介绍一些序列化的
替代方法，例如 JSON。

9.5.1　CSV 格式设计

我们可以用 csv 模块读/写文件。**CSV** 表示 **Comma-Separated Values**，最初用来
从电子表格中导入和导出数据。

CSV 格式包含多行，每一行是一个字符串序列。它就是这么简单，它也有一定的
限制。

这里的"comma"（逗号）代表了一种角色，而不是固定的字符。它的作用是分开
一行数据中的多个列。在大部分情况下，我们直接使用英文逗号","，但也可以用其
他字符，常见的是制表符（tab），写作"\t"或"\x09"。

一行的结尾通常是回车换行符（CRLF），写作"\r\n"或者\x0d\x0a。在 macOS
x 和 Linux 上，也可以在行尾使用单个换行符\n。再次声明，这只是一种角色，也可
以用其他字符。

为了在列数据中使用逗号，可以把数据引起来，通常把列数据用英文双引号"包裹
起来。在描述 CSV 方言时，也可以指定不同的引号字符。

因为 CSV 数据只是字符串序列，所以对数据含义的解析需要程序自己处理。比如，
在 TrainingSample 类中，load()方法中包含如下处理代码：

```
test = TestingKnownSample(
    species=row["species"],
    sepal_length=float(row["sepal_length"]),
    sepal_width=float(row["sepal_width"]),
    petal_length=float(row["petal_length"]),
    petal_width=float(row["petal_width"]),
)
```

load()方法从每行中提取特定的列值，使用转换函数 float()从文本构建 Python 对象，然后使用所有属性值构建结果对象。

有两种消费（和生成）CSV 格式数据的方法。我们可以把每一行当作一个字典，或者把每一行作为简单的字符串列表。我们会学习这两种方法，看看它们是否适用于我们的案例学习。

9.5.2　CSV 字典阅读器

我们可以将 CSV 文件作为字符串序列或字典来读取。当我们将文件作为字符串序列读取时，对列标题没有特殊规定。我们需要自己管理具有特定属性的列的详细信息。这可能会有点儿麻烦，但有时是必要的。

我们也可以读取 CSV 文件，把每一行当作一个字典。我们可以提供 key 的序列，或者文件的第一行可以提供 key。后者比较常见，因为文件的第一行代表列标题会比较清晰易读。

我们在案例学习中一直在查看 Bezdek Iris 数据。Kaggle 的仓库中也有这份数据（链接 26），这份数据还可以在 UCI 网站（链接 27）上找到。UCI 机器学习仓库文件 **bezdekIris.data** 中没有包含列标题，因为列标题在另一个独立文件 **iris.names** 中。

这个 **iris.names** 文件包含很多信息，下面是文档第 7 节的内容：

```
7. Attribute Information:
   1. sepal length in cm
   2. sepal width in cm
   3. petal length in cm
   4. petal width in cm
   5. class:
      -- Iris Setosa
      -- Iris Versicolour
      -- Iris Virginica
```

这里给出了数据中 5 列的含义。把元数据和样本数据分开不是很方便，但我们可以把这一信息复制到代码中加以利用。

我们将把这一信息用在鸢尾花的阅读器类中：

```python
class CSVIrisReader:
    """
    Attribute Information:
        1. sepal length in cm
        2. sepal width in cm
        3. petal length in cm
        4. petal width in cm
        5. class:
            -- Iris Setosa
            -- Iris Versicolour
            -- Iris Virginica
    """

    header = [
        "sepal_length", # 单位是厘米
        "sepal_width", # 单位是厘米
        "petal_length", # 单位是厘米
        "petal_width", # 单位是厘米
        "species", # Iris-setosa, Iris-versicolour, Iris-virginica
    ]

    def __init__(self, source: Path) -> None:
        self.source = source

    def data_iter(self) -> Iterator[dict[str, str]]:
        with self.source.open() as source_file:
            reader = csv.DictReader(source_file, self.header)
            yield from reader
```

我们把文档转换成了列名序列。这个转换不是随机的，而是和 KnownSample 类的属性名称相对应的。

在相对简单的应用程序中，只有一个数据源，因此类的属性名称和 CSV 文件的列名很容易对应起来。情况并非总是如此。在某些问题域中，数据可能有多种不同的名

称和格式。我们可能会选择适合当前情况的属性名称，而不是简单地使用输入文件中的列名。

data_iter()方法的名称告诉我们它是一个多数据项的迭代器。它的类型提示（Iterator[Dict[str, str]]）也确认了这一点。这个函数使用 yield from 从 CSV 的 DictReader 对象中读取行数据，返回给客户端进程。

这是一种从 CSV 中读取行的"惰性"方式，只有当别的对象请求的时候，才会读取一行。迭代器就像一个使用看板技术的工厂——它根据需求准备数据。这不会读取整个文件，创建一个巨大的字典列表。相反，迭代器会根据需要一次生成一个字典。

一种从迭代器中读取数据的方法是使用内置的 list()函数。我们可以这样使用这个类：

```
>>> from model import CSVIrisReader
>>> from pathlib import Path
>>> test_data = Path.cwd().parent/"bezdekIris.data"
>>> rdr = CSVIrisReader(test_data)
>>> samples = list(rdr.data_iter())
>>> len(samples)
150
>>> samples[0]
{'sepal_length': '5.1', 'sepal_width': '3.5', 'petal_length': '1.4',
'petal_width': '0.2', 'species': 'Iris-setosa'}
```

CSV 的 DictReader 产生了一个字典。我们通过 self.header 值提供了字典的 key。另一种方式是用文件的第一行作为 key。但我们这个文件的第一行不包含列标题，所以我们提供了列标题。

data_iter()方法为调用它的类或函数产生了行数据。在这个示例中，list()函数消费这些数据。正如所料，数据集有 150 行。我们展示了第一行数据。

注意，属性值是字符串。当读取 CSV 文件时，所有的输入值都是字符串。我们的程序必须把字符串转换成 float 值，以便用于创建 KnownSample 对象。

另一种消费数据的方法是使用 for 循环语句。TrainingData 的 load()方法就是这么做的。它使用如下代码：

```python
def load(self, raw_data_iter: Iterator[Dict[str, str]]) -> None:
    for n, row in enumerate(raw_data_iter):
        ... more processing here
```

我们将 IrisReader 对象与该对象结合起来以加载数据。示例如下：

```python
>>> training_data = TrainingData("besdekIris")
>>> rdr = CSVIrisReader(test_data)
>>> training_data.load(rdr.data_iter())
```

load()方法将消费 data_iter()方法产生的数据。数据的加载需要这两个对象的协作。

把 CSV 数据当作字典使用非常方便。为了展示其他方案，我们接下来看一个使用非字典的 CSV 阅读器。

9.5.3　CSV 列表阅读器

非字典的 CSV 阅读器为每一行生成一个字符串列表。但这不是我们的 TrainingData 的 load()集合方法所期望的。

我们有两种方法来满足 load()方法的要求：

1. 把包含列的列表转换成字典。

2. 修改 load()方法以使用固定顺序的值列表。不幸的是，这会使 TrainingData 类的 load()方法和一个特定的文件布局绑定。或者，我们不得不对输入值重新排序，以满足 load()方法的顺序要求。这么做就像创建一个字典一样复杂。

创建字典似乎相对容易些。这样，load()方法可以处理列布局中与我们的初始期望不同的数据。

下面是 CSVIrisReader_2 类，它使用 csv.reader()读取文件，然后根据 iris.names 文件中的属性信息创建字典。

```python
class CSVIrisReader_2:
```

```
    """
    Attribute Information:
        1. sepal length in cm
        2. sepal width in cm
        3. petal length in cm
        4. petal width in cm
        5. class:
            -- Iris Setosa
            -- Iris Versicolour
            -- Iris Virginica
    """

    def __init__(self, source: Path) -> None:
        self.source = source

    def data_iter(self) -> Iterator[dict[str, str]]:
        with self.source.open() as source_file:
            reader = csv.reader(source_file)
            for row in reader:
                yield dict(
                    sepal_length=row[0], # in cm
                    sepal_width=row[1], # in cm
                    petal_length=row[2], # in cm
                    petal_width=row[3], # in cm
                    species=row[4] # 类字符串
                )
```

data_iter()方法产生了一个字典对象。for-with-yield 和 yield from 的作用相同。当我们用 yield from X，就相当于：

```
for item in X:
    yield item
```

在我们的程序中，非字典阅读器读取输入行，创建字典。与 csv.DictReader 类相比，这似乎没有任何优势。

另一个可选方案是 JSON 序列化。我们将研究如何将本章中展示的技术应用到我们的案例学习数据中。

9.5.4　JSON 序列化

JSON 格式可用于序列化常用的 Python 对象，包括：

- None
- 布尔值
- 浮点数和整数
- 字符串
- 可兼容对象列表
- 以字符串 key 和可兼容对象作为值的字典

可兼容对象可以包含嵌套结构。列表中可以包含字典，字典中也可以包含字典，这样的嵌套结构使得 JSON 可以表达非常复杂的数据。

我们可以用一个理论上的（但无效的）类型提示，如下所示：

```
JSON = Union[
    None, bool, int, float, str, List['JSON'], Dict[str, 'JSON']
]
```

mypy 并不直接支持这个类型提示，因为它涉及递归引用：JSON 类型的定义用到了 JSON 类型。这个类型提示可以作为一个有用的概念框架，有助于理解我们可以用 JSON 表示法表示的内容。实际上，我们经常使用 Dict[str, Any] 来描述 JSON 对象，忽略可能存在的其他结构的细节。但是，当知道字典的 key 类型时，我们可以更具体一点儿。我们将在稍后再讨论这一点。

使用 JSON 表示法，我们的数据看起来如下：

```
[
  {
    "sepal_length": 5.1,
    "sepal_width": 3.5,
    "petal_length": 1.4,
    "petal_width": 0.2,
    "species": "Iris-setosa"
```

```
    },
    {
      "sepal_length": 4.9,
      "sepal_width": 3.0,
      "petal_length": 1.4,
      "petal_width": 0.2,
      "species": "Iris-setosa"
    },
```

注意，数字值不需要使用引号。如果其中有小数点，数字值会被转换成浮点数，否则被转换成整数。

json.org 标准要求一个文件中只能包含一个最外层的 JSON 对象。这鼓励我们使用嵌套了字典的列表结构。文件的结构可以用如下类型提示表示：

JSON_Samples = List[Dict[str, Union[float, str]]]

整个文件是一个列表，它包含了一系列字典。字典的 key 是字符串，value 是浮点数或字符串。

前面提到过，我们可以更加明确地指定字典的 key 类型。在这种情况下，我们希望将我们的应用程序限制为使用特定的字典 key。通过使用 typing.TypedDict 类型提示，我们可以更精确一些：

```
class SampleDict(TypedDict):
    sepal_length: float
    sepal_width: float
    petal_length: float
    petal_width: float
    species: str
```

这展示了所期望的结构，对 *mypy*（和阅读代码的人）会很有帮助。我们甚至可以添加 total=True 来断言以上定义包含了所有有效的 key，以防止添加其他的 key。

然而，TypedDict 类型提示并不会真的确认 JSON 文档的内容是否符合要求。记住，*mypy* 只做静态语法检查，不会影响程序的实际运行。要检查 JSON 文档的结构，我们需要比 Python 类型提示更好的处理方式。

下面是我们的 JSON 阅读器类的定义：

```python
class JSONIrisReader:
    def __init__(self, source: Path) -> None:
        self.source = source

    def data_iter(self) -> Iterator[SampleDict]:
        with self.source.open() as source_file:
            sample_list = json.load(source_file)
        yield from iter(sample_list)
```

我们打开源文件并加载了包含字典的列表对象。然后，我们可以通过遍历这个列表来生成单个的样本字典。

这中间有一个隐藏成本。我们将学习用换行符分隔的 JSON（对标准版本进行修改）如何帮助减少内存的使用。

9.5.5 用换行符分隔的 JSON

对于包含大量对象的集合，把一个巨大的列表一开始就读入内存并不理想。ndjson.org 描述的"用换行符分隔"的 JSON 格式提供了一种将大量单独的 JSON 文档放入单个文件的方法。

文件看起来如下：

```
{"sepal_length": 5.0, "sepal_width": 3.3, "petal_length": 1.4, "petal_
width": 0.2, "species": "Iris-setosa"}
{"sepal_length": 7.0, "sepal_width": 3.2, "petal_length": 4.7, "petal_
width": 1.4, "species": "Iris-versicolor"}
```

注意，文件中没有用总体的[]来创建列表。每个单独的样本必须在文件的同一物理行。

这导致我们处理文档序列的方式略有不同：

```python
class NDJSONIrisReader:
    def __init__(self, source: Path) -> None:
```

```
        self.source = source

    def data_iter(self) -> Iterator[SampleDict]:
        with self.source.open() as source_file:
            for line in source_file:
                sample = json.loads(line)
                yield sample
```

我们读取文件的每一行，用 `json.loads()` 把这行字符串解析成样本字典。接口是相同的：`Iterator[SampleDict]`。生成迭代器的技术是用换行符分隔的 JSON 所独有的。

9.5.6　JSON 验证

我们提到过，*mypy* 的类型提示并不能确保 JSON 文档以任何方式符合我们的期望。有一个 Python 的第三方库可以实现这个目的。`jsonschema` 包让我们可以提供一个 JSON 文档说明书，然后确认文档是否符合要求。

我们需要安装一个额外的库用于验证：

```
python -m pip install jsonschema
```

不像 *mypy* 类型提示，JSON 模式验证是一种运行时检查。这意味着使用该验证会让我们的程序变慢。它还可以帮助诊断包含细微错误的 JSON 文档。（可参考链接 28。）这正在朝着标准化的方向发展，并且有多种版本的合规性检查可供使用。

我们将专注于用换行符分隔的 JSON。这意味着我们需要为更大的文档集合中的每个样本文档创建一个模式。当收到一批未知样本进行分类时，这种额外的验证可能是有用的。在做任何事情之前，我们希望确保样本文档具有正确的属性。

JSON 模式文档也是用 JSON 写的。它包含一些元数据，帮助澄清文档的含义和作用。使用 JSON 模式定义创建 Python 字典通常会更容易一些。

下面是鸢尾花中单个样本的模式定义：

```
IRIS_SCHEMA = {
```

```
"$schema": "https://**********.org/draft/2019-09/hyper-schema①",
"title": "Iris Data Schema",
"description": "Schema of Bezdek Iris data",
"type": "object",
"properties": {
    "sepal_length": {
        "type": "number", "description": "Sepal Length in cm"},
    "sepal_width": {
        "type": "number", "description": "Sepal Width in cm"},
    "petal_length": {
        "type": "number", "description": "Petal Length in cm"},
    "petal_width": {
        "type": "number", "description": "Petal Width in cm"},
    "species": {
        "type": "string",
        "description": "class",
        "enum": [
            "Iris-setosa", "Iris-versicolor", "Iris-virginica"],
    },
},
"required": [
"sepal_length", "sepal_width", "petal_length", "petal_width"],
}
```

每个样本都是一个对象，在 JSON 模式中就是包含 key 和 value 的字典。对象的属性是字典的 key。每个属性都有数据类型，在上面的示例中是 number。我们可以提供额外的细节，比如数值的范围。我们提供了从 iris.names 文件中获取的描述。

对于 species 属性，我们枚举了所有有效字符串值。这有助于更好地确认数据是否符合我们的期望。

我们使用这个模式来创建一个 jsonschema 验证器，并使用它检查每个样本。扩展后的类如下：

---

① 可参考链接 29。

```python
class ValidatingNDJSONIrisReader:
    def __init__(self, source: Path, schema: dict[str, Any]) -> None:
        self.source = source
        self.validator = jsonschema.Draft7Validator(schema)

    def data_iter(self) -> Iterator[SampleDict]:
        with self.source.open() as source_file:
            for line in source_file:
                sample = json.loads(line)
                if self.validator.is_valid(sample):
                    yield sample
                else:
                    print(f"Invalid: {sample}")
```

我们在带有模式定义的 `__init__()` 方法中接收额外的参数。我们用它创建了 Validator 实例，用于验证每个文档。

`data_iter()` 方法使用 validator 的 `is_valid()` 方法来只处理通过 JSON 模式验证的样本，只返回合法的样本。如果样本不合法，会打印一句提示并忽略它。我们使用 `print()` 函数打印输出。好一点儿的方法是使用 `file=sys.stderr` 关键字参数来将输出定向到错误输出。更好的方法是，使用 `logging` 包将错误消息写入日志。

注意，我们现在有两个定义相似但独立的类用于从原始数据创建 Sample 实例：

1. `SampleDict` 类型提示描述了我们期望的 Python 对象的中间数据结构。它可以应用于 CSV 和 JSON 数据，也总结了 `TraingData` 类的 `load()` 方法与各种阅读器之间的关系。

2. JSON 模式也描述了期望的内部数据结构。它描述的不是 Python 对象，而是 Python 对象序列化后的 JSON 结构。

对于非常简单的情况，这两种对数据的描述显得多余。然而，在更复杂的情况下，这两者会发生分歧，外部模式、中间结果和最终类定义之间相当复杂的转换是 Python 应用程序的一个共同特性。发生这种情况是因为，有多种方法可以序列化 Python 对象。我们需要足够灵活，以使用各种有用的表示形式。

9.6　回顾

本章要点：

- 将字符串编码为字节和将字节解码为字符串的方法。虽然一些较老的字符编码（如 ASCII）对字节和字符的处理方式相同，但这会导致混淆。Python 文本可以是任何 Unicode 字符，Python 字节是 0 ~ 255 范围内的数字。
- 字符串格式化使我们能够创建包含模板和动态变量的字符串对象。这适用于 Python 中的很多情况。一种是为人们创建可读的输出，但我们可以使用 f-string 和字符串 format()方法在任何地方创建复杂的字符串。
- 我们使用正则表达式来分解复杂的字符串。实际上，正则表达式与花哨的字符串格式化程序相反。正则表达式很难将我们匹配的字符与提供额外匹配规则的"元字符"分开，规则有重复、多选一等。
- 我们查看了几种序列化数据的方法，包括 pickle、CSV 和 JSON 等。还有其他的格式，如 YAML 等，它们和 JSON、pickle 很像，所以我们没有详细介绍它们。其他序列化方法，比如 XML 和 HTML，就要复杂得多，这不是我们要讲的内容。

9.7　练习

本章涉及很多主题，从字符串到正则表达式，再到对象序列化和反序列化。现在，让我们考虑如何将这些内容应用到你自己的代码中。

Python 的字符串非常灵活，而且 Python 也是处理字符串非常有效的工具。如果在你的日常工作中不经常需要处理字符串，那就试着设计一个只用于操作字符串的工具。试着更具创意一些，如果想不出来，可以考虑写一个 Web 日志分析器（每小时有多少次访问？多少人访问了超过 5 个页面？）或者是模板工具，用其他文件的内容替换模板中特定的变量名。

多尝试字符串格式化运算符，直到你记住这些语法。写一些模板字符串和对象，将对象传入格式化函数，观察输出结果。尝试更多格式化运算符，例如百分比和十六进制标识符。尝试填充和对齐运算符，看看它们对于整数、字符串和浮点数有何不同。自己写一个类并实现 __format__()方法，我们之前没有讨论太多细节，不过可以探索一下如何自定义格式化。

确定你理解了 bytes 对象和 str 对象的区别。Python 的规范字节显示方式看起来像一个字符串，可能会造成混淆。唯一复杂一点儿的地方就是，要清楚如何及何时在两者之间进行转换。作为练习，向一个为写 bytes 对象打开的文件中写入文本数据（你需要自己对文本进行编码），然后从同一文件中读取内容。

用 bytearray 做一些练习。看看它是如何既能像 bytes 对象一样操作也能像列表或容器对象一样操作的。试着写一个缓存，用字节数组保存数据，直到达到特定长度之后再返回。可以使用 time.sleep 调用来模拟代码使数据传入缓存，以避免太快地涌入过多的数据。

在线学习正则表达式。学习更多相关内容，尤其是命名分组、贪婪匹配和懒匹配的区别，以及正则标志，这是 3 个我们没有在本章讲解的特性。能够清楚地决定何时不该使用正则表达式。很多人对于正则表达式有强烈的感觉，有的拒绝使用，有的过度使用。试着说服自己只在合适的时候使用正则表达式，并找出什么时候才是合适的。

如果你写过从文件或数据库中载入少量数据并将其转化成对象的适配器，考虑是否能使用 pickle 模块。pickle 对于存储大量数据来说可能效率不高，但是对于加载配置或其他简单对象还是非常有用的。尝试以下几种方式：使用 pickle、文本文件或小数据库。你觉得哪个最容易使用？

使用 pickle 序列化数据，修改存储数据的类，然后将序列化数据加载到新类中。哪些情况可以这么用，哪些情况不可以？对类做一些重大调整，例如重命名属性或者将一个属性分为两个新的属性，这样做后是否还能从老的 pickle 文件中读取数据？（提示：为每个对象添加私有的 pickle 版本号，并在每次修改类之后更新它，你可以将处理版本变化的代码放在 __setstate__()中）。

如果你做过 Web 开发，JSON 序列化会很重要。坚持使用标准的 JSON 序列化对象可以简化事情，而不用自己写编码器或 `object_hooks`，不过设计也依赖于对象的复杂性和传入的对象状态。

在案例学习中，我们使用 JSON 模式验证 JSON 文件的合法性。它也可以用于从 CSV 格式的文件中读取的行。这是一个可以处理两种常见格式的强大工具组合。它有助于应用严格的验证规则，确保每行数据都符合程序的期望。尝试一下它如何工作，请修改 `CSVIrisReader` 类，以添加基于 JSON 模式的数据行验证。

9.8　总结

在本章中，我们学习了字符串操作、正则表达式，以及对象的序列化。硬编码的字符串和程序中的变量可以通过强大的字符串格式化系统组合到一起并输出。区分二进制数据和文本数据是非常重要的，必须理解 `bytes` 和 `str` 的特定意义。它们都是不可变的，不过 `bytearray` 类型可用于修改字节。

正则表达式是一个复杂的主题，我们只学习了一些皮毛。有很多序列化 Python 数据的方法，pickle 和 JSON 是其中最流行的两种。

在第 10 章中，我们将学习一种 Python 编程中非常基本的设计模式：迭代器模式，Python 为其提供了特殊的语法支持。

第 10 章

迭代器模式

我们已经讨论了许多 Python 的内置插件和常用写法，乍一看，似乎与面向对象的原则格格不入，但实际上却是通过真实对象实现的。在本章中，我们将讨论 for 循环，它看起来是如此结构化，但实际上是一套面向对象原则的轻量级封装。我们还将看到这个语法的各种扩展，它们可以自动创建更多类型的对象。

本章将涉及以下主题：

- 什么是设计模式。
- 迭代器协议——最强大的设计模式之一。
- 列表、集合和字典的理解能力。
- 生成器函数，以及它们如何建立在其他模式之上。

本章的案例学习将重新审视把样本数据划分为测试子集和训练子集的算法，看看迭代器设计模式如何适用于这部分问题。

我们将首先概述什么是设计模式以及为什么其如此重要。

10.1 设计模式简介

当工程师和建筑师决定建造一座桥，或一座塔，或一座建筑时，他们会遵循某些原则，以确保结构的完整性。桥梁有各种可能的设计（例如，悬挂式的和悬臂式的），但如果工程师不使用标准设计之一，也没有出色的新设计，他们设计的桥梁很可能会倒塌。

设计模式是将这种正确设计结构的正式定义引入软件工程的一种尝试。有许多不同的设计模式可解决不同的一般问题。设计模式的应用是为了解决开发人员在一些特定情况下所面临的共同问题。设计模式是面向对象设计中对问题的理想解决方案的建议。一个模式的核心是，它在独特的环境中经常被重复使用。一个聪明的解决方案是一个好主意。两个类似的解决方案可能是一个巧合。三次或更多次重复使用同一个想法，它就开始看起来像一个重复的模式。

然而，了解设计模式并选择在我们的软件中使用它们，并不能保证我们创造的是一个正确的解决方案。1907 年，魁北克大桥（至今仍是世界上最长的悬臂桥，仅有不到 1 千米长）在建设完成之前就倒塌了，因为设计它的工程师严重低估了建造它的钢材的重量。同样地，在软件开发中，我们可能会错误地选择或应用一种设计模式，而创造出在正常操作情况下或当压力超过其最初设计极限时就会崩溃的软件。

任何一种设计模式都是一组对象以特定的方式进行交互，以解决一个通用的问题。程序员的工作是认识到他们所面临的问题的特点，然后选择并调整一般的模式来满足他们的具体需求。

在本章中，我们将深入研究迭代器模式。这种模式是如此强大和普遍，以至于 Python 开发者提供了多种语法来访问该模式背后的面向对象原则。我们将在接下来的两章中介绍其他设计模式。其中有些有语言支持，有些没有，但没有一个像迭代器模式这样成为 Python 程序员日常生活不可或缺的一部分。

10.2　迭代器

在典型的设计模式术语中，**迭代器**是一个具有 next()方法和 done()方法的对象；如果序列中没有剩余的条目，后者返回 True。在一个没有内置迭代器支持的编程语言中，迭代器将被这样使用：

```python
while not iterator.done():
    item = iterator.next()
    # 使用 item 做一些事
```

在 Python 中，迭代在很多语言特性中都有用到，所以这个方法得到一个特殊的名称__next__。这个方法可以使用内置的 next(iterator)访问。Python 的迭代器协议没有使用 done()方法，而是抛出了 StopIteration 异常来通知客户端迭代器已经完成。最后，我们用更易读的 for item in iterator:语法来访问迭代器中的对象，而不是用 while 语句。让我们更详细地看一下这些用法。

迭代器协议

collections.abc 模块中的 Iterator 抽象基类，定义了 Python 中的迭代器协议。这个定义也被 typing 模块所引用，以提供合适的类型提示。从根本上，任何 Collection 类的定义都必须是可迭代。成为可迭代意味着实现了一个__iter__()方法，这个方法创建了一个 Iterator 对象。可迭代对象的抽象如图 10.1 所示。

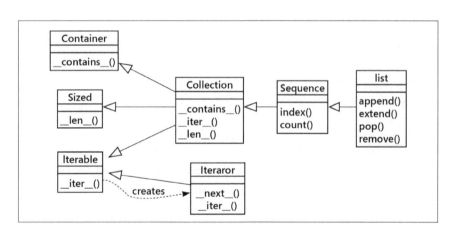

图 10.1　可迭代对象的抽象

如前所述，一个 Iterator 类必须定义一个__next__()方法，for 语句（和其他支持迭代的功能）可以调用这个方法来从序列中获得一个新元素。此外，每个 Iterator 类都必须满足 Iterable 接口。这意味着一个 Iterator 也将提供一个__iter__()方法。

这听起来可能有点儿混乱，所以请看下面的示例。请注意，这是一个解决这个问题的非常冗长的方法。它解释了迭代和有关的两个协议，我们将在本章后面看几个更可读的方法来获得这个效果。

```
from typing import Iterable, Iterator
```

```
class CapitalIterable(Iterable[str]):
    def __init__(self, string: str) -> None:
        self.string = string

    def __iter__(self) -> Iterator[str]:
        return CapitalIterator(self.string)

class CapitalIterator(Iterator[str]):
    def __init__(self, string: str) -> None:
        self.words = [w.capitalize() for w in string.split()]
        self.index = 0

    def __next__(self) -> str:
        if self.index == len(self.words):
            raise StopIteration()

        word = self.words[self.index]
        self.index += 1
        return word
```

这个示例定义了一个 CapitalIterable 类，它的工作是循环处理一个字符串中的每个单词，并将它们以第一个字母大写的形式输出。我们通过使用 Iterable[str] 类型提示作为超类来澄清这一点，以明确我们的意图。这个迭代器类的大部分工作都被委托给 CapitalIterator 实现。与这个迭代器交互的一种方式如下：

```
>>> iterable = CapitalIterable('the quick brown fox jumps over the lazy
dog')
>>> iterator = iter(iterable)
>>> while True:
...     try:
...         print(next(iterator))
...     except StopIteration:
...         break
...
The
```

```
Quick
Brown
Fox
Jumps
Over
The
Lazy
Dog
```

这个示例首先构造了一个迭代器，把它分配给一个变量，这个变量的名称很无聊，叫作 iterable。然后它从 iterable 对象中获取一个 CapitalIterator 实例。可能需要解释一下：iterable 对象是一个具有可被迭代元素的对象。通常情况下，这些元素可以被多次循环，甚至可以在同一时间或在重叠的代码中循环。另外，迭代器代表了该 iterable 对象中的一个特定位置；有些元素已被消费，而有些还没有。两个不同的迭代器可能在单词列表中的位置不同，但任何一个迭代器只能标记一个位置。[①]

每次在迭代器上调用 next() 时，它都会从迭代器中依次返回下一个元素，并更新其内部状态以指向下一个元素。最终，迭代器将被耗尽（没有更多的元素可以返回）。在这种情况下，将引发一个 StopIteration 异常，从而 while 循环结束。

Python 有一个更简单的语法来从可迭代对象中构造一个迭代器：

```
>>> for i in iterable:
...     print(i)
...
The
Quick
Brown
Fox
Jumps
Over
The
```

---

① 麦叔注：如果把 iterable 对象简单假设为一个数组，数组可以被循环。而 Iterator 是用于循环数组的指针。同一个数组可以被多次循环，每次循环都会重新创建指针，也就相当于 Iterator。

Lazy

Dog

正如你所看到的，尽管 for 语句看起来不是面向对象的，但实际上其是一些基本的面向对象设计原则的简便写法。在我们讨论推导式时，请记住这一点，因为它们看起来与面向对象的工具截然相反。然而，它们使用与 for 语句相同的迭代协议，是另一种简单写法。

Python 中的可迭代类的数量是很多的。字符串、元组和列表都是可迭代的，我们不会感到惊讶。显然，一个集合必须是可迭代的，虽然元素的顺序可能难以预测。当迭代字典时，默认是迭代它的 key，字典也有其他的迭代器。文件迭代器会迭代文件中的每一行。正则表达式有一个方法 finditer()，它是一个迭代器，在它能找到的每个匹配子串的实例上迭代。Path.glob()方法将遍历一个目录中的匹配项。range()对象也是一个迭代器。你会明白的，任何即使是类似于集合的东西都会支持某种迭代器。

10.3　推导式

推导式是一种简单而强大的语法，它允许我们只用一行代码就能转换或过滤一个可迭代的对象。结果对象可以是一个完全正常的列表、集合或字典，也可以是一个生成器表达式。生成器表达式每次只在内存中保留一个元素，因此占用更少的内存。

10.3.1　列表推导式

列表推导式是 Python 中最强大的工具之一，所以人们倾向于认为它们是高级内容。其实不然。事实上，我们已经在以前的示例中使用了推导式，假设你懂。虽然高级程序员确实经常使用推导式，但这并不是因为它们很高级，而是因为推导式是 Python 的基础，它可以处理应用软件中许多最常见的操作。

让我们来看看这些最常见的操作之一：把一个项目的列表转换成一个相关项目的列表。具体来说，我们假设刚刚从一个文件中读取了一个字符串列表，现在我们想把它转换成一个整数列表。我们知道列表中的每一项都是整数，我们想对这些数字进行一些操作（比如，计算平均值）。这里有一个简单的方法：

```
>>> input_strings = ["1", "5", "28", "131", "3"]

>>> output_integers = []
>>> for num in input_strings:
...     output_integers.append(int(num))
```

这很好用，而且只有 3 行代码。但如果你知道了推导式，你可能会认为以上代码其实很笨重！现在，看一下使用列表推导式的相同代码：

```
>>> output_integers = [int(num) for num in input_strings]
```

我们只用了一行代码，重要的是，为了提高性能，我们不会对每个元素都调用列表的 append()方法。总的来说，即使你不习惯于推导式语法，也很容易理解这行代码。

方括号一如既往地表示我们正在创建一个列表。在这个列表中，有一个 for 子句，它对输入序列中的每个元素进行迭代。唯一令人困惑的是，在列表的开头括号和 for 语句的开始之间发生了什么。这里提供的任何表达式都被应用于输入列表中的每个元素，for 子句中的元素通过变量 num 引用。因此，这个表达式将 int()函数应用于每个元素，并将结果整数存储在新的列表中。

从术语上讲，我们称其为**映射**。我们正在应用结果表达式，即本例中的 int(num)，映射源可迭代列表中的值，从而创建一个结果可迭代列表。

这就是基本列表推导式的全部内容。推导式是高度优化的，当处理大量的元素时，它比 for 语句快得多。如果使用得当，它们也更具可读性。这就是广泛使用它们的两个令人信服的理由。

将一个项目列表转换为一个相关的列表并不是列表推导式唯一可以做的事情。我们还可以通过在推导式中添加一个 if 语句来排除某些值。我们称其为 "**过滤器**"（**Filter**）。我们来看一下：

```
>>> output_integers = [int(num) for num in input_strings if len(num) < 3]
>>> output_integers
```

```
[1, 5, 28, 3]
```

这个示例和上一个示例的本质区别在于 `if len(num) < 3` 子句。这个额外的代码排除了任何超过两个字符的字符串。`if` 子句在 `int()` 函数**之前**应用于每个元素，所以它是在测试一个字符串的长度。由于我们的输入字符串本质上都是整数，所以它排除了任何超过 99 的数字。

列表推导式可以用来将输入值映射到输出值，应用一个过滤器来包括或排除任何满足特定条件的值。很多算法都涉及映射和过滤操作。

任何可迭代的东西都可以成为列表推导式的输入。换句话说，任何可以用 for 语句遍历的东西都可以作为推导式的来源。

例如，文本文件是可迭代的，在文件的迭代器上每调用一次 `__next__()` 就会返回该文件的某一行。我们可以通过在列表推导式的 `for` 子句中使用打开的文本文件来检查文本文件的行数。然后我们可以使用 `if` 子句来提取有趣的文本行。下面这个示例查找测试文件中的某些行：

```
>>> from pathlib import Path
>>> source_path = Path('src') / 'iterator_protocol.py'
>>> with source_path.open() as source:
...     examples = [line.rstrip()
...         for line in source
...         if ">>>" in line]
```

在这个示例中，我们特意添加了一些空格，以使推导式更易读（列表推导式不一定要在一个物理行上，尽管逻辑上它们是同一行）。这个示例创建了一个包含 ">>>" 提示符的行的列表。">>>" 的出现表明在这个文件中可能有一个 doctest 的示例。每一行都应用了 `rstrip()` 来删除尾部的空白，比如迭代器返回的每一行文本的结尾的 \n。由此产生的列表对象 examples，包含可以在代码中找到的测试案例。（这没有 doctest 自己的解析器那么聪明。）

让我们扩展这个示例，为结果行添加行号。这是一个常见的要求，内置的 `enumerate()` 函数可以帮助我们将一个数字与迭代器提供的每个元素配对：

```
>>> with source_path.open() as source:
```

```
...     examples = [(number, line.rstrip())
...         for number, line in enumerate(source, start=1)
...         if ">>>" in line]
```

enumerate()函数接收一个可迭代对象，返回一个由数字和原始元素的元组组成的可迭代序列。如果该行通过了我们的 ">>>" 测试，我们将创建一个由数字和清理过的文本组成的二元组。我们完成了一些复杂的处理——实际上就一行代码。从本质上讲，它是一个过滤器和一个映射。首先，它从源文件中提取元组，然后通过 if 子句对这些行执行过滤操作，执行(number, line.rstrip())表达式以创建结果元组。最后，将其全部收集到一个列表对象中。这种"迭代—过滤—映射—收集"的模式推动了列表推导式的广泛应用。

10.3.2　集合和字典推导式

推导式并不局限于列表。我们也可以使用类似的语法，用大括号来创建集合和字典。让我们从集合开始。创建集合的一种方法是用 set()构造方法把一个列表推导式转换为一个集合。但是，当我们可以直接创建一个集合时，为什么要在一个被丢弃的中间列表上浪费内存呢？

下面是一个示例，它使用一个命名元组来模拟作者/标题/流派三要素，然后检索出一个包含所有以特定流派写作的作者的集合：

```
>>> from typing import NamedTuple
>>> class Book(NamedTuple):
...     author: str
...     title: str
...     genre: str
>>> books = [
...     Book("Pratchett", "Nightwatch", "fantasy"),
...     Book("Pratchett", "Thief Of Time", "fantasy"),
...     Book("Le Guin", "The Dispossessed", "scifi"),
...     Book("Le Guin", "A Wizard Of Earthsea", "fantasy"),
...     Book("Jemisin", "The Broken Earth", "fantasy"),
...     Book("Turner", "The Thief", "fantasy"),
...     Book("Phillips", "Preston Diamond", "western"),
```

```
...      Book("Phillips", "Twice Upon A Time", "scifi"),
... ]
```

我们已经定义了一个小型的 book 类实例库。我们可以从这些对象中的每一个使用集合推导式创建一个集合。它看起来很像列表推导式，但使用的是{}而不是[]：

```
>>> fantasy_authors = {b.author for b in books if b.genre == "fantasy"}
```

与前面的列表定义相比，集合推导式肯定很短！如果我们使用列表推导式，Terry Pratchett 会出现两次。集合的不重复特性消除了重复的部分，我们最终得到了以下结果：

```
>>> fantasy_authors
{'Pratchett', 'Le Guin', 'Turner', 'Jemisin'}
```

请注意，集合元素没有特定的顺序，所以你的输出可能与这个示例不同。出于测试的目的，我们有时会设置 PYTHONHASHSEED 环境变量来强加一个顺序。这引入了一个微小的安全漏洞，所以它只适用于测试。

仍然使用大括号，我们可以引入冒号，使用 key:value 对，这就成了字典推导式。例如，如果我们知道书名，那么在字典中快速查找作者或流派可能很有用。我们可以使用字典推导式来将标题映射到 books 对象：

```
fantasy_titles = {b.title: b for b in books if b.genre == "fantasy"}
```

现在，我们有了一个字典，可以使用正常的语法 fantasy_titles['Nightwatch']，按书名查找各图书。我们已经从一个低性能的序列中创建了一个高性能的索引。

综上所述，推导式不是高级 Python 功能，也不是颠覆面向对象编程的功能。它们是一种更简单的语法，用于从现有的可迭代数据源中创建一个列表、集合或字典。

10.3.3　生成器表达式

有时我们想处理一个新序列，但不想把整个列表、集合或字典加载到系统内存中。如果我们一次只迭代一个元素，而实际上并不关心是否有一个完整的容器（如列表或字典）被创建，那么容器就是一种内存浪费。当一次处理一个元素时，我们只需要任何时刻内存中可用的当前对象。但是当我们创建一个容器时，所有的对象都必须在我们开始处理它们之前就存储在该容器中。

例如，考虑一个处理日志文件的程序。一个非常简单的日志可能包含这种格式的信息：

```
Apr 05, 2021 20:03:29 DEBUG This is a debugging message.
Apr 05, 2021 20:03:41 INFO This is an information method.
Apr 05, 2021 20:03:53 WARNING This is a warning. It could be serious.
Apr 05, 2021 20:03:59 WARNING Another warning sent.
Apr 05, 2021 20:04:05 INFO Here's some information.
Apr 05, 2021 20:04:17 DEBUG Debug messages are only useful if you want
to figure something out.
Apr 05, 2021 20:04:29 INFO Information is usually harmless, but
helpful.
Apr 05, 2021 20:04:35 WARNING Warnings should be heeded.
Apr 05, 2021 20:04:41 WARNING Watch for warnings.
```

流行的 Web 服务器、数据库或电子邮件服务器的日志文件可能包含很多数据（GB 量级的数据，甚至作者之一曾经不得不从某个系统中清理近 2TB 的日志）。如果我们想处理日志中的每一行，我们就不能使用列表推导式，它将创建一个包含文件中每一行的列表。这可能无法在内存中实现，而且可能会使计算机陷入崩溃。

如果我们在日志文件上使用 for 语句，我们可以在将下一行读入内存之前一次处理一行。如果我们可以使用推导式语法来获得同样的效果，那不是很好吗？

这就是生成器表达式的作用。它们使用与推导式相同的语法，但它们不创建一个最终的容器对象。我们称它们为 **lazy**，它们只有在被调用时才产生值。要创建一个生成器表达式，用()代替[]或{}就可以了。

下面的代码解析了前面介绍的格式的日志文件，并输出一个只包含警告行的新日志文件：

```
>>> from pathlib import Path

>>> full_log_path = Path.cwd() / "data" / "sample.log"
```

```
>>> warning_log_path = Path.cwd() / "data" / "warnings.log"

>>> with full_log_path.open() as source:
...     warning_lines = (line for line in source if "WARN" in line)
...     with warning_log_path.open('w') as target:
...         for line in warning_lines:
...             target.write(line)
```

我们已经打开了 `sample.log` 文件，这个文件可能太大，无法放入内存。一个生成器表达式将过滤出这些警告（在这种情况下，它使用 `if` 语法，并不修改该行）。这是一个 lazy 表达式，在我们使用它的输出之前，它并不真正做任何事情。我们可以将另一个文件作为子集并打开。最后的 `for` 语句遍历 `warning_lines` 生成器中的每一行。在任何时候都不会将整个日志文件读入内存，处理过程是一次一行进行的。

如果我们在我们的样本文件上运行它，产生的结果文件 `warning.log` 看起来像这样：

```
Apr 05, 2021 20:03:53 WARNING This is a warning. It could be serious.
Apr 05, 2021 20:03:59 WARNING Another warning sent.
Apr 05, 2021 20:04:35 WARNING Warnings should be heeded.
Apr 05, 2021 20:04:41 WARNING Watch for warnings.
```

当然，对于一个简短的输入文件，我们可以安全地使用一个列表推导式，在内存中执行所有的处理。当文件长达数百万行时，生成器表达式将对内存和速度产生巨大影响。

 推导式的核心是生成器表达式。用 [] 包裹生成器可以创建一个列表。用 {} 包裹生成器可以创建一个集合。使用 {} 和 : 来分隔键和值，可以创建一个字典。用 () 包裹生成器，仍然是一个生成器表达式，而不是一个元组。

生成器表达式通常在函数调用中最有用。例如，我们可以在生成器表达式上调用 `sum`、`min` 或 `max`，而不是列表，因为这些函数一次处理一个对象。我们只对聚合结果感兴趣，而不对任何中间容器感兴趣。

一般来说，在各个选项中，只要有可能就应该使用生成器表达式。如果我们实际上不需要一个列表、集合或字典，而只需要对一个序列中的项目进行过滤或应用映射，那么生成器表达式将是最有效的。如果我们需要知道一个列表的长度，或者对结果进行排序，删除重复的内容，或者创建一个字典，那我们就必须使用推导式语法并创建一个结果集合。

10.4　生成器函数

生成器函数体现了生成器表达式的基本特征，它是对推导式的概括。生成器函数的语法看起来比我们所见过的任何东西都更不面向对象，但是我们会再次发现，它是创建一种迭代器对象的语法快捷方式。它可以帮助我们按照标准的迭代器—过滤器—映射模式处理序列。

让我们把日志文件的示例再往深推一点儿。如果我们想把日志分解成几列，我们就必须在映射步骤中做一个更重要的转换。这将涉及一个正则表达式来寻找时间戳、严重程度和整个消息。我们看一下这个问题的一些解决方案，以展示如何应用生成器和生成器函数来创建我们想要的对象：

下面是一个完全没有使用生成器表达式的版本：

```python
import csv
import re
from pathlib import Path
from typing import Match, cast


def extract_and_parse_1(
        full_log_path: Path, warning_log_path: Path
)-> None:
    with warning_log_path.open("w") as target:
        writer = csv.writer(target, delimiter="\t")
        pattern = re.compile(r"(\w\w\w \d\d, \d\d\d\d \d\d:\d\d:\d\d) (\w+) (.*)")
        with full_log_path.open() as source:
            for line in source:
                if "WARN" in line:
                    line_groups = cast(Match[str], pattern.match(line)).groups()
                    writer.writerow(line_groups)
```

我们定义了一个正则表达式来匹配 3 个组：

- 复杂的日期字符串（\w\w\w \d\d, \d\d\d\d \d\d:\d\d:\d\d），它是"2021 年 4 月 5 日 20:04:41"这样的字符串的概括。
- 严重程度（\w+），它会匹配一连串的字母、数字或下画线。这将与 INFO 和 DEBUG 等词相匹配。
- 一个可选的信息（.*），它将收集一直到行尾的所有字符。

这个模式被赋值给 pattern 变量。作为一个替代方案，我们也可以使用 split(' ') 将该行分解成由空格分隔的单词：前 4 个单词是日期，下一个单词是严重程度，所有剩余的单词是消息。这并不像定义正则表达式那样灵活。

将该行分解为组，包括两个步骤。首先，我们将 pattern.match() 应用于文本行，创建一个 Match 对象。然后，我们询问 Match 对象，寻找匹配的组的序列。我们有一个 cast(Match[str], pattern.match(line)) 来告诉 *mypy*，每一行都将创建一个 Match 对象。re.match() 的类型提示是 Optional[Match]，因为它在没有匹配时返回一个 None。我们使用 cast() 来声明每一行都会匹配，如果不匹配，我们希望这个函数抛出一个异常。

这个深度嵌套的函数看起来是可维护的，但在这么少的行中有这么多的缩进有点儿难看。特别需要注意，如果文件中有一些不规则的东西，而我们想处理 pattern.match(line) 返回 None 的情况，就必须加入另一个 if 语句，导致更深层次的嵌套。深度嵌套的条件处理会导致语句的执行条件变得很难理解。

读者必须在头脑中整合前面所有的 if 语句，找出条件。这可能会成为一个问题。

现在，我们来看一个没有使用任何捷径，真正面向对象的解决方案：

```python
import csv
import re
from pathlib import Path
from typing import Match, cast, Iterator, Tuple, TextIO

class WarningReformat(Iterator[Tuple[str, ...]]):
    pattern = re.compile(
```

```
        r"(\w\w\w \d\d, \d\d\d\d \d\d:\d\d:\d\d) (\w+) (.*)")

    def __init__(self, source: TextIO) -> None:
        self.insequence = source

    def __iter__(self) -> Iterator[tuple[str, ...]]:
        return self

    def __next__(self) -> tuple[str, ...]:
        line = self.insequence.readline()
        while line and "WARN" not in line:
            line = self.insequence.readline()
        if not line:
            raise StopIteration
        else:
            return tuple(
                cast(Match[str],
                    self.pattern.match(line)
                ).groups()
            )

def extract_and_parse_2(
        full_log_path: Path, warning_log_path: Path
    ) -> None:
    with warning_log_path.open("w") as target:
        writer = csv.writer(target, delimiter="\t")
        with full_log_path.open() as source:
            filter_reformat = WarningReformat(source)
            for line_groups in filter_reformat:
                writer.writerow(line_groups)
```

我们定义了一个正式的 WarningReformat 迭代器，它返回包含日期、警告和消息的三元组。我们使用了 tuple[str, …]的类型提示，因为它与 self.pattern.match (line).groups()表达式的输出相匹配：它是一个字符串序列，对有多少个字符串没有约束。迭代器是用 TextIO 对象初始化的，这是一个类似于文件的对象，也有一个 readline()方法。

这个__next__()方法从文件中读取行数，丢弃任何不是警告的行。当遇到一个警告行时，我们对其进行解析，并返回包含 3 个字符串的三元组。

extract_and_parse_2()函数在 for 语句中使用 WarningReformat 类的一个实例，这将重复调用__next__()方法来处理下一个警告行。当所有警告行处理完成时，WarningReformat 类会引发一个 StopIteration 异常，告诉函数语句我们已经完成了迭代。与其他的示例相比，它是相当丑陋的，但它也是强大的。现在，我们手中有一个类，我们可以用它做任何我们想做的事情。

有了这个背景，我们终于可以看清生成器的原理。下一个示例和上一个示例做的事情完全一样：它创建了一个具有__next__()方法的对象，当输入用完时，会引发 StopIteration 异常：

```python
from __future__ import annotations
import csv
import re
from pathlib import Path
from typing import Match, cast, Iterator, Iterable


def warnings_filter(
        source: Iterable[str]
) -> Iterator[tuple[str, ...]]:
    pattern = re.compile(
        r"(\w\w\w \d\d, \d\d\d\d \d\d:\d\d:\d\d) (\w+) (.*)")
    for line in source:
        if "WARN" in line:
            yield tuple(
                cast(Match[str], pattern.match(line)).groups())


def extract_and_parse_3(
        full_log_path: Path, warning_log_path: Path
) -> None:
    with warning_log_path.open("w") as target:
        writer = csv.writer(target, delimiter="\t")
        with full_log_path.open() as infile:
            filter = warnings_filter(infile)
```

```
    for line_groups in filter:
        writer.writerow(line_groups)
```

warning_filters()函数中的 yield 语句是生成器的关键。当 Python 在一个函数中看到 yield 语句时，它把这个函数封装在一个遵循 Iterator 协议的对象中，与我们前面示例中定义的类不一样。认为 yield 语句与 return 语句相似，它返回一行。然而，与 return 不同的是，该函数只被暂停。当它被再次调用时（通过 next()），它将从离开的地方开始——yield 语句之后的那一行——而不是从函数的开头。在这个示例中，yield 语句后没有任何行，所以它跳到 for 语句的下一个迭代中。由于 yield 语句位于 if 语句中，它只产生包含警告的行。

虽然看起来这只是一个循环函数，但它实际上是在创建一个特殊类型的对象，一个生成器对象：

```
>>> print(warnings_filter([]))
<generator object warnings_filter at 0xb728c6bc>
```

该函数所做的就是创建并返回一个生成器对象。在这个示例中，我们提供了一个空列表，并建立了一个生成器。这个生成器对象具有__iter__()和__next__()方法，就像我们在前面的示例中从一个类的定义中创建的那个对象。（对它使用 dir()内置函数，可以显示生成器的其他方法或属性。）每当__next__()方法被调用时，生成器就会运行这个函数，直到它发现一个 yield 语句。然后它暂停执行，保留当前的状态，并返回 yield 的值。下一次调用__next__()方法时，它将恢复状态，并从中断的地方继续执行。

迭代器函数几乎和迭代器表达式相同：

```
warnings_filter = (
    tuple(cast(Match[str], pattern.match(line)).groups())
    for line in source
    if "WARN" in line
)
```

我们可以看到这些不同的模式是如何对应的。生成器表达式有所有的语句元素，只是更加紧凑，而且顺序不同。生成器函数与生成器表达式如图 10.2 所示。

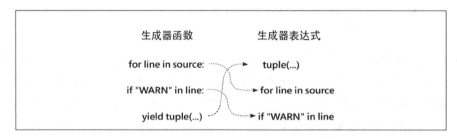

图 10.2　生成器函数与生成器表达式

所以说，推导式就是用[]或{}包裹的生成器，用来创建一个具体的对象。在某些情况下，将 list()、set()或 dict()作为一个生成器的封装是有意义的。当我们考虑用我们自己的定制集合来替换通用集合时，这很有帮助。我们只需把 list()改成 MySpecialContainer()就可以。

生成器表达式的优点是短，而且可以随时写在需要的地方。生成器函数有一个名称和参数，意味着它可以被重复使用。更重要的是，在逻辑复杂的情况下，生成器函数可以具备多个语句和更复杂的处理逻辑。从生成器表达式切换到生成器函数的一个常见原因是，要增加异常处理。

10.4.1　通过另一个可迭代对象产生元素

通常情况下，当我们建立一个生成器函数时，我们最终会遇到这样的情况：我们想从另一个可迭代对象中获取数据，可能是我们在生成器中构建的列表推导式或生成器表达式，或者是一些被传递到函数中的外部元素。我们将看看如何使用 yield from 语句来实现这个目的。

让我们对生成器的示例做一些调整，使其不再接收一个输入文件，而是接收一个目录的名称。我们的想法是保留现有的警告过滤器生成器，但调整使用它的函数的结构。我们将对迭代器的输入和结果进行操作；这样一来，无论日志行是来自文件、内存、网络还是来自其他迭代器的，都可以使用同一个函数。

这个版本的代码创建了一个新的 file_extract()生成器。在从 warning_filter() 生成器获得信息之前，它做了一些基本的设置：

```
def file_extract(
        path_iter: Iterable[Path]
) -> Iterator[tuple[str, ...]]:
    for path in path_iter:
        with path.open() as infile:
            yield from warnings_filter(infile)

def extract_and_parse_d(
        directory: Path, warning_log_path: Path) -> None:
    with warning_log_path.open("w") as target:
        writer = csv.writer(target, delimiter="\t")
        log_files = list(directory.glob("sample*.log"))
        for line_groups in file_extract(log_files):
            writer.writerow(line_groups)
```

我们的顶层函数 extract_and_parse_d()有一个微小的变化，即使用
file_extract()函数而不是打开一个文件并对一个文件应用 warning_filter()。
file_extract()生成器将从参数值中提供的所有文件产生所有的警告行。

在编写链式生成器时，yield from 语法是一个有用的捷径。

在这个示例中，最重要的是每个相关生成器的懒特性。看一下作为调用者的
extract_and_parse_d()函数运行时会发生什么：

1. 调用 file_extract(log_files)来进行客户端求值。因为这是在 for 语句中，
所以会执行__iter__()方法来求值。

2. file_extract()生成器从 path_iter 可迭代对象中获得一个迭代器，并使用
它来获得下一个 Path 实例。Path 对象用于创建文件对象。文件对象会被提供给
warnings_filter()生成器。

3. warnings_filter()生成器使用该文件的迭代器来读取行数，直到发现一个警
告行，并对其进行解析，产生一个元组。迭代器会读取最少的必要行数来发现这一行。

4. file_extract()生成器从 warnings_filter()生成器中产生，因此单个元组
被提供给最终调用者，即 extract_and_parse_d()函数。

5. extract_and_parse_d()函数将单个元组写入打开的 CSV 文件，然后获取另

一个元组。这个请求进入 file_extract()，它把需求推给 warnings_filter()，后者把需求推给一个打开的文件，提供一行行文本，直到找到一个警告行。

每个生成器都是懒惰（lazy）的，只提供一个响应，做最少的工作来产生结果。这意味着对包含大量巨型日志文件的目录的处理，只会涉及一个打开的日志文件和一个正在解析和处理的当前行。不管这些日志文件有多大，它们都不会占用内存。

我们已经看到了生成器函数如何向其他生成器函数提供数据。我们也可以用普通的生成器表达式来这样做。我们将对 warnings_filter()函数做一些小的修改，以展示如何创建一个生成器表达式的堆栈。

10.4.2　生成器堆栈

warnings_filter 的生成器函数（和生成器表达式）做了一个假设。使用 cast() 对 *mypy* 进行声明，这可能是一个糟糕的声明。下面是这个示例：

```
warnings_filter = (
    tuple(cast(Match[str], pattern.match(line)).groups())
    for line in source
    if "WARN" in line
)
```

使用 cast()声明 pattern.match()总会产生一个 Match[str]对象。这并不是一个很好的假设。有人可能会改变日志文件的格式以包含多行信息，这样我们的警告过滤器在每次遇到多行信息时都会崩溃。

下面是两条日志，第一条包含多行信息，会导致问题，第二条则没有问题：

```
Jan 26, 2015 11:26:01 INFO This is a multi-line information
message, with misleading content including WARNING
and it spans lines of the log file WARNING used in a confusing way
Jan 26, 2015 11:26:13 DEBUG Debug messages are only useful if you want
to figure something out.
```

第一行中包含 WARN 字样且包含多行信息，这将打破我们对包含 WARN 字样的行的假设。我们需要更谨慎地处理这个问题。

我们可以重写这个生成器表达式来创建一个生成器函数，并添加一个赋值语句（保存 Match 对象）和一个 if 语句来进一步分解过滤过程。我们还可以使用海象运算符:=来保存 Match 对象。

我们可以将生成器表达式重构为以下的生成器函数：

```python
def warnings_filter(source: Iterable[str]
) -> Iterator[Sequence[str]]:
    pattern = re.compile(r"(\w\w\w \d\d, \d\d\d\d \d\d:\d\d:\d\d) (\w+) (.*)")
    for line in source:
        if match := pattern.match(line):
            if "WARN" in match.group(2):
                yield match.groups()
```

正如上面所说，这种复杂的过滤会导致深度嵌套的 if 语句，这可能会产生难以理解的逻辑。在这种情况下，这两个条件还不是非常复杂。另一种方法是将其改为一系列的映射和过滤步骤，每个步骤都对输入进行了单独的、小的转换。我们可以将匹配和过滤分解为以下步骤：

- 使用 pattern.match()方法将源行映射到一个 Optional[Match[str]]对象。
- 过滤掉任何 None 对象，只传递好的 Match 对象，应用 groups()方法来创建一个 List[str]。
- 过滤掉非警告行，只传递警告行。

这些步骤中的每一步都是遵循标准模式的生成器表达式。我们可以把 warning_filter 表达式扩展为 3 个表达式的堆栈：

```python
possible_match_iter = (pattern.match(line) for line in source)
group_iter = (
    match.groups() for match in possible_match_iter if match)
warnings_filter = (
    group for group in group_iter if "WARN" in group[1])
```

当然，这些表达式是完全懒惰的。最后的 warnings_filter 使用了可迭代对象 group_iter。这个迭代器从另一个生成器 possible_match_iter 中获得匹配，该生成器从 source 对象中获得源文本行，这是一个可迭代的行来源。由于这些生成器中的每一个都是从另一个懒惰的迭代器中获取元素的，所以在这个过程的每个阶段，只有一行数据通过 if 子句和最终表达式子句被处理。

注意，我们可以利用周围的()将每个表达式分成多行。这可以帮助显示每个表达式中所体现的映射或过滤操作。

我们可以加入额外的处理，只要其符合这种基本的映射和过滤设计模式。在继续之前，我们要切换成一个稍微友好的正则表达式来定位日志文件中的行：

```
pattern = re.compile(
    r"(?P<dt>\w\w\w \d\d, \d\d\d\d \d\d:\d\d:\d\d)"
    r"\s+(?P<level>\w+)"
    r"\s+(?P<msg>.*)"
)
```

这个正则表达式被分解成 3 个相邻的字符串。Python 将自动拼接这些字符串。这个表达式使用了 3 个命名组。例如，日期-时间戳是第一组，这很难记住。()中的?P<dt>意味着 Match 对象的 groupdict()方法会使结果字典中包含 key 为 dt 的条目。随着增加更多处理步骤，我们需要更清楚地理解每一个中间结果。

图 10.3 展示了这个正则表达式的结构。

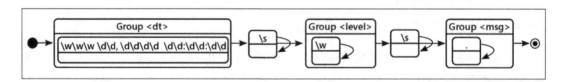

图 10.3　日志行处理正则表达式

让我们扩展这个示例，将日期-时间戳转换为另一种格式。这涉及从输入格式到所需输出格式的转换。我们可以一大步地做这件事，也可以分成多个小步骤做这件事。

这种分成多个步骤的方法使得增加或改变一个单独的步骤更容易，而不会破坏整个处理管道：

```
possible_match_iter = (
    pattern.match(line) for line in source)
```

```
group_iter = (
    match.groupdict() for match in possible_match_iter if match)
warnings_iter = (
    group for group in group_iter if "WARN" in group["level"])
dt_iter = (
    (
        datetime.datetime.strptime(g["dt"], "%b %d, %Y %H:%M:%S"),
        g["level"],
        g["msg"],
    )
    for g in warnings_iter
)
warnings_filter = (
    (g[0].isoformat(), g[1], g[2]) for g in dt_iter)
```

我们已经创建了两个额外的步骤。一个是解析输入时间以创建一个 Python datetime 对象；一个是将 datetime 对象格式化为 ISO 格式。把转换过程分解成小步骤，让我们把每个映射操作和每个过滤操作当作不连续的、独立的步骤。当创建这些更小的、更容易理解的步骤时，我们可以更灵活地执行增加、改变和删除操作。我们的想法是，把每个转换隔离成一个单独的对象，由一个生成器表达式来描述。

dt_iter 表达式的结果是一个匿名元组的可迭代对象。我们可以使用 NamedTuple 来让代码更清晰。关于 NamedTuple 的更多信息，可参考第 7 章。

我们还有一种方法可以创建这些转换步骤，使用内置的 map() 和 filter() 函数。这些函数提供了类似于生成器表达式的功能，使用了另一种稍有不同的语法：

```
possible_match_iter = map(pattern.match, source)
good_match_iter = filter(None, possible_match_iter)
group_iter = map(lambda m: m.groupdict(), good_match_iter)
warnings_iter = filter(lambda g: "WARN" in g["level"], group_iter)

dt_iter = map(
    lambda g: (
        datetime.datetime.strptime(g["dt"], "%b %d, %Y %H:%M:%S"),
        g["level"],
```

```
        g["msg"],
    ),
    warnings_iter,
)
warnings_filter = map(
    lambda g: (g[0].isoformat(), g[1], g[2]), dt_iter)
```

lambda 对象是匿名函数。每个 lambda 是一个可调用的对象，带有参数和一个单独的表达式。在 lambda 中没有名称，也没有语句。这个管道中的每个阶段都是一个离散的映射或过滤操作。虽然我们可以把映射和过滤合并成一个 map(lambda …, filter(lambda …, source))，但这可能难以理解，没能提供什么帮助。

possible_match_iter 对每一行应用 pattern.match()。good_match_iter 使用特殊的 filter(None, source)，接收非 None 对象，过滤掉 None 对象。group_iter 使用一个 lambda 对象对 good_match_iter 中的每个对象 m 调用 m.groups()。warnings_iter 将对 group_iter 的结果进行过滤，只保留警告行，丢掉其他行。dt_iter 和最后的 warnings_filter 表达式把源日期时间格式转换成通用的 datetime 对象，然后将 datetime 对象格式化为指定的字符串格式。

我们已经学习了一些处理复杂的映射-过滤问题的方法。我们可以写嵌套的 for 和 if 语句。我们可以创建显式的 Iterator 子类定义。我们可以使用包含 yield 语句的函数定义来创建基于迭代器的对象，它为我们提供了 Iterator 类的接口，而不用定义__iter__()和__next__()方法所需的冗长样板文件。此外，我们可以使用生成器表达式，甚至是推导式，在一些常见的情况下应用迭代器模式。

迭代器模式是 Python 编程的一个基本方面。每次处理一个集合时，我们都会在这些元素中进行迭代，我们都使用了一个迭代器。因为迭代是如此重要，所以有多种方法来解决这个问题。我们可以使用 for 语句、生成器函数、生成器表达式，还可以建立自己的迭代器类。

10.5　案例学习

Python 大量使用了迭代器和可迭代集合，每个 for 语句都隐含地使用了这一点。

当使用函数式编程技术时，比如生成器表达式，以及 map()、filter()和 reduce()
函数，我们在利用迭代器。

Python 有一个 itertools 模块，充满了额外的基于迭代器的设计模式。这是值得
研究的，因为它提供了许多使用内置构造方法的常用操作的示例。

在我们的案例学习中，我们可以在很多地方应用这些概念：

● 　将所有原始样本划分为测试子集和训练子集。

● 　通过对所有测试样本进行分类，测试一个特定的 k 和距离超参数集。

● 　KNN 算法本身及其如何从所有训练样本中定位 k 个最近邻。

这 3 个处理示例的共同点是每个示例的"for all"方面。我们将从侧面了解一下推
导式和生成器函数背后的数学知识。数学并不十分复杂，但下面的部分可以看作深入
的背景。在这段题外话之后，我们将使用迭代器的概念将数据划分为测试子集和训练
子集。

10.5.1　相关集合知识

从形式上看，我们可以用一个逻辑表达式来总结像分区、测试，甚至定位最近邻
这样的操作。一些开发者喜欢它的形式化，因为它可以帮助描述处理过程，而先不用
考虑具体的 Python 实现。

例如，这里是分区的基本规则。这涉及一个"for all"的条件，描述了一组样本元
素 S：

$$\forall s \in S \mid s \in R \vee s \in E$$

换句话说，对于可用样本 S 中的所有 s，s 的值要么在训练集 R 中，要么在测试集
E 中。这总结了数据成功划分的结果。它并没有直接描述一个算法，但是这个规则可
以帮助我们确定我们没有遗漏重要的东西。

我们也可以总结出一个测试的性能指标。召回率指标有一个由 $\sum$ 结构表示的"for
all"：

$$q = \sum_{e \in E} 1 \textbf{ if } \mathrm{knn}(e) = s(e) \textbf{ else } 0$$

质量分数 q 是测试集 E 中所有 e 的总和。如果 knn() 分类器与 e 的种类 $s(e)$ 相匹配，结果为 1，否则为 0。这可以很好地映射到一个 Python 生成器表达式。

KNN 算法的定义涉及更多的复杂性，我们可以把它看成一个分区问题。我们需要从一个包含一对数据的有序集合开始。这一对数据就是训练样本 r，以及它到未知样本 u 之间的距离，可被概括为 $d(u, r)$。正如我们在第 3 章中看到的，有许多方法可以计算这个距离。这需要针对训练样本 R 中的所有样本 r 进行计算：

$$\forall r \in R \,|\, \langle d(u,r), r \rangle$$

然后我们需要根据距离把样本分成两组 N 和 F（near 和 far），N 中的所有距离小于或等于 F 中的所有距离：

$$\forall n \in N \wedge f \in F \,|\, d(u,n) \leqslant d(u,f)$$

我们还要确保 N 集合中的元素数量等于 KNN 中的数字 k。

最终的公式表明计算中的一个有趣的细微差别。如果有超过 k 个具有相同距离度量的邻居，该怎么办？所有的等距训练样本都应该参与投票吗？或者我们应该随机选择正好 k 个等距样本？如果我们"随机"切分，那么在等距训练样本中选择的确切规则是什么？选择规则是否重要？这些可能是重要的问题，但它们不在本书的范围之内。

本章后面的示例使用了 sorted() 函数，它倾向于保留原始顺序。在等距样本中选择时，这是否会导致我们的分类器出现偏差？这也可能是一个重要的问题，而且也不在本书的讨论范围之内。

基于这些集合理论，我们可以利用常见的迭代器特性，解决分割数据和计算 k 个最近邻的算法。我们先在 Python 中实现分组算法。

10.5.2　多分区

我们的目标是分割测试数据和训练数据。然而，在这条路上有一个小小的障碍，叫作**重复数据删除**。分类器的整体质量依赖于测试集和训练集的独立性，这意味着我们需要避免重复的样本被分割到测试集和训练集中。我们在创建测试分区和训练分区之前，需要找到重复的样本。

我们不能轻易地将每个样本与所有其他样本进行比较。对于一个大样本集，这可能需要很长时间。一个由 1 万个样本组成的池子将导致 1 亿次的重复检查。这并不实际。相反，我们可以将我们的数据划分为子组，在这些子组中，所有样本的特征值可能是相等的。然后，从这些子组中，我们可以选择测试样本和训练样本。这可以让我们避免将每个样本与所有其他样本进行比较，以寻找重复的样本。

如果我们使用 Python 的内部散列值，我们可以创建可能包含相等数值的样本的桶。在 Python 中，如果样本是相等的，它们必须有相同的整数散列值。反之则不然：项目可能巧合地具有相同的散列值，但实际上可能不相等。

从形式上看，我们可以这样表示：

$$a = b \Rightarrow h(a) = h(b)$$

如果 Python 中两个对象 a 和 b 是相等的，那么它们的散列值 $h(x)$ 一定相等。但反过来则不是这样的。因为相等比较不仅仅判断散列值，也可能 $h(a) = h(b) \wedge a \neq b$。散列值可能是相同的，但底层对象并不相同。我们把它称为散列冲突。

继续这个想法，下面是对模的定义：

$$h(a) = h(b) \Rightarrow h(a) = h(b) \,(\mathrm{mod}\, m)$$

如果两个值相等，它们的模也相等。当我们想知道是否 a == b 时，可以测试 a % 2 == b % 2。如果两个数字都是奇数或都是偶数，那么 a 和 b 就有可能相等。如果一个数字是偶数，另一个是奇数，它们就不可能相等。

对于复杂的对象，我们可以用 hash(a) % m == hash(b) % m。如果这两个散列值对 m 的模是相等的，那么散列值可能是相等的，这两个对象 a 和 b 也可能是相等的。我们知道有可能几个对象的散列值相等，甚至更多对象的散列值对 m 的模相等。

虽然这并不能告诉我们两个元素是否相等，但这种技术将精确判断对象是否相等的问题限制在几个很小的池子里，而不是所有样本的整个集合中。如果我们避免拆分这些子组中的一个，就可以避免重复。

下面是 7 个样本，根据它们的散列值对 3 的模，将其分成 3 个子组。大多数子组都有可能相等的样本，但实际上并不相等。其中一组有一个真正重复的样本，如图 10.4 所示。

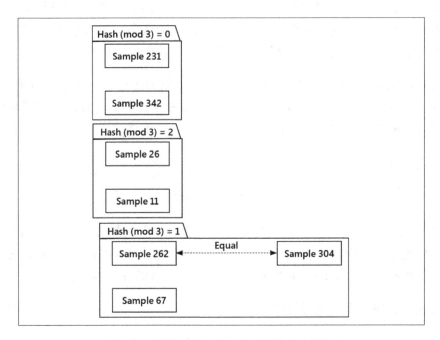

图 10.4　对样本数据进行分区以定位重复的数据

为了找到重复的样本，我们不需要将每个样本与其他 6 个样本进行比较。我们可以在每个子组中寻找并比较几个样本，看看它们是否刚好是重复的。

这种重复数据删除方法背后的想法是将整套样本分成 60 个桶，每个桶中的样本的散列值对 60 取模的结果相等。同一个桶中的样本可能是相等的，作为一个简单的权宜之计，我们可以将它们视为相等。不同桶中的样本有不同的散列值，不可能是相等的。

我们可以通过一次性使用整个桶的样本集来避免测试和训练中出现重复的样本。这样一来，重复的样本要么都是测试样本，要么都是训练样本，但绝不会同时出现在测试子集和训练子集中。

这里有一个分区函数，首先为样本创建 60 个独立的桶。然后，一部分桶被分配给测试，其余的被分配给训练。具体来说，60 个桶中的 12 个、15 个或 20 个桶约占总数的 20%、25%或 33%。下面是代码实现：

```
import itertools
from typing import DefaultDict, Iterator

ModuloDict = DefaultDict[int, List[KnownSample]]

def partition_2(
    samples: Iterable[KnownSample],
    training_rule: Callable[[int], bool]
) -> tuple[TrainingList, TestingList]:

    rule_multiple = 60
    partitions: ModuloDict = collections.defaultdict(list)
    for s in samples:
        partitions[hash(s) % rule_multiple].append(s)

    training_partitions: list[Iterator[TrainingKnownSample]] = []
    testing_partitions: list[Iterator[TestingKnownSample]] = []
    for i, p in enumerate(partitions.values()):
        if training_rule(i):
            training_partitions.append(
                TrainingKnownSample(s) for s in p)
        else:
            testing_partitions.append(
                TestingKnownSample(s) for s in p)

    training = list(itertools.chain(*training_partitions))
    testing = list(itertools.chain(*testing_partitions))
    return training, testing
```

这个分区过程有 3 个步骤：

1. 我们创建了 60 个单独的样本列表，这些样本——因为散列值是相等的——可能有重复的。我们把这些批次的样本放在一起，以避免分割重复的样本，这样它们只会出现在测试子集或训练子集中。

2. 我们建立两个迭代器的列表。每个列表都有一个桶的子集的迭代器。training_rule()函数被用来确保我们在测试子集中得到 12/60、15/60 或 20/60 的桶，其余的在训练子集中。由于这些迭代器中的每一个都是懒惰的，这些迭代器的列表可以用来积累样本。

3. 最后，我们使用 itertools.chain 来遍历一连串生成器的值。迭代器链将遍历各个单独的桶级迭代器中的样本，以创建两个最终的样本分区。

注意，ModuloDict 的类型提示定义了 DefaultDict 的一个子类型。它提供了一个 int 的 key，其 value 是一个 list[KnownSample]实例。我们提供这个被命名的类型是为了避免重复字典的定义。

itertools.chain()是一种相当聪明的迭代器，它使用来自其他迭代器的数据。这里有一个示例：

```
>>> p1 = range(1, 10, 2)
>>> p2 = range(2, 10, 2)
>>> itertools.chain(p1, p2)
<itertools.chain object at ...>

>>> list(itertools.chain(p1, p2))
[1, 3, 5, 7, 9, 2, 4, 6, 8]
```

我们创建了两个 range()对象 p1 和 p2。itertools.china()生成的链对象是一个迭代器，我们使用 list()函数来消费它所有的值。

上面的步骤会创建一个大的映射作为中间数据结构。它还创建了 60 个生成器，但这些生成器不需要太多内存。最后的两个列表包含对与分区字典相同的 Sample 对象的引用。好消息是这个映射是临时的，只在这个函数中存在。

这个函数也依赖于一个 training_rule()函数。这个函数的类型提示是 Callable[[int], bool]。给出一个分区的索引值（一个从 0 到 59 的值），我们可以把它分配给一个测试分区或训练分区。

我们可以使用不同的实现方式来达到 80%、75%或 66%的训练数据。比如：

```
lambda i: i % 4 != 0
```

上述 lambda 对象的分割结果是：75%用于训练，25%用于测试。

一旦我们对数据进行了分区，我们就可以使用迭代器对样本进行分类，并测试分类结果的质量。

10.5.3　测试

测试过程也可以被定义为一个高阶函数，一个接收函数作为参数值的函数。我们可以把测试工作总结为一个 map-reduce 问题。给定一个带 k 值的 Hyperparameter 和一个距离算法，我们需要使用一个迭代器来完成以下两个步骤：

- 一个函数对所有测试样本进行分类，如果分类正确，则将每个测试样本映射为 1，如果分类不正确，则映射为 0。这就是 map-reduce 的 map 部分。
- 一个函数通过计算实际分类样本长序列中的正确值计数来进行汇总。这就是 map-reduce 的 reduce 部分。

Python 为这些 map 和 reduce 操作提供了高级函数。这使得我们可以专注于 map 的细节，不用在数据的迭代上花费精力。

展望下一节，我们要重构 Hyperparameter 类，将分类算法分成一个单独的、独立的函数。我们将把分类函数变成在创建 Hyperparameter 类的实例时提供的一个**策略**，这样做意味着我们可以更容易地试验一些替代方案。我们将使用 3 种不同的方法来重构一个类。

下面的定义依赖于一个外部的分类函数：

```
Classifier = Callable[
    [int, DistanceFunc, TrainingList, AnySample], str]

class Hyperparameter(NamedTuple):
    k: int
```

```
distance_function: DistanceFunc
training_data: TrainingList
classifier: Classifier

def classify(self, unknown: AnySample) -> str:
    classifier = self.classifier
    return classifier(
        self.k, self.distance_function,
        self.training_data,
        unknown
    )

def test(self, testing: TestingList) -> int:
    classifier = self.classifier
    test_results = (
        ClassifiedKnownSample(
            t.sample,
            classifier(
                self.k, self.distance_function,
                self.training_data, t.sample
            ),
        )
        for t in testing
    )
    pass_fail = map(
        lambda t: (
            1 if t.sample.species == t.classification else 0),
        test_results
    )
    return sum(pass_fail)
```

test()方法使用两个映射（map）操作和一个还原（reduce）操作。首先，我们定义了一个生成器，它将把每个测试样本映射到一个 ClassifiedKnownSample 对象。这个对象有原始样本和分类的结果。

其次，我们定义了一个生成器，它将把每个 ClassifiedKnownSample 对象映射为

1（对于符合预期种类的测试）或 0（对于失败的测试）。这个生成器依赖于第一个生成器来提供数值。

实际的工作是求和：这需要使用第二个生成器的值。第二个生成器从第一个生成器中消费对象。这种技术可以在任何时候将内存中的数据量降到最低。它还将一个复杂的算法分解成两个独立的步骤，使我们能够在必要时进行修改。

这里也存在一个优化点，第二个生成器中 t.classification 的值可被改为 self.classify(t.sample.sample)。这样可以将其减少到一个生成器，并消除创建中间的 ClassifiedKnownSample 对象。

下面是测试操作的情况。我们可以使用距离算法函数 manhattan() 和分类函数 k_nn_1()建立一个 Hyperparameter 实例：

```
h = Hyperparameter(1, manhattan, training_data, k_nn_1)
h.test(testing_data)
```

我们将在接下来的两节中看一下各种分类器的实现。我们将从基础定义 k_nn_1() 开始，然后看一个基于 bisect 模块的定义。

10.5.4　基本的 KNN 算法

我们可以把 KNN 算法总结为以下步骤：

1. 创建一个列表，里面的元素是由距离和训练样本组成的元组。
2. 将列表按照升序排列。
3. 选取前 k 个元素，也就是最近的 k 个邻居。
4. 使用 k 个最近邻中出现最多的标签，给位置做标记。

它的实现如下：

```
class Measured(NamedTuple):
    distance: float
    sample: TrainingKnownSample


def k_nn_1(
```

```
    k: int, dist: DistanceFunc, training_data: TrainingList,
    unknown: AnySample
) -> str:
    distances = sorted(
        map(
            lambda t: Measured(dist(t, unknown), t), training_data
        )
    )
    k_nearest = distances[:k]
    k_frequencies: Counter[str] = collections.Counter(
        s.sample.sample.species for s in k_nearest
    )
    mode, fq = k_frequencies.most_common(1)[0]
    return mode
```

这挺清楚的，但它在 distinces 列表对象中积累了大量的距离值。实际上只有 k 个值是需要的。sorted()函数消费源生成器，并创建一个（可能是很大的）保存中间值的列表。

这个特定的 KNN 算法的高成本部分之一是，在计算完距离后对整个训练集进行排序。我们将其复杂性描述为一个 $O(n \log n)$操作。降低成本的一个方法是，避免对整个距离算法集进行排序。

步骤 1~3 可以被优化，只保留 k 个最小的距离值。我们可以通过使用 bisect 模块来定位排序后的列表中可以插入新值的位置。如果我们只保留小于列表中 k 个值的值，就可以避免冗长的排序。

10.5.5 使用 bisect 模块的 KNN

下面是 KNN 的另一种实现，它可以避免为所有距离算法进行排序：

1. 对每一个训练样本：

● 计算它和未知样本之间的距离。

● 如果距离大于到目前为止看到的 k 个最近邻，则丢弃新的距离。

- 否则，在 k 个值中找到一个位置，插入新的样本，且只保留列表中的前 k 个值。

2. 在 k 个最近邻中，统计不同结果值出现的频率。

3. 从 k 个最近邻中选择频率最高的标签，作为未知样本的标签。

如果我们在 k 个最近邻的列表中先加入浮点数无穷大，数学符号是 ∞，在 Python 中是 `float("inf")`，那么前几个计算的距离 d 将被保留，因为 $d < \infty$。在计算完最初的 k 个距离后，剩下的距离必须小于 k 个邻居的距离中的一个，才会被保留：

```python
def k_nn_b(
    k: int, dist: DistanceFunc, training_data: TrainingList,
    unknown: AnySample
) -> str:
    k_nearest = [
        Measured(float("inf"), cast(TrainingKnownSample, None))
        for _ in range(k)
    ]
    for t in training_data:
        t_dist = dist(t, unknown)
        if t_dist > k_nearest[-1].distance:
            continue
        new = Measured(t_dist, t)
        k_nearest.insert(bisect.bisect_left(k_nearest, new), new)
        k_nearest.pop(-1)
    k_frequencies: Counter[str] = collections.Counter(
        s.sample.sample.species for s in k_nearest
    )
    mode, fq = k_frequencies.most_common(1)[0]
    return mode
```

我们不是在一个大列表中给所有的距离排序，而是从一个小得多的列表中插入（和删除）一个距离。在计算完前 k 个距离后，这个算法涉及两种状态变化：一个新项目被插入 k 个最近邻中，而 k+1 个邻居中最远的一个被移除。虽然这并没有极大地改变整体的复杂性，但在一个只有 k 个元素的非常小的列表上执行这些操作时，效率要高很多。

10.5.6　使用 headq 模块的 KNN

我们又有了一个小技巧。我们可以使用 **heapq** 模块来维护一个已排序的列表。这让我们在每个元素被放入整个列表时实现排序操作。这并没有降低处理过程的总体复杂性，但它用可能成本更低的插入操作取代了插入和弹出操作。

从一个空列表开始，然后将元素插入列表中，确保（1）元素以一定的顺序排列，以及（2）列表头部的元素总是有最小的距离。堆队列算法可以保持队列大小的上限。只保留 k 个元素，这也会减少内存中所需的数据量。

我们可以从堆中弹出 k 个元素，这就是最近的 k 个邻居。

```python
def k_nn_q(
    k: int, dist: DistanceFunc, training_data: TrainingList,
    unknown: AnySample
) -> str:
    measured_iter = (
        Measured(dist(t, unknown), t) for t in training_data)
    k_nearest = heapq.nsmallest(k, measured_iter)
    k_frequencies: Counter[str] = collections.Counter(
        s.sample.sample.species for s in k_nearest
    )
    mode, fq = k_frequencies.most_common(1)[0]
    return mode
```

这既优雅又简单，但它的速度并不快。因为计算距离的成本超过了使用更先进的堆队列来减少被排序的元素数量所节省的成本。

10.5.7　结论

我们可以用一套训练数据和测试数据来对比这几种 KNN 算法。我们将使用如下方法：

```python
def test_classifier(
    training_data: List[TrainingKnownSample],
    testing_data: List[TestingKnownSample],
```

```
        classifier: Classifier) -> None:
    h = Hyperparameter(
        k=5,
        distance_function=manhattan,
        training_data=training_data,
        classifier=classifier)
    start = time.perf_counter()
    q = h.test(testing_data)
    end = time.perf_counter()
    print(
        f'| {classifier.__name__:10s} '
        f'| q={q:5}/{len(testing_data):5} '
        f'| {end-start:6.3f}s |')
```

我们创建了一个 Hyperparameter 实例，每个实例都有一个指定的 *k* 值和距离算法函数，以及特定的分类算法。我们可以执行 test()方法并显示所需时间。

下面的 main()函数可以使用上面的函数验证不同的分类器：

```
def main() -> None:
    test, train = a_lot_of_data(5_000)
    print("| algorithm | test quality | time |")
    print("|-----------|--------------|---------|")
    test_classifier(test, train, k_nn_1)
    test_classifier(test, train, k_nn_b)
    test_classifier(test, train, k_nn_q)
```

我们使用同样的数据集测试每个分类器。我们没有展示 a_lot_of_data()函数，它用于创建 TrainingKnownSample 和 TestingKnownSample 实例的列表。我们把这个任务留给读者做练习。

下面是对比这几种 KNN 算法的性能测试结果：

算　　法	测 试 质 量	时　　间
k_nn_1	q= 241/ 1000	6.553s
k_nn_b	q= 241/ 1000	3.992s
k_nn_q	q= 241/ 1000	5.294s

测试质量（test quality）是指正确测试用例的数量。这个数值很低，因为数据是完全随机的，如果我们的随机数据使用 4 个不同的种类名称，25%左右的正确分类率是符合预期的。

最初的分类算法 k_nn_1 是最慢的，这也符合预期。这也证明了对它的优化是有必要的。基于 bisect 的算法 k_nn_b 的性能最好，说明使用小列表比多次执行 bisect 操作的代价要大。使用 headq 的算法 k_nn_h 比最初的方案要快，但只快了 20%。

既要对算法的复杂性进行理论分析，又要用实际数据进行基准测试，这一点很重要。在花费时间和精力来提高性能之前，我们需要从基准分析开始，以确定我们在哪些方面可以实现有效的提高。同样重要的是，在试图优化性能之前，要确认处理过程是正确的。[①]

在某些情况下，我们需要对特定的函数，甚至是 Python 运算符进行详细的分析。timeit 模块在这里会提供帮助。我们可能需要做如下的事情：

```
>>> import timeit

>>> m = timeit.timeit(
...     "manhattan(d1, d2)",
...     """
... from model import Sample, KnownSample, TrainingKnownSample,
TestingKnownSample
... from model import manhattan, euclidean
... d1 = TrainingKnownSample(KnownSample(Sample(1, 2, 3, 4), "x"))
... d2 = KnownSample(Sample(2, 3, 4, 5), "y")
... """)
```

m 的计算值可以帮助我们对距离算法进行具体比较。timeit 模块在执行一些一次性操作（导入模块和创建样本数据等）后，将执行给定的语句 manhattan(d1, d2)。

迭代器既带来了性能提升，也可以让整体设计更清晰。这对我们的案例学习很有帮助，因为很多处理都是在大量的数据集合上进行迭代的。

---

① 麦叔注：先保证程序正确，再谈优化。优化之前，先测试比较基准，否则无从比较。

10.6 回顾

本章研究了一个在 Python 中似乎无处不在的设计模式，即迭代器模式。迭代器的概念是 Python 语言的基础，被广泛使用。

本章要点：

- 设计模式是我们在软件实现、设计和架构中用到的重复的好想法。一个好的设计模式有一个名称，以及它可以使用的环境。因为它只是一种模式，而不是可重用的代码，所以每次遵循该模式时，实施细节都会有所不同。
- Iterator 协议是最强大的设计模式之一，因为它提供了一种一致的方法来处理数据集合。我们可以把字符串、元组、列表、集合，甚至是文件，看作可迭代的集合。一个映射包含多个可迭代的集合，包括键、值和项（键值对）。
- 列表推导式、集合推导式和字典推导式是对如何从现有集合中创建新集合的简短而精练的总结。它们包括一个源迭代器、一个可选的过滤器及一个定义新集合中对象的最终表达式。
- 生成器函数建立在其他模式之上。它们让我们定义了具有映射（map）和过滤（filter）功能的可迭代对象。

10.7 练习

如果你在日常编码中不经常使用推导式，你首先应该做的是搜索一些现有的代码，找到一些 for 循环，看看其中任何一个是否可被简单地转换为一个列表推导式、集合推导式、字典推导式或生成器表达式。

测试一下列表推导式，看看它是否比 for 循环快。这可以通过内置的 timeit 模块来完成，可使用 timeit.timeit() 函数的帮助文档来了解如何使用它。基本上，写两个做同样事情的函数，一个使用列表推导式，一个使用 for 循环来遍历几千个对象。将每个函数传入 timeit.timeit，然后比较结果。如果你喜欢尝试，也可以比较生成器和生成器表达式。使用 timeit 测试代码可能会让人上瘾，但请记住，代码不需要超级快，除非它需要被执行非常多次，比如遍历一个巨大的输入列表或文件。

尝试一下生成器函数。从需要多个值的基本迭代器开始（数学序列是典型的示例；如果你想不出更好的办法，可以使用斐波那契数列）。试试一些更高级的生成器，让它们做一些事情，比如接收多个输入列表并以某种方式合并它们的值。生成器也可以用在文件上；你可以写一个简单的生成器来显示两个文件中相同的行吗？

扩展日志处理练习，用一个时间范围过滤器取代警告过滤器。例如，2015 年 1 月 26 日 11:25:46 和 2015 年 1 月 26 日 11:26:15 之间的所有消息。

一旦你能找到警告行或特定时间内的行，就可以把这两个过滤器结合起来，只选择给定时间内的警告。你可以在一个生成器中使用 and 条件，或者结合多个生成器，实际上是建立一个 and 条件。哪种方法似乎更能适应不断变化的需求呢？

当我们介绍类 WarningReformat(Iterator[Tuple[str, …]]):迭代器的示例时，我们做了一个可能不太好的设计决定。__init__()方法接收了一个打开的文件作为参数值，而 __next__()方法在这个文件上使用了 readline()。如果我们稍微改变一下，创建一个迭代器对象，并在另一个迭代器中使用呢？

```
def __init__(self, source: TextIO) -> None:
    self.insequence = iter(source)
```

如果改变一下设计，那么 __next__()可以使用 line = next(self.insequence)，而不是 line = self.insequence.readline()。从 object.readline() 切换到 next(object)，可以让代码更加通用。它是否改变了 extract_and_parse_2()函数的任何内容？它是否允许我们在使用 WarningReformat 迭代器的同时使用生成器表达式？

再往前走一步。将 WarningReformat 类重构为两个独立的类，一个用于警告的过滤器，另一个用于解析和重新格式化输入日志的每一行。使用这两个类的实例重写 extract_and_parse_2()函数，哪一个是"更好的"？你用什么指标来评价"更好"？

案例学习将 KNN 算法总结为一种计算距离值、排序和挑选 k 个最近邻的推导式。案例学习并没有过多地谈及将训练数据和测试数据分开的分区算法。这似乎也可以用一对列表推导式来解决。不过，这里有一个有趣的问题。我们想创建两个列表，只读一次源文件。这在列表推导式中并不容易做到。不过，可以看看 itertools 模块，找找可行的设计。具体来说，itertools.tee() 函数可以从一个来源创建多个可迭代对象。

请看 itertools 模块的 recipe 部分。如何使用 itertools.partition() 函数对数据进行分区？

10.8　总结

在本章中，我们了解到设计模式是有用的抽象，它为常见的编程问题提供了最佳实践方案。我们学习了第一个设计模式——迭代器模式，以及 Python 中大量使用和滥用这一模式的方法，以达到某种邪恶的目的。原始的迭代器模式是极其面向对象的，但它的实现需要相当冗长的代码。所以，Python 提供了内置语法，将这些复杂性抽象出来，给我们留下了一个干净的接口来使用这些面向对象的设计。

推导式和生成器表达式可以在一行中实现容器构造和迭代。生成器函数可以使用 yield 语法来创建。

在接下来的两章中，我们还将介绍一些设计模式。

第 11 章

通用设计模式

在第 11 章中，我们简要地了解了设计模式，并讨论了迭代器模式，这是一种非常有用和常见的模式，已被抽象为编程语言本身的核心。在本章中，我们将回顾其他常见的模式以及它们是如何在 Python 中实现的。与迭代一样，Python 通常提供了一种替代语法来简化这类问题的处理。我们将讨论这些模式的传统设计和 Python 版本。

本章将涉及以下主题：

- 装饰器模式。
- 观察者模式。
- 策略模式。
- 命令模式。
- 状态模式。
- 单例模式。

本章的案例学习将强调如何在距离算法中应用策略设计模式，以及如何利用抽象基类设计各种距离算法，并比较哪一个产生最好的结果。

本书中对模式的命名与《设计模式：可复用面向对象软件的基础》[1]一书中的实践保持一致。

我们将从装饰器模式开始。它用于将不同种类的功能组合到单个结果对象中。

---

① 麦叔注：这本书是设计模式的经典和奠基之作，非常推荐。

11.1　装饰器模式

装饰器模式允许我们用其他对象来封装提供核心功能的对象，以改变和增强原有对象的功能。经过装饰的对象和原有对象的使用方式将完全相同（装饰对象的接口与核心对象的接口相同）。

装饰器模式有两个主要用途：

● 　当一个组件向另一个组件发送数据时，增强该组件的响应。

● 　支持多种可选行为。

第二个用途通常是多重继承的合适替代方案。我们可以构造一个核心对象，然后创建一个封装该核心对象的装饰器。由于装饰器对象具有与核心对象相同的接口，我们甚至可以用其他装饰器封装新对象。下面是它在 UML 图中的样子，如图 11.1 所示。

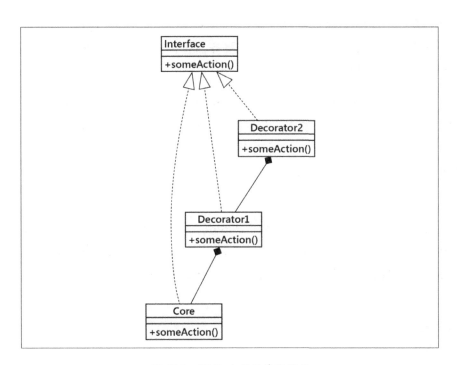

图 11.1　UML 中的装饰器模式

在图 11.1 中，**Core** 和所有的装饰器实现了同一个 **Interface**。虚线表示"实现"接口。装饰器通过组合来维护对该 **Interface** 核心实例的引用。当被调用时，装饰器在调用其封装的接口之前或之后做一些额外的处理。被封装的对象可能是另一个装饰器，或者核心功能。虽然多个装饰器可以互相封装，但最终的核心功能还是由这些装饰器链末尾的对象提供的。

重要的是，每一个装饰器都提供了一个共同特性的实现。目的是为核心对象提供各种装饰器的处理步骤的组合。装饰器通常很小，且是没有任何状态的函数定义。

在 Python 中，由于鸭子类型（duck typing），我们不需要用一个正式的抽象接口定义来形式化这些关系。确保类有匹配的方法就足够了。在某些情况下，我们可以定义一个 `typing.Protocol` 作为类型提示来帮助 *mypy* 对关系进行推理。

11.1.1 装饰器模式示例

我们来看一个网络编程的示例。我们希望构建一个提供一些数据的小型服务器程序和一个与该服务器交互的客户端程序。服务器将模拟掷骰子。客户端将发起请求，并等待包含一些随机数的答案。

这个示例中有两个进程，它们通过 TCP Socket 进行交互，这是一种在计算机系统之间传输字节的方式。Socket 由侦听连接的服务器创建。当客户端试图连接到 Socket 时，服务器必须接收新的连接，然后两个进程可以来回传递字节。对于这个示例，将有一个从客户端到服务器的请求和一个来自服务器的响应。HTTP 也是基于 TCP Socket 的，可以说互联网就是围绕它建立的。

客户端和服务器进程将使用 socket.send() 方法通过 Socket 传输一串字节。它们还将使用 socket.recv() 来接收字节。我们将从一个交互式服务器开始，它等待来自客户端的连接，然后响应请求。我们将这个模块称为 socket_server.py。大致的代码如下：

```
import contextlib
import socket

def main_1() -> None:
```

```
server = socket.socket(socket.AF_INET, socket.SOCK_STREAM)
server.bind(("localhost", 2401))
server.listen(1)
with contextlib.closing(server):
    while True:
        client, addr = server.accept()
        dice_response(client)
        client.close()
```

server 被绑定到一个公共 Socket，它使用随机选取的 2401 端口号。这是服务器监听连接请求的地方。当一个客户端试图连接到这个 Socket 时，会创建一个子 Socket，这样客户端和服务器就可以基于子 Socket 进行通信了，而公共 Socket 会空出来，用于接收新的连接。Web 服务器通常使用多线程来支持大量并发会话。我们没有使用线程，第二个客户端必须等到服务器处理完第一个客户端。就像一个有很多人在排队的咖啡店，但只有一个咖啡师在做浓浓的咖啡。

（注意，TCP/IP Socket 既有主机地址又有端口号。端口号必须大于 1023。端口号 1023 及以下是被保留的，需要特殊的操作系统权限。我们选择了 2401 端口号，因为它似乎没有用于其他任何用途。）

dice_response()函数完成了我们服务的所有实际工作。它接收 socket 参数，以便响应客户端。它通过客户端请求读取字节，创建响应，然后发送它。为了优雅地处理异常，dice_response()函数如下所示：

```
def dice_response(client: socket.socket) -> None:
    request = client.recv(1024)
    try:
        response = dice.dice_roller(request)
    except (ValueError, KeyError) as ex:
        response = repr(ex).encode("utf-8")
    client.send(response)
```

我们将另一个函数 dice_roller()封装在这个异常处理程序中。这是一种常见的模式，用于将错误处理等周边操作与计算掷骰子等实际业务操作分开：

```
import random
```

```
def dice_roller(request: bytes) -> bytes:
    request_text = request.decode("utf-8")
    numbers = [random.randint(1, 6) for _ in range(6)]
    response = f"{request_text} = {numbers}"
    return response.encode("utf-8")
```

这个函数并不复杂，它提供了一个随机数序列。我们将在本章后面对此进行扩展。

请注意，我们实际上并没有对来自客户端的 request 对象做任何事情。对于前几个示例，我们只是读取这些字节，先不使用它们。现在 request 变量只是一个占位符，它后面会变得复杂，用于存放掷骰子的数量和次数等信息。

我们可以利用装饰器模式来添加特性。装饰器将封装核心 dice_response()函数，该函数接收一个给定的可读/写 socket 对象作为参数，它可以利用 socket.send()和 socket.recv()等方法添加特性。注意这些接口，它们对我们正确地使用装饰器模式很重要。在添加装饰时，我们需要保留接口定义。

为了测试服务器，我们可以编写一个非常简单的客户端，它连接到以上端口，并在退出之前打印响应：

```
import socket

def main() -> None:
    server = socket.socket(socket.AF_INET, socket.SOCK_STREAM)
    server.connect(("localhost", 2401))
    count = input("How many rolls: ") or "1"
    pattern = input("Dice pattern nd6[dk+-]a: ") or "d6"
    command = f"Dice {count} {pattern}"
    server.send(command.encode("utf8"))
    response = server.recv(1024)
    print(response.decode("utf-8"))
    server.close()

if __name__ == "__main__":
    main()
```

这个客户端问了两个问题，用以创建一个看起来相当复杂的字符串 command，其中包含掷骰子的次数和掷骰子的模式。现在，服务器还没有使用这个命令。这是一个更复杂的掷骰子游戏的预告片。

要使用这两个独立的应用程序，请按照下列步骤操作：

1. 并排打开两个终端窗口。（将窗口标题更改为"客户端"和"服务器"会有所帮助。macOS 终端的用户可以使用 **shell 菜单**中的 **change title** 选项。Windows 用户可以使用 title 命令。）

2. 在服务器窗口中，启动服务器应用程序：

```
python src/socket_server.py
```

3. 在客户端窗口中，启动客户端应用程序：

```
python src/socket_client.py
```

4. 在客户端窗口中输入您对提示的响应。例如：

```
How many rolls: 2
```

```
Dice pattern nd6[dk+-]a: d6
```

5. 客户端将发送命令，读取响应，将其打印到控制台，然后退出。尽可能多次运行客户端，以获得掷骰子的序列。

结果如图 11.2 所示。

左边是服务器。我们启动了应用程序，它开始在端口 2401 上监听客户端。右边是客户端。每次我们运行客户端时，它都会连接到公共 Socket；连接操作创建了一个子 Socket，可用于后续的交互。客户端发送命令，服务器响应该命令，客户端打印该命令。

现在，回头看看我们的服务器代码，我们看到两个部分。dice_response()函数读取数据，并通过 socket 对象将数据发送回客户端。剩下的脚本负责创建 socket 对象。我们将创建一对装饰器来定制 Socket 行为，而不必扩展或修改 Socket 本身。

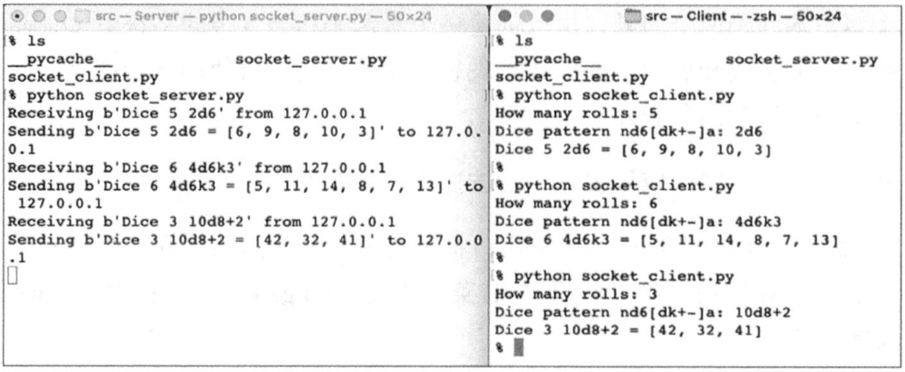

图 11.2　服务器和客户端

让我们从一个日志（*logging*）装饰器开始。该对象可以打印 Socket 来接收和发送的任何数据：

```python
class LogSocket:
    def __init__(self, socket: socket.socket) -> None:
        self.socket = socket

    def recv(self, count: int = 0) -> bytes:
        data = self.socket.recv(count)
        print(
            f"Receiving {data!r} from {self.socket.getpeername()[0]}"
        )
        return data

    def send(self, data: bytes) -> None:
        print(f"Sending {data!r} to {self.socket.getpeername()[0]}")
        self.socket.send(data)

    def close(self) -> None:
        self.socket.close()
```

这个类装饰一个 `socket` 对象，并向使用它的客户端提供 `send()`、`recv()`和 `close()`接口。一个更好的装饰器应该实现 `send()`的所有参数（它实际上接收一个可选的 `flags` 参数），但我们的示例就保持简单。每当在 LogSocket 类的实例上调用

send()时，它会在使用原始 Socket 向客户端发送数据之前将输出打印到屏幕上。类似地，对于 recv()，它读取并打印它接收到的数据。

我们只需修改原始代码中的一行，就可以使用这个装饰器。在调用 dice_response()函数时，传入经过 LogSocket 装饰的 Socket，而不是使用原始客户端 Socket：

```
def main_2() -> None:
    server = socket.socket(socket.AF_INET, socket.SOCK_STREAM)
    server.bind(("localhost", 2401))
    server.listen(1)
    with contextlib.closing(server):
        while True:
            client, addr = server.accept()
            logging_socket = cast(socket.socket, LogSocket(client))
            dice_response(logging_socket)
            client.close()
```

我们用 LogSocket 装饰了核心 socket。LogSocket 将打印数据，并调用它所装饰的 Socket 的相应方法。不用改变 dice_response()函数的代码，因为 LogSocket 实例的接口和普通 socket 对象是一样的。

注意，我们需要使用一个显式的 cast()来告诉 *mypy*，LogSocket 实例将提供一个与普通 socket 对象类似的接口。对于这样一个简单的示例，我们必须问自己为什么不扩展 socket 类并重写 send()方法。在我们记录之前，子类可以调用 super().send()和 super().recv()来执行实际的发送操作。装饰器比继承更有优势：装饰器可以在各种类继承关系中重用。在这个具体的小例子中，没有太多类似 Socket 的对象，所以重用的可能性是有限的。

如果我们将焦点转移到比 socket 对象更通用的东西上，我们就可以创建潜在的可重用装饰器。处理字符串或字节似乎比处理 socket 对象更常见。除了重用潜力，这种结构可以给我们带来一些灵活性。最初，我们将处理过程分解到一个 dice_response()函数中，该函数处理 Socket 的读/写，与处理字节的 dice_roller()函数分开。因为 dice_roller()函数使用请求发送的字节，并产生响应字节，所以向它扩展和添加特性会更简单一些。

我们可以设计一个相关联的装饰器家族。我们可以装饰已经装饰过的对象。这样可以通过组合方式来实现更多的灵活性。让我们重新设计日志装饰器，将重点放在字节请求和响应上，而不是 socket 对象上。下面的示例应该类似于前面的示例，但其中的一些代码被转移到了一个 __call__()方法中：

```python
Address = Tuple[str, int]


class LogRoller:
    def __init__(
            self,
            dice: Callable[[bytes], bytes],
            remote_addr: Address
    ) -> None:
        self.dice_roller = dice
        self.remote_addr = remote_addr

    def __call__(self, request: bytes) -> bytes:
        print(f"Receiving {request!r} from {self.remote_addr}")
        dice_roller = self.dice_roller
        response = dice_roller(request)
        print(f"Sending {response!r} to {self.remote_addr}")
        return response
```

下面是第二个装饰器，它对结果字节使用 gzip 压缩来压缩数据：

```python
import gzip
import io


class ZipRoller:
    def __init__(self, dice: Callable[[bytes], bytes]) -> None:
        self.dice_roller = dice

    def __call__(self, request: bytes) -> bytes:
        dice_roller = self.dice_roller
        response = dice_roller(request)
        buffer = io.BytesIO()
```

```
        with gzip.GzipFile(fileobj=buffer, mode="w") as zipfile:
            zipfile.write(response)
        return buffer.getvalue()
```

这个装饰器在将数据发送到客户端之前对其进行压缩。它装饰了一个底层的 dice_roller 对象，用于计算对请求的响应。

现在我们有了这两个装饰器，可以编写代码将一个装饰堆叠在另一个装饰之上：

```
def dice_response(client: socket.socket) -> None:
    request = client.recv(1024)
    try:
        remote_addr = client.getpeername()
        roller_1 = ZipRoller(dice.dice_roller)
        roller_2 = LogRoller(roller_1, remote_addr=remote_addr)
        response = roller_2(request)
    except (ValueError, KeyError) as ex:
        response = repr(ex).encode("utf-8")
    client.send(response)
```

这里的目的是将该应用程序的 3 个方面分开：

● 压缩生成的文档。

● 写日志。

● 做底层计算。

我们可以将 zip 或 logging 应用于任何处理接收和发送字节的类似应用程序。如果我们愿意，也可以让压缩操作成为一个动态选择。我们可以创建一个单独的配置文件来启用或禁用 GZip 特性。类似于以下内容：

```
if config.zip_feature:
    roller_1 = ZipRoller(dice.dice_roller)
else:
    roller_1 = dice.dice_roller
```

我们实现了一套动态的装饰。如果用多重继承的混入来实现以上功能，会非常混乱和难以理解！

11.1.2 Python 中的装饰器

装饰器模式在 Python 中很有用，但是还有其他选项。例如，我们可以使用猴子补丁——在运行时改变类定义——以获得类似的效果。例如，`socket.socket.send = log_send` 将改变内置 Socket 的工作方式。有时，令人惊讶的实现细节会使这变得非常复杂。单一继承可以是一种选择，在单一继承中，通过使用一堆 `if` 语句的大方法来完成可选的计算。多重继承也可以是一种选择，虽然它不适合前面看到的特定示例。

在 Python 中，在函数上使用这种模式是很常见的。正如我们在第 10 章看到的，函数也是对象。事实上，函数装饰是如此普遍，以至于 Python 提供了一种特殊的语法，使得将这种装饰器应用于函数变得很容易。

例如，我们可以从更通用的角度来看日志记录的示例。我们可能会发现，记录对某些函数或方法的所有调用都会有所帮助，而不是只记录 Socket 上的调用。下面的示例实现了一个装饰器来完成这一任务：

```python
from functools import wraps


def log_args(function: Callable[..., Any]) -> Callable[..., Any]:
    @wraps(function)
    def wrapped_function(*args: Any, **kwargs: Any) -> Any:
        print(f"Calling {function.__name__}(*{args}, **{kwargs})")
        result = function(*args, **kwargs)
        return result

    return wrapped_function
```

这个装饰器函数与我们之前探索的示例非常相似；在前面的示例中，装饰器采用了一个类似 Socket 的对象，并创建了一个类似 Socket 的对象。这一次，我们的装饰器接收一个函数对象并返回一个新的函数对象。我们已经提供了 `Callable[…, Any]`类型提示来声明任何函数都可以工作。该代码包含 3 个独立的任务：

- 一个函数 `log_args()`，它接收另一个函数 `function()`作为参数值。
- 这个函数（在内部）定义了一个名为 `wrapped_function` 的新函数，它在调用原始函数并从原始函数返回结果之前做了一些额外的工作。

- 从装饰器函数返回新的内部函数 wrapped_function()。

因为我们使用@wraps(function)，所以新函数将使用原始函数的名称，并复制原始函数的文档字符串。这避免了我们所装饰的所有函数都被命名为 wrapped_function。

以下示例函数演示了这个装饰器的用法：

```
def test1(a: int, b: int, c: int) -> float:
    return sum(range(a, b + 1)) / c
test1 = log_args(test1)
```

这个经过装饰的函数可以使用：

```
>>> test1(1, 9, 2)
Calling test1(*(1, 9, 2), **{})
22.5
```

这种语法允许我们动态地创建装饰过的函数对象，就像我们在 Socket 示例中所做的那样。如果我们没有把新对象赋值给原变量名，我们甚至可以为不同的情况保留原有函数和装饰过的函数。我们可以使用类似 test1_log = log_args(test1)的语句来创建 test1()函数的装饰版本，并将其命名为 test1_log()。

通常，这些装饰器是被永久应用到不同函数上的。在这种情况下，Python 支持一种特殊的语法，以便在定义函数时应用装饰器。我们已经在一些地方看到了这种语法；现在，让我们了解它是如何工作的。

我们可以使用@decorator 语法来一次性完成所有工作，而不是在方法的定义之后再应用装饰器函数：

```
@log_args
def test1(a: int, b: int, c: int) -> float:
    return sum(range(a, b + 1)) / c
```

这种语法的主要好处是，每当我们阅读函数定义时，都可以很容易地看到函数已被装饰。如果装饰器是后来应用的，阅读代码的人可能会忽略函数已被修改。回答诸如"为什么我的程序日志函数会调用控制台"的问题，会变得更加困难！然而，这种语法只能应用于我们自定义的函数，因为我们不能访问其他模块的源代码。如果我们需要装饰属于别人的第三方库的函数，我们必须使用前面那种语法。

Python 的装饰器也可以使用参数。标准库中最有用的装饰器之一是 functools.lru_cache。这个缓存的概念用于保存函数的计算结果，以避免重新计算。我们可以通过丢弃**最近最少使用的**（**LRU**）值来保持较小的缓存，而不是保存所有的参数和结果。例如，这里有一个计算过程很费时的函数：

```
>>> from math import factorial
>>> def binom(n: int, k: int) -> int:
...     return factorial(n) // (factorial(k) * factorial(n-k))

>>> f"6-card deals: {binom(52, 6):,d}"
'6-card deals: 20,358,520'
```

一旦答案已知，我们可以使用 lru_cache 装饰器来避免重复计算。以下是所需的小改动：

```
>>> from math import factorial
>>> from functools import lru_cache

>>> @lru_cache(64)
... def binom(n: int, k: int) -> int:
...     return factorial(n) // (factorial(k) * factorial(n-k))
```

使用参数化的装饰器@lru_cache(64)装饰了 binom()函数后，意味着它将保存最近的 64 个结果，以避免重新计算已经计算过的值。应用程序的其他地方不需要做任何更改。有时候，这种小变化带来的速度提升可能是巨大的。当然，我们可以根据数据和正在执行的计算量来微调缓存的大小。

像这样的参数化装饰器包含两个步骤。首先用参数定制装饰器，然后将定制的装饰器应用于函数定义。这两个独立的步骤类似于先用__init__()方法初始化可调用对象，然后通过__call__()方法调用它。

下面是一个可配置的日志装饰器 NamedLogger 的示例：

```
class NamedLogger:
    def __init__(self, logger_name: str) -> None:
```

```
        self.logger = logging.getLogger(logger_name)

    def __call__(
            self,
            function: Callable[..., Any]
    ) -> Callable[..., Any]:
        @wraps(function)
        def wrapped_function(*args: Any, **kwargs: Any) -> Any:
            start = time.perf_counter()
            try:
                result = function(*args, **kwargs)
                μs = (time.perf_counter() - start) * 1_000_000
                self.logger.info(
                    f"{function.__name__}, { μs:.1f}μs")
                return result
            except Exception as ex:
                μs = (time.perf_counter() - start) * 1_000_000
                self.logger.error(
                    f"{ex}, {function.__name__}, { μs:.1f}μs")
                raise

        return wrapped_function
```

　　__init__()方法确保我们可以使用像 NamedLogger("log4")这样的代码来创建装饰器。这个装饰器将确保后面的函数调用使用这个特定的日志记录器。

　　__call__()方法遵循如上面所示的模式。我们定义了一个新函数 wrapped_function()来完成装饰工作，并返回新创建的函数。我们可以这样使用它：

```
>>> @NamedLogger("log4")
... def test4(median: float, sample: float) -> float:
...     return abs(sample-median)
```

　　我们已经创建了一个 NamedLogger 类的实例。然后，我们将这个实例应用于 test4()函数的定义。__call__()方法会被调用，并将创建一个新函数，也就是 test4() 函数的装饰版本。

装饰器语法还有几个用例。例如，当装饰器是一个类的方法时，它也可以保存被装饰函数的信息，创建一个被装饰函数的注册表。更进一步，类也可以被装饰；在这种情况下，装饰器返回一个新类，而不是一个新函数。在所有这些高级用例中，我们都在使用普通的面向对象设计，只不过用了看起来更简单的 @decorator 语法。

11.2　观察者模式

观察者模式对于状态监控和事件处理非常有用。这种模式允许一组未知的动态观察对象来监视给定的对象。被观察的核心对象需要实现一个接口，使其成为可观察的。

每当核心对象上的值发生变化时，它都会通过调用一个方法来宣布状态发生了变化，从而让所有观察者对象都知道发生了变化。这在 GUI（图形界面）中广泛使用，以确保底层模型中的任何状态变化都反映在模型的视图中。界面上同时显示详情视图和汇总视图是很常见的。如果某数据发生了变化，必须更新显示该数据详情的控件，也可能需要更新汇总视图。有时，切换界面模式会导致许多界面控件发生变化。例如，点击"锁定"图标需要改变许多控件的外观，以反映它们的锁住状态。这可以通过在"锁定"对象上添加多个观察者来实现。

在 Python 中，可以通过 __call__()方法通知观察者，观察者可以是一个函数或其他可调用对象。每当核心对象发生改变时，每个观察者可能负责不同的任务。核心对象不知道也不关心这些任务是什么，观察者通常也不知道或不关心其他观察者在做什么。

通过把对状态变化的响应从变化本身解耦出来，可以提供极大的设计灵活性。

下面是 UML 中对观察者模式的描述，如图 11.3 所示。

Core 对象引用了一系列观察者对象。要成为可观察的对象，Core 类必须具有可观察性；具体来说，它必须有一个观察者列表和一个添加观察者的方法。

如图 11.3 所示，Observer 子类具有 __call__()方法。被观察对象将通过调用这个方法通知它们状态的变化。和装饰器模式一样，我们不需要用正式定义的抽象基类来确立这种继承关系。在大多数情况下，我们可以使用鸭子类型规则，只要观察者有正确的接口，它们就可以在这个模式中担任这个角色。如果它们缺少所需的接口，**mypy**会给出警告，我们的单元测试应该也会发现问题。

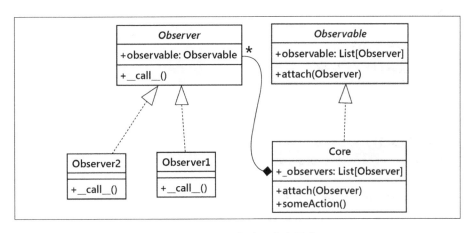

图 11.3　UML 中的观察者模式

观察者模式示例

除了 GUI，观察者模式对于保存对象的中间状态很有用。在需要对变更进行严格审核的系统中，使用观察者对象会很方便。在一个状态混乱和组件相互依赖的系统中，它也很方便。

由于不可靠的网络连接，复杂的基于云的应用程序可能会遇到混乱问题。我们可以使用观察者来记录状态变化，使恢复和重启更容易。

对于这个示例，我们将定义一个核心对象来维护一个重要值的集合，然后让一个或多个观察者创建该对象的序列化副本。例如，这些副本可能被存储在数据库、远程主机或本地文件中。因为我们可以有许多观察者，所以很容易修改设计以使用不同的数据缓存。对于这个示例，我们要设计一个叫作 Zonk、Zilch 或 Ten Thousand 的骰子游戏，其中一个玩家将掷出 6 个骰子，得到一些分数，并且可能再次掷骰子，导致一系列的骰子。（规则比上面的总结要更复杂一点儿。）

我们先创建一个程序框架，以帮助明确我们的意图：

```python
from __future__ import annotations
from typing import Protocol

class Observer(Protocol):
    def __call__(self) -> None:
        ...

class Observable:
    def __init__(self) -> None:
        self._observers: list[Observer] = []

    def attach(self, observer: Observer) -> None:
        self._observers.append(observer)

    def detach(self, observer: Observer) -> None:
        self._observers.remove(observer)

    def _notify_observers(self) -> None:
        for observer in self._observers:
            observer()
```

Observer 类是一个协议，是观察者的抽象基类。我们没有用 abc.ABC 将其定义为抽象基类，我们也不依赖 abc 模块提供的运行时错误。当定义一个协议时，我们依靠 *mypy* 来确认所有的观察者确实实现了所需的方法。

Observable 类定义了_observers 实例变量和 3 个方法，它们是该协议定义的一部分。一个可观察对象可以添加一个观察者，删除一个观察者，最重要的是，通知所有的观察者状态有变化。核心类需要做的唯一特殊或不同的事情是，在状态发生变化时，调用_notify_observers()方法。适当的通知是设计可观察对象的一个重要部分。

下面是 Zonk 游戏的一部分。这个类保存了一个玩家的信息：

```python
from typing import List
Hand = List[int]
```

```python
class ZonkHandHistory(Observable):
    def __init__(self, player: str, dice_set: Dice) -> None:
        super().__init__()
        self.player = player
        self.dice_set = dice_set
        self.rolls: list[Hand]

    def start(self) -> Hand:
        self.dice_set.roll()
        self.rolls = [self.dice_set.dice]
        self._notify_observers()  # 状态变化
        return self.dice_set.dice

    def roll(self) -> Hand:
        self.dice_set.roll()
        self.rolls.append(self.dice_set.dice)
        self._notify_observers()  # 状态变化
        return self.dice_set.dice
```

这个类在重要状态发生改变时，调用 self._notify_observers()。这将通知所有的观察者实例。观察者可能会缓存玩家信息的副本，通过网络发送信息，或更新游戏界面，以及做其他类似的相关事情。_notify_observers()方法继承自 Observable 类，会通知所有注册过的观察者状态已经改变。

现在让我们实现一个简单的观察者对象，用于把状态打印到控制台上：

```python
class SaveZonkHand(Observer):
    def __init__(self, hand: ZonkHandHistory) -> None:
        self.hand = hand
        self.count = 0

    def __call__(self) -> None:
        self.count += 1
        message = {
            "player": self.hand.player,
            "sequence": self.count,
```

```
        "hands": json.dumps(self.hand.rolls),
        "time": time.time(),
    }
    print(f"SaveZonkHand {message}")
```

这里没有什么特别令人兴奋的东西；被观察的对象在初始化函数中传入，当观察者被调用时，它会做一些事情，在这个示例中，会打印一行。注意，这里实际上并不需要父类 Observer。该类的上下文足以让 *mypy* 确认该类符合所需的观察者协议。虽然我们不需要声明它是一个 Observer，但是它可以帮助读者看到这个类实现了观察者协议。

我们可以在交互式控制台上测试 SaveZonkHand 观察者：

```
>>> d = Dice.from_text("6d6")
>>> player = ZonkHandHistory("Bo", d)

>>> save_history = SaveZonkHand(player)
>>> player.attach(save_history)
>>> r1 = player.start()
SaveZonkHand {'player': 'Bo', 'sequence': 1, 'hands': '[[1, 1, 2, 3, 6,
6]]', 'time': 1609619907.52109}
>>> r1
[1, 1, 2, 3, 6, 6]
>>> r2 = player.roll()
SaveZonkHand {'player': 'Bo', 'sequence': 2, 'hands': '[[1, 1, 2, 3, 6,
6], [1, 2, 2, 6, 6, 6]]', 'time': ...}
```

在将观察者附加到 Inventory 对象上之后，每当我们更改两个可观察的属性之一时，就会调用观察者。注意，我们的观察者记录一个序列号，并包含一个时间戳。这些都不是游戏定义所需的，而是作为 SaveZonkHand 观察者类的一部分，与基本的游戏逻辑保持分离。

我们可以为各种各样的类添加多个观察者。让我们添加第二个观察者，它有一个受限的工作，检查 3 对[1]并打印它：

---

[1] 麦叔注：一共掷 6 次骰子，如果点数类似 223355 这样的 3 个对子，就是 3 对。

```
class ThreePairZonkHand:
    """ZonkHandHistory 的观察者"""
    def __init__(self, hand: ZonkHandHistory) -> None:
        self.hand = hand
        self.zonked = False

    def __call__(self) -> None:
        last_roll = self.hand.rolls[-1]
        distinct_values = set(last_roll)
        self.zonked = len(distinct_values) == 3 and all(
            last_roll.count(v) == 2 for v in distinct_values
        )
        if self.zonked:
            print("3 Pair Zonk!")
```

对于这个示例，我们没有将 Observer 作为它的父类。我们可以相信 *mypy* 会注意到这个类是如何使用的，以及它必须实现什么协议。引入这个新的 ThreePairZonkHand 观察者，意味着当我们改变游戏的状态时，可能会有两组输出，每个观察者一组。这里的关键思想是，我们可以轻松地添加完全不同类型的观察者来做不同的事情，在这个示例中，一个观察者负责保存数据，另一个观察者负责检查 3 对的出现。

观察者模式把被观察代码和执行观察任务的代码分离出来。如果我们不使用这种模式，我们将不得不在 ZonkHandHistory 类中放置代码来处理可能出现的不同情况：打印到控制台、更新数据库或文件、检查特殊情况等。每个任务的代码都将与核心类定义混在一起。维护它将是一场噩梦，并且以后添加新的监控功能将是痛苦的。

11.3 策略模式

策略模式是面向对象编程中抽象的一种常见形式。该模式对一个问题实现了不同的解决方案，每个解决方案都在不同的对象中。然后，核心类可以在运行时动态选择最合适的实现。

通常，不同的算法各有利弊；一种算法可能比另一种更快，但使用更多的内存，而第三种算法可能最适用于多 CPU 或分布式系统中。

以下是策略模式的 UML 图，如图 11.4 所示。

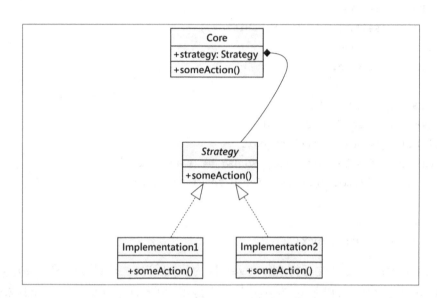

图 11.4 策略模式的 UML 图

连接到 **Strategy** 抽象的 **Core** 代码仅需要知道它正在处理适合此特定操作的策略接口的某种类。每个策略类的实现都应该执行相同的任务，但方式不同。它们需要实现相同的接口，利用抽象基类来确保它们符合接口的要求是有帮助的。

> 　　插件策略的想法在观察者模式中用到了。事实上，策略对象的思路在很多设计模式中都用到了。通用想法是，使用独立的对象来处理某种条件下或某个可替换的功能。这个想法在观察者模式、装饰器模式，以及接下来要学习的命令模式和状态模式中都有应用。

11.3.1 策略模式示例

策略模式的一个常见示例是排序算法。多年来，已经发明了许多算法来对一组对象进行排序。快排、合并排序和堆排序都是具有不同特性的算法，取决于输入的大小和类型、它们的无序程度及系统的要求，每一种算法都有自己的用处。

如果我们有需要对集合进行排序的客户端代码,我们可以用 sort()方法将它传递给一个对象。该对象可能是 QuickSorter 或 MergeSorter 对象,但两种情况下的结果是一样的:排好序的列表。用于排序的策略从调用代码中抽象出来,使其模块化和可替换。

当然,在 Python 中,我们通常只调用 sorted()函数或 list.sort()方法,并相信它们会足够快地进行排序,因此 TimSort 算法[1]的细节并不重要。虽然排序是一个有用的概念,但它不是最实用的示例,所以让我们看一些不同的东西。

作为策略模式的一个简单示例,考虑一个桌面壁纸管理器。当图像显示在桌面背景上时,可以通过不同的方式将其调整到屏幕大小。例如,假设图像比屏幕小,它可以被平铺在屏幕上、居中或缩放以适应屏幕。也可以使用其他更复杂的策略,比如缩放最大高度或宽度,将其与纯色、半透明或渐变背景色结合,或其他操作。虽然我们以后可能会需要添加这些策略,但是下面让我们从一些基本的策略开始。

你需要安装 pillow 模块。如果你使用 **conda** 来管理你的虚拟环境,请使用 conda install pillow 命令来安装 Pillow 项目的 PIL 实现。如果你没有使用 **conda**,请使用 python -m pip install pillow 命令。

我们的策略对象需要两个输入:要显示的图像,以及屏幕宽度和高度的元组。它们各自返回一个符合屏幕大小的新图像,根据给定的策略对图像进行处理以适应屏幕。

以下是一些初步的定义,包括所有策略变种的抽象基类:

```
import abc
from pathlib import Path
from PIL import Image  # type: ignore [import]
from typing import Tuple


Size = Tuple[int, int]


class FillAlgorithm(abc.ABC):
```

---

① 可参考链接 31。

```
@abc.abstractmethod
def make_background(
        self,
        img_file: Path,
        desktop_size: Size
) -> Image:
    pass
```

这种抽象有必要吗？这正好位于太简单而不需要抽象和足够复杂而需要父类之间。函数签名有点儿复杂，有一个特殊的类型提示来描述屏幕大小元组。因此，抽象可以帮助检查每个策略实现，以确保符合类型要求。

注意，我们需要包含特殊的# type:ignore[import]注释，以确保 *mypy* 不会因为 PIL 模块中缺少注释而感到困惑。

这是我们的第一个具体策略，是一种平铺图像的填充算法：

```
class TiledStrategy(FillAlgorithm):
    def make_background(
            self,
            img_file: Path,
            desktop_size: Size
    ) -> Image:
        in_img = Image.open(img_file)
        out_img = Image.new("RGB", desktop_size)
        num_tiles = [
            o // i + 1 for o, i in zip(out_img.size, in_img.size)]
        for x in range(num_tiles[0]):
            for y in range(num_tiles[1]):
                out_img.paste(
                    in_img,
                    (
                        in_img.size[0] * x,
                        in_img.size[1] * y,
                        in_img.size[0] * (x + 1),
                        in_img.size[1] * (y + 1),
                    ),
```

```
        )
        return out_img
```

这是通过将输出高度和宽度除以图像高度和宽度来实现的。num_tiles 序列是对宽度和高度进行相同计算的一种方式。这是一个通过列表推导式计算的二元组，以确保宽度和高度以相同的方式处理。

下面是一种填充算法，它使图像居中，而不会缩放图像：

```
class CenteredStrategy(FillAlgorithm):
    def make_background(
            self,
            img_file: Path,
            desktop_size: Size
    ) -> Image:
        in_img = Image.open(img_file)
        out_img = Image.new("RGB", desktop_size)
        left = (out_img.size[0] - in_img.size[0]) // 2
        top = (out_img.size[1] - in_img.size[1]) // 2
        out_img.paste(
            in_img,
            (left, top, left + in_img.size[0], top + in_img.size[1]),
        )
        return out_img
```

最后，这也是一个填充算法，但它会放大图像以填充整个屏幕：

```
class ScaledStrategy(FillAlgorithm):
    def make_background(
            self,
            img_file: Path,
            desktop_size: Size
    ) -> Image:
        in_img = Image.open(img_file)
        out_img = in_img.resize(desktop_size)
        return out_img
```

这里有 3 个策略子类，每个都使用 PIL.Image 来执行它们的任务。所有策略实现都有一个 make_background()方法，该方法接收相同的参数集。一旦选定策略，就可以调用相应的策略对象来创建大小合适的桌面背景图。TiledStrategy 计算适合显示屏宽度和高度的输入图像拼接的数量，并重复地将图像复制到每个拼接位置，无须重新缩放图形，因此它可能不会填充整个空间。CenteredStrategy 计算出图像的 4 个边缘需要留出多少空间来使其居中。ScaledStrategy 将图像强制修改为输出大小，而不保留原始纵横比。

下面的对象使用这些策略类之一来调整图像大小。当创建 Resizer 实例时，需要传入所用的 algorithm 变量：

```python
class Resizer:
    def __init__(self, algorithm: FillAlgorithm) -> None:
        self.algorithm = algorithm

    def resize(self, image_file: Path, size: Size) -> Image:
        result = self.algorithm.make_background(image_file, size)
        return result
```

下面是一个 main 函数，它构建了 Resizer 类的一个实例，并应用了一个可用的策略类：

```python
def main() -> None:
    image_file = Path.cwd() / "boat.png"
    tiled_desktop = Resizer(TiledStrategy())
    tiled_image = tiled_desktop.resize(image_file, (1920, 1080))
    tiled_image.show()
```

重要的是，在处理过程中尽可能晚地绑定策略实例。在处理过程中的任何时候都可以做出（或取消）决定，因为任何可用的策略对象都可以在任何时候插入 Resizer 对象。

考虑在没有策略模式的情况下，如何在这些选项之间进行切换。我们需要将所有代码放在一个大方法中，并使用一个笨拙的 if 语句来选择预期的方法。每次我们想增加一个新策略时，就不得不把方法变得更加笨拙。

11.3.2　Python 中的策略模式

前面的策略模式的规范实现虽然在大多数面向对象编程语言中很常见，但在

Python 中并不理想。这涉及一些不必要的代码。

这些策略类都定义了只提供一个方法的对象。我们可以很容易地添加__call__()方法来把对象变成可调用对象。由于这个对象没有自身状态，其实我们只需创建一组顶级函数①，并将它们作为策略来传递。

不需要创建抽象类，我们可以用以下类型提示来定义这些策略：

`FillAlgorithm = Callable[[Image, Size], Image]`

当我们这样做时，我们可以消除类定义中对 FillAlgorithmin 的所有引用；我们将把 class CenteredStrategy(FillAlgorithm):改为 class CenteredStrategy:。

因为我们在抽象类或类型提示之间做选择，所以策略模式似乎是多余的。这导致一些相关的讨论，如"因为 Python 中的函数是一等公民，所以策略模式是不必要的"。事实上，Python 的顶级函数允许我们以更直接的方式实现策略模式，而无须定义类。模式不仅仅是实现细节，了解模式可以帮助我们为程序选择一个好的设计，并使用可读性最好的语法来实现它。当我们需要允许客户端代码或最终用户在运行时从同一接口的多个实现中动态选择时，应该使用策略模式，无论是类还是顶级函数。

mixin 类定义和插件策略对象之间是有区别的。正如我们在第 6 章中看到的，混入是在定义类时创建的，运行时不能轻易修改。然而，插件策略对象是在运行时传入的，允许策略的后期绑定。它们之间的代码往往非常相似，所以有必要为每个类添加清晰的文档字符串来解释各个类是如何组合在一起的。

11.4　命令模式

当我们考虑类的职责时，我们有时可以区分"被动"类和"主动"类，前者持有对象以保持对象内部状态，但不太主动，后者调用其他对象，触发行动，执行任务。这不是一个非常清晰的区别，但是它可以帮助区分相对被动的观察者模式和更主动的命令模式。观察者被告知某些事情发生了变化。另外，指挥官（命令模式）则是活跃

---

① 麦叔注：顶级函数是指直接定义在模块中，而不是定义在其他类或函数中的函数。

的，调动其他对象，使它们的状态发生变化。我们可以将二者结合起来，用以描述类与类之间的关系，这就是软件架构设计的美妙之处之一。

命令模式通常包括一系列类层级结构，每个类各司其职。核心类可以创建一个命令（或一系列命令）来执行动作。

在某种程度上，这是一种元编程：通过创建包含一堆语句的命令对象，设计更高级别的命令对象"语言"。

下面是一个 UML 图，显示了一个 **Core** 对象和一组 **Command**，如图 11.5 所示。

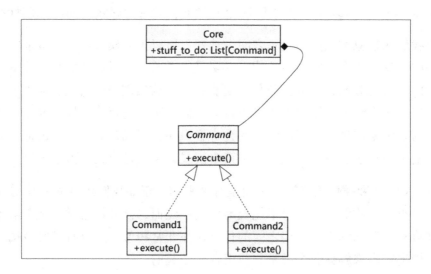

图 11.5　UML 中的命令模式

这看起来类似于策略和观察者模式的图表，因为所有这些模式都依赖于将工作从 **Core** 对象委托给插件对象。在这种情况下，一系列单独的插件对象代表一系列要执行的命令。

命令模式示例

我们再来看看本章前面的装饰器模式中的掷骰子的示例。在前面的示例中，我们有一个计算随机数序列的函数 dice_roller()：

```
def dice_roller(request: bytes) -> bytes:
    request_text = request.decode("utf-8")
    numbers = [random.randint(1, 6) for _ in range(6)]
    response = f"{request_text} = {numbers}"
    return response.encode("utf-8")
```

这不是很高级，我们需要支持更复杂的逻辑。我们希望能够编写像 **3d6** 这样的字符串来表示 3 个 6 面骰子，**3d6+2** 表示 3 个 6 面骰子，再加上 2 个点作为奖励，还有一些更隐晦的东西，如 **4d6d1**，表示"掷出 4 个 6 面骰子，并丢掉点数最低的一个"。我们可以把它们组合在一起，写成 **4d6d1+2**，表示去掉点数最低的骰子，然后加 2 个点。

最后的 **d1** 和 **+2** 选项可被看作一系列命令，有 4 种常见的变体："丢掉"、"保留"、"增加"和"减少"。当然，还可以有更多可反映各种各样的游戏机制和期望的统计分布的规则，但是我们现在只关注修改骰子的这 4 个命令。

下面是我们要实现的正则表达式：

```
dice_pattern = re.compile(r"(?P<n>\d*)d(?P<d>\d+)(?P<a>[dk+-]\d+)*")
```

这个正则表达式可能有点儿令人生畏。链接 32 对理解复杂的正则表达式很有帮助。下面是一个 UML 状态图的描述，如图 11.6 所示。

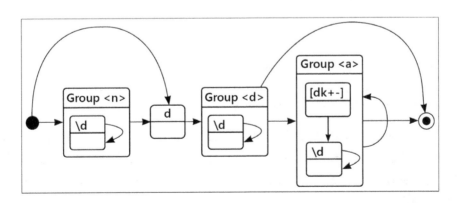

图 11.6　骰子规则的正则表达式 UML 状态图

这个模式有 4 个部分：

1. 第一个分组(?P<n>\d*)，匹配骰子的数量，将其保存为名为 n 的组。这是可选部分，允许我们编写 d6 而不是 1d6。

2. 字母"d"必须存在，但没被捕获。

3. 下一个分组(?P<d>\d+)，匹配每个骰子的面数，将其保存为一个名为 d 的组。如果我们更严格一点儿，可能尝试将其限制为(4|6|8|10|12|20|100)，以指定可接受的正多面体骰子列表（以及两个常见的不规则多面体）。我们没有提供这个短列表，这表示我们可以接受任何数字序列。

4. 最后的分组(?P<a>[dk+-]\d+)*，定义一系列后续操作。每个都有一个前缀和一个数字序列，例如 d1、k3、+1 或 -2。我们将捕获整个调整序列，将其保存为组 a，然后再分解各个部分。这些部分中的每一个都将成为一个命令，遵循命令模式。

我们可以把掷骰子的每一部分看作一个不同的命令。一个命令掷骰子，然后后续的命令调整骰子的值。例如，3d6+2 表示掷出 3 个骰子（例如 3 个骰子的点数为 4、4、3）并加上 2，总共得到 13。总的来说，该类如下所示：

```python
class Dice:
    def __init__(self, n: int, d: int, *adj: Adjustment) -> None:
        self.adjustments = [cast(Adjustment, Roll(n, d))] + list(adj)
        self.dice: list[int]
        self.modifier: int

    def roll(self) -> int:
        for a in self.adjustments:
            a.apply(self)
        return sum(self.dice) + self.modifier
```

当我们需要创建新的掷骰子实例时，Dice 对象先在 __init__()方法中创建一个 Roll 实例，Roll 也是 Adjustment 对象的一种。Roll 实例最先被放入 dice 列表中，然后其他的调整项（Adjustment）实例也被添加到同一个列表中。每一个 Adjustment 对象都是一种命令。

以下是改变 Dice 对象状态的各种调整项命令：

```python
class Adjustment(abc.ABC):
    def __init__(self, amount: int) -> None:
        self.amount = amount

    @abc.abstractmethod
    def apply(self, dice: "Dice") -> None:
        ...


class Roll(Adjustment):
    def __init__(self, n: int, d: int) -> None:
        self.n = n
        self.d = d
    def apply(self, dice: "Dice") -> None:
        dice.dice = sorted(
            random.randint(1, self.d) for _ in range(self.n))
        dice.modifier = 0


class Drop(Adjustment):
    def apply(self, dice: "Dice") -> None:
        dice.dice = dice.dice[self.amount :]


class Keep(Adjustment):
    def apply(self, dice: "Dice") -> None:
        dice.dice = dice.dice[: self.amount]


class Plus(Adjustment):
    def apply(self, dice: "Dice") -> None:
        dice.modifier += self.amount


class Minus(Adjustment):
    def apply(self, dice: "Dice") -> None:
        dice.modifier -= self.amount
```

Roll 类的实例记录掷骰子的点数（dice 属性）和 Dice 实例的调整值（modifier 属性）。其他 Adjustment 对象要么删除某个点数，要么修改调整值。掷骰子的点数被顺序保存在一个列表中，这样方便后续的 **Adjustment** 对象删除最小的点数或保留最大的点数。每一个 **Adjustment** 对象都是一种命令，它们对掷出的骰子的结果进行调整。

　　我们现在还缺少把字符串表达式转换成一系列 **Adjustment** 对象的代码。我们使用@classmethod 为 **Dice** 类创建了一个类函数 **from_text()**。这让我们可以使用 **Dice.from_text()** 创建一个新的 **Dice** 实例。它的第一个参数 **cls** 表示 **Dice** 的子类，这样我们可以确保使用正确的子类创建骰子游戏，而不使用当前父类。这个方法的定义如下：

```python
@classmethod
def from_text(cls, dice_text: str) -> "Dice":
    dice_pattern = re.compile(
        r"(?P<n>\d*)d(?P<d>\d+)(?P<a>[dk+-]\d+)*")
    adjustment_pattern = re.compile(r"([dk+-])(\d+)")
    adj_class: dict[str, Type[Adjustment]] = {
        "d": Drop,
        "k": Keep,
        "+": Plus,
        "-": Minus,
    }

    if (dice_match := dice_pattern.match(dice_text)) is None:
        raise ValueError(f"Error in {dice_text!r}")

    n = int(dice_match.group("n")) if dice_match.group("n") else 1
    d = int(dice_match.group("d"))
    adjustment_matches = adjustment_pattern.finditer(
        dice_match.group("a") or "")
    adjustments = [
        adj_class[a.group(1)](int(a.group(2)))
        for a in adjustment_matches
    ]
    return cls(n, d, *adjustments)
```

首先解析整体的 dice_pattern，然后将结果赋值给 dice_match 变量。如果结果是 None 对象，则模式不匹配，我们抛出 ValueError 异常并放弃。adjustment_pattern 用于解析点数表达式后缀中的调整字符串。最后，使用列表推导式从 Adjustment 类定义创建一个对象列表。

每个 Adjustment 类都是一个单独的命令，Roll 类是它的子类，代表掷骰子的动作。Dice 类首先创建一个 Roll 类的实例，用于掷骰子。然后，依次应用后续的调整命令。

这种设计允许我们像这样手动创建一个骰子实例：

```
dice.Dice(4, dice.D6, dice.Keep(3))
```

前两个参数用于定义掷骰子命令 Roll，其余参数可以包括任意数量的后续调整。在本例中，只有一个 Keep(3)命令。另一种方法是通过文本创建 Dice 实例，如 dice.Dice.from_text("4d6k3")。这将建立一个 Roll 命令和其他调整命令。每次我们想要重新掷这个骰子时，都会按顺序执行这些命令：先执行 Roll 命令，然后执行后续的调整命令，最后给出一个最终结果。

11.5 状态模式

状态模式在结构上类似于策略模式，但是它的意图和目的非常不同。状态模式的目标是表示状态转换系统：一个对象的行为取决于其所处的状态，状态之间根据特定规则进行转换。

为了实现这一点，我们需要一个管理器或上下文类来提供切换状态的接口。在内部，这个类包含一个指向当前状态的指针。每个状态都知道它允许被转换到哪些状态，并且将根据对它的方法调用转换到相应的状态。

下面是它的 UML 图，如图 11.7 所示。

状态模式将问题分解成两种类：**Core** 类和多个 **State** 类。**Core** 类用于维护当前状态，并将动作转发给当前状态对象。外部对象通常只调用 **Core** 对象，而不会和 **State** 对象交互；它就像一个黑匣子，在内部执行状态管理。

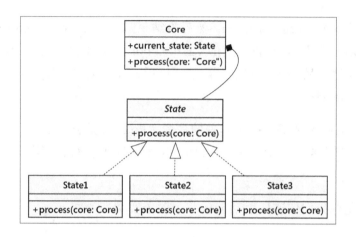

图 11.7　状态模式的 UML 图

11.5.1　状态模式示例

最常见的针对状态的处理示例之一是解析文本。当我们编写一个正则表达式时，我们描述了一系列的可选的状态变化，用于将一个模式与一段文本进行匹配。在更高层级上，解析编程语言或标记语言的文本也是高度有状态的工作。像 XML、HTML、YAML、TOML，甚至 reStructuredText 和 Markdown 这样的标记语言，都有状态规则，规定接下来什么是允许的，什么是不允许的。

我们将看看在解决**物联网**问题时出现的一种相对简单的语言。来自 GPS 接收器的数据流是一个有趣的问题。解析这种语言的语句是状态模式的一个示例。该语言是来自美国国家海洋电子协会的 NMEA 0183 语言。

GPS 天线的输出是一串字节，构成一系列"句子"，每个句子都以$开始，并以回车符和换行符结束。句子中包括 ASCII 编码中的可打印字符。GPS 设备的输出包括许多不同种类的句子，包括以下内容：

- GPRMC——推荐的最小数据。
- GPGGA——全球定位。
- GPGLL——纬度和经度。

- GPGSV——可见的卫星。
- GPGSA——活动的卫星。

还有更多的消息，它们从天线设备中以令人应接不暇的速度发出。然而，它们都有一个通用的格式，使它们易于验证和过滤，因此我们可以保留有用的消息，忽略那些对我们的特定应用无用的消息。

典型的消息如下所示：

$GPGLL，3723.2475，N，12158.3416，W，161229.487，A，A*41

这句话的结构如下：

$	开始句子
GPGLL	"发消息者" GP 和消息类型 GLL
3723.2475	纬度，37°23.2475
N	赤道以北
12158.3416	经度，121°58.3416
W	0°子午线以西
161229.487	UTC 格式的时间戳：16:12:29.487
A	状态，A = 有效，V = 无效
A	模式，A = 自主，D = DGPS，E = DR
*	结束句子，开始校验和
41	文本的十六进制校验和（不包括$和*）

除了少数例外，来自 GPS 的所有消息都具有相似的格式。异常消息将以!开头，我们的设计可以轻松地过滤它们。

在构建物联网设备时，我们需要注意两个复杂因素：

1. 设备不太可靠，这意味着我们的软件必须能处理错乱或不完整的消息。

2. 这些设备很小，一些在大型通用笔记本电脑上工作的常见 Python 技术在只有 32KB 内存的微型 Circuit Playground Express 芯片上无法很好地工作。

然后，我们需要做的是，在字节到达时读取并验证消息。这可以节省后续处理数据的时间（和内存）。因为这些 GPS 消息最多 82B，所以我们可以使用 Python 的 **bytearray** 来处理消息字节。

读取消息的过程存在许多不同的状态。下面的状态转换图显示了可用的状态变化，如图 11.8 所示。

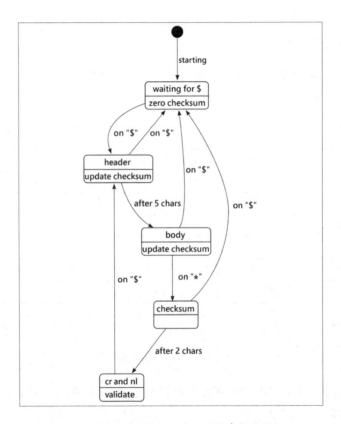

图 11.8　解析 NMEA 句子的状态转换图

我们开始处于等待下一个**$**的状态。我们会假设物联网设备存在电线松动和电源问题。（有些人焊接得非常好，所以不可靠性对他们来说可能不像对作者来说那样普遍存在。）

一旦我们收到了**$**，我们将进入读取 header（报文头）的状态，header 包括 5 个字符。在这个过程中，如果我们在任何时候得到了另一个**$**，这意味着我们在某个地方丢失了一些字节，需要重新开始。一旦我们收到了所有 5 个字符，我们就可以过渡到读取消息体状态，消息体最多 73B。当我们收到一个 * 时，表示消息体结束。同样，如果我们中间收到一个 $，则表示消息有问题，我们应该重新开始。

*之后的 2 字节是一个十六进制数值，它应该等于前面消息（报文头和消息）的计算校验和。如果校验和匹配，消息可以使用。消息末尾会有一个或多个"空白"字符，通常是回车符和换行符。

每个状态都是以下类的子类：

```python
class NMEA_State:
    def __init__(self, message: "Message") -> None:
        self.message = message

    def feed_byte(self, input: int) -> "NMEA_State":
        return self

    def valid(self) -> bool:
        return False

    def __repr__(self) -> str:
        return f"{self.__class__.__name__}({self.message})"
```

每个状态都用于处理 Message 对象。某个读取对象将向当前状态提供 1 字节，该对象将对该字节做一些处理（通常是保存它）并返回下一个状态。具体的行为取决于接收到的字节，例如，大多数状态会将消息缓冲区重置为空，并在收到 $ 时转换到 Header 状态。大多数状态的 valid() 函数会返回 False。但是，有一种状态用于验证最后完整的消息，并且如果校验和是正确的，valid() 函数会返回 True。

> 上面的类名并没有严格遵循 PEP-8。包含缩写和不遵守驼峰命名法都会带来挑战。因为 NMEA 本身就是几个单词的缩写，所以 NmeaState 就显得不大清楚。或者用折中的类名，比如 NMEAState，这样的缩写和类名首字母之间的分割不明显。我们认为"刻意保持某种一致性是一种愚蠢的行为……"，保持类层级结构内部的一致性比严格地遵守 PEP-8 风格更重要。

Message 对象是两个 bytearray 结构的封装器，我们在其中积累消息内容：

```python
class Message:
    def __init__(self) -> None:
        self.body = bytearray(80)
        self.checksum_source = bytearray(2)
        self.body_len = 0
        self.checksum_len = 0
        self.checksum_computed = 0

    def reset(self) -> None:
        self.body_len = 0
        self.checksum_len = 0
        self.checksum_computed = 0

    def body_append(self, input: int) -> int:
        self.body[self.body_len] = input
        self.body_len += 1
        self.checksum_computed ^= input
        return self.body_len

    def checksum_append(self, input: int) -> int:
        self.checksum_source[self.checksum_len] = input
        self.checksum_len += 1
        return self.checksum_len

    @property
    def valid(self) -> bool:
        return (
            self.checksum_len == 2
            and int(self.checksum_source, 16) == self.checksum_computed
        )
```

Message 类定义包含来自 GPS 设备的每个句子的重要内容。我们定义了一个方法 body_append()，用于在方法体中积累字节，并积累这些字节的校验和。在这个示例中，^运算符用于计算校验和。这是一个真正的 Python 运算符，代表按位异或。异或意味着"两者不同则为 True，否则为 False"。比如，这个表达式 bin(ord(b'a') ^ ord(b'z'))就是它的一个示例。b'a'中的位是 0b1100001，b'z'中的位是 0b1111010，它们按位异或可得到 0b0011011。

下面是一个字节读取类 Reader，它接收字节，构建 Message 对象，经过一系列消息状态变化，返回有效的 Message 对象：

```
class Reader:
    def __init__(self) -> None:
        self.buffer = Message()
        self.state: NMEA_State = Waiting(self.buffer)

    def read(self, source: Iterable[bytes]) -> Iterator[Message]:
        for byte in source:
            self.state = self.state.feed_byte(cast(int, byte))
            if self.buffer.valid:
                yield self.buffer
                self.buffer = Message()
                self.state = Waiting(self.buffer)
```

初始状态是 Waiting 类的实例，它是 NMEA_State 的子类。read()方法从输入中读取 1 字节，然后把它交给当前的 NMEA_State 对象进行处理。State 对象可能会保存该字节或者丢弃它，State 对象可能会转换到另一种状态，或者返回当前状态。如果状态的 valid()方法为 True，则消息是完整的，我们可以将其返回给调用者进行进一步的处理。

注意，我们将重用 Message 对象的字节数组，直到整条消息处理完成。这避免了创建和释放大量对象，同时可以忽略不完整的消息。这种内存重用对运行在普通计算机上的 Python 程序或许必要性不大，但对于内存很小的物联网设备很重要。在某些情况下，我们也许不需要保存完整消息，而只需要保存必要的几个字段，可以进一步降低内存的使用量。

为了重用 Message 对象，我们需要确保它不是任何特定 State 对象的一部分。我们将当前 Message 对象作为整个 Reader 的一部分，并将 Message 对象作为参数值提供给每个 State。

现在，我们已经写好了程序的框架，下面来实现不完整消息的各种状态类。首先是等待$，它是一个消息的开始。当收到$时，就会转换到一个用于处理消息头的新状态 Header：

```python
class Waiting(NMEA_State):
    def feed_byte(self, input: int) -> NMEA_State:
        if input == ord(b"$"):
            return Header(self.message)
        return self
```

当我们处于 Header 状态时，我们已经收到了$，这时要等待表示发送者（如"GP"）和句子类型（如"GLL"）的 5 个字符。我们将积累字节，直到得到 5 个字符，然后转换到 Body 状态：

```python
class Header(NMEA_State):
    def __init__(self, message: "Message") -> None:
        self.message = message
        self.message.reset()

    def feed_byte(self, input: int) -> NMEA_State:
        if input == ord(b"$"):
            return Header(self.message)
        size = self.message.body_append(input)
        if size == 5:
            return Body(self.message)
        return self
```

Body 状态是我们积累大量消息的地方。对于某些应用程序，我们可以对消息头进行额外的处理，在收到我们不想要的消息类型时丢弃它，重新等待消息头。在处理产生大量数据的设备时，这样做可以节省一点儿处理时间。

当*到达时，表示主体部分结束，接下来的 2 字节是校验和的一部分。这意味着要转换到 Checksum 状态：

```python
class Body(NMEA_State):
    def feed_byte(self, input: int) -> NMEA_State:
        if input == ord(b"$"):
```

```
        return Header(self.message)
    if input == ord(b"*"):
        return Checksum(self.message)
    self.message.body_append(input)
    return self
```

Checksum 状态像 Header 状态一样积累指定数量的输入字节。在校验和之后，大多数消息后面都跟有 ASCII 字符\r 和\n。如果我们接收到这些字符中的任何一个，就转换到一个 End 状态，用于优雅地忽略这些多余的字符：

```
class Checksum(NMEA_State):
    def feed_byte(self, input: int) -> NMEA_State:
        if input == ord(b"$"):
            return Header(self.message)
        if input in {ord(b"\n"), ord(b"\r")}:
            # 不完整的校验和……将是无效的。
            return End(self.message)
        size = self.message.checksum_append(input)
        if size == 2:
            return End(self.message)
        return self
```

End 状态还有一个额外的特性：它覆盖了默认的 valid()方法。对于所有其他状态，valid()方法直接返回 False。一旦收到完整的消息，我们才真正地验证消息的有效性：基于 Message 类来比较计算出的校验和和消息中收到的校验和，用以判定消息是否有效：

```
class End(NMEA_State):
    def feed_byte(self, input: int) -> NMEA_State:
        if input == ord(b"$"):
            return Header(self.message)
        elif input not in {ord(b"\n"), ord(b"\r")}:
            return Waiting(self.message)
        return self

    def valid(self) -> bool:
        return self.message.valid
```

这种面向状态的行为变化是使用这种设计模式的最好理由之一。我们不是用一组复杂的 `if` 条件来决定我们有没有一个完整的消息，以及它是否包含所有正确的部分和标点符号，而是将复杂性重构为许多单独的状态和状态之间的转换规则。我们只有在收到$、5 个字符、1 个主体、*及 2 个字符，并确认校验和正确后，才去验证消息的有效性。

下面是一段测试代码：

```
>>> message = b'''
... $GPGGA,161229.487,3723.2475,N,12158.3416,W,1,07,1.0,9.0,M,,,,0000*18
... $GPGLL,3723.2475,N,12158.3416,W,161229.487,A,A*41
... '''
>>> rdr = Reader()
>>> result = list(rdr.read(message))
[Message(bytearray(b'GPGGA,161229.487,3723.2475,N,12158.3416,W,1,07,1
.0,9.0,M,,,,0000'), bytearray(b'18'), computed=18), Message(bytearray
(b'GPGLL,3723.2475,N,12158.3416,W,161229.487,A,A'), bytearray(b'41'),
computed=41)]
```

我们从 SiRF NMEA 参考手册修订版 1.3 中复制了 2 条示例消息，以确保我们解析的是正确的格式。有关 GPS 物联网设备的更多信息，请参考链接 33。请参考链接 34，了解更多示例和详细信息。

在解析复杂消息时使用状态转换通常很有帮助，因为我们可以将复杂的验证规则重构为单独的状态定义和状态转换规则。

11.5.2 状态模式与策略模式

状态模式看起来非常类似于策略模式；事实上，两者的 UML 图是相同的，代码实现也是一样的。我们甚至可以把状态写成一级函数，而不是将它们封装在对象中，就像本章前面关于策略模式的部分所建议的那样。

这两种模式很相似，因为它们都将工作委托给其他对象。这将一个复杂的问题分解成几个密切相关但更简单的问题。

策略模式用于在运行时选择算法；通常，对于特定的用例，只选择其中一种算法。这里的要点是，在运行时灵活选择实现方案，尽量晚于设计过程。每种策略通常都是独立的，策略类定义之间很少交互。

另外，状态模式被设计为随着流程的推进在不同的状态之间动态切换。在我们的示例中，随着字节的不断消耗和满足一组不断变化的有效性条件，状态会发生变化。在同一个处理过程中，多个状态可能都会用到，状态对象之间互相转换。

在某种程度上，用于解析 NMEA 消息的 End 状态同时具有状态模式和策略模式的特性。因为 valid() 方法的实现不同于其他状态，这可以算是确定句子有效性的不同策略。

11.6 单例模式

对于单例模式，业界有一些争议，许多人指责它是一种反模式，一种应该避免而不是提倡的模式。在 Python 中，如果有人使用单例模式，那么他们几乎肯定用错了，可能是因为他们来自一种更具限制性的编程语言。

那么，为什么要讨论这个模式呢？单例在过度面向对象的语言中很有用，并且是传统面向对象编程的重要组成部分。更相关的是，单例背后的思想是有用的，即使我们在 Python 中以完全不同的方式实现了这个概念。

单例模式背后的基本思想是某个确定对象只能存在一个实例。通常，这个对象是一种管理器类，就像我们在第 5 章中讨论的。这种管理器对象通常需要被各种各样的其他对象使用；如果把管理器对象的引用在需要它们的方法和构造方法中传来传去，会使代码难以阅读。

相反，当使用一个单例时，其他对象可以从类中直接请求管理器对象的唯一实例。以下的 UML 图并没有很好地描述单例模式，但是为了完整起见，下面还是给出 UML 图，如图 11.9 所示。

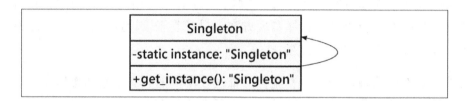

图 11.9　单例模式的 UML 图

在大多数编程语言环境中，单例模式的实现包括两个步骤：将构造方法设为私有（这样就没有人可以创建它的额外实例），然后提供一个静态方法来获取唯一的实例。这个静态方法在第一次被调用时创建一个新实例，后续所有调用都返回同一个实例。

单例模式的实现

Python 没有私有构造方法，但是为了这个目的，我们可以使用__new__()类方法来确保只创建一个实例：

```
>>> class OneOnly:
...     _singleton = None
...     def __new__(cls, *args, **kwargs):
...         if not cls._singleton:
...             cls._singleton = super().__new__(cls, *args, **kwargs)
...         return cls._singleton
```

当调用__new__()方法时，它会构造一个所需类的新实例。在我们的代码中，首先检查我们的单例实例是否已被创建，如果没有，我们调用 super 对象来创建它。因此，每当我们在 OneOnly 上调用构造方法时，总是得到完全相同的实例：

```
>>> o1 = OneOnly()
>>> o2 = OneOnly()
>>> o1 == o2
True
>>> id(o1) == id(o2)
True
>>> o1
<__main__.OneOnly object at 0x7fd9c49ef2b0>
```

```
>>> o2
<__main__.OneOnly object at 0x7fd9c49ef2b0>
```

这两个对象相等，并且内存地址也相同，因此，它们是同一个对象。我们这个单例模式实现不是很透明，使用者可能没有意识到我们用了特殊的方法来创建单例对象。

我们实际上不需要自己实现。Python 提供了两种内置的单例模式。与其自己重造轮子，不如从中选一个。

* Python 模块是单例的。import 语句会创建一个模块，后续再导入这个模块时都会返回该模块的唯一单例实例。在需要全局配置文件或缓存的地方，可以将它们作为模块级变量来实现单例。像 logging、random 甚至 re 这样的库模块都有模块级的单例缓存。下面我们将看看如何使用模块级变量。
* Python 类定义也可以作为单例。一个类在给定的命名空间中只能被创建一次。考虑将具有类属性的类作为单例对象。这意味着会使用@staticmethod 装饰器来定义方法，因为永远不会创建实例，也没有 self 变量。

为了使用模块级变量而不是复杂的单例模式，我们在类定义之后创建一个实例就可以。我们可以为每个状态使用单例对象来改进前面状态模式的实现。为每个状态对象创建一个模块级变量，这些变量可以全局访问，而不用每次改变状态时都创建一个新对象。

我们还会做一个小但非常重要的设计改进。在上面的示例中，每个状态都有一个对当前 Message 对象的引用。这要求我们在创建新的 NMEA_State 对象时，要在构造方法中传入 Message 对象，类似 return Body(self.message)，以切换到新状态 Body，同时处理同一个 Message 实例。

如果我们不想创建（和重新创建）状态对象，我们需要将 Message 对象作为参数传给相关方法。

这是修改后的 NMEA_State 类：

```python
class NMEA_State:
    def enter(self, message: "Message") -> "NMEA_State":
        return self
```

```
    def feed_byte(
            self,
            message: "Message",
            input: int
    ) -> "NMEA_State":
        return self

    def valid(self, message: "Message") -> bool:
        return False

    def __repr__(self) -> str:
        return f"{self.__class__.__name__}()"
```

这个 NMEA_State 类没有任何实例变量，所有方法都基于调用者传入的参数值。以下是各个状态的定义：

```
class Waiting(NMEA_State):
    def feed_byte(
            self,
            message: "Message",
            input: int
    ) -> "NMEA_State":
        if input == ord(b"$"):
            return HEADER
        return self


class Header(NMEA_State):
    def enter(self, message: "Message") -> "NMEA_State":
        message.reset()
        return self

    def feed_byte(
            self,
            message: "Message",
            input: int
    ) -> "NMEA_State":
```

```
        if input == ord(b"$"):
            return HEADER
        size = message.body_append(input)
        if size == 5:
            return BODY
        return self


class Body(NMEA_State):
    def feed_byte(
            self,
            message: "Message",
            input: int
    ) -> "NMEA_State":
        if input == ord(b"$"):
            return HEADER
        if input == ord(b"*"):
            return CHECKSUM
        size = message.body_append(input)
        return self


class Checksum(NMEA_State):
    def feed_byte(
            self,
            message: "Message",
            input: int
    ) -> "NMEA_State":
        if input == ord(b"$"):
            return HEADER
        if input in {ord(b"\n"), ord(b"\r")}:
        # 不完整的校验和……将是无效的。
            return END
        size = message.checksum_append(input)
        if size == 2:
            return END
        return self
```

```
class End(NMEA_State):
    def feed_byte(
            self,
            message: "Message",
            input: int
    ) -> "NMEA_State":
        if input == ord(b"$"):
            return HEADER
        elif input not in {ord(b"\n"), ord(b"\r")}:
            return WAITING
        return self

        def valid(self, message: "Message") -> bool:
            return message.valid
```

下面是为每个 NMEA_State 类的实例创建的模块级变量：

```
WAITING = Waiting()
HEADER = Header()
BODY = Body()
CHECKSUM = Checksum()
END = End()
```

在每个类中，我们可以引用这 5 个全局变量来改变解析状态。引用类之后定义的全局变量似乎有点儿神秘。这是因为 Python 变量名直到运行时才被解析为对象。当构建每个类时，像 CHECKSUM 这样的名称只不过是一串字母。当执行 Body.feed_byte() 方法时，才需要返回 CHECKSUM 的值，也就是将名称解析为 Checksum()类的单例实例。

请注意 Header 类是如何重构的。在这个版本中，每个状态都有__init__()方法，在进入 Header 状态时会显式计算 Message.reset()。在新的设计中，我们不会创建新的状态对象，所以我们需要一种方法，在进入新状态时，执行一次 enter()方法来做初始化或设置。因此，我们要对 Reader 类做一个小改变：

```
class Reader:
    def __init__(self) -> None:
```

```
        self.buffer = Message()
        self.state: NMEA_State = WAITING

    def read(self, source: Iterable[bytes]) -> Iterator[Message]:
        for byte in source:
            new_state = self.state.feed_byte(
            self.buffer, cast(int, byte)
            )
            if self.buffer.valid:
                yield self.buffer
                self.buffer = Message()
                new_state = WAITING
            if new_state != self.state:
                new_state.enter(self.buffer)
                self.state = new_state
```

我们不会直接用 self.state.feed_byte() 的返回值替换 self.state 实例变量的值。相反，我们把 self.state 和返回值 new_state 进行比较，以查看是否有状态变化。如果发生了状态变化，我们调用 new_date 的 enter() 方法，执行必要的初始化操作，然后把 new_state 赋值给 self.state。

在这个示例中，我们没有浪费内存来创建状态对象的一堆新实例，这些实例稍后必须被垃圾回收。相反，我们为传入数据流的每个片段重用单个状态对象。即使有多个解析器同时运行，也可以共用这些状态对象。有状态消息数据与每个状态对象中的处理规则保持分离。

> 我们结合了两种设计模式，每种都有不同的目的。状态模式涵盖如何完成处理过程。单例模式涵盖如何管理对象实例。很多软件设计会综合应用有点儿重叠又互补的多种设计模式。

11.7　案例学习

回顾一下，我们在第 3 章中放在一边的案例学习的问题。我们讨论了计算距离的各种方法，但留下了一部分设计供以后实现。既然我们已经看到了一些基本的设计模式，那么我们可以将其中一些应用到我们的案例学习中。

具体来说，我们需要将各种距离算法放入 Hyperparameter 类定义中。在第 3 章中，我们介绍了距离算法不是一个单独的定义，有超过 50 种常用的距离算法，有些简单，有些相当复杂。在第 3 章中，我们展示了一些常见的距离，包括欧几里得距离、曼哈顿距离、切比雪夫距离，甚至一个复杂的索伦森距离。每种方法对邻居的"接近程度"的权重略有不同。

我们认为 Hyperparameter 类包含 3 个重要的组成部分。

- 对基本 TrainingData 的引用，用来查找所有的邻居，从中选择最近的那个。
- k 值用于确定将检查多少个邻居。
- 距离算法。我们希望能够在这里使用任何算法。我们知道，有很多不同的距离算法，它们适用于不同的场景。如果只实现一两个算法，并不能很好地适应现实世界的需求。

替换距离算法是**策略**模式的一个很好的应用。对于给定的 Hyperparameter 对象 h，h.distance 对象有一个计算距离的 distance()方法。我们可以插入 Distance 类的任何子类来完成这个工作。

这意味着 Hyperparameter 类的 classify()方法将使用策略模式的 self.distance.distance()来计算距离。我们可以使用它来提供备选的 distance 对象及备选的 k 值，以找到为未知样本提供最佳分类的组合。

我们可以使用 UML 图来总结这些关系，如图 11.10 所示。

该图主要关注以下几个类。

- Hyperparameter 类的实例有一个 Distance 类的引用。使用策略模式允许我们使用文献中发现的任何算法来创建任意数量的 Distance 子类。
- Distance 类的实例将计算两个样本之间的距离。研究人员已经设计了 54 种实现。我们将使用第 3 章中提到的一些简单的方法。
  - 切比雪夫距离使用 max()来获得 4 个维度上距离的最大值。

- ◆ 欧几里得距离使用 math.hypot()函数。
- ◆ 曼哈顿距离是 4 个维度上每个距离的总和。

- Hyperparameter 类的实例还有一个 KNN Classifier()函数的引用。策略模式也使得我们可以使用任意数量的经优化的分类器算法。
- TrainingData 对象包含原始的 Sample 对象，它们会被 Hyperparameter 对象使用。

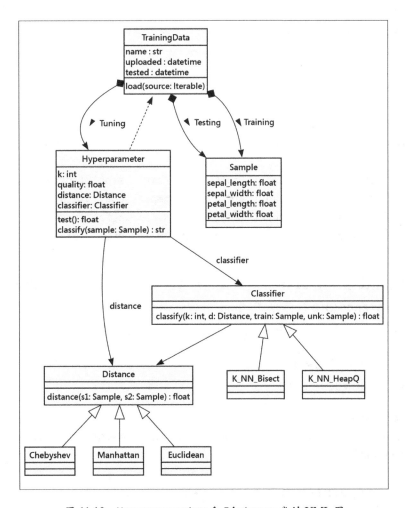

图 11.10　Hyperparameter 和 Distance 类的 UML 图

以下是 Distance 类定义的示例，它定义了距离算法的整体协议和 Euclidean 实现：

```python
from typing import Protocol
from math import hypot


class Distance(Protocol):
    def distance(
            self,
            s1: TrainingKnownSample,
            s2: AnySample
    ) -> float:
        ...


class Euclidean(Distance):
    def distance(self, s1: TrainingKnownSample, s2: AnySample) -> float:
        return hypot(
            (s1.sample.sample.sepal_length - s2.sample.sepal_length)**2,
            (s1.sample.sample.sepal_width - s2.sample.sepal_width)**2,
            (s1.sample.sample.petal_length - s2.sample.petal_length)**2,
            (s1.sample.sample.petal_width - s2.sample.petal_width)**2,
        )
```

我们已经定义了一个 Distance 协议，所以像 *mypy* 这样的工具可以识别执行距离算法的类。distance() 函数体是 Python 令牌，该令牌实际上是 3 个点；这不是书中的占位符，而是用于抽象方法体的标记，正如我们在第 6 章所学的。

曼哈顿和切比雪夫距离彼此相似。曼哈顿距离是特征之间变化的总和，而切比雪夫距离是特征之间最大的变化：

```python
class Manhattan(Distance):
    def distance(self, s1: TrainingKnownSample, s2: AnySample) -> float:
        return sum(
            [
                abs(s1.sample.sample.sepal_length -
                s2.sample.sepal_length),
                abs(s1.sample.sample.sepal_width -
```

```
                s2.sample.sepal_width),
            abs(s1.sample.sample.petal_length -
                s2.sample.petal_length),
            abs(s1.sample.sample.petal_width -
                s2.sample.petal_width),
        ]
    )


class Chebyshev(Distance):
    def distance(self, s1: TrainingKnownSample, s2: AnySample) -> float:
        return max(
            [
                abs(s1.sample.sample.sepal_length -
                    s2.sample.sepal_length),
                abs(s1.sample.sample.sepal_width -
                    s2.sample.sepal_width),
                abs(s1.sample.sample.petal_length -
                    s2.sample.petal_length),
                abs(s1.sample.sample.petal_width -
                    s2.sample.petal_width),
            ]
        )
```

类似地，KNN 分类器也可以被定义为具有层级的可替换实现策略。正如我们在第 10 章中看到的，也有很多方法来执行这个算法。我们可以使用一个简单的排序列表，或者一个更复杂的方法，如堆队列，或者用 **bisect** 模块来减少大量邻居集合带来的开销。在这里，我们不会重复第 10 章的所有定义。这些都被定义为函数。下面是一个最简单的版本，它计算所有距离，然后排序并找出最近的 *k* 个样本：

```
from collections import Counter

def k_nn_1(
        k: int,
        dist: DistanceFunc,
        training_data: TrainingList,
        unknown: AnySample
```

```
) -> str:
    distances = sorted(
        map(lambda t: Measured(dist(t, unknown), t), training_data))
    k_nearest = distances[:k]
    k_frequencies: Counter[str] = Counter(
        s.sample.sample.species for s in k_nearest
    )
    mode, fq = k_frequencies.most_common(1)[0]
    return mode
```

给定这两组距离算法和总体分类器算法，我们可以基于这两个插件策略对象定义
Hyperparameter 类。类定义变得相当小，因为细节已经被分解到单独的类层级结构中，
我们可以根据需要扩展这些层级结构：

```
class Hyperparameter(NamedTuple):
    k: int
    distance: Distance
    training_data: TrainingList
    classifier: Classifier

    def classify(self, unknown: AnySample) -> str:
        classifier = self.classifier
        distance = self.distance
        return classifier(
            self.k, distance.distance, self.training_data, unknown)
```

下面看看我们如何创建和使用 Hyperparameter 实例，如何将策略对象提供给
Hyperparameter 对象：

```
>>> data = [
...     KnownSample(sample=Sample(1, 2, 3, 4), species="a"),
...     KnownSample(sample=Sample(2, 3, 4, 5), species="b"),
...     KnownSample(sample=Sample(3, 4, 5, 6), species="c"),
...     KnownSample(sample=Sample(4, 5, 6, 7), species="d"),
... ]
>>> manhattan = Manhattan().distance
>>> training_data = [TrainingKnownSample(s) for s in data]
```

```
>>> h = Hyperparameter(1, manhattan, training_data, k_nn_1)
>>> h.classify(UnknownSample(Sample(2, 3, 4, 5)))
'b'
```

我们创建了 Manhattan 类的一个实例，并将这个对象的 distance()方法（方法对象，而不是计算的距离值）提供给 Hyperparameter 实例。我们为最近邻分类提供了 k_nn_1()函数。训练数据是 4 个 KnownSample 对象的序列。

我们的距离算法函数和分类器算法之间有一个微妙的区别，距离算法函数直接影响分类工作的好坏，而分类器算法执行了一个较小的性能优化。我们可以争辩说，它们并不对等，也许我们在一个类中堆积了太多的特性。我们并不真的需要测试分类器算法的质量；相反，我们只需要测试性能。

这个小示例确实正确地定位了给定未知样本的最近邻。实际上，我们需要更复杂的测试能力来检查测试集的所有样本。

我们可以将以下方法添加到上面定义的 Hyperparameter 类中：

```python
def test(self, testing: TestingList) -> float:
    classifier = self.classifier
    distance = self.distance
    test_results = (
        ClassifiedKnownSample(
            t.sample,
            classifier(
                self.k, distance.distance,
                self.training_data, t.sample),
        )
        for t in testing
    )
    pass_fail = map(
        lambda t: (1 if t.sample.species == t.classification else 0),
        test_results
    )
    return sum(pass_fail) / len(testing)
```

对于给定的 Hyperparameter 对象，test() 方法将使用 classify() 方法分类测试集中的所有给定样本。正确分类的测试样本与测试总数的比值是衡量该特定参数组合总体质量的一种方式。

超参数有许多组合。命令模式可以用于创建许多测试命令。每一个命令实例中都包含了创建和测试唯一的 Hyperparameter 对象所需的值。我们可以创建大量命令来执行全面的超参数调优。

在执行具体命令时，会创建一个 Timing 对象，它包含测试结果总结，看起来像这样：

```python
class Timing(NamedTuple):
    k: int
    distance_name: str
    classifier_name: str
    quality: float
    time: float  # 单位毫秒
```

测试命令被赋给一个 Hyperparameter 实例和对测试数据的引用，它在稍后会被用于实际收集调优结果。通过命令模式，我们可以把创建命令和执行命令分开。这种分离有助于理解程序逻辑。在比较各种算法的性能时，如果我们不想把一次性的初始化设置所花费的时间算在内，这种基于命令模式的分离就是有必要的。

下面是我们的 TestCommand 类的定义：

```python
import time


class TestCommand:
    def __init__(
        self,
        hyper_param: Hyperparameter,
        testing: TestingList,
    ) -> None:
        self.hyperparameter = hyper_param
        self.testing_samples = testing
```

```
def test(self) -> Timing:
    start = time.perf_counter()
    recall_score = self.hyperparameter.test(self.testing_samples)
    end = time.perf_counter()
    timing = Timing(
        k=self.hyperparameter.k,
        distance_name=
            self.hyperparameter.distance.__class__.__name__,
        classifier_name=
            self.hyperparameter.classifier.__name__,
        quality=recall_score,
        time=round((end - start) * 1000.0, 3),
    )
    return timing
```

构造方法保存了 Hyperparameter 和测试样本列表。当执行 test() 方法时，运行测试，并创建一个 Timing 对象。对于这个非常小的数据集，测试运行得非常快。对于更大和更复杂的数据集，超参数调整可能会运行数小时。

下面是一个构建并执行一组 TestCommand 实例的函数。

```
def tuning(source: Path) -> None:
    train, test = load(source)
    scenarios = [
        TestCommand(Hyperparameter(k, df, train, cl), test)
        for k in range(3, 33, 2)
        for df in (euclidean, manhattan, chebyshev)
        for cl in (k_nn_1, k_nn_b, k_nn_q)
    ]
    timings = [s.test() for s in scenarios]
    for t in timings:
        if t.quality >= 1.0:
            print(t)
```

该函数加载了原始数据，并将数据分区。这段代码实际上是第 9 章的内容。它基于 k、距离和分类器函数的不同组合创建了许多 TestCommand 对象，并将它们保存在 scenarios 列表中。

创建完所有命令实例后，它执行所有对象，并将结果保存在 `timings` 列表中。显示结果，以帮助我们找到最佳超参数组合。

我们将策略模式和命令模式应用于超参数优化程序。这 3 个距离算法类都很适合使用单例模式：我们只需每个对象的一个实例。设计模式是一种描述设计的语言，通过它们，我们可以更容易地向其他开发人员描述设计。

11.8　回顾

软件设计的世界充满了好主意。真正好的想法会被重复，并形成可重复的模式。了解并使用这些软件设计模式可以让开发人员避免消耗大量的脑力重新发明已经开发出来的东西。在本章中，我们看到了一些最常见的模式：

- 装饰器模式在 Python 语言中用于向函数或类添加特性。我们可以定义装饰器函数并直接应用它们，或者使用@语法将一个装饰器函数应用于另一个函数。

- 观察者模式可以简化 GUI 应用程序的编写。它还可以在非 GUI 应用程序中使用，在持有状态的对象和显示、汇总、使用状态信息的对象之间建立松耦合的关系。

- 策略模式是许多面向对象编程的核心。我们可以将大型问题分解到包含数据和帮助处理数据的策略对象的容器中。策略对象是"可插拔"的。这样我们可以灵活地适应、扩展和改进处理策略，而不需要在更改程序时破坏我们编码的所有代码。

- 如果要对某个对象执行一系列的动作，命令模式就很适合。当 Web 服务器需要执行调用者传入的命令时，命令模式特别有用。

- 当定义行为变化和状态变化的处理方法时，适合使用状态模式。我们通常可以将独特的或特殊情况的处理放到相应的状态对象中，利用策略模式来执行状态特有的行为。

- 当我们需要确保某个类有且只能有一个实例时，使用单例模式。例如，限定一个应用程序只能有一个中心数据库连接。

这些设计模式帮助我们组织复杂的对象集合。了解一些模式可以帮助开发人员可视化类之间的协作，并分配他们的职责。它还可以帮助开发人员讨论设计问题：当他们都读过关于设计模式的同一本书时，他们可以通过名称来引用模式，而不需要冗长的描述。

11.9　练习

在为本章编写示例时，作者发现，要想出应该使用特定设计模式的好示例，可能非常困难，而且极具教育意义。在前面的章节中，我们建议你在当前项目或老项目中找到应用新知识的机会，但在这里我们鼓励你考虑一下这些模式可以在哪些新情况下使用。尝试超越你自己的经历去思考。如果你当前正在做银行业务项目，请考虑如何在零售或销售点应用程序中应用这些设计模式。如果你经常编写 Web 应用程序，请考虑在编写编译器时使用设计模式。

看看装饰器模式，想出一些可以应用它的好示例。关注模式本身，而不是我们讨论的 Python 语法。它比模式的实现更通用一些。而对于装饰器的特殊语法，你可以在现有项目中寻找适用的地方。

什么地方适合使用观察者模式？为什么？不仅要考虑如何应用模式，还要考虑如何在不使用观察者的情况下实现相同的任务。选择使用它，你得到了什么，或者失去了什么？

考虑一下策略模式和状态模式之间的区别。就实现而言，它们看起来非常相似，但是它们有不同的目的。你能想到模式可以互换的示例吗？重新设计一个基于状态的系统来使用策略是否合理，反之亦然？设计实际上会有多大的不同呢？

在掷骰子的示例中，我们解析了一个简单的表达式来创建几个命令。可能有更多的选择。请参考链接 35 来了解一些用于描述骰子和掷骰子游戏的非常复杂的语法。要实现这一点，需要做出两个改变。首先，为所有这些选项设计命令层级结构。然后，编写一个正则表达式来解析一个更复杂的掷骰子表达式，并执行所有出现的命令。

我们已经提到，单例对象可以使用 Python 模块变量来创建。比较一下两种不同的 NMEA 消息处理器的性能。如果你没有带 USB 接口的 GPS 芯片，你可以在互联网上搜索 NMEA 的示例信息来解析。链接 36 是很好的示例来源。在模块变量带来的潜在混乱和应用程序的性能之间存在权衡问题。最好用数据来支持你得到的教训和经验。

11.10　总结

本章详细讨论了几种常见的设计模式，包括示例、UML 图，以及 Python 和静态类型的面向对象语言之间的区别。装饰器模式通常使用 Python 更通用的装饰器语法来实现。观察者模式是一种将事件与对这些事件采取的动作分离的有用方式。策略模式允许选择不同的算法来完成相同的任务。命令模式帮助我们设计共享公共接口但执行不同操作的活动类。状态模式看起来类似于策略模式，但是它被用于表示可以使用良好定义的动作在不同状态之间移动的系统。在一些静态类型的语言中流行的单例模式，在 Python 中几乎总是一个反模式。

在第 12 章中，我们将完成对设计模式的讨论。

第 12 章

高级设计模式

在本章中，我们将介绍更多的设计模式。我们将再次讨论 Python 中的规范示例，以及常见的替代实现。

本章将涉及以下主题：

- 适配器模式。
- 外观模式。
- 惰性初始化和享元模式。
- 抽象工厂模式。
- 组合模式。
- 模板模式。

本章的案例学习会展示如何将其中一些设计模式应用于鸢尾花样本问题。特别是，我们将展示有多少以前的设计已经基于（隐含）这些模式了。

对模式的命名与《设计模式：可复用面向对象软件的基础》一书中的实践保持一致。

我们将从适配器模式开始。它通常用于在某些不符合我们要求的对象周围封装额外的接口，以使得新接口符合我们的要求。

12.1 适配器模式

不像第 11 章中介绍的设计模式，适配器模式用于和现有代码打交道。我们不会设计一组全新的对象来实现适配器模式。适配器模式用于让两个已经存在但接口不适配的类相互协作。通过电源适配器，你可以将微型 USB 充电器接入 USB-C 接口的手机，适配器对象位于两个不同的接口之间，在它们之间动态转换。适配器对象的唯一目的就是执行这种转换。适配可能涉及多种任务，例如将参数转换为不同的格式、重新排列参数的顺序、调用不同的命名方法或提供默认参数。

从结构上，适配器模式与简单的装饰器模式很像。区别在于，装饰器模式通常提供和原对象一样的接口，而适配器模式用于在两个不同的接口间做映射。下面是 UML 图，如图 12.1 所示。

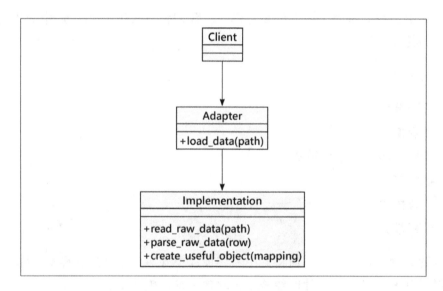

图 12.1　适配器模式的 UML 图

在这里，client 对象（**Client** 类的一个实例）需要和另一个类 Implementation 协作。在本例中，我们将 load_data()方法作为需要适配器的方法的具体示例。

完美的 **Implementation** 类实现了我们所需的一切，但它有一个问题：它要求使用 read_raw_data()、parse_raw_data()和 create_useful_object()方法来执行复杂的操作序列。**Adapter** 类实现了一个易于使用的 load_data()接口，该接口隐藏了 **Implementation** 类提供的现有接口的复杂性。

这个设计的优点在于，**Adapter** 类提供了调用者所需的接口。如果不这样做，

Client 类需要自己实现这些不相关的代码细节。如果有很多不同的客户端，那么每个客户端都需要自己访问 **Implementation** 类，以实现 load_data()中的代码逻辑。

适配器模式示例

假设我们有以下已存在类，它接收 HHMMSS 格式的时间戳字符串，那么基于它们计算以浮点数表示的时间间隔：

```python
from __future__ import annotations


class TimeSince:
    """期望时间是 6 位数字，不含标点符号。"""

    def parse_time(self, time: str) -> tuple[float, float, float]:
        return (
            float(time[0:2]),
            float(time[2:4]),
            float(time[4:]),
        )

    def __init__(self, starting_time: str) -> None:
        self.hr, self.min, self.sec = self.parse_time(starting_time)
        self.start_seconds = ((self.hr * 60) + self.min) * 60 + self.sec

    def interval(self, log_time: str) -> float:
        log_hr, log_min, log_sec = self.parse_time(log_time)
        log_seconds = ((log_hr * 60) + log_min) * 60 + log_sec
        return log_seconds - self.start_seconds
```

这个类用于字符串到时间间隔的转换。因为这个类已经在我们的程序中使用，所以它有单元测试用例，一直工作良好。如果你忘记添加 from_future_import annotations，在使用 tuple[float, float, float]做类型提示时会报错。确保在代码第一行引入 annotations 模块。

下面是展示这个类如何工作的示例：

```
>>> ts = TimeSince("000123") # Log 从 00:01:23 开始
>>> ts.interval("020304")
7301.0
>>> ts.interval("030405")
10962.0
```

使用这种未格式化的时间有点儿奇怪，但是一些**物联网**设备会提供这种格式的时间字符串。比如，在来自 GPS 设备的 NMEA 0183 格式消息中，日期和时间就是这种未格式化的数字字符串。

我们正好有一个上面那种设备在多年前生成的日志文件。我们想要分析日志中的 ERROR 消息之后出现的消息序列。我们想要相对于 ERROR 的准确时间，作为根本原因问题分析的一部分。

下面是用于测试的日志数据：

```
>>> data = [
...     ("000123", "INFO", "Gila Flats 1959-08-20"),
...     ("000142", "INFO", "test block 15"),
...     ("004201", "ERROR", "intrinsic field chamber door locked"),
...     ("004210.11", "INFO", "generator power active"),
...     ("004232.33", "WARNING", "extra mass detected")
... ]
```

计算 ERROR 和 WARNING 消息发生的时间间隔或许会有点儿困难，但最好能显示两条日志发生的时间间隔，而不是绝对时间。下面是用于格式化日志的代码。代码中的???部分是我们要处理的地方：

```
class LogProcessor:
    def __init__(self, log_entries: list[tuple[str, str, str]]) -> None:
        self.log_entries = log_entries

    def report(self) -> None:
        first_time, first_sev, first_msg = self.log_entries[0]
        for log_time, severity, message in self.log_entries:
```

```
if severity == "ERROR":
    first_time = log_time
interval = ??? Need to compute an interval ???
print(f"{interval:8.2f} | {severity:7s} {message}")
```

LogProcessor 类迭代每一行日志。一旦碰到 ERROR，就重置 first_time 变量。这样可以确保显示从最近错误开始到现在的时间间隔。

但我们有个问题，我们希望重用 TimeSince 类。但它没有接口直接计算两个值之间的时间间隔。我们有如下几个选择。

- 我们可以重写 TimeSince 类来处理一对时间字符串。这样做有一点儿风险，那就是会破坏我们应用程序中的其他东西。有时候，我们把这称为变化的飞溅半径：当我们把一块巨石扔进游泳池的时候，有多少东西会被弄湿？开放/封闭式设计原则（SOLID 原则之一，我们在第 4 章的案例学习中讨论过，可参考链接 37 来了解更多背景）建议一个类应该对扩展开放，但对这种修改关闭。如果这个类是从 PyPI 下载的，我们可能不想改变它的内部结构，因为这样我们就不能使用任何后续的版本。我们需要一个在另一个类内部修补的替代方案。
- 我们可以直接使用这个类。当需要计算 ERROR 和后续日志行的间隔时，我们创建新的 TimeSince 对象。这会需要创建很多对象。设想，我们有多个日志分析程序，每个程序分析日志的不同方面。一旦需要修改分析程序，我们不得不修改所有创建 TimeSince 对象的地方。把 LogProcessor 类和 TimeSince 类交织在一起违反了单一职责设计原则。另一个原则**不要重复你自己**好像在这里也适用。
- 更好的方法是，我们可以增加一个适配器，将 LogProcessor 类的需求和 TimeSince 类中可用的方法连接起来。

适配器方案引入了一个类，它为 LogProcessor 类提供所需的接口，并使用 TimeSince 类提供的接口。因为它的存在，隔离了 LogProcessor 和 TimeSince 之间的直接关联，使得两个类都可以独立变化。代码如下：

```python
class IntervalAdapter:
    def __init__(self) -> None:
        self.ts: Optional[TimeSince] = None

    def time_offset(self, start: str, now: str) -> float:
        if self.ts is None:
            self.ts = TimeSince(start)
        else:
            h_m_s = self.ts.parse_time(start)
            if h_m_s != (self.ts.hr, self.ts.min, self.ts.sec):
                self.ts = TimeSince(start)
        return self.ts.interval(now)
```

这个适配器在必要的时候会创建 TimeSince 对象。如果没有 TimeSince 对象，它将会创建一个。如果已经有 TimeSince 对象，并且使用创建的起始时间，则可以重用 TimeSince 实例。但是，如果 LogProcessor 类碰到了一条新的错误消息，那么必须新建一个 TimeSince 对象。

下面是使用 IntervalAdapter 类的 LogProcessor 类的最终设计：

```python
class LogProcessor:
    def __init__(
        self,
        log_entries: list[tuple[str, str, str]]
    ) -> None:
        self.log_entries = log_entries
        self.time_convert = IntervalAdapter()

    def report(self) -> None:
        first_time, first_sev, first_msg = self.log_entries[0]
        for log_time, severity, message in self.log_entries:
            if severity == "ERROR":
                first_time = log_time
            interval = self.time_convert.time_offset(first_time, log_time)
            print(f"{interval:8.2f} | {severity:7s} {message}")
```

我们在初始化期间创建了一个 IntervalAdapter 实例。然后用它计算每个时间偏移量。这使得我们可以在不用修改原始类的情况下重用已有的 TimeSince 类，而且 LogProcessor 也不需要和 TimeSince 的内部细节耦合在一起。

我们也可以使用继承来实现这样的设计。我们可以继承自 TimeSince 类并添加所需的方法。使用继承也是一个不错的设计，这也表明，很多时候并没有唯一的"正确"答案。有时候，我们需要写出继承方案并把它和适配器方案比较，看看哪个更容易解释。

除了继承，有时候我们也可以使用猴子补丁来给现有的类添加方法。Python 允许我们为了添加新方法来提供合适的接口以满足调用代码的需求。当然，这也意味着 class 语句中容易找到的类定义不是运行时使用的整个类。这种设计使得其他开发者不得不全局搜索代码，以确定通过猴子补丁加入的新功能加到了类中的什么地方。除了用于单元测试，猴子补丁不是一个好的设计。

我们常常可以把一个函数当作一个适配器。虽然这不符合传统的适配器类设计模式的设计，但实际上没有什么差别：拥有 __call__()方法的类是可调用对象，与函数没什么区别。函数完全可以成为适配器。Python 不需要将所有的东西都定义在类中。

适配器和装饰器的区别很小但很重要。适配器通常扩展、修改和整合被适配的类的多个方法。然而，装饰器通常会避免重大更改，保持接口相似，只增加一点儿功能。正如我们在第 11 章中看到的，装饰器可以被看作一种特殊的适配器。

使用适配器类和使用策略类很像。共同点在于可替换性，用一个适配器替换另一个适配器，用一个策略替换另一个策略。区别在于，策略通常是在运行时切换的，而适配器通常在设计时确定，而且一般很少更换。

我们要学的下一个模式和适配器很像，它也是把功能封装在新的容器中，区别在于被封装的功能的复杂性。外观（Facade）模式通常是对相当复杂的结构的封装。

12.2　外观模式

外观模式用于为复杂的组件系统提供一个简单的接口。它允许我们定义一个封装了系统典型用法的简单的新类，从而避免暴露隐藏在多个对象交互中的实现细节。每当我们需要访问系统常用或典型的功能时，都可以使用单个对象的简单接口。如果项目的某些地方需要访问更完整的系统功能，可以直接与组件和单个方法交互。

外观模式的 UML 图取决于被封装的子系统，这个子系统在图 12.2 中被称为 Big System。

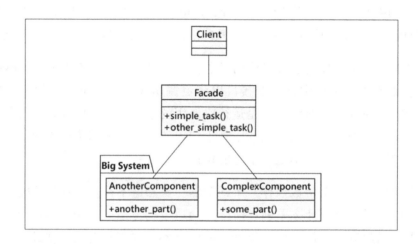

图 12.2　外观模式的 UML 图

外观模式在很多方面都类似于适配器模式。主要区别在于，外观模式把一个复杂的接口抽象成一个简单的接口，而适配器只是把一个已存在的接口转换成另一个接口。

外观模式示例

本书中的图片是使用 PlantUML（链接 38）制作的。每张图开始都是一个文本文件，需要被转换为 PNG 文件。这包括两个步骤，我们将使用外观模式把这两个步骤合并成一个。

第一个步骤是定位到所有的 UML 文件。这需要遍历所有目录，找到所有以 .uml 结尾的文件。我们也会查看文件的内容，以确定文件中是否有多个已命名图。

```python
from __future__ import annotations
import re
from pathlib import Path
```

```
from typing import Iterator, Tuple

class FindUML:
    def __init__(self, base: Path) -> None:
        self.base = base
        self.start_pattern = re.compile(r"@startuml *(.*)")

    def uml_file_iter(self) -> Iterator[tuple[Path, Path]]:
        for source in self.base.glob("**/*.uml"):
            if any(n.startswith(".") for n in source.parts):
                continue
            body = source.read_text()
            for output_name in self.start_pattern.findall(body):
                if output_name:
                    target = source.parent / output_name
                else:
                    target = source.with_suffix(".png")
                yield (
                    source.relative_to(self.base),
                    target.relative_to(self.base)
                )
```

FindUML 类需要一个根目录。uml_file_iter()方法使用 Path.glob()方法遍历整个目录树。它跳过任何以.开头的目录；这些目录通常都是由 *tox*、*mypy* 或 *git* 等工具生成的，我们不需要检查它们。剩下的文件中会有包含@startuml 的行。有的行可能会包含多个输出文件的名称。大部分 UML 文件都不会创建多个文件。self.start_pattern 正则表达式会匹配文件名。迭代器会生成一个由两个 Path 组成的元组。

另外，我们有一个类，将 PlantUML 程序作为子进程运行。当 Python 程序运行时，它是一个操作系统进程。我们可以使用 subprocess 模块启动子进程来运行其他的二进制程序或 shell 脚本。代码如下：

```
import subprocess

class PlantUML:
```

```
conda_env_name = "CaseStudy"
base_env = Path.home() / "miniconda3" / "envs" / conda_env_name

def __init__(
    self,
    graphviz: Path = Path("bin") / "dot",
    plantjar: Path = Path("share") / "plantuml.jar",
) -> None:
    self.graphviz = self.base_env / graphviz
    self.plantjar = self.base_env / plantjar

def process(self, source: Path) -> None:
    env = {
        "GRAPHVIZ_DOT": str(self.graphviz),
    }
    command = [
        "java", "-jar",
        str(self.plantjar), "-progress",
        str(source)
    ]
    subprocess.run(command, env=env, check=True)
    print()
```

PlantUML 类依赖于 **conda** 来创建一个名为 CaseStudy 的虚拟环境。如果使用的是其他虚拟环境管理器，可以在子类中提供相应的虚拟环境路径。我们需要在虚拟环境中安装 Graphviz 包，它的作用在于将图表渲染成图像文件。我们也需要下载 plantuml.jar 文件，把它放到虚拟环境下的一个 share 目录中。command 变量中直接使用 java 命令，假设当前计算机上已经安装好了 **Java 运行时环境**（**JRE**）并且已将其加入当前路径中。

subprocess.run() 函数接收一个命令行参数以及任意数量的特定环境变量。它将在给定的环境中运行指定的命令，并检查返回值以确保命令正确执行。

另外，我们也可以使用这些步骤查找所有 UML 文件并创建图表。因为这些接口有点儿复杂，我们可使用外观模式创建一个有用的命令行程序。

```python
class GenerateImages:
    def __init__(self, base: Path) -> None:
        self.finder = FindUML(base)
        self.painter = PlantUML()

    def make_all_images(self) -> None:
        for source, target in self.finder.uml_file_iter():
            if (
                not target.exists()
                or source.stat().st_mtime > target.stat().st_mtime
            ):
                print(f"Processing {source} -> {target}")
                self.painter.process(source)
            else:
                print(f"Skipping {source} -> {target}")
```

GenerateImages 类是一个易于使用的外观类，它综合了 FindUML 和 PlantUML 类的功能。它使用 FindUML.uml_file_iter() 方法来定位源文件并生成图像文件。它检查文件的修改时间，如果图像生成时间晚于源文件修改时间就不会重复生成图像。（stat().st_mtime 看起来有点儿奇怪，这是因为 Path 的 stat() 方法提供了很多文件的统计信息，修改时间只是其中一个信息。）

如果 .uml 文件有更新，这意味着某位作者修改了它，那么需要重新生成图像。现在这个主脚本变得赏心悦目了：

```python
if __name__ == "__main__":
    g = GenerateImages(Path.cwd())
    g.make_all_images()
```

这个示例展示了使用 Python 实现自动化的一种重要方式。我们把这个过程分成几个步骤，每个步骤用几行代码就可以实现。然后我们把这些步骤组合起来，用一个外观模式把它们封装起来。另一个更复杂的程序可以使用外观类，而不用担心它内部是如何实现的。

尽管在 Python 社区中很少提到它的名字，但是外观模式是 Python 生态系统中不可或缺的一部分。因为 Python 强调语言的可读性，所以语言核心和第三方库都倾向于为复杂的任务提供易于理解的接口。例如，`for` 循环、`list` 推导式和生成器都是更复杂的迭代器协议的外观。`Defaultdict` 实现也是一个外观，当字典中不存在某个键时，它会抽象掉令人讨厌的检查语句。

为了 HTTP 处理，第三方 `requests` 或 `httpx` 库都是可读性较差的 `urllib` 库的强大外观。而 `urllib` 包本身是使用底层 `socket` 包管理基于文本的 HTTP 协议的一个外观。

外观模式掩盖了复杂性。有时，我们希望避免重复数据。下一个设计模式可以在处理大量数据时帮助优化存储。这在非常小的计算机上特别有用，它们通常适用于物联网应用。

12.3　享元模式

享元模式是一种内存优化设计模式。Python 新手一般会忽略内存优化，假设内置的垃圾回收器会搞定它。依赖内置的内存管理是个不错的开始。在某些情况下，比如使用大型的数据科学家程序，内存消耗会变成一个障碍，需要我们更积极地管理内存。在很小的物联网设备上，内存管理也很有帮助。

享元模式确保共享同一状态的对象使用同一块内存来管理共享状态。通常只有在程序已经出现了内存问题后才会去应用这种设计模式。在某些情况下，也可以从一开始就设计最优化的方案，但请记住：过早的优化会让程序变得复杂且难以维护。

在某些语言中，享元设计需要谨慎地分享对象的引用，避免意外的对象复制，并仔细跟踪对象的所有权，以确保对象不会被过早删除。在 Python 中，所有东西都是一个对象，而且所有的对象都通过一致的引用来使用。Python 中的享元设计一般来说比其他语言中的要简单一些。

享元模式的 UML 图如图 12.3 所示。

每个 **Flyweight** 都没有自己的特殊状态。当需要对 **SpecificState** 执行操作时，状态需要作为参数值传入 **Flyweight**。传统上，返回 **Flyweight** 类实例的工厂是一个单独的对象；它的目的是返回单个享元对象，这些对象也许是通过某种键或索引来组织的。它的原理有点儿像第 11 章中讨论的单例模式，如果对象已经存在就返回它，否则创建一个新对象。在很多编程语言中，这个工厂对象不是作为单独的对象来实现的，而是作为 Flyweight 类本身的一个静态方法。

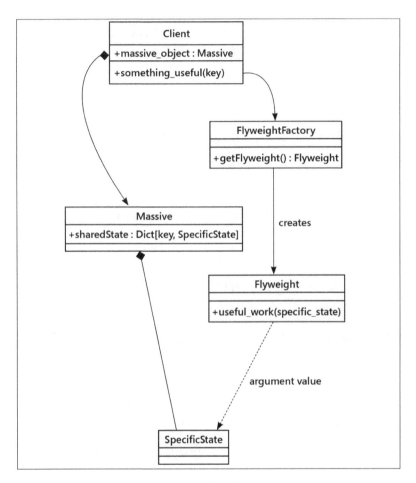

图 12.3 享元模式的 UML 图

我们可以把这类比为：互联网取代了存满数据的计算机。在过去，我们不得不收集各种文档和文件，并建立索引，将其存储在本地计算机上，这曾经涉及软盘、光盘等存储设备。现在，我们可以通过网站获得原始数据的引用，而不用在本地存储它们。当我们在工作中需要引用这些数据的时候，我们可以在移动设备上轻松地访问它们。使用享元模式来访问数据已经深刻影响了我们使用信息的方式。

与单例模式不同的是，单例模式对一个类只返回一个实例，而享元模式可能有多个来自享元类的实例。一种方法是把实例保存在字典中，然后根据字典的 key 提供相应的享元对象值。另一种物联网中常用的方法是，共用一个缓存的一组对象。在普通计算机中，创建和销毁对象代价较低，但在小物联网设备上，我们需要尽可能少地创建对象，这意味着使用享元模式来共享缓存中的对象。

12.3.1 Python 中的享元模式示例

我们先来看看几个用于处理 GPS 消息的实体类。缓冲区中可能会出现大量的重复值，但我们不希望为它们创建大量重复的 Message 对象。为了解决这个问题，我们可以使用享元对象来节省内存。这会用到两个重要特性。

- 享元对象重用同一个缓冲区中的字节。这可以避免在小型计算机上重复存放数据。
- 享元类对于不同的消息类型可以进行针对性的处理。具体来说，GPGGA、GPGLL 和 GPRMC 消息都具有经度和纬度信息。虽然不同消息的细节有所不同，但我们不想创建不同的 Python 对象。当不同消息类型的区别仅在于相关字节在缓冲区中的位置不同时，处理这种情况的开销相当大。[①]

图 12.4 是 GPS 消息的 UML 图。

假定 Buffer 对象持有从 GPS 读取的字节数组。基于 Buffer 对象，我们使用 MessageFactory 来创建各种 Message 子类的享元实例。每个子类都可以访问共享的 Buffer 对象并可以产生一个 Point 对象，但子类具有自己独特的实现来处理每个消息不同的结构。

有一个 Python 编程所特有的复杂性。当我们有多个引用指向同一个 Buffer 对象实例时，可能会造成循环引用。处理了大量消息后，每个 Message 子类中将会有一些局部的临时数据，以及指向 Buffer 实例的引用。

情况如图 12.5 所示，其中包含具体的对象和指向它们的引用。

---

① 麦叔注：这里是指没必要为不同的消息创建独立的 Buffer 对象。

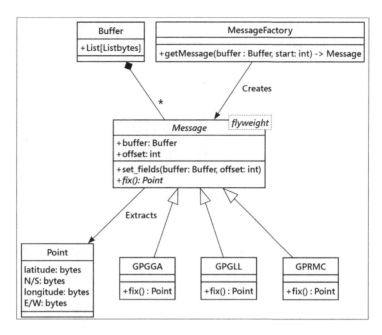

图 12.4　GPS 消息的 UML 图

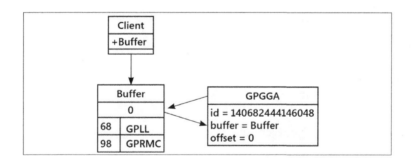

图 12.5　引用图

在一些客户端程序中, Client 对象具有指向 Buffer 实例的引用。它读入一些 GPS 的字节。另外, 一个特定的 GPGGA 实例也有一个指向 Buffer 对象的引用, 因为 Buffer 对象的第 0 个字节开始正好有一个 GPGGA 消息。自己数组的第 68 个和第 98 个位置处有其他的消息。这些消息也会有指向 Buffer 实例的引用。

因为 Buffer 具有指向 GPGGA Message 对象的引用, 而 Message 也有指回 Buffer

的引用，故形成了一个循环引用。当客户端代码停止使用 Buffer 实例时，引用计数由 4 减少为 3。我们无法轻松地从内存中移除 Buffer 对象和它的 Message 对象。[①]

我们可以使用 Python 的 weakref 模块来解决这个问题。不像常规的"强"引用，弱引用（weak ref）在内存管理中不计数。我们可以有很多指向同一个对象的弱引用，但只要最后一个常规引用被移除，对象就可以在内存中被销毁。这使得客户端对象可以开始处理新的 Buffer 对象，而不用担心老的 Buffer 对象会造成内存问题。一旦强引用的数量变成 0，老对象可以被销毁。同样地，Buffer 对象可以有指向每一个 Message 对象的强引用，因为一旦 Buffer 对象被销毁，Message 对象也会被销毁。

弱引用是 Python 运行时的基础部分。因此，它们是一种重要的优化，在一些特殊情况下会浮现出来。这些优化之一是我们不能创建一个对 bytes 对象的弱引用，因为这样的开销很大。

在某些情况下，我们需要为底层的 bytes 对象创建适配器类，以便把它们转换成可以有弱引用的对象。

```python
class Buffer(Sequence[int]):
    def __init__(self, content: bytes) -> None:
        self.content = content

    def __len__(self) -> int:
        return len(self.content)

    def __iter__(self) -> Iterator[int]:
        return iter(self.content)

    @overload
    def __getitem__(self, index: int) -> int:
        ...

    @overload
```

---

① 麦叔注：只有当引用计数减少为 0，对象才会被回收。由于循环引用的存在，造成引用计数无法减少为 0。

```
def __getitem__(self, index: slice) -> bytes:
    ...

def __getitem__(self, index: Union[int, slice]) -> Union[int, bytes]:
    return self.content[index]
```

这个 Buffer 类的定义并没有包含大量的新代码。我们提供了 3 个魔术方法。每个魔术方法都把具体的任务交给了底层的 bytes 对象。Sequence 抽象基类自带了几个方法，比如 index() 和 count()。

3 个重载方法 __getitme__() 的定义告诉 *mypy*，索引操作 buffer[i] 和切片操作 buffer[start: end] 之间的重要区别。第一个操作从缓存中获取一个单一的 int 项，而第二个操作使用切片语法获取一个 bytes 对象。最后的非重载方法 __getitem__() 的定义通过将任务委托给 self.contents 对象，轻松实现了前两个被重载的方法。

在第 11 章中，我们使用了基于状态的设计来获取和计算校验和。本章采用一种不同的方法来处理大量快速到达的 GPS 消息。

下面是一个典型的 GPS 消息：

```
>>> raw = Buffer(b"$GPGLL,3751.65,S,14507.36,E*77")
```

消息以 $ 开始，以 * 结束。* 后面的字符是校验和的值。我们假设校验和没错，将会忽略 * 后面的两个字符。下面是抽象的 Message 类，它包含用于解析 GPS 消息的常用方法：

```
class Message(abc.ABC):
    def __init__(self) -> None:
        self.buffer: weakref.ReferenceType[Buffer]
        self.offset: int
        self.end: Optional[int]
        self.commas: list[int]

    def from_buffer(self, buffer: Buffer, offset: int) -> "Message":
        self.buffer = weakref.ref(buffer)
        self.offset = offset
        self.commas = [offset]
```

```
        self.end = None
        for index in range(offset, offset + 82):
            if buffer[index] == ord(b","):
                self.commas.append(index)
            elif buffer[index] == ord(b"*"):
                self.commas.append(index)
                self.end = index + 3
                break
        if self.end is None:
            raise GPSError("Incomplete")
        # 待完成：确认校验和。
        return self

    def __getitem__(self, field: int) -> bytes:
        if (not hasattr(self, "buffer")
            or (buffer := self.buffer()) is None):
        raise RuntimeError("Broken reference")
    start, end = self.commas[field] + 1, self.commas[field + 1]
    return buffer[start:end]
```

__init__()方法没有做任何事情。我们只是创建了几个包含类型的实例变量，但我们并没有给它们赋值。通过这种方法可以告诉 *mypy*，这些实例变量将会在类的其他地方设置。

在 from_buffer()方法中，我们使用 weakref.ref()函数创建了一个指向 Buffer 实例的弱引用。如前所述，这种特殊引用不会用于跟踪 Buffer 对象的引用计数。就算 Message 对象还有指向它的老的引用，也不会阻止 Buffer 对象被销毁。

from_buffer()方法扫描缓存的,字符，以便定位消息中的字段。如果我们有多个字段，这可以节省一些时间。如果我们只需要一两个字段，这种提前扫描就不是很有必要。

在__getitem__()方法中，我们把弱引用转换成了正常引用。通常情况下，在处理 Buffer 对象的时候会有一个相关联的 Message 对象。像调用函数一样访问弱引用 self.buffer()，可以获得正常引用，然后可以在方法体中使用它。在__getitem__()

方法的最后，buffer 变量的生命周期结束，这个临时引用将会消失。

　　客户端程序看起来如下：

```
while True:
    buffer = Buffer(gps_device.read(1024))
    # 处理缓存中的消息。
```

　　buffer 变量拥有一个指向 Buffer 对象的正常引用。理想情况下，这是唯一的引用。每次我们执行这一赋值语句时，老的 Buffer 对象的引用数变为 0，因此可以被从内存中销毁。在这个赋值语句之后，且在执行 Message 对象的 from_buffer() 之前，试图调用 Message 对象的 __getitem__() 方法会抛出 RuntimeError 异常。

　　如果我们的程序在没有执行 set_fields() 之前就尝试调用 Message 对象的 __getitem__() 方法，那么将会导致一个严重的 Bug，我们的代码会崩溃。当我们学习第 13 章时，我们可以使用单元测试以确保这些方法按顺序执行。在那之前，我们必须确保正确地使用了 __getitem__() 方法。

　　下面是 Message 抽象基类的其他部分，包括用于提取消息位置的各个方法：

```
def get_fix(self) -> Point:
    return Point.from_bytes(
        self.latitude(),
        self.lat_n_s(),
        self.longitude(),
        self.lon_e_w()
    )

@abc.abstractmethod
def latitude(self) -> bytes:
    ...

@abc.abstractmethod
def lat_n_s(self) -> bytes:
    ...

@abc.abstractmethod
```

```
def longitude(self) -> bytes:
    ...

@abc.abstractmethod
def lon_e_w(self) -> bytes:
    ...
```

get_fix()方法将任务委托给另外 4 个方法，每个方法用于从 GPS 消息中提取一个字段。我们可以创建如下子类：

```
class GPGLL(Message):
    def latitude(self) -> bytes:
        return self[1]

    def lat_n_s(self) -> bytes:
        return self[2]

    def longitude(self) -> bytes:
        return self[3]

    def lon_e_w(self) -> bytes:
        return self[4]
```

这个类将使用它从 Message 类继承的 get_field()方法，从完整的字节序列中获取特定字段对应的字节。因为 get_field()方法使用指向 Buffer 对象的引用，所以我们不需要重复存储整个消息的字节序列。我们只需要从 Buffer 对象中读取数据，从而可以避免占用太多内存。

我们还没有展示 Point 对象的代码，将其留给读者作为练习。它需要把字节字符串转换成浮点数。

下面是我们根据缓存中的消息类型创建合适的享元对象的代码：

```
def message_factory(header: bytes) -> Optional[Message]:
    # 待完成：添加 functools.lru_cache 来节省存储空间和时间
    if header == b"GPGGA":
        return GPGGA()
```

```
elif header == b"GPGLL":
    return GPGLL()
elif header == b"GPRMC":
    return GPRMC()
else:
    return None
```

如果碰到一个已知类型的消息，我们将会创建一个享元类的实例。我们留一个注释，将其作为另一个练习：使用 `functools.lru_cache` 来避免创建已经存在的 Message 对象。我们来看看 message_factory()是如何工作的：

```
>>> buffer = Buffer(
...     b"$GPGLL,3751.65,S,14507.36,E*77"
... )
>>> flyweight = message_factory(buffer[1 : 6])
>>> flyweight.from_buffer(buffer, 0)
<gps_messages.GPGLL object at 0x7fc357a2b6d0>

>>> flyweight.get_fix()
Point(latitude=-37.86083333333333, longitude=145.12266666666667)
>>> print(flyweight.get_fix())
(37°51.6500S, 145°07.3600E)
```

我们用一些字节加载了一个 Buffer 对象。字节缓冲区的第 1～6 个字节片是消息名。切片操作会在此创建一个小 bytes 对象。message_factory()函数会定位一个享元类定义：GPGLL 类。然后，我们使用 from_buffer()方法，这样享元模式可以扫描 Buffer，从第 0 个字节开始，寻找,字符来确定每个字段的开始和结尾。

当我们执行 get_fix()时，GPGLL 实例会提取 4 个字段，将其转换成有用的经纬度，返回含两个浮点数的 Point 对象。如果我们想将其与其他设备相关联，我们可能想显示一个表示二者间隔度数和时间（以分钟为单位）的数值。类似 37°51.6500S 的格式，可能会比 37.86083333333333 更有用。

12.3.2　包含多条消息的缓冲区

我们扩展一下示例，看看一个包含多条消息的缓冲区。我们将把两条 GPGLL 消息放到一个字节序列中。就像某些 GPS 设备那样，我们将包含明确的空白字符作为行结尾。

```
>>> buffer_2 = Buffer(
...     b"$GPGLL,3751.65,S,14507.36,E*77\\r\\n"
...     b"$GPGLL,3723.2475,N,12158.3416,W,161229.487,A,A*41\\r\\n"
... )
>>> start = 0
>>> flyweight = message_factory(buffer_2[start+1 : start+6])
>>> p_1 = flyweight.from_buffer(buffer_2, start).get_fix()
>>> p_1
Point(latitude=-37.86083333333333, longitude=145.12266666666667)
>>> print(p_1)
(37°51.6500S, 145°07.3600E)
```

我们注意到，第一个 GPGLL 消息创建了一个 GPGLL 对象并且提取了位置信息。下一条消息从上一条消息结尾的地方开始。这使得我们可以从缓冲区的一个新位置开始，检测缓冲区不同区域的字节。

```
>>> flyweight.end
30
>>> next_start = buffer_2.index(ord(b"$"), flyweight.end)
>>> next_start
32
>>>
>>> flyweight = message_factory(buffer_2[next_start+1 : next_start+6])
>>> p_2 = flyweight.from_buffer(buffer_2, next_start).get_fix()
>>> p_2
Point(latitude=37.387458333333335, longitude=-121.97236)
>>> print(p_2)
(37°23.2475N, 121°58.3416W)
```

我们使用 message_factory() 函数来创建一个新的 GPGLL 对象。既然消息的数据不在对象中，我们可以重用之前的 GPGLL 对象。我们可以去掉 flyweight =这行代码，结果是一样的。当我们使用 from_buffer() 方法时，我们会定位一批新的,字符。当我们使用 get_fix() 方法时，我们将从字节序列的新位置获取值。

这个实现创建了几个短的字节字符串，以创建可缓存的对象来供 message_factory()使用。当创建 Point 对象时，会创建新的浮点数。但消息处理过程重用了 Buffer 实例，避免了大量字节块的浪费。

一般来说，在 Python 中使用享元模式意味着确保我们引用原始数据。Python 一般避免复制对象。对象的创建过程几乎都是很明显的，使用类名或者其他复杂的语法。在一种情况下，对象的创建并不明显，那就是使用切片操作时：当我们使用 bytes[start:end]时，会创建 bytes 的副本。太多这种操作会让我们的物联网设备耗尽内存。享元模式避免创建新的对象，尤其是避免使用对字符串或字节进行切片的方式来创建对象的副本。

我们的示例中也用到了 weakref。这对享元设计来说并不是必需的，但是它可以帮助识别可从内存中删除的对象。虽然这两者经常被放在一起，但它们并不紧密相关。

享元模式会对内存的消耗产生很大的影响，优化了 CPU、内存或硬盘使用的程序常常看起来更复杂。因此我们要小心地在代码的可维护性和性能之间做出权衡。在选择优化时，尽量使用诸如享元等模式来确保优化所带来的复杂性被控制在一个单一的（有良好文档的）代码部分。

在我们学习抽象工厂模式之前，我们先偏点儿题，看一下另一个内存优化技术，这是 Python 所特有的，即__slots__魔术属性名。

12.3.3 使用 Python 的__slots__优化内存

如果你的程序中有大量 Python 对象，另一个节省内存的方法是使用__slots__。这可以算是一个侧重点，因为它不是 Python 的常见设计模式。它是一种有用的 Python 设计模式，因为它可以从一个被广泛使用的对象上节省几个字节。与享元设计相比——共享存储空间——slots 设计用自己的私有数据来创建对象，而避免使用 Python 的内置字典。相反，它直接把属性名映射给数值序列，避免了 Python dict 对象上大型散列表的开销。

在本章前面的示例中，我们没有细说 Message 对象的 get_fix()方法中创建的 Point 对象。下面是 Point 对象的定义：

```
class Point:
    __slots__ = ("latitude", "longitude")

    def __init__(self, latitude: float, longitude: float) -> None:
        self.latitude = latitude
        self.longitude = longitude

    def __repr__(self) -> str:
        return (
            f"Point(latitude={self.latitude}, "
            f"longitude={self.longitude})"
        )
```

每个 Point 对象正好有两个属性：latitude 和 longitude。__init__()方法设置属性的值并为 **mypy** 等工具提供类型提示。

乍一看，这个类和未使用__slots__的其他类没有什么区别。最显著的区别在于，我们不能给它添加属性。下面的示例表明，给它添加属性会抛出异常：

```
>>> p2 = Point(latitude=49.274, longitude=-123.185)
>>> p2.extra_attribute = 42
Traceback (most recent call last):
...
AttributeError: 'Point' object has no attribute 'extra_attribute'
```

如果我们的程序中需要创建大量的这种对象，添加额外的 slots 魔术变量会非常有用。但在大部分情况下，我们只创建一个或者少量的对象实例，通过引入__slots__节省的内存是可以忽略不计的。

在某些情况下，使用 NamedTuple 在节省内存方面和使用__slots__一样有效。我们在第 7 章中讨论过这一点。

我们已经学习了通过把对象封装到外观模式中来管理复杂性，使用只有很少内部状态的享元对象来管理内存。接下来，我们将看看如何使用抽象工厂模式来创建各种不同类型的对象。

12.4　抽象工厂模式

当一个系统有多种可能的实现时，具体用哪种实现取决于某种配置或者所在操作系统的细节，这时候适合使用抽象工厂模式。调用方请求抽象工厂生成对象，但不知道返回的具体是什么对象类。返回对象的底层实现取决于多个因素，比如当前的时区、操作系统或者本地配置等。

抽象工厂模式的常见示例包括独立于操作系统的工具包、数据库后端和特定于国家的格式化器或者计算器。独立于操作系统的 GUI 工具包可能使用抽象工厂模式，返回一组 Windows 下的 WinForm 窗口小部件、Mac 下的 Cocoa 窗口小部件、Gnome 下的 GTK 窗口小部件和 KDE 下的 QT 窗口小部件。Django 提供了一个抽象工厂，它返回一组对象关系类，用于根据当前站点的配置设置与特定的数据库后端（MySQL、PostgreSQL、SQLite 等）进行交互。如果应用程序需要部署在多个地方，每个地方只需更改一个配置变量，就可以使用不同的数据库后端。不同的国家有计算零售商品税、小计和总额的不同系统，抽象工厂可以返回特定的计税对象。

抽象工厂有两个主要特征：

- 我们需要有多种实现选择。每个实现都有一个工厂类来创建对象。一个抽象工厂定义了实现工厂的接口。
- 我们有许多密切相关的对象，这些关系通过每个工厂的多个方法来实现。

抽象工厂模式的 UML 图如图 12.6 所示。

这里有一个非常重要的基本对称性。客户端需要 A 类和 B 类的实例，对于客户端来说，它们是抽象的类定义。`Factory` 类是需要实现的抽象基类。每个实现包 `implementation_1` 和 `implementation_2` 都提供了具体的 `Factory` 子类，它们将为客户端构建必要的 A 实例和 B 实例。

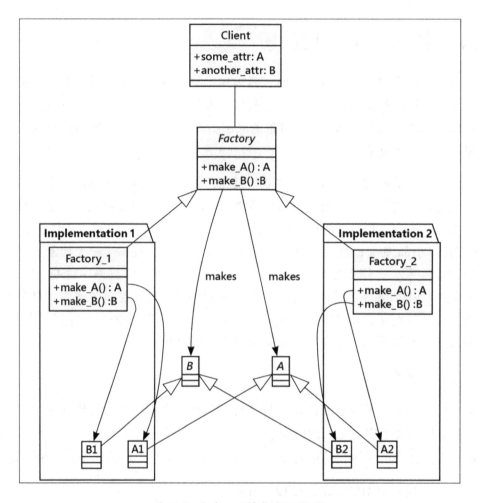

图 12.6　抽象工厂模式的 UML 图

12.4.1　抽象工厂模式示例

　　没有具体的示例，抽象工厂模式的 UML 类图是很难理解的，所以让我们先创建一个具体的示例。我们来看两个纸牌游戏：扑克和克里比奇。别慌，你不需要知道所有的规则，只需知道它们在一些基本方面是相似的，但在细节上是不同的，如图 12.7 所示。

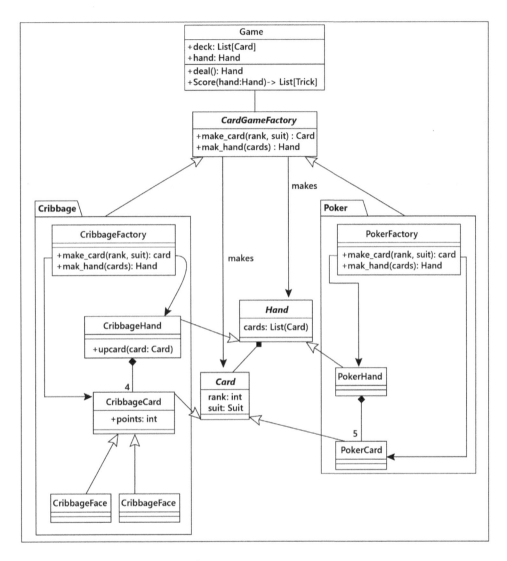

图 12.7 扑克和克里比奇的抽象工厂模式

Game 类需要 Card 对象和 Hand 对象（以及其他一些对象）。如图 12.7 所示，抽象的 Hand 类集合中有很多抽象的 Card 对象。每个工厂实现都提供了一些独特的功能。在很大程度上，PokerCard 与普通 Card 的定义相匹配。然而，PokerHand 类扩展了 Hand 抽象基类，提供了定义手牌级别的所有独特规则。扑克玩家们都知道有非常多的扑克游戏变种。我们展示了一手包含 5 张卡牌的牌，因为这似乎是许多游戏的共同特征。

克里比奇的实现引入了许多类型的 CribbageCard 子类，每个子类都有一个额外的属性 points。每个 CribbageFace 牌都值 10 分，而其他种类的 CribbageCard 的分数与等级相匹配。CribbageHand 类扩展了 Hand 抽象基类，具有查找一手牌中所有得分组合的独特规则。我们可以使用抽象工厂来构建 Card 对象和 Hand 对象。

下面是 Hand 和 Card 的核心定义。我们没有把它们定义成正式的抽象基类。Python 并不要求这样做，额外的复杂性似乎也没什么帮助。

```python
from enum import Enum, auto
from typing import NamedTuple, List


class Suit(str, Enum):
    Clubs = "\N{Black Club Suit}"
    Diamonds = "\N{Black Diamond Suit}"
    Hearts = "\N{Black Heart Suit}"
    Spades = "\N{Black Spade Suit}"


class Card(NamedTuple):
    rank: int
    suit: Suit

    def __str__(self) -> str:
        return f"{self.rank}{self.suit}"


class Trick(int, Enum):
    pass


class Hand(List[Card]):
    def __init__(self, *cards: Card) -> None:
        super().__init__(cards)

    def scoring(self) -> List[Trick]:
        pass
```

这些似乎抓住了"卡牌"和"手牌"的要点。我们需要用与每个游戏相关的子类来扩展它们。我们还需要一个抽象工厂来为我们创建卡片和手牌：

```python
import abc

class CardGameFactory(abc.ABC):
    @abc.abstractmethod
    def make_card(self, rank: int, suit: Suit) -> "Card":
        ...

    @abc.abstractmethod
    def make_hand(self, *cards: Card) -> "Hand":
        ...
```

我们把这个工厂定义为实际的抽象基类。每个单独的游戏都需要为 Hand 和 Card 的游戏特有功能提供扩展。该游戏还将提供 **CardGameFactory** 类的实现，以构建所需的类。

我们可以这样定义克里比奇的卡牌：

```python
class CribbageCard(Card):
    @property
    def points(self) -> int:
        return self.rank

class CribbageAce(Card):
    @property
    def points(self) -> int:
        return 1

class CribbageFace(Card):
    @property
    def points(self) -> int:
        return 10
```

这些对基础 Card 类的扩展都增加了一个分数属性。在克里比奇游戏中，其中一种玩法是任意组合总点数为 15 分的卡牌。大多数卡牌的分数与等级相匹配，但是 J、

Q 和 K 都值 10 分。这也意味着克里比奇游戏有相当复杂的计分方法，我们现在先忽略它。

```python
class CribbageHand(Hand):
    starter: Card

    def upcard(self, starter: Card) -> "Hand":
        self.starter = starter
        return self

    def scoring(self) -> list[Trick]:
        """15 点、对子、顺子、右边的 J。"""
        ...... 省略细节 ......
        return tricks
```

为了在游戏之间提供一些一致性，我们将克里比奇中的得分组合和扑克中的得分规则都定义为 "Trick" 的子类。在克里比奇游戏中，有相当多的得分技巧。另外，在扑克游戏中，只有一个代表整手牌的规则。Trick 似乎用不上抽象工厂设计。

在克里比奇游戏中，对各种得分组合的计算是一个相当复杂的问题。它包括查找所有总计 15 分的可能的大牌组合，等等。这些细节与抽象工厂模式无关。

扑克游戏也有其独特的复杂性，A 比 K 的等级更高：

```python
class PokerCard(Card):
    def __str__(self) -> str:
        if self.rank == 14:
            return f"A{self.suit}"
        return f"{self.rank}{self.suit}"


class PokerHand(Hand):
    def scoring(self) -> list[Trick]:
        """返回一个 Trick 对象"""
        ... details omitted ...
        return [rank]
```

对扑克中的各手牌进行排序也是一个相当复杂的问题，但这超出了抽象工厂领域。

下面是为扑克创建手牌和卡牌的具体工厂实现：

```python
class PokerFactory(CardGameFactory):
    def make_card(self, rank: int, suit: Suit) -> "Card":
        if rank == 1:
            # A大于K
            rank = 14
        return PokerCard(rank, suit)

    def make_hand(self, *cards: Card) -> "Hand":
        return PokerHand(*cards)
```

注意，make_card()方法反映了扑克中对 A 的处理规则。A 的等级高于 K 反映了许多纸牌游戏中常见的复杂情况，我们需要反映关于 A 的各种游戏规则。

下面有一个关于克里比奇游戏如何工作的测试案例：

```python
>>> factory = CribbageFactory()
>>> cards = [
...     factory.make_card(6, Suit.Clubs),
...     factory.make_card(7, Suit.Diamonds),
...     factory.make_card(8, Suit.Hearts),
...     factory.make_card(9, Suit.Spades),
... ]
>>> starter = factory.make_card(5, Suit.Spades)
>>> hand = factory.make_hand(*cards)
>>> score = sorted(hand.upcard(starter).scoring())
>>> [t.name for t in score]
['Fifteen', 'Fifteen', 'Run_5']
```

我们已经创建了一个 CribbageFactory 类的实例，它是抽象 CardGameFactory 类的具体实现。我们可以用工厂创建几张卡牌，也可以用工厂创建一手牌。玩克里比奇游戏时，会翻开一张附加牌，即"开始牌"。在这种情况下，我们的手牌是按顺序排列的 4 张牌，"开始牌"会排在这 4 张牌之前。我们可以对这手牌进行计分，有 3 种计分组合：有两种方式可以得到 15 分，外加一轮 5 张卡牌。

从这个设计中，我们可以看到当我们想要增加对更多游戏的支持时需要做些什么。

引入新规则意味着创建新的 Hand 和 Card 子类，并扩展抽象工厂类定义。当然，使用继承可以实现代码重用，我们可以利用它来创建具有相似规则的游戏家族。

12.4.2　Python 中的抽象工厂模式

前面的示例展示了 Python 的鸭子类型的一个有趣结果。我们真的需要抽象基类 CardGameFactory 吗？它提供了一个用于类型检查的框架，但除此之外没有任何用处。由于我们并不真的需要它，因此我们可以把这个设计想象成有 3 个并行模块，如图 12.8 所示。

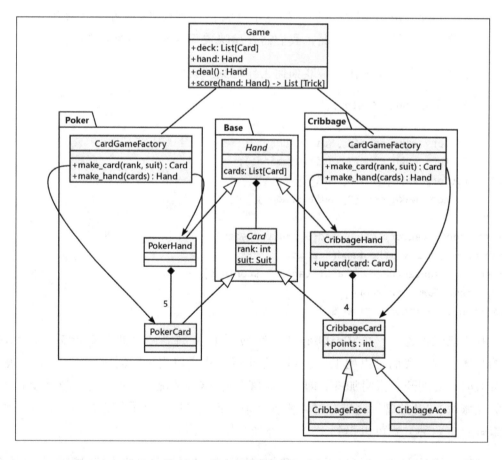

图 12.8　没有抽象基类的抽象工厂

　　这两个游戏都实现了一个类 CardGameFactory，这个类定义了游戏的独特功能。因为它们在不同的模块中，所以我们可以对每个类使用相同的名称。这让我们可以使用如下代码编写一个克里比奇游戏应用程序：from cribbage import CardGameFactory。这省掉了公共抽象基类的开销，让我们可以通过提供具有共同类的独立模块来实现扩展。每个替代实现还提供了一个通用的模块级接口：它们提供了一个标准的类名，用于处理创建其他对象的各种细节。

　　在这种情况下，抽象工厂成为一个概念，而不是作为一个实际的抽象基类来实现。我们需要在文档字符串中为所有声称是 CardGameFactory 实现的类提供丰富的文档。我们可以使用 typing.Protocol 来定义协议，以便阐明我们的意图。如下所示：

```
class CardGameFactoryProtocol(Protocol):
    def make_card(self, rank: int, suit: Suit) -> "Card":
        ...

    def make_hand(self, *cards: Card) -> "Hand":
        ...
```

　　以上定义允许 *mypy* 确认 Game 类可以使用 poker.CardGameFactory 或 cribbage.CardGameFactory，因为两者都实现了相同的协议。与抽象基类定义不同，协议不是运行时检查。*mypy* 仅使用协议定义来确认代码可能通过单元测试。

　　抽象工厂模式帮助我们定义相关的对象家族，例如卡牌和手牌。一个工厂可以生产两个独立但密切相关的对象类型。在某些情况下，它们的关系不是简单的集合和元素的关系。有时还包括复杂的嵌套和引用关系，这种类型的结构可以使用组合模式来处理。

12.5　组合模式

　　组合模式允许从简单的组件（通常被称为**节点**）构建复杂的树形结构。带有子节点的节点就像一个容器，而没有子节点的节点是单个对象。组合对象通常是一个容器对象，其中的内容可能是另一个组合对象。

　　传统上，组合对象中的每个节点要么是叶（**Leaf**）节点（不能包含其他对象）或组合（**Composite**）节点。关键是组合节点和叶节点可以有相同的接口。两种节点具有相同的接口，即 some_action()方法，组合模式的 UML 图如图 12.9 所示。

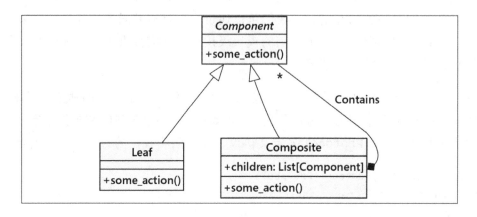

图 12.9　组合模式的 UML 图

然而，这个简单的模式允许我们创建复杂的元素排列，所有这些元素都满足相同的组件对象接口。图 12.10 描述了这种复杂排列结构的具体实例。

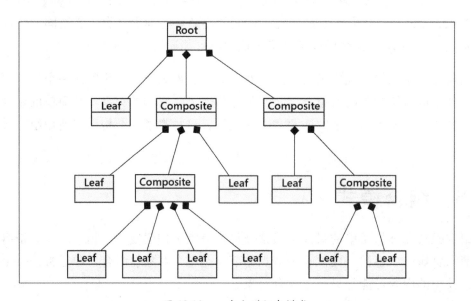

图 12.10　一个大型组合模式

组合模式适用于语言处理。自然语言和人工语言（比如 Python）都倾向于遵循层级化的规则，并且非常适合组合模式。标记语言，如 HTML、XML、RST 和 Markdown，也反映了一些常见的组合概念，如列表中包含列表、标题中含有副标题等。

编程语言涉及递归的树形结构。Python 标准库包括 ast 模块，该模块提供了定义 Python 代码结构的类。我们可以使用这个模块来检查 Python 代码，而不必使用正则表达式或其他复杂的文本处理。

组合模式示例

组合模式需要应用于树形结构，比如文件系统的文件和文件夹。不管树上的节点是普通的数据文件还是文件夹，我们都可以对它们执行移动、复制或删除等操作。我们可以创建一个支持这些操作的组件接口，然后用一个组合对象来表示文件夹，用叶节点来表示数据文件。

当然，在 Python 中，我们可以再次利用鸭子类型来隐式提供接口，因此我们只需要编写两个类。让我们首先定义这些接口：

```python
class Folder:
    def __init__(
            self,
            name: str,
            children: Optional[dict[str, "Node"]] = None
    ) -> None:
        self.name = name
        self.children = children or {}
        self.parent: Optional["Folder"] = None

    def __repr__(self) -> str:
        return f"Folder({self.name!r}, {self.children!r})"

    def add_child(self, node: "Node") -> "Node":
        node.parent = self
        return self.children.setdefault(node.name, node)
```

```python
    def move(self, new_folder: "Folder") -> None:
        pass

    def copy(self, new_folder: "Folder") -> None:
        pass

    def remove(self) -> None:
        pass

class File:
    def __init__(self, name: str) -> None:
        self.name = name
        self.parent: Optional[Folder] = None

    def __repr__(self) -> str:
        return f"File({self.name!r})"

    def move(self, new_path):
        pass

    def copy(self, new_path):
        pass

    def remove(self):
        pass
```

对于每个 Folder，也就是一个组合对象，我们维护一个子文件的字典。子文件可能包含 Folder 和 File 实例。对于许多组合实现来说，一个列表就足够了，但是在这种情况下，使用字典是为了便于按名称查找子文件。

考虑到所涉及的方法，有几种模式：

● 对于移动操作，移动 Folder 会同时移动所有子文件。移动一个具体的 File 则不需要考虑子文件的情况。

● 对于复制操作，我们也需要复制所有的子文件。同样，对于组合对象的 File 节点，我们不需要做额外的事情。

● 对于删除操作，我们应该遵循 Linux 模式，在删除父节点之前先清除子节点。

这种设计让我们可以创建具有不同操作实现的子类。每个子类实现都可以发出外部请求，或者向本地机器的操作系统发起请求。

为了利用类似的操作，我们可以将公共方法提取到父类中。让我们重构一下代码，创建一个基类 Node：

```python
class Node(abc.ABC):
    def __init__(
        self,
        name: str,
    ) -> None:
        self.name = name
        self.parent: Optional["Folder"] = None

    def move(self, new_place: "Folder") -> None:
        previous = self.parent
        new_place.add_child(self)
        if previous:
            del previous.children[self.name]

    @abc.abstractmethod
    def copy(self, new_folder: "Folder") -> None:
        ...

    @abc.abstractmethod
    def remove(self) -> None:
        ...
```

这个 Node 抽象类定义了每个节点都有一个指向父节点的引用。保留父节点信息可以让我们"向上"查找树的根节点。这样，我们可以通过改变父节点的子节点集合来移动或删除文件。

我们已经在 Node 类上创建了 move() 方法。它将 Folder 或 File 对象重新分配到新位置，接下来，将对象从其先前的位置移除。对于 move() 方法，目标应该是一个现有的文件夹，否则我们会得到一个错误，因为 **File** 实例是没有 **add_child()** 方法的。正如很多技术书中的示例一样，很少添加错误处理代码，这是为了将注意力集中在所考虑的原则上。常见的处理 **AttributeError** 异常的做法是引发新的 **TypeError** 异常，具体可参考第 4 章。

然后，我们可以扩展该类，为具有子节点的 **Folder** 和作为叶节点的 **File** 分别提供相应的功能：

```python
class Folder(Node):
    def __init__(
            self,
            name: str,
            children: Optional[dict[str, "Node"]] = None
    ) -> None:
        super().__init__(name)
        self.children = children or {}

    def __repr__(self) -> str:
        return f"Folder({self.name!r}, {self.children!r})"

    def add_child(self, node: "Node") -> "Node":
        node.parent = self
        return self.children.setdefault(node.name, node)

    def copy(self, new_folder: "Folder") -> None:
        target = new_folder.add_child(Folder(self.name))
        for c in self.children:
            self.children[c].copy(target)

    def remove(self) -> None:
        names = list(self.children)
        for c in names:
            self.children[c].remove()
        if self.parent:
            del self.parent.children[self.name]
```

```
class File(Node):
    def __repr__(self) -> str:
        return f"File({self.name!r})"

    def copy(self, new_folder: "Folder") -> None:
        new_folder.add_child(File(self.name))

    def remove(self) -> None:
        if self.parent:
            del self.parent.children[self.name]
```

当我们将子文件添加到 Folder 中时，我们将做两件事。首先，我们告诉子文件谁是它们的新父母。这确保了每个 Node（根 Folder 实例除外）都有一个父节点。其次，我们将把这个新 Node 放到文件夹的子节点集合中。

当我们复制 Folder 对象时，我们需要确保所有的子对象都被复制。每个子对象又可能是另一个包含子文件的子文件夹。这种递归遍历将 copy()操作委派给 Folder 实例中的每个子 Folder。另外，对 File 对象的复制实现很简单。

删除的递归设计类似于递归复制。Folder 实例必须首先删除所有子文件。这可能涉及删除子 Folder 实例。另外，可以直接删除 File 对象。

嗯，这很简单。让我们用下面的代码片段来看看我们的组合文件层级结构是否正常工作：

```
>>> tree = Folder("Tree")
>>> tree.add_child(Folder("src"))
Folder('src', {})
>>> tree.children["src"].add_child(File("ex1.py"))
File('ex1.py')
>>> tree.add_child(Folder("src"))
Folder('src', {'ex1.py': File('ex1.py')})
>>> tree.children["src"].add_child(File("test1.py"))
File('test1.py')
>>> tree
Folder('Tree', {'src': Folder('src', {'ex1.py': File('ex1.py'), 'test1.
py': File('test1.py')})})
```

Tree 的结构可能有点儿难以想象，有点儿类似于以下结构：

```
+-- Tree
    +-- src
        +-- ex1.py
        +-- test1.py
```

我们没有介绍生成这种嵌套结构的算法。把它添加到类定义中并不太难。我们可以看到父文件夹 Tree 有一个子文件夹 src，里面有两个文件。我们可以这样描述文件系统操作：

```
>>> test1 = tree.children["src"].children["test1.py"]
>>> test1
File('test1.py')
>>> tree.add_child(Folder("tests"))
Folder('tests', {})
>>> test1.move(tree.children["tests"])
>>> tree
Folder('Tree',
    {'src': Folder('src',
        {'ex1.py': File('ex1.py')}),
     'tests': Folder('tests',
        {'test1.py': File('test1.py')})})
```

我们创建了一个新文件夹 tests，并移动了文件。这是生成的组合对象的另一个视图：

```
+-- Tree
    +-- src
        +-- ex1.py
    +-- tests
        +-- test1.py
```

组合模式对于各种树形结构非常有用，包括 GUI 组件层级结构、文件层级结构、树集、图和 HTML DOM。有时，如果只需创建一个层级比较浅的树，我们可以用一个嵌套列表或嵌套字典，而不需要实现定制的组件、叶节点和组合类。事实上，JSON、YAML 和 TOML 文档通常可以用嵌套字典模式来表达。虽然我们经常使用抽象基类来设计组合模式，但这不是必需的。Python 的鸭子类型可以让我们很容易地将其他对象添加到组合层级结构中，只要它们有正确的接口。

组合模式的重要方面之一是一个节点的各种子类型都有共同的接口。我们需要为 Folder 和 File 类添加各自的实现。在某些情况下，这些操作是相似的，这时候我们可以使用模板模式为复杂的方法提供实现。

12.6 模板模式

模板模式（有时候被称为模板方法）用于消除重复代码。它旨在支持我们在第 5 章中讨论的**不要重复你自己**原则。如果一些任务有相同的步骤，但又不完全相同，这时候可以考虑使用模板模式。通用步骤在基类中实现，不同的步骤在子类中自定义实现。在某些方面，它类似于策略模式，不同之处在于算法的通用部分在基类中实现。这是它的 UML 图，如图 12.11 所示。

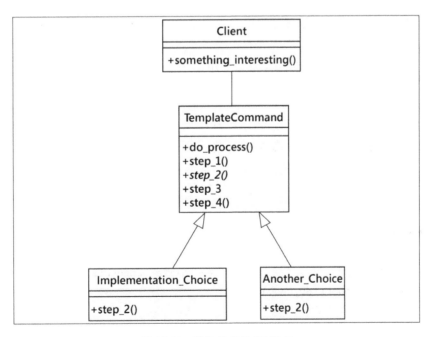

图 12.11 模板模式的 UML 图

模板模式示例

让我们创建一个汽车销售报告示例。我们可以在 SQLite 数据库表中存储销售记录。SQLite 是 Python 内置的数据库引擎，允许我们使用 SQL 语法存储记录。Python 的标准库中包含 SQLite，所以不需要安装额外的模块。

我们需要执行两个通用任务：

- 选择所有新车销售记录，并将其以逗号分隔的格式输出到屏幕上。
- 输出是用逗号分隔的包含所有销售人员及其总销售额的列表，并将其保存到可以导入电子表格的文件中。

它们看起来是完全不同的任务，但是都有一些共同的特征。在这两个任务下，我们都需要执行以下步骤。

1. 连接到数据库。
2. 创建新车或总销售额的查询语句。
3. 发起查询。
4. 将结果格式化为以逗号分隔的字符串。
5. 将数据输出到文件或电子邮件。

这两个任务的查询构造方法和输出步骤不同，但其余步骤是相同的。我们可以使用模板模式将通用步骤放在一个基类中，将不同的步骤放在两个子类中。

在开始之前，让我们使用几行 SQL 语句创建一个数据库，并将一些示例数据放入其中：

```python
import sqlite3

def test_setup(db_name: str = "sales.db") -> sqlite3.Connection:
    conn = sqlite3.connect(db_name)

    conn.execute(
        """
        CREATE TABLE IF NOT EXISTS Sales (
```

```
        salesperson text,
        amt currency,
        year integer,
        model text,
        new boolean
    )
    """
)


conn.execute(
    """
    DELETE FROM Sales
    """
)


conn.execute(
    """
    INSERT INTO Sales
    VALUES('Tim', 16000, 2010, 'Honda Fit', 'true')
    """
)


conn.execute(
    """
    INSERT INTO Sales
    VALUES('Tim', 9000, 2006, 'Ford Focus', 'false')
    """
)


conn.execute(
    """
    INSERT INTO Sales
    VALUES('Hannah', 8000, 2004, 'Dodge Neon', 'false')
    """
)
```

```
conn.execute(
    """
    INSERT INTO Sales
    VALUES('Hannah', 28000, 2009, 'Ford Mustang', 'true')
    """
)

conn.execute(
    """
    INSERT INTO Sales
    VALUES('Hannah', 50000, 2010, 'Lincoln Navigator', 'true')
    """
)

conn.execute(
    """
    INSERT INTO Sales
    VALUES('Jason', 20000, 2008, 'Toyota Prius', 'false')
    """
)
conn.commit()
return conn
```

即使你不懂 SQL，也希望你能看懂这些代码。我们创建了一个名为 Sales 的表格来保存数据，并使用了 6 个 insert 语句来添加销售记录。数据被存储在名为 sales.db 的文件中。现在我们有了一个示例数据库，其中有一个表，可以用它来开发我们的模板模式。

因为我们已经描述了模板必须执行的步骤，所以我们可以先定义包含这些步骤的基类。每一步都有自己的方法（以便子类可以有选择地覆盖任何一步）。我们还有一个依次调用这些步骤的管理方法。在没有任何方法内容的情况下，下面是该类的样子，这是工作的第一步：

```
class QueryTemplate:
    def __init__(self, db_name: str = "sales.db") -> None:
        pass
```

```
    def connect(self) -> None:
        pass

    def construct_query(self) -> None:
        pass

    def do_query(self) -> None:
        pass

    def output_context(self) -> ContextManager[TextIO]:
        pass

    def output_results(self) -> None:
        pass

    def process_format(self) -> None:
        self.connect()
        self.construct_query()
        self.do_query()
        self.format_results()
        self.output_results()
```

process_format()方法是外部客户端调用的主要方法。它确保每个步骤都按顺序执行，但是它不关心该步骤是在这个类中实现的还是在子类中实现的。在我们的示例中，我们可能需要在子类中重写 construct_query()和 output_context()方法。

在 Python 中，我们可以通过使用抽象基类来明确对子类的要求。另一种方法是，当子类缺少模板所需的必要方法时，抛出 NotImplementedError 异常。如果我们继承 QueryTemplate 类，在子类中写错了 construct_query()方法名，在运行时将会抛出异常。

剩下的方法在我们的两个类之间是相同的：

```
class QueryTemplate:
    def __init__(self, db_name: str = "sales.db") -> None:
        self.db_name = db_name
```

```
        self.conn: sqlite3.Connection
        self.results: list[tuple[str, ...]]
        self.query: str
        self.header: list[str]

    def connect(self) -> None:
        self.conn = sqlite3.connect(self.db_name)

    def construct_query(self) -> None:
        raise NotImplementedError("construct_query not implemented")

    def do_query(self) -> None:
        results = self.conn.execute(self.query)
        self.results = results.fetchall()

    def output_context(self) -> ContextManager[TextIO]:
        self.target_file = sys.stdout
        return cast(ContextManager[TextIO], contextlib.nullcontext())

    def output_results(self) -> None:
        writer = csv.writer(self.target_file)
        writer.writerow(self.header)
        writer.writerows(self.results)

    def process_format(self) -> None:
        self.connect()
        self.construct_query()
        self.do_query()
        with self.output_context():
            self.output_results()
```

这是一种抽象类，虽然它没有使用正式的抽象基类。相反，我们希望更新的两个方法提供了定义抽象的两种不同方法：

- construct_query()方法必须被覆盖，因为基类中的定义会抛出 NotImplemented-Error 异常。这是在 Python 中创建抽象接口的一种替代方法。NotImplementedError 异常告诉程序员这个类必须被继承，相关方法必须被覆盖。可以把它描述

为：不使用@abc.abstracmethod 装饰器就在 class 定义中定义抽象基类的
方法。

- output_context()方法可以被覆盖。它提供了一个默认的实现，设置
  self.target_file 实例变量，并返回一个上下文值。默认将 sys.stdout 作
  为输出文件，并使用空的上下文管理器。

现在，我们有了一个模板类来处理这些令人厌烦的细节，但是它足够灵活，可以
执行和格式化各种各样的查询。最棒的是，如果我们想把数据库引擎从 SQLite 换成另
一个（比如 py-postgresql），只需在这个模板类中操作就可以了，不用去修改 2 个（或
者 200 个）子类。

现在让我们看看具体的类：

```python
import datetime

class NewVehiclesQuery(QueryTemplate):
    def construct_query(self) -> None:
        self.query = "select * from Sales where new='true'"
        self.header = ["salesperson", "amt", "year", "model", "new"]


class SalesGrossQuery(QueryTemplate):
    def construct_query(self) -> None:
        self.query = (
            "select salesperson, sum(amt) "
            " from Sales group by salesperson"
        )
        self.header = ["salesperson", "total sales"]

    def output_context(self) -> ContextManager[TextIO]:
        today = datetime.date.today()
        filepath = Path(f"gross_sales_{today:%Y%m%d}.csv")
        self.target_file = filepath.open("w")
        return self.target_file
```

考虑到它们做的事情，这两个类实际上非常短：连接到数据库、进行查询、格式
化结果并输出结果。父类负责通用的工作，但我们可以很容易地指定不同任务的特有

步骤。此外，我们还可以轻松地更改基类中提供的步骤。例如，如果我们想输出以逗号分隔的字符串以外的内容（例如，要上传到网站的 HTML 文件），仍然可以覆盖 output_results()方法。

12.7　案例学习

前几章的案例学习已经包含了很多设计模式。我们将选择一个模型的设计，并看一下本章中的一些设计模式以及它们是如何应用的。

下面是应用程序的一部分类，来自第 7 章的案例学习，如图 12.12 所示。

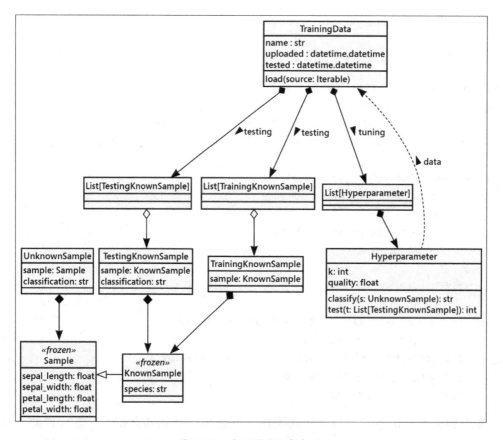

图 12.12　案例学习逻辑视图

这涉及我们在本章中学到的一些设计模式。我们将从 Hyperparameter 类开始，它是一个外观（Facade），包括两个独立的复杂组件、分类器算法和训练数据。

首先，我们来看看分类器算法。在第 10 章中，我们看到了分类器本身具有复杂的结构。我们考虑了 3 种选择：k_nn_1()，它包含一个简单的排序功能；k_nn_b()，它使用二分法；k_nn_q()，它使用堆队列。这个探索依赖于本章中的几个设计模式：

- 分类器依赖于策略模式来选取许多距离算法中的一个。我们定义了一个类 Distance，并确保每个距离算法都是它的子类。距离算法作为参数提供给分类器算法。
- 分类器是一个外观（Façade），为测试和评估样本提供了统一的接口。分类器的每个子类都使用稍微不同的数据结构来管理最近邻的集合。我们不想对大型训练集进行排序，我们只想跟踪最近邻的子集。

在前面的章节中，我们已经确保训练数据利用了享元（Flyweight）模式，以避免保存训练数据的多个副本。用单独的冻结数据类封装每个 Sample 对象，以包含关于样本的已知信息的想法也是一种享元设计。更重要的是，它是组合模式的一个示例。可用样本是一个组合，避免在内存中保存底层 KnownSample 对象的多个副本。

看看 TrainingData 类，我们可以看到这个设计是如何遵循外观模式的。许多不同的操作都有一个统一的接口。有两个重要部分，介绍如下。

- 加载原始 Sample 实例，将它们划分为训练子集和测试子集。第 9 章中描述的各种数据格式可被看作使用外观模式简化后的复杂算法。类似地，选择将初始样本集划分为训练集和测试集的算法，是策略模式的应用。这让我们可以使用来自一个策略类层级结构的不同实现来更改用于训练和测试的样本比例。
- 将原始数据划分为两个不相交的列表，即测试集和训练集，用于超参数调优。

创建 TrainingKnownSample 和 TestingKnownSample 实例的想法是抽象工厂模式的一个示例。数据分区算法可以通过抽象工厂类定义来描述。每个分区算法都是一个具体的工厂实现，用于创建不同的训练集和测试集对象。

在第 11 章中，我们仔细观察了超参数调优过程。KNN 算法取决于两个参数，被称为超参数：

- 用于计算样本间距离的算法。
- 样本数 k。k 个最近邻中最常见的分类会成为未知样本的标签。如果 k 的值是奇数，我们可以避免两种选择得分相等，确保总有一个赢家。

在第 11 章中，调优算法并不是特别快，但却执行得很彻底：网格搜索算法。在那一章中，我们使用了命令模式来列举 k 和距离算法的各种组合。每个组合都是一个命令。当执行命令时，返回质量分和时间信息。

总体而言，该应用涉及 3 个主要工作阶段。这些在第 1 章中作为 3 个用例介绍过：

1. 植物学家提供训练数据。
2. 植物学家使用超参数调优来确定最佳模型。
3. 用户利用分类器对未知样本分类。

这种工作模式表明，可能需要使用模板模式来确保像 `TrainingData` 这样的类和整个应用程序相吻合。目前，似乎不需要一个精心设计的类层级结构。然而，我们回顾一下第 1 章，最初的意图是使用这个示例来学习更多关于分类器的知识，并最终将这个简单的示例扩展到更复杂的现实世界问题。这遵循了所谓的"望远镜法则"：

> 汤姆森给第一次做望远镜的人的规则是："先制作一面 4 英寸的镜子再制作一面 6 英寸的镜子，比直接制作一面 6 英寸的镜子要快。"
>
> ——《编程珠玑》，美国计算机协会通讯，1985 年 9 月

问题背后的意图是使用各种设计模式构建一些可用的东西。然后可以替换、修改和扩展各种组件，以解决更大、更复杂的问题。望远镜制造商将从制造第一面镜子中学到很多关于望远镜的知识，这些经验可以应用到制造下一个更有用的望远镜上。类似的学习模式也适用于软件和面向对象的设计。如果各种组件设计良好，并遵循设计模式，那么对原有设计的改进和扩展是可以逐步进行的。

12.8　回顾

我们常常发现，有些好的想法会重复出现，这种重复可以形成可认知的模式。基于设计模式开发软件可以让开发人员避免浪费时间去重新发明一些已整理好的设计。在本章中，我们学习了一些更高级的设计模式：

- 当一个类的接口不符合调用者的要求时，适配器类在调用者和这个类中间承担适配的角色。软件适配器类似于使用 USB 接口适配器把 USB 设备和各种非 USB 设备连接起来。
- 外观模式是一种在多个对象上创建统一接口的方式。这个想法类似于建筑的外立面，将楼层、房间和大厅等统一起来，形成一个独立空间。
- 我们可以利用享元模式来实现一种惰性初始化。除了复制对象，我们可以设计共享通用数据池的享元类，最小化或完全避免初始化。
- 当我们有一组密切相关的对象类时，抽象工厂模式可以用来构建一个工厂类，用于创建可以一起工作的实例。
- 组合模式广泛用于复杂的文档类型。它涵盖了编程语言、自然语言和标记语言，包括 XML 和 HTML，甚至像带有目录和文件层级结构的文件系统也符合这种设计模式。
- 当我们有许多相似的、复杂的类时，可以考虑使用模板模式。我们可以在模板中留下钩子，以便注入任何独特的功能。

这些设计模式可以帮助设计师专注于公认的好的设计实践。当然，每个问题都是独特的，所以要灵活应用设计模式。通常来说，改进一个已知的模式比尝试发明全新的模式更好。

12.9　练习

在开始每个设计模式的练习之前，花点时间实现组合模式部分中的 File 和 Folder 对象的方法，这将会涉及对 os 和 pathlib 的调用。File 上的 copy()方法需要读/写文件的字节。Folder 上的 copy()方法要复杂得多，因为首先必须复制文件夹，然后递归地将它的每个子文件夹复制到新地点。我们提供的示例更新了内部数据结构，但是没有对操作系统进行修改。测试时要小心，在独立的目录中进行，以免不小心删除重要的文件。

现在，和前面的章节一样，看看我们已经讨论过的设计模式，并考虑一下在哪里可以应用它们。你可能希望在现有代码中使用适配器模式，因为它通常适用于与现有的库打交道，而不是新的代码。如何使用适配器来强制两个不同的接口正确地交互呢？

你能想出一个足够复杂的系统，以至于需要使用外观模式吗？考虑现实生活中如何使用外观模式，例如汽车的驾驶员界面，或者工厂中的控制面板。它在软件中是相似的，只不过外观模式的使用者是其他程序员，而不是普通的用户。在你最新的项目中，是否有些复杂的系统可以使用外观模式？

可能你没有巨大的、消耗内存的程序需要应用享元模式，但是你能想到它可能有用的情况吗？在任何需要处理大量重叠数据的地方，都可能需要使用享元模式。在银行系统中会有用吗？在 Web 应用程序中呢？在什么情况下采用享元模式有意义？什么时候没必要使用？

抽象工厂模式，或者我们讨论过的更具 Python 风格的设计模式，对于创建一键可配置的系统非常有用。你能想到可以应用这种设计模式的地方吗？

组合模式适用于许多地方。在编程中，到处都是树形结构。其中一些，比如我们的文件层级结构的示例，是非常明显的，其他的地方可能没那么明显。什么情况下组合模式会有用？你能想到在自己的代码中可以使用它的地方吗？如果你稍微改变一下模式会怎么样？例如，让不同类型的对象包含不同类型的叶节点或组合节点？

ast 模块为 Python 代码提供了一个组合树结构。一件特别有用的事情是使用 ast 模块在一段代码中定位所有的导入语句。这可以帮助确认项目的 requirements.txt 文件中的模块列表是完整的和一致的。

把一个复杂的操作分解成多个步骤以便扩展，这时候适合使用模板模式。看起来 KNN 算法可能就很适合模板模式。在第 10 章中，我们把 KNN 算法重写为 3 个完全独立的函数。这有必要吗？我们是否可以将它改写成一个包含 3 个步骤的方法：计算距离、找到 *k* 个最近邻，然后找到模式？比较这种设计与前面的设计的差别，你觉得哪种更有表现力？

12.10　总结

在本章中，我们详细介绍了几种设计模式，包括它们的规范描述及用 Python 实现它们的替代方法，Python 通常比传统的面向对象语言更加灵活和方便。适配器模式对于匹配接口很有用，而外观模式适用于简化接口。享元模式是一种复杂的模式，只有在内存需要优化时才有用。抽象工厂模式允许根据配置或系统信息在运行时选择具体的实现。组合模式普遍用于树形结构。模板模式有助于将复杂的操作分解成多个步骤，以避免重复常见的功能。

这是本书中真正面向对象设计的最后一章。在接下来的两章中，我们将讨论测试 Python 程序的重要性，以及如何使用面向对象的原则做测试。我们还将看看 Python 的并发特性，以及如何利用它来更快地完成工作。

第 13 章

测试面向对象的程序

熟练的 Python 程序员都认同：测试是软件开发最重要的方面之一。虽然本章是本书倒数第 2 章，但这并不影响它的重要性。到目前为止，我们所学的一切都对编写测试代码有帮助。

本章将涉及以下主题：

- 单元测试和测试驱动开发的重要性。
- 标准库 unittest 模块。
- pytest 工具。
- mock 模块。
- 代码覆盖率。

在本章的案例学习中，毫无疑问，我们将关注为案例学习中的示例编写一些测试代码。

我们先来看看为什么自动化软件测试如此重要。

13.1　为什么要测试

许多程序员已经知道测试有多重要。如果你是其中之一，你可以跳过这一部分，直接去学习下一节的内容，如何在 Python 中进行测试。

如果你不相信测试的重要性，我们提醒你：如果没有任何测试，代码会出问题，而且没有任何人有什么方法能找出它们。请继续阅读！

有些人认为测试在 Python 代码中更重要，因为它的动态特性；像 Java 和 C++这样的编译语言有时被认为更安全，因为它们在编译时会强制执行类型检查。但是，Python 测试很少检查类型。它们检查变量的值。它们确保在正确的时间设置了正确的属性，或者序列具有正确的长度、顺序和值。这些更高层级的概念在任何编程语言中都应该测试。Python 程序员比其他语言的程序员编写更多的测试代码的真正原因是：在 Python 中测试太容易了！

但是为什么要测试呢？我们真的需要测试吗？如果我们不测试呢？要回答这些问题，回想一下你最后一次写代码是什么时候。能一次运行就正确吗？没有语法错误？没有逻辑问题？理论上，一次性就写出完美的代码是可能的。但实际上，我们经常要纠正一些明显的语法错误。这些语法错误的数量也表明，可能还有更微妙的逻辑错误也需要纠正。

有时候，我们不需要正式的、单独的测试文件来确保我们的代码正确。像我们通常做的那样，运行程序并修复错误是一种简单的测试形式。Python 的交互式解释器和几乎不需要编译时间使得编写几行代码并运行程序以确保这些代码按预期运行变得很容易。

虽然在项目开始时这是可以接受的，但随着时间的推移，其反而会变成一种债务。尝试改变几行代码，可能在无意识下破坏了程序的其他部分，而且因为没有测试，我们无法知道到底破坏了什么。试图重新设计或者做很小的优化也可能会引发未知的问题。此外，随着程序代码量的增加，解释器可以遍历代码的路径也在快速增加，很快就变得不可能用手工测试来测试所有的路径。

为了向我们自己和他人保证我们的软件能够正常工作，我们编写自动化测试代码。自动化测试通过其他程序或本程序的其他部分自动输入参数，验证我们的代码。我们可以在几秒内运行大量测试程序，覆盖开发人员手工不可能做到的多得多的情况。

没经自动化测试的软件功能就不应该存在。

————《解析极限编程》，肯特·贝克

编写测试代码有 4 个主要原因如下。

- 确保代码按照开发人员预期的方式运行。
- 确保修改代码时仍能正常工作。
- 确保开发人员理解需求。
- 确保我们编写的代码具有可维护的接口。

当我们有自动化测试时，我们可以在每次修改代码时运行它们，无论是在大规模开发时，还是小规模维护时。测试可以确保我们在添加或扩展功能时没有无意中破坏原有功能。

上面 4 点的后两点对我们的软件设计会产生有趣的影响。为了易于测试，我们必须设计良好的 API、接口或模式。因此，如果我们误解了需求，编写测试用例可以帮助突出这种误解。另外，如果我们不确定如何设计一个类，那么可以编写一个与该类交互的测试，这样我们就可以识别出该类的对外接口。事实上，在编写功能代码之前先编写测试代码通常是一个好的实践。

软件测试还会带来一些其他的有趣结果。我们来看看其中的 3 个结果：

- 使用测试来驱动开发。
- 管理不同的测试目标。
- 使用一致的模式测试不同的场景。

我们先来看看测试驱动开发。

13.1.1　测试驱动开发

首先编写测试代码是测试驱动开发的咒语。测试驱动开发将没有测试的代码是坏代码的概念向前推进了一步，并建议不测试不写代码。我们开始不写任何功能代码，而是先写测试代码。我们第一次运行测试代码时，应该会失败，因为功能代码还没有写出来。然后，我们编写确保测试通过的代码。接着，再为下一段代码编写另一个测试用例。

测试驱动开发可以很有趣，我们先构造出要解决的问题，再实现代码来解决这些问题。然后，构造一个更复杂的问题，并在之前问题的基础上编写代码解决新的问题。

测试驱动方法论有两个目标。首先是确保编写测试代码。

其次，先编写测试代码，迫使我们仔细考虑代码如何被使用。它告诉我们对象需要什么方法，以及如何访问属性。它帮助我们将最初的问题分解成更小的、可测试的问题，然后将测试过的解决方案重新组合成更大的、同样经过测试的解决方案。编写测试代码可以成为设计过程的一部分。通常，当我们为一个新对象编写测试代码时，我们会发现设计中的问题，这迫使我们考虑改进设计。

测试让软件变得更好。在写代码之前编写测试代码，比在发布软件前才写测试代码更好。

本书中的所有代码都通过了自动化测试。这是确保这些示例稳定、可靠且有效的唯一方法。

13.1.2　测试目标

运行测试代码，我们有多个不同的目标。这些通常被称为测试类型，但是"类型"这个词在软件行业中被过度使用了。在本章中，我们将只关注其中的两个测试目标。

- **单元测试**（**Unit test**）确认单个软件组件是有效的。我们将首先关注这一点，因为 Fowler 的测试金字塔[①]似乎表明单元测试创造了最大的价值。如果各个类和函数都遵循它们的接口，并产生预期的结果，那么把它们集成起来应该也是有效的，相对来说不会有什么意外。通常，我们会用代码**覆盖**（**coverage**）工具来确保所有代码都被自动化测试覆盖到。

- **集成测试**（**Integration test**）确认软件组件集成在一起后仍能正常工作。集成测试有时被称为系统测试、功能测试和验收测试等。当集成测试失败时，通常意味着接口没被正确定义，或者单元测试没有涵盖一些与其他组件集成相

---

① 麦叔注：Fowler 的测试金字塔，可参考链接 39。

关的边缘情况。集成测试似乎依赖于良好的单元测试，这使得它变得不那么重要。

我们注意到，Python 语言中并没有正式定义 "unit"（单元）这个词。这是有意的选择。一个代码单元通常是一个函数或一个类，可以是单个模块。它可以代表任何孤立的、单独的代码块。

虽然测试有许多不同的目标，但使用的技术往往是相似的。更多资料，请参考链接 40，其中列出了超过 40 种不同类型的测试目标。这些目标太多了，所以我们只关注单元测试和集成测试。所有的测试都有一个共同的模式，接下来我们将看看测试的通用模式。

13.1.3　测试模式

编写代码通常具有挑战性。我们需要弄清楚对象的内部状态是什么，它经历了什么样的状态变化，并确定相关的其他对象。在本书中，我们提供了许多设计类的通用模式。

在某种程度上，编写测试代码比定义类更简单，并且测试在本质上都有相同的模式：

```
# 给定某个场景下的某些前提条件
GIVEN some precondition(s) for a scenario
# 当我们执行一个类的某些方法时
WHEN we exercise some method of a class
# 我们可以确认某些状态发生了变化或存在某些副作用
THEN some state change(s) or side effect(s) will occur that we can
confirm
```

在某些情况下，前提条件可能很复杂，或者状态变化、副作用可能很复杂。它们可能非常复杂，以至于我们必须将它们分成多个步骤。这种包括 3 个部分的模式的重要之处在于它如何将设置前提条件、执行代码和检查结果分开。这种模式适用于各种各样的测试。如果我们想确保水足够热，以便再泡一杯茶，可以遵循类似的步骤：

- GIVEN（假设）炉子上有一壶水。
- AND（以及）煤气灶是关着的。
- WHEN（当）我们打开水壶的盖子（时）。
- THEN（然后）我们看到蒸汽溢出。

这种模式有助于我们确定清晰的前提条件设置和明确的预期结果。

假设我们需要编写一个函数来计算一系列数字的平均值，排除序列中可能的 None 值，我们可能会这样开始：

```
def average(data: list[Optional[int]]) -> float:
    """
    GIVEN a list, data = [1, 2, None, 3, 4]
    WHEN we compute m = average(data)
    THEN the result, m, is 2.5
    """
    pass
```

我们已经粗略地定义了这个函数，并总结了函数的要求。GIVEN 步骤为我们的测试用例定义了一些数据。WHEN 步骤精确地定义了我们将要做什么。最后，THEN 步骤描述了预期的结果。自动化测试工具可以将实际结果与预期结果进行比较，如果测试失败，则进行报告。然后，我们可以使用我们喜欢的测试框架将其变成一个单独的测试类或函数。unittest 和 pytest 实现以上概念的方式略有不同，但核心概念在两个框架中是相同的。一开始执行测试，应该会失败，我们就可以开始实现真正的代码，目的是让测试通过。

一些可以帮助设计测试用例的技术是**等价类划分**和**边界值分析**。它们帮我们将一个方法或函数的所有可能的输入分解成分区。一个常见的示例是分成两个分区：有效数据和无效数据。确定好分区，分区边界处的值成为测试用例中的重要测试点。更多信息请参考链接 41。

我们先来看看内置测试框架 unittest。它的缺点是看起来和用起来有点儿复杂。它的优点在于，它是内置的，无须安装，可以马上使用。

13.2　使用 unittest 进行单元测试

让我们先看看 Python 的内置测试库。这个库为单元测试提供了通用的面向对象的接口。这个 Python 库就是 unittest。它提供了几个创建和运行单元测试的工具，最重要的是 TestCase 类。（名称遵循 Java 命名风格，所以许多方法名看起来不太具备 Python 风格。）TestCase 类提供了一组方法，方便我们比较数值，设置测试前置条件，并在测试完成后进行清理。

当我们想要为一个特定任务编写一组单元测试时，我们创建一个 TestCase 的子类，并编写单独的方法来进行实际的测试。方法名必须以 test 开头。当遵循这个约定时，这些方法会作为测试用例被自动执行。对于简单的示例，我们可以按照 GIVEN、WHEN、THEN 框架来写测试方法。下面是一个非常简单的示例：

```python
import unittest


class CheckNumbers(unittest.TestCase):
    def test_int_float(self) -> None:
        self.assertEqual(1, 1.0)


if __name__ == "__main__":
    unittest.main()
```

这段代码包含了一个 TestCase 子类，并添加了一个调用 TestCase.assertEqual() 方法的方法。

- GIVEN 步骤提供了一对值，1 和 1.0。
- WHEN 步骤没做什么，因为没有创建新的对象，也没有发生状态变化。
- NEXT 步骤断言这两个值必须相等。

当我们运行测试用例时，这个方法要么安静地成功，要么抛出一个异常，这取决于两个参数是否相等。如果我们运行这段代码，unittest 的 main() 函数将给出如下输出：

```
--------------------------------------------------------------
Ran 1 test in 0.000s
OK
```

你知道浮点数和整数是可以比较是否相等的吗？

让我们添加一个失败的测试用例，如下所示：

```
def test_str_float(self) -> None:
    self.assertEqual(1, "1")
```

测试结果会抛出异常，因为整数和字符串被认为是不相等的：

```
.F
==============================================================
FAIL: test_str_float (__main__.CheckNumbers)
--------------------------------------------------------------
Traceback (most recent call last):
  File "first_unittest.py", line 9, in test_str_float
    self.assertEqual(1, "1")
AssertionError: 1 != '1'


--------------------------------------------------------------
Ran 2 tests in 0.001s

FAILED (failures=1)
```

第一行的点表示第一个测试（我们之前写的那个）成功通过；后面的字母 F 表示第二个测试失败。然后，在最后，它提供给我们一些总结信息，告诉我们测试失败的方法和位置，以及失败的次数。

我们也可以通过操作系统级别的返回值判断测试结果。如果所有测试都通过，返回代码为零，如果任何测试失败，返回代码为非零。这在构建持续集成工具时很有帮助：如果 unittest 运行失败，将拒绝所提交的代码变更。

我们可以在一个 TestCase 类中写任意多个测试方法。只要方法名以 test 开头，测试运行程序就会将每个方法作为一个单独的、隔离的测试来执行。

> 每个测试应该完全独立于其他测试。
>
> 某个测试的结果或计算不应对任何其他测试产生影响。

为了保持测试之间的隔离，我们可能有多个测试共用同一个 `setUp()`方法来实现前置条件（GIVEN）。因此，我们经常会有相似的类，并且需要使用继承来设计测试，这样它们可以共享特性并且仍然保持完全独立。

编写好的单元测试的关键是，保持每个测试方法尽可能短，用每个测试用例测试一个小的代码单元。如果我们的代码不能被自然地分解成小的、可测试的单元，这可能说明代码需要重新设计。本章后面的章节提供了一种在测试中隔离对象的方法。

`unittest` 模块要求把测试写成一个类。这似乎有点儿没必要。`pytest` 包支持更聪明和灵活的测试定义方法，它允许将测试定义为函数而不是类的方法。接下来我们来看看 `pytest`。

13.3　使用 pytest 进行单元测试

我们可以使用一个为测试场景提供公共框架的库，以及一个执行测试和记录结果的测试运行程序来创建单元测试。单元测试专注于在任何一个测试中测试尽可能少的代码。标准库包括 `unittest` 包，其虽然被广泛使用，但为了使用它，我们不得不为每个测试用例创建不少框架代码，比如 `TestCase` 类。

`pytest` 是一个更受欢迎的标准库 `unittest` 的替代品。它的优点是，可以编写更小、更清晰的测试用例，也不用写框架代码。因为没什么开销，所以这是一种理想的选择。

因为 `pytest` 不是标准库的一部分，所以你需要自己下载和安装它。你可以从 `pytest` 的主页（链接 42）上下载安装包并进行安装，也可以通过任何包管理器安装。

在终端窗口中，激活你正在使用的虚拟环境。（例如，如果你正在使用 `venv`，那么你可能会使用 `python -m venv c:\path\to\myenv`。）然后，使用如下操作系统命令：

```
% python -m pip install pytest
```

Windows 上的命令应该与 macOS 和 Linux 上的命令相同。

pytest 工具可以使用与 unittest 模块完全不同的测试布局。它不要求测试用例是 unittest.TestCase 的子类。相反，它利用了 Python 函数是一等对象的特点，允许任何符合命名规范的函数都可以作为测试用例。它使用 assert 语句来验证结果，而不是提供一堆自定义方法来断言相等。这使得测试更简单，可读性更强，因此也更容易维护。

当我们运行 pytest 时，它从当前文件夹开始，搜索名称以字符 test_（包括_字符）开头的任何模块或子包。如果此模块中的任何函数也以 test（不需要_字符）开头，它们将作为单独的测试来执行。此外，如果模块中有任何名称以 Test 开头的类，那么该类中以 test_开头的任何方法也将在测试环境中执行。

它还在名为 tests 的文件夹中搜索。因此，通常将代码分成两个文件夹：src/目录包含功能模块、库或应用程序，而 tests/目录包含所有测试用例。

使用下面的代码，我们可以将前面的简单的 unittest 示例移植到 pytest 上：

```python
def test_int_float() -> None:
    assert 1 == 1.0
```

对于同一个测试，我们编写了 2 行可读性更好的代码。相比之下，我们的第一个 unittest 示例需要 6 行代码。

然而，我们没被禁止编写基于类的测试。类有助于将相关的测试组织在一起，也便于测试用例访问相关的类属性或方法。下面的示例展示了一个扩展类，它包含一个通过和一个未通过的测试。我们可以看到错误输出比 unittest 模块提供的更全面：

```python
class TestNumbers:
    def test_int_float(self) -> None:
        assert 1 == 1.0

    def test_int_str(self) -> None:
        assert 1 == "1"
```

注意，这个类不需要扩展任何特殊对象来把自己标记为测试用例（尽管 pytest 可以很好地运行标准的 unittest TestCases）。如果我们运行 python -m pytest tests/，输出如下所示：

```
% python -m pytest tests/test_with_pytest.py
============================== test session starts ==============================
platform darwin -- Python 3.9.0, pytest-6.2.2, py-1.10.0, pluggy-0.13.1
rootdir: /path/to/ch_13
collected 2 items

tests/test_with_pytest.py .F                                              [100%]

=================================== FAILURES ===================================
_____ TestNumbers.test_int_str _____

self = <test_with_pytest.TestNumbers object at 0x7fb557f1a370>

    def test_int_str(self) -> None:
>       assert 1 == "1"
E       AssertionError: assert 1 == "1"

tests/test_with_pytest.py:15: AssertionError
=========================== short test summary info ===========================
FAILED tests/test_with_pytest.py::TestNumbers::test_int_str - Asse...
=========================== 1 failed, 1 passed in 0.07s ===========================
```

输出内容首先是平台和解释器相关的有用信息，这对于在不同系统间共享或讨论 Bug 很有用。第三行是正在测试的文件名（如果选择了多个测试模块，会显示所有模块名），后面是我们在 unittest 模块中看到的.F。.表示通过测试，而字母 F 表示失败。

运行完所有测试后，将显示每个测试的错误输出，包括局部变量（在这个示例中只有一个：传递给函数的 self 参数）、发生错误的源代码及错误消息的总结。此外，如果存在除了 AssertionError 的异常，pytest 将为我们提供完整的错误回溯，包括相关的源代码引用。

默认情况下，如果测试执行成功，pytest 会隐藏 print()的输出。这对测试调试很有用；当测试失败时，我们可以在测试中添加 print()语句，以便在运行测试时检查特定变量和属性的值。如果测试失败，则输出这些值以帮助诊断。然而，一旦测试成功，print()输出就不会显示，它们很容易被忽略。我们不必通过删除 print()来清理测试输出。如果由于未来的代码变化，测试再次失败，这些调试输出会再次显示出来，方便我们调试错误。

有趣的是，assert 语句可能会触发 *mypy* 报错。当我们使用 assert 语句时，*mypy* 会检查类型，并提醒我们 assert 1 == "1"可能存在的问题。这段代码不太可能是正确的，它不仅会在单元测试中失败，还会让 *mypy* 的代码检查失败。

我们已经了解了 pytest 如何使用函数和 assert 语句支持测试的 WHEN 和 THEN 步骤。现在，我们需要更仔细地研究如何处理 GIVEN 步骤。有两个方法可建立测试的 GIVEN 前提条件，我们将从一个简单的情况开始。

13.3.1　pytest 的设置和清理函数

类似于 unittest 中的方法，pytest 也支持设置和清理功能，但它提供了更大的灵活性。我们将简要讨论相关通用函数；pytest 为我们提供了强大的 fixture 功能，我们将在下一节中讨论。

如果我们编写基于类的测试，我们可以使用两个方法 setup_method()和 teardown_method()。它们在当前类的每个测试方法执行之前和之后被调用，分别用于执行测试前的条件设置和测试后的清理任务。

此外，pytest 提供了其他设置和清理函数，让我们能够更好地控制何时执行准备和清理代码。setup_class()和 teardown_class()是类方法，它们接收一个代表当前类的参数（没有 self 参数，因为没有实例，而是提供了类）。这些方法由 pytest 在类初始化时和所有测试都运行完后执行一次，而不是在每次测试运行时都执行。

最后，我们还有 setup_module()和 teardown_module()函数，它们在当前模块中的所有测试（包括函数或类）执行之前和之后立即运行一次。这对于一次性设置非常有用，例如创建一个模块中所有测试都将共用的 Socket 或数据库连接。注意，如果某些对象的状态在测试之间没有被正确清理，可能会意外地引入测试之间的依赖。

以上简短的描述可能无法很好地解释这些方法被调用的确切时间，所以让我们看一个示例来说明它确切的发生时间：

```python
from __future__ import annotations
from typing import Any, Callable


def setup_module(module: Any) -> None:
    print(f"setting up MODULE {module.__name__}")


def teardown_module(module: Any) -> None:
    print(f"tearing down MODULE {module.__name__}")


def test_a_function() -> None:
    print("RUNNING TEST FUNCTION")


class BaseTest:
    @classmethod
    def setup_class(cls: type["BaseTest"]) -> None:
        print(f"setting up CLASS {cls.__name__}")

    @classmethod
    def teardown_class(cls: type["BaseTest"]) -> None:
        print(f"tearing down CLASS {cls.__name__}\n")

    def setup_method(self, method: Callable[[], None]) -> None:
        print(f"setting up METHOD {method.__name__}")

    def teardown_method(self, method: Callable[[], None]) -> None:
        print(f"tearing down METHOD {method.__name__}")


class TestClass1(BaseTest):
    def test_method_1(self) -> None:
        print("RUNNING METHOD 1-1")

    def test_method_2(self) -> None:
        print("RUNNING METHOD 1-2")
```

```
class TestClass2(BaseTest):
    def test_method_1(self) -> None:
        print("RUNNING METHOD 2-1")

    def test_method_2(self) -> None:
        print("RUNNING METHOD 2-2")
```

  BaseTest 类的唯一目的是提取 2 个测试类完全相同的 4 个方法，并使用继承来降低重复代码量。所以，从 pytest 的角度来看，2 个子类不仅各有 2 个测试方法，而且还有 2 个设置方法和 2 个清理方法（一个在类级别，一个在方法级别）。

  如果使用 pytest 在显示 print()函数输出的情况下（通过传递 -s 或 -capture=no 标记）运行这些测试，它们会显示与测试本身相关的各种函数的调用顺序和次数：

```
% python -m pytest --capture=no tests/test_setup_teardown.py
=========================== test session starts
===========================
platform darwin -- Python 3.9.0, pytest-6.2.2, py-1.10.0, pluggy-0.13.1
rootdir: /…/ch_13
collected 5 items

tests/test_setup_teardown.py setting up MODULE test_setup_teardown
RUNNING TEST FUNCTION
.setting up CLASS TestClass1
setting up METHOD test_method_1
RUNNING METHOD 1-1
.tearing down METHOD test_method_1
setting up METHOD test_method_2
RUNNING METHOD 1-2
.tearing down METHOD test_method_2
tearing down CLASS TestClass1

setting up CLASS TestClass2
setting up METHOD test_method_1
RUNNING METHOD 2-1
.tearing down METHOD test_method_1
```

```
setting up METHOD test_method_2
RUNNING METHOD 2-2
.tearing down METHOD test_method_2
tearing down CLASS TestClass2

tearing down MODULE test_setup_teardown

=========================== 5 passed in 0.01s
===========================
```

在会话开始和结束时，将执行模块级别的设置和清理方法。然后，运行单独的模块级别测试功能。接下来，执行第一个类的设置方法，然后是该类的两个测试。这些测试分别被封装在单独的 `setup_method()` 和 `teardown_method()` 调用中。测试执行后，调用该类的清理方法。同样的顺序发生在第二类中，最后执行模块级别的 `teardown_module()` 方法，只执行一次。

虽然这些钩子函数为测试的设置和清理提供了很多选项，但我们通常会在多个测试场景中共享设置条件。我们可以通过基于组合的设计来实现重用，pytest 称这些设计为"fixture"。我们接下来看看 fixture。

13.3.2　pytest 用于设置和清理的 fixture

各种设置函数最常见的用途之一是确保测试的 GIVEN 步骤已准备好。这通常涉及创建对象，在测试方法运行之前确保某些类或模块变量具有特定的值。

除了前面提到的各种设置函数，pytest 提供了一种完全不同的方法，这就是 **fixture**。fixture 是在测试的 WHEN 步骤之前构建 GIVEN 前提条件的函数。

pytest 工具有许多内置的 fixture，我们可以在一个配置文件中定义多个 fixture 并重用它们，我们也可以在测试中定义特有的 fixture。这样，我们可以将配置从测试的执行中分离出来，允许跨多个类和模块共享 fixture。

让我们看一下这个需要测试的类，它做了一些运算：

```
from typing import List, Optional
```

```python
class StatsList(List[Optional[float]]):
    """不包含 None 的 Stat 对象列表"""

    def mean(self) -> float:
        clean = list(filter(None, self))
        return sum(clean) / len(clean)

    def median(self) -> float:
        clean = list(filter(None, self))
        if len(clean) % 2:
            return clean[len(clean) // 2]
        else:
            idx = len(clean) // 2
            return (clean[idx] + clean[idx - 1]) / 2

    def mode(self) -> list[float]:
        freqs: DefaultDict[float, int] = collections.defaultdict(int)
        for item in filter(None, self):
            freqs[item] += 1
        mode_freq = max(freqs.values())
        modes = [item
            for item, value in freqs.items()
            if value == mode_freq]
        return modes
```

这个类扩展了内置的 list 类，添加了 3 个统计汇总方法：mean()、median()和 mode()。为了测试每个方法，我们都需要一些可以使用的数据集；配置好数据的 StatsList 就是我们测试时将要用到的 fixture。

为了使用 fixture 来创建 GIVEN 前提条件，我们将 fixture 的名称作为我们的测试函数的参数。当一个测试运行时，测试函数的参数名将用于确定相关的 fixture，然后创建 fixture 的函数将会自动运行。

例如，为了测试 StatsList 类，我们需要重复提供一个有效整数的列表。我们可以如下这样编写我们的测试：

```
import pytest
from stats import StatsList

@pytest.fixture
def valid_stats() -> StatsList:
    return StatsList([1, 2, 2, 3, 3, 4])

def test_mean(valid_stats: StatsList) -> None:
    assert valid_stats.mean() == 2.5

def test_median(valid_stats: StatsList) -> None:
    assert valid_stats.median() == 2.5
    valid_stats.append(4)
    assert valid_stats.median() == 3

def test_mode(valid_stats: StatsList) -> None:
    assert valid_stats.mode() == [2, 3]
    valid_stats.remove(2)
    assert valid_stats.mode() == [3]
```

3 个测试函数都接收一个名为 valid_stats 的参数，这个参数是 pytest 自动调用 valid_stats()函数为我们创建的。这个函数使用了@pytest.fixture 装饰器，所以 pytest 可以以这种特殊的方式使用它。

是的，名称必须匹配。**pytest** 运行时查找和参数同名的、使用了@fixture 装饰器的函数。

fixture 可以做的不仅是返回简单的对象。我们可以将一个 request 对象传递给 fixture 工厂，以提供非常有用的方法和属性来修改 fixture 的行为。request 对象的 module、cls 和 function 属性可以让我们知道是哪个测试正在请求 fixture。request 对象的 config 属性允许我们检查命令行参数和很多其他配置数据。

如果我们将 fixture 实现为一个生成器，它也可以在每次测试运行后运行清理代码。这相当于为每个 fixture 提供了等效的清理方法。我们可以用它来清理文件、关闭连接、清空列表或重置队列。对于单元测试，每个测试是独立的，使用模拟对象比在有状态对象上执行清理方法更好。参见本章后面的 13.4 节，了解更简单的适合单元测试的方法。

对于集成测试，我们可能希望测试涉及创建、删除或更新文件。我们更常使用 pytest 的 tmp_path fixture 来将这些内容写到某个目录中，以后可以删除这些内容，这样我们就不必在测试中执行清理方法了。虽然单元测试很少需要清理，但是清理有助于停止子进程或移除集成测试中对数据库的修改。我们将在本节的稍后部分看到这一点。首先，让我们看一个具有设置和清理功能的 fixture 的小示例。

为了学习包含设置和清理功能的 fixture，这里有一小段代码，它为源文件创建一个校验和文件，如果校验和文件已经存在，则先备份它：

```python
import tarfile
from pathlib import Path
import hashlib


def checksum(source: Path, checksum_path: Path) -> None:
    if checksum_path.exists():
        backup = checksum_path.with_stem(f"(old) {checksum_path.stem}")
        backup.write_text(checksum_path.read_text())
    checksum = hashlib.sha256(source.read_bytes())
    checksum_path.write_text(f"{source.name} {checksum.hexdigest()}\n")
```

有两种情况：

- 源文件存在：创建一个新的校验和文件。
- 源文件和校验和文件都存在：先备份老的校验和文件，再创建新的校验和文件。

我们不会测试这两种情况，但是我们将展示如何创建 fixture，然后删除测试序列中所需的文件。我们将关注第二种情况，因为它更复杂。我们将测试分为两部分，先从 fixture 开始：

```python
from __future__ import annotations
import checksum_writer
import pytest
```

```
from pathlib import Path
from typing import Iterator
import sys

@pytest.fixture
def working_directory(tmp_path: Path) -> Iterator[tuple[Path, Path]]:
    working = tmp_path / "some_directory"
    working.mkdir()
    source = working / "data.txt"
    source.write_bytes(b"Hello, world!\n")
    checksum = working / "checksum.txt"
    checksum.write_text("data.txt Old_Checksum")

    yield source, checksum

    checksum.unlink()
    source.unlink()
```

yield 语句是这里的关键。我们的 fixture 实际上是一个生成器，它产生一个条目，然后等待下一个请求。如上面的代码所示，第一个条目的产生包括几个步骤：创建一个工作目录，在工作目录中创建一个源文件，然后创建一个老的校验和文件。yield 语句返回两个测试文件路径，并等待下一个请求。这里完成了测试的 GIVEN 条件设置。

在测试函数执行完成后，pytest 将尝试从这个 fixture 中获取下一个条目，也就是最后一个条目。这一步会删除文件的链接，也就相当于删除文件。这一步没有返回值，这表示迭代结束。除了利用生成器协议，working_directory fixture 还依赖于 pytest 的 tmp_path fixture 为这个测试创建一个临时的工作目录。

下面是使用这个 working_directory fixture 的测试：

```
@pytest.mark.skipif(
    sys.version_info < (3, 9), reason="requires python3.9 feature")
def test_checksum(working_directory: tuple[Path, Path]) -> None:
    source_path, old_checksum_path = working_directory
    checksum_writer.checksum(source_path, old_checksum_path)
    backup = old_checksum_path.with_stem(
```

```
        f"(old) {old_checksum_path.stem}")
assert backup.exists()
assert old_checksum_path.exists()
name, checksum = old_checksum_path.read_text().rstrip().split()
assert name == source_path.name
assert (
    checksum == "d9014c4624844aa5bac314773d6b689a"
    "d467fa4e1d1a50a1b8a99d5a95f72ff5"
)
```

　　该测试使用了 `skipif` 标记，因为该测试在 Python 3.8 中不能运行；Path 的 `with_stem()` 方法在老版本的 `pathlib` 中没有实现。`skipif` 表示测试是有用的，只不过不适合某些特定的 Python 版本。我们将在本章后面的 13.3.4 节中再讨论这个问题。

　　一旦引用了 `working_directory` fixture，pytest 会执行 fixture 功能的函数，为测试场景提供了两个路径，作为测试的 GIVEN 条件。WHEN 步骤把这两个路径传递给 `checksum_writer.checksum()` 函数。THEN 步骤是一系列 `assert` 语句，以确保创建的文件是正确的。运行测试后，pytest 将使用 `next()` 从 fixture 获取另一个条目；该操作运行 `yield` 之后的代码，执行测试后的清理工作。

　　当孤立地测试组件时，我们可能不需要使用 fixture 的清理功能。然而，对于集成测试来说，当多个组件一起使用时，可能需要停止进程或删除文件。在下一节中，我们将学习一个更高阶的 fixture，它可用于不止一个测试场景。

13.3.3　更高阶的 fixture

　　我们可以通过 `scope` 参数来创建一个生命周期比单个测试长的 fixture。这通常用于前提条件的设置比较昂贵且其可以被多个测试共用。只要资源重用不破坏测试的原子性：一个单元测试不应该依赖于任何其他单元测试，也不应该受任何其他单元测试的影响。

　　例如，我们将定义一个服务器，它是客户端/服务器应用程序的一部分。我们希望多个 Web 服务器将它们的日志消息发送到一个集中的日志中。除了独立的单元测试，我们还需要一个集成测试。该测试确保 Web 服务器和日志收集器正确地相互集成。集成测试需要启动和停止此日志收集服务器。

测试金字塔至少有 3 个层级。单元测试是基础，用于独立地测试每个组件。集成测试是金字塔的中间部分，用于确保组件之间正确集成。系统测试或验收测试是金字塔的顶端，用于确保整个软件工作良好。

我们将研究一个日志收集服务器，它接收消息并将它们写入一个统一的文件中。这些消息由 logging 模块的 SocketHandler 定义。我们可以将每条消息描述为一个带有消息头（header）和有效负载（payload）的字节块。在下表中，我们通过对字节块的切片描述了消息结构。

消息的定义如下表所示

切 片 开 始	切 片 结 束	含　义	用于解析的 Python 模块和函数
0	4	payload_size	struct.unpack(">L", bytes)
4	payload_size + 4	payload	pickle.loads(bytes)

消息头是一个 4 字节切片，但是可能会让人误解。消息头是由 struct 模块的格式字符串">L"定义的。struct 模块有一个函数 calcsize()，用于根据格式字符串计算实际长度。我们的代码将根据格式字符串 size_format 计算 size_bytes，而不是直接使用明文数字，如 4。在 header 和 payload 中都使用 size_format，遵循了不要重复你自己原则。

下面是一个示例消息。第一行是包含有效负载大小的消息头，共 4 字节。接下来的几行是使用 pickle 模块序列化过的日志消息：

```
b'\x00\x00\x02d' b'}q\x00(X\x04\x00\x00\x00nameq\x01X\x03\x00\x00\
x00appq\x02X\x03\x00\x00\x00msgq\x03X\x0b\x00\x00\x00Factorial
…
\x19X\n\x00\x00\x00MainThreadq\x1aX\x0b\x00\x00\x00processNameq\x1bX\
x0b\x00\x00\x00MainProcessq\x1cX\x07\x00\x00\x00processq\x1dMcQu.'
```

要读取这些消息，我们首先需要读取有效负载的大小。然后，我们可以读取随后的有效负载。下面是 Socket 服务器，它读取消息头和有效负载，并将它们写入一个文件：

```
from __future__ import annotations
import json
from pathlib import Path
import socketserver
from typing import TextIO
import pickle
import struct


class LogDataCatcher(socketserver.BaseRequestHandler):
    log_file: TextIO
    count: int = 0
    size_format = ">L"
    size_bytes = struct.calcsize(size_format)

    def handle(self) -> None:
        size_header_bytes = self.request.recv(LogDataCatcher.size_bytes)
        while size_header_bytes:
            payload_size = struct.unpack(
                LogDataCatcher.size_format, size_header_bytes)
            payload_bytes = self.request.recv(payload_size[0])
            payload = pickle.loads(payload_bytes)
            LogDataCatcher.count += 1
            self.log_file.write(json.dumps(payload) + "\n")
            try:
                size_header = self.request.recv(LogDataCatcher.size_bytes)
            except (ConnectionResetError, BrokenPipeError):
                break


def main(host: str, port: int, target: Path) -> None:
    with target.open("w") as unified_log:
        LogDataCatcher.log_file = unified_log
        with socketserver.TCPServer((host, port), LogDataCatcher) as server:
            server.serve_forever()
```

  socketserver.TCPServer 对象侦听来自客户端的连接请求。当客户端连接时，它将创建 LogDataCatcher 类的实例，并执行该对象的 handle()方法以从该客户端收集数据。handle()方法通过两步解析有效负载的大小和内容。首先，它读取几个字节来确定有效负载的大小。它使用 struct.unpack()将这些字节解码成一个有用的数字 payload_size，然后读取相应数量的字节以获得有效负载。pickle.loads()将从有效负载字节中加载 Python 对象。使用 json.dumps()将它序列化为 JSON，并写入打开的文件。一旦处理完一条消息，我们就可以尝试读取接下来的几个字节，看看是否有更多数据要处理。服务器会持续侦听客户端消息，直到连接断开，导致读取错误并引发 while 语句退出。

该日志收集服务器可以从网络中任何地方的应用程序获取日志消息。这个示例实现是单线程的，这意味着它一次只能处理一个客户端。我们可以创建一个多线程服务器，它能接收来自多个数据源的消息。在本例中，我们只测试依赖于这个客户端的单个应用程序的情况。

为了完整起见，下面是启动服务器运行的主要脚本：

```
if __name__ == "__main__":
    HOST, PORT = "localhost", 18842
    main(HOST, PORT, Path("one.log"))
```

我们提供了一个主机 IP 地址、一个端口号和一个文件，希望将所有消息写入该文件。实际上，我们可以考虑使用 argparse 模块和 os.environ 字典向程序传入这些参数。但现在我们就简单处理，把这些参数写在代码中。

下面是 remote_logging_app.py 程序，它将日志记录发送给日志收集服务器：

```
from __future__ import annotations
import logging
import logging.handlers
import time
import sys
from math import factorial

logger = logging.getLogger("app")

def work(i: int) -> int:
    logger.info("Factorial %d", i)
```

```
    f = factorial(i)
    logger.info("Factorial(%d) = %d", i, f)
    return f

if __name__ == "__main__":
    HOST, PORT = "localhost", 18842
    socket_handler = logging.handlers.SocketHandler(HOST, PORT)
    stream_handler = logging.StreamHandler(sys.stderr)
    logging.basicConfig(
        handlers=[socket_handler, stream_handler],
        level=logging.INFO)

    for i in range(10):
        work(i)

    logging.shutdown()
```

这个程序创建了两个日志处理器。SocketHandler 实例通过 Socket 连接到指定的服务器和端口,并写入字节。这些字节包括消息头和有效负载。StreamHandler 实例将日志写入终端窗口,如果我们不创建任何特殊的处理程序,这就是默认的日志处理程序。我们为日志配置了两个日志处理程序,这样每条日志消息都既发送给控制台,又发送给收集消息的流服务器。这个程序的实际工作是计算一个数的阶乘。每次我们运行这个应用程序,它应该都会产生 20 条日志消息。

为了测试集成的客户端和服务器,我们需要在一个单独的进程中启动服务器。我们不希望多次启动和停止它(那需要一段时间),所以我们将启动它一次,并在多次测试中使用它。相关工作分为两个部分,我们先从两个 fixture 开始:

```
from __future__ import annotations
import subprocess
import signal
import time
import pytest
import logging
import sys
import remote_logging_app
```

```
from typing import Iterator, Any

@pytest.fixture(scope="session")
def log_catcher() -> Iterator[None]:
    print("loading server")
    p = subprocess.Popen(
        ["python3", "src/log_catcher.py"],
        stdout=subprocess.PIPE,
        stderr=subprocess.STDOUT,
        text=True,
    )
    time.sleep(0.25)

    yield

    p.terminate()
    p.wait()
    if p.stdout:
        print(p.stdout.read())
    assert (
        p.returncode == -signal.SIGTERM.value
    ), f"Error in watcher, returncode={p.returncode}"

@pytest.fixture
def logging_config() -> Iterator[None]:
    HOST, PORT = "localhost", 18842
    socket_handler = logging.handlers.SocketHandler(HOST, PORT)
    remote_logging_app.logger.addHandler(socket_handler)
    yield
    socket_handler.close()
    remote_logging_app.logger.removeHandler(socket_handler)
```

    log_catcher fixture 将启动 log_catcher.py，作为服务器子进程。它通过 @fixture 装饰器设置作用域为"session"，这意味着在整个测试会话中它只执行一次。作用域可以可被设置为"function"、"class"、"module"、"package"或"session"中的一个，提供了创建和重用 fixture 的不同位置。启动包括一个短暂的 sleep（250 毫秒），以确保另一个进程已经正确启动。当 fixture 执行到 yield 语句时，测试的 GIVEN 条件设置这一步骤就完成了。

logging_config fixture 用于设置要测试的 remote_logging_app 模块的日志配置。查看 remote_logging_app.py 模块的 work() 函数，我们可以看到它需要一个模块级别的 logger 对象。这个测试 fixture 创建了一个 SocketHandler 对象，将其添加到 logger 中，然后执行 yield 语句。

一旦这两个 fixture 都完成了 GIVEN 条件，我们就可以定义包含 WHEN 步骤的测试用例。下面是两个类似场景的示例：

```
def test_1(log_catcher: None, logging_config: None) -> None:
    for i in range(10):
        r = remote_logging_app.work(i)


def test_2(log_catcher: None, logging_config: None) -> None:
    for i in range(1, 10):
        r = remote_logging_app.work(52 * i)
```

这两个场景都需要前面的两个 fixture。作用域为 session 的 log_catcher fixture 只运行一次，用于两个测试。然而，logging_config fixture 的作用域是默认值，这意味着每次测试都要运行它。

类型提示 None 遵循 fixture 的定义 Iterator[None]。yield 语句中没有返回值。对于这些测试，设置操作通过启动一个进程来准备整个运行时环境，因此没有返回值。

当一个测试函数完成时，logging_config fixture 在 yield 语句之后继续执行。（fixture 是一个迭代器，next() 函数用于从迭代器中获取下一个值。）这将关闭并删除日志处理程序，彻底断开与日志收集进程的网络连接。

在测试全部完成后，log_catcher fixture 可以终止子进程。为了方便调试，我们打印所有输出。为了确认测试是否成功，我们检查操作系统的返回代码。因为进程是被终止的（通过 p.terminate()），返回的代码应该是 signal.SIGTERM 值。其他返回代码值，尤其是返回代码值 1，意味着日志收集服务器崩溃，测试失败。

我们省略了详细的 THEN 检查，但是它也是 `log_catcher` fixture 的一部分。`assert` 语句确保日志收集服务器以期望的返回代码终止。一旦日志收集服务器完成了对日志消息的收集，fixture 应该读取日志文件，以确认日志文件中包含两个场景的预期条目。

fixture 也可以有参数。我们可以使用类似 `@pytest.fixture(params=[some,list, of,values])` 的装饰器来创建多个 fixture 副本，这些不同的参数可以用于测试不同的场景。

`pytest` fixture 的灵活性使得它们非常适合各种各样的测试设置和清理要求。在本节的前面，我们提到过将测试标记为不适合特定 Python 版本的方法。在下一节中，我们将看看如何标记要跳过的测试。

13.3.4　用 pytest 跳过测试

出于各种原因，有时需要跳过某些测试，比如：被测试的代码还没有实现，测试只在某些解释器或操作系统上能运行，或者测试很耗时，只在特定情况下运行。在上一节中，我们的一个测试在 Python 3.8 中无法工作，需要跳过。

跳过测试的一种方法是使用 `pytest.skip()` 函数。它接收一个参数：一个描述为什么要跳过测试的字符串。这个函数可以在任何地方调用。如果我们在测试函数内部调用它，测试将被跳过。如果我们在模块级别调用它，那么该模块中的所有测试都将被跳过。如果我们在一个 fixture 内部调用它，所有引用该 fixture 的测试都将被跳过。

当然，在所有这些地方，通常只有在某些条件满足或不满足时，才希望跳过测试。因为我们可以在 Python 代码中的任何地方执行 `skip()` 函数，所以我们可以在 `if` 语句中执行它。我们可能编写如下所示的测试：

```python
import sys
import pytest


def test_simple_skip() -> None:
    if sys.platform != "ios":
        pytest.skip("Test works only on Pythonista for ios")
```

```
import location # type: ignore [import]

img = location.render_map_snapshot(36.8508, -76.2859)
    assert img is not None
```

该测试在大部分操作系统中都会被跳过。它只运行在 iOS 操作系统 Python 的 Pythonista 端口上。它展示了我们如何有条件地跳过一个场景。使用 if 语句，我们可以进行任何有效的判断，有很大的权力来决定何时跳过测试。通常，我们通过 sys.version_info 检查 Python 解释器的版本，通过 sys.platform 检查操作系统，或通过 some_library.__version__ 检查我们是否有某个模块的足够新的版本。

由于基于条件跳过某个测试方法或函数是跳过测试的最常见的用法之一，pytest 提供了一个方便的装饰器。这使得我们可以在一行中完成这一操作。装饰器接收单个字符串，该字符串可以包含任何计算结果为布尔值的可执行 Python 代码。例如，以下测试将仅在 Python 3.9 或更高版本上运行：

```
import pytest
import sys

@pytest.mark.skipif(
    sys.version_info < (3, 9),
    reason="requires 3.9, Path.removeprefix()"
)
def test_feature_python39() -> None:
    file_name = "(old) myfile.dat"
    assert file_name.removeprefix("(old) ") == "myfile.dat"
```

pytest.mark.xfail 装饰器将测试标记为"应该失败"。如果测试成功，反而会被记录为失败（应该失败但没有失败！）。而如果测试失败，会被记录为正常。使用 xfail 时，条件参数是可选的。如果没有提供，该测试将被标记为在所有情况下都应该失败。

除了这里描述的特性，pytest 框架还有很多其他特性。pytest 库的开发人员也在不断地添加新的方法，让你的测试体验更加愉快。pytest 官方网站上有完整的文档，请参考链接 43。

除了 pytest 自己的测试用例，pytest 还可以查找和运行使用标准 unittest 库定义的测试。这意味着，如果你想从 unittest 迁移到 pytest，你不必重写所有的老测试代码。

我们已经学习了使用 fixture 来设置和清理复杂的测试环境。这对于一些集成测试是有必要的，但是更好的方法可能是模拟昂贵（昂贵是指创建比较复杂或费时）的对象或者有风险的操作。此外，任何类型的清理操作都不适合单元测试。单元测试将每个软件组件隔离为一个单独的待测试单元。这意味着我们经常会用模拟对象（Mock）替换所有的接口对象来隔离被测试的单元。接下来，我们将学习创建 Mock 对象来隔离软件单元和模拟昂贵的资源。

13.4　使用 Mock 模拟对象

孤立的问题更容易被诊断和解决。弄清楚为什么汽油车无法启动可能很困难，因为有太多相互关联的部件。如果测试失败，在相互关联的代码中找出原因也可能会很困难。因此，我们经常使用简化的模拟对象（Mock）来隔离问题。使用 Mock 对象替换真实对象通常有如下两个原因。

- 最常见的情况是隔离要测试的单元。通过提供模拟的类或函数，我们可以在一个已知的、可信的测试 fixture 中测试未知的组件。
- 有时，我们的测试依赖昂贵的对象或者需要执行会带来负面影响的代码。比如，共享数据库、文件系统和云基础设施等，为了测试而设置和清理这些对象是非常昂贵的。

在一些情况下，我们有时需要设计一个具有可测试接口的 API。让设计具有可测试性通常也意味着设计一个更有用的接口。特别是，我们必须定义和其他类协作的接口，这样我们就可以注入一个 Mock 对象，而不是一个实际应用类的实例。

例如，假设我们有一些代码在一个外部键值对存储系统（如 Redis 或 Memcache）中存储航班状态，包括时间戳和最近的状态。代码中用到了 Redis 客户端，但我们不需要对 Redis 客户端进行单元测试。Redis 客户端可以用 python -m pip install redis

命令安装，如下所示：

```
% python -m pip install redis
Collecting redis
  Downloading redis-3.5.3-py2.py3-none-any.whl (72 kB)
     |████████████████████████████████| 72 kB 1.1 MB/s
Installing collected packages: redis
Successfully installed redis-3.5.3
```

如果你想在一个真正的 Redis 服务器上运行程序，还需要下载并安装 Redis。这可以通过以下步骤完成：

1. 下载 Docker 桌面程序用于管理应用程序。具体请参考链接 44。

2. 在终端窗口中运行 docker pull redis 命令，下载 Redis 服务器镜像，用于创建运行的 Docker 容器。

3. 然后，可以使用 docker run -p 6379:6379 redis 来启动服务器。这将启动一个运行 Redis 镜像的容器。接着，你可以用它来进行集成测试。

不用 **Docker** 也可以，另一种方法会涉及许多平台相关的步骤。相关安装方法请参考链接 45。下面的示例将假设我们使用 **Docker**。如果不使用 Docker，切换到 Redis 本地安装，只需要做很小的改变，将其留给读者作为练习。

下面的代码在 Redis 缓存服务器中保存了航班状态：

```python
from __future__ import annotations
import datetime
from enum import Enum
import redis


class Status(str, Enum):
    CANCELLED = "CANCELLED"
    DELAYED = "DELAYED"
    ON_TIME = "ON TIME"


class FlightStatusTracker:
    def __init__(self) -> None:
```

```python
        self.redis = redis.Redis(host="127.0.0.1", port=6379, db=0)

    def change_status(self, flight: str, status: Status) -> None:
        if not isinstance(status, Status):
            raise ValueError(f"{status!r} is not a valid Status")
        key = f"flightno:{flight}"
        now = datetime.datetime.now(tz=datetime.timezone.utc)
        value = f"{now.isoformat()}|{status.value}"
        self.redis.set(key, value)

    def get_status(self, flight: str) -> tuple[datetime.datetime, Status]:
        key = f"flightno:{flight}"
        value = self.redis.get(key).decode("utf-8")
        text_timestamp, text_status = value.split("|")
        timestamp = datetime.datetime.fromisoformat(text_timestamp)
        status = Status(text_status)
        return timestamp, status
```

Status 类定义了 4 个字符串的枚举值。我们为状态创建了对应的常量，比如 Status.CANCELLED，这样我们就可以有一组确定的有效状态。存储在数据库中的实际值将是像"CANCELLED"这样的字符串，现在这些字符串恰好与我们程序中使用的常量名相同。将来，状态字符串可能会改变或增加，但程序中的常量名不会改变。这就是为什么我们要把常量名和数据库存储的字符串分开。在 Enum 中使用数字代码是很常见的，但是数字没有字符串好记。

在 change_status()方法中，我们有很多要测试的东西。我们检查以确保 status 参数是有效的 status 枚举值的实例，但是我们可以做得更多。比如，如果 flight 参数值不合理，我们应该检查它是否会抛出适当的错误。更重要的是，当在 redis 对象上调用 set()方法时，我们需要一个测试来证明保存到 Redis 中的键和值具有正确的格式。

然而，我们在单元测试中不必测试 redis 对象中是否正确存储了数据。这绝对应该在集成测试或程序测试中进行测试，但是在单元测试级别，我们可以假设 py-redis 开发人员已经测试了他们自己的代码，并且这个方法会正确执行。通常，单元测试应该是独立的；被测单元应该与外部资源隔离。在这个示例中，正在运行的 redis 实例就是外部资源。

　　我们不需要与 Redis 服务器集成，只需测试 set()方法被调用了正确的次数，并且使用了适当的参数。我们可以在测试中使用 Mock 对象，用一个我们可掌控的对象来替换这个复杂的方法。以下示例说明了 Mock 的用法：

```python
import datetime
import flight_status_redis
from unittest.mock import Mock, patch, call
import pytest


@pytest.fixture
def mock_redis() -> Mock:
    mock_redis_instance = Mock(set=Mock(return_value=True))
    return mock_redis_instance


@pytest.fixture
def tracker(
    monkeypatch: pytest.MonkeyPatch, mock_redis: Mock
) -> flight_status_redis.FlightStatusTracker:
    fst = flight_status_redis.FlightStatusTracker()
    monkeypatch.setattr(fst, "redis", mock_redis)
    return fst


def test_monkeypatch_class(
    tracker: flight_status_redis.FlightStatusTracker, mock_redis: Mock
) -> None:
    with pytest.raises(ValueError) as ex:
        tracker.change_status("AC101", "lost")
    assert ex.value.args[0] == "'lost' is not a valid Status"
    assert mock_redis.set.call_count == 0
```

　　这个测试使用 raises()上下文管理器来确保当状态参数不合法时会抛出正确的异常。此外，它还创建了一个 redis 实例的 Mock 对象，供 FlightStatusTracker 使用。

Mock 对象具有 set 属性，它是一个模拟 Redis 的 set()函数的模拟函数，它总是返回 True。但这个测试中的 redis.set()方法永远不会被调用。如果它被调用了，这说明我们的异常处理代码有 Bug。

注意 Mock 对象的使用方法。我们通过 mock_redis.set 来检查 Mock 对象的模拟的 set()方法，它是由 mock_redis fixture 创建的。call_count 是所有 Mock 对象都有的一个属性，用于记录对象被调用的次数。

虽然我们可以使用类似 flt.redis = mock_redis 的代码在测试过程中用 Mock 对象替换真实对象，但这样做有潜在的问题。简单地替换一个值，甚至替换一个类方法，只适用于由每个测试函数销毁或创建的对象。如果我们需要在模块级别修改对象，但模块不会被重新导入，一个更通用的解决方案是使用 patcher（打补丁）临时注入一个 Mock 对象。在本例中，我们使用 pytest 的 monkeypatch fixture 临时更改了 FlightStatusTracker 对象。monkeypatch 在每个测试结束后会自动执行清理（teardown）操作，允许我们使用 monkeypatch 模块和类而不影响其他测试。

这个测试用例将会被 *mypy* 警告。根据代码的类型提示，*mypy* 工具要求 change_status()函数的 status 参数是 Status 枚举类的实例，而不是字符串参数值；我们可以添加一个特殊的注释来取消 *mypy* 对参数类型的检查：# type: ignore [arg-type]。

13.4.1 其他打补丁技术

在某些情况下，我们只需要在单个测试期间注入一个特殊的函数或方法。我们可能不需要创建一个复杂的 Mock 对象，并在多个测试中使用。我们可能只需要一个小的 Mock 对象来测试一个用例。在这种情况下，我们可能也不需要使用 monkeypatch fixture 的所有特性。例如，如果我们想测试 Mock()方法中的时间戳格式，需要确切地知道 datetime.datetime.now()将返回什么。但是，它的返回值会随着运行时间而变化。我们需要某种方法将它固定到一个特定的日期时间值，这样我们才能测试它。

临时将一个库函数替换为一个特殊值，最常用的方法就是打补丁。除了 monkeypatch fixture，unittest.mock 库还提供了一个 patch 上下文管理器。这个上下文管理器允许我们用 Mock 对象替换现有库的属性或方法。当上下文管理器退出时，原始属性被自动恢复，所以不会影响其他测试用例。下面是一个示例：

```
def test_patch_class(
    tracker: flight_status_redis.FlightStatusTracker, mock_redis: Mock
) -> None:
    fake_now = datetime.datetime(2020, 10, 26, 23, 24, 25)
    utc = datetime.timezone.utc
    with patch("flight_status_redis.datetime") as mock_datetime:
        mock_datetime.datetime = Mock(now=Mock(return_value=fake_now))
        mock_datetime.timezone = Mock(utc=utc)
        tracker.change_status(
        "AC101", flight_status_redis.Status.ON_TIME)
    mock_datetime.datetime.now.assert_called_once_with(tz=utc)
    expected = f"2020-10-26T23:24:25|ON TIME"
    mock_redis.set.assert_called_once_with("flightno:AC101", expected)
```

我们不希望我们的测试结果依赖于计算机时钟，所以构建了 fake_now 对象，它返回特定的日期和时间，因此我们可以在测试结果中看到。这种替换在单元测试中很常见。

patch 上下文管理器返回一个 Mock 对象，用于替换其他对象。在这个示例中，被替换的对象是 flight_status_redis 模块中引入的整个 datetime 模块。当我们给 mock_datetime.datetime 赋值时，我们用自己的 Mock 对象替换了模拟 datetime 模块内部的 datetime 类。这个新的 Mock 对象定义了一个属性 now。因为 utcnow 属性是一个返回值的 Mock 对象，所以它的行为类似于一个方法，并返回一个固定的已知值 fake_now。当解释器退出 patch 上下文管理器时，原始 datatime 模块将恢复原本的功能。

在使用已知值调用 change_status()方法之后，我们使用 Mock 对象的 assert_called_once_with()方法来确保使用期望的参数（本例中没有参数），now()函数确实被调用了一次。我们还在 Mock 的 redis.set()方法上调用了 assert_called_once_with()方法，以确保它调用的参数的格式符合我们的预期。除了"called once with"，我们还可以检查模拟调用列表，它可以从 Mock 对象的 mock_calls 属性中获得。

模拟日期以便获得确定的测试结果是一种常见的打补丁场景。该技术适用于任何有状态的对象，尤其适用于应用程序之外的外部资源（如时钟）。

　　对于 datetime 和 time 的特殊情况，像 freezegun 这样的包可以简化所需的猴子补丁，创建已知的、固定的日期。

　　我们这个示例中的补丁是有意清理的。我们用 Mock 对象替换了整个 datetime 模块。这可能会带来不可预料的后果。如果使用了模块中没被特别模拟的方法（只有 now()方法被模拟了），可能会带来混乱，而使测试代码崩溃。

　　前面的示例还展示了可测试性对 API 设计的重要性。tracker fixture 有一个有趣的问题：它创建了一个 FlightStatusTracker 对象，该对象构造了一个 Redis 连接。Redis 连接建立后，我们替换它。然而，当我们对这段代码进行测试时，我们会发现每个测试都会创建一个未使用的 Redis 连接。如果没有 Redis 服务器，一些测试可能会失败。因为这个测试需要外部资源，所以它不是一个合适的单元测试。失败可能有两层原因：自身代码的问题，或者外部依赖的问题。这会让排查错误变成一场噩梦。

　　我们可以通过模拟 redis.Redis 类来解决这个问题。Mock 实例可以在 setUp() 方法中创建。然而，更好的办法可能是从根本上重新思考我们的实现。我们应该允许用户传入一个实例，而不是在 __init__()中构造 redis 实例，如下所示：

```
def __init__(
    self,
    redis_instance: Optional[redis.Connection] = None
) -> None:
    self.redis = (
        redis_instance
        if redis_instance
        else redis.Redis(host="127.0.0.1", port=6379, db=0)
    )
```

　　这允许我们在测试时传入一个连接，这样就不需要构造 Redis() 方法了。此外，它允许任何与 FlightStatusTracker 交互的客户端代码传入自己的 redis 实例。它们想要这样做的原因有很多：它们可能已经为代码的其他部分创建了一个 redis 实例；它们可能已经创建了一个更优化的 redis API 实现；也许它们已经创建了一个 redis，用于把各指标记录到内部监控系统中。单元测试促使我们设计更灵活的 API，这种通用的 API 也更方便满足客户的各种需求。

这是对模拟代码的简要介绍。自 Python 3.3 以来，Mock 对象一直是标准 unittest 库的一部分。正如前面的示例所示，它们也可以与 pytest 和其他测试框架一起使用。Mock 对象还有其他更高级的特性，随着你的代码变得越来越复杂，你可能需要使用它们。例如，你可以使用 spec 参数指定对象模板，通过现有的类创建 Mock 对象，这样，如果代码试图访问 mock 类上不存在的属性，将会引发错误。你还可以通过传递一个列表作为 side_effect 参数来构造每次调用时都返回不同值的模拟方法。side_effect 参数相当通用，你还可以在调用 Mock 对象时使用它来执行任意函数，或者用它抛出异常。

单元测试的要点是确保每个"单元"独立工作。通常，一个单元是一个单独的类，我们需要模仿其他相关类。在某些情况下，一些类的组合或一个外观可以作为一个独立的"单元"一起测试。但是，Mock 对象也是有边界的，有些 Mock 可能是不合适的。比如，如果我们需要研究一些外部模块或类（不是我们自己写的）的代码并进一步模拟它们的依赖关系，这就走得太远了，是没有必要的。

> 不要检查你程序外类的实现细节并进一步模拟它们的依赖关系，而应该只模拟直接依赖。
>
> 这通常意味着模拟整个数据库或外部 API。

我们可以进一步扩展模拟对象的想法。当我们需要确保数据没有改动时，我们会使用一种特殊的 fixture，接下来学习它。

13.4.2　sentinal 对象

在许多设计中，一个类的某些属性值可以作为参数传给其他对象，但当前类不会对这些属性对象做任何处理。例如，我们可能向一个类提供一个 Path 对象，然后该类将这个 Path 对象传给一个 OS 函数；我们设计的这个类只是保存这个对象，而不会对它执行任何操作。从单元测试的角度来看，Path 对象对我们正在测试的类是不透明的，我们的类不会查看对象内部的状态或者方法。

unittest.mock 模块提供了一个方便的对象 sentinel，它可以用来创建这种不透明的对象。我们可以在测试用例中使用这些对象，确保程序只是存储和转发它们，而不会对它们做任何改动。

这里有一个类 FileChecksum，它保存由 hashlib 模块的 sha256()方法计算出的对象：

```python
class FileChecksum:
    def __init__(self, source: Path) -> None:
        self.source = source
        self.checksum = hashlib.sha256(source.read_bytes())
```

在单元测试中，我们把这段代码和其他模块隔离开来。我们将为 hashlib 模块创建一个 Mock 对象，这个 Mock 对象将返回一个 sentinel 对象：

```python
from unittest.mock import Mock, sentinel


@pytest.fixture
def mock_hashlib(monkeypatch) -> Mock:
    mocked_hashlib = Mock(sha256=Mock(return_value=sentinel.checksum))
    monkeypatch.setattr(checksum_writer, "hashlib", mocked_hashlib)
    return mocked_hashlib


def test_file_checksum(mock_hashlib, tmp_path) -> None:
    source_file = tmp_path / "some_file"
    source_file.write_text("")
    cw = checksum_writer.FileChecksum(source_file)
    assert cw.source == source_file
    assert cw.checksum == sentinel.checksum
```

我们的 mocked_hashlib 对象提供了一个方法 sha256()，它返回唯一的 sentinel.checksum 对象。这是一个由 sentinel 对象创建的对象，只有很少的方法或属性。任何属性名称都可以被创建为唯一的对象,我们在这里选择了 checksum 属性。结果对象仅用于检查对象的相等性。测试用例中的 sentinel 确保了 FileChecksum 类不会对给定的对象做任何错误或意外的事情。

测试用例创建了一个 FileChecksum 对象,并检查对象的 source 属性和参数 source_file 是否完全相等,还确认 checksum 属性与原始的 sentinel 对象相匹配。这确认了 FileChecksum 实例只是把校验和的结果作为属性存储,并将结果作为 checksum 属性值呈现。

如果我们将 FileChecksum 类的实现修改一下,比如使用 property()方法而不是直接访问属性,该测试仍能确认 hashlib.sha256()方法生成的检验和是不透明的,不会以任何其他方式处理。

我们已经学习了两个单元测试框架:内置的 unittest 包和外部的 pytest 包。它们都为我们提供了编写清晰、简单的测试来确认我们的程序有效的方法。有一个明确的目标来定义所需的测试量是很重要的。Python 有一个易于使用的测试覆盖包,可以为我们提供一个测试质量的客观度量。

13.5　进行多少测试才是足够的

我们知道未经测试的代码的质量肯定是无法保证的。但是,我们如何知道代码测试得好不好呢?如何知道实际测试了多少代码,又有多少代码还没被测试?第一个问题比较重要,但是很难回答。即使我们知道我们已经测试了程序中的每一行代码,也不能确保它们的质量。例如,如果我们写了一个 stats(统计)测试,我们的测试只检查了当我们提供一个整数列表时没有问题。但当我们传入浮点数、字符串或自定义对象的列表时,函数仍然可能会出错。添加完整的测试集以覆盖所有重要情况,需要程序员根据需求仔细设计,这是程序员的责任。

第二个问题(实际测试了多少代码)很容易验证。**代码覆盖(Code Coverage)** 是对程序执行的代码行数的统计。根据整个程序中的行数,我们可以知道真正被测试或覆盖的代码的百分比。如果还有一个指标告诉我们哪些代码行没被测试,我们可以更容易地编写新的测试来覆盖这些行。

最流行的测试代码覆盖率的工具是 *coverage.py*。它可以像大多数其他第三方库一样使用 python-m pip install coverage 命令进行安装。

本书没有足够多的篇幅来涵盖 coverage API 的所有细节，所以我们将只看几个典型的示例。如果我们有一个 Python 脚本，用于运行所有单元测试（这可以使用 unittest.main、unittest discover 或 pytest），则可以使用以下命令为单元测试文件执行覆盖率分析：

```
% export PYTHONPATH=$(pwd)/src:$PYTHONPATH
% coverage run -m pytest tests/test_coverage.py
```

该命令将创建一个名为 .coverage 的文件，用于保存运行中的数据。

使用 Windows PowerShell 的用户可以执行以下命令：

```
> $ENV:PYTHONPATH = "$pwd\src" + ";" + $PYTHONPATH
> coverage run -m pytest tests/test_coverage.py
```

运行完以上命令后，我们现在可以使用 coverage report 命令来查看代码覆盖率分析：

```
% coverage report
```

产生的输出如下所示：

```
Name                    Stmts    Miss    Cover
-------------------------------------------------
src/stats.py              19       11      42%
tests/test_coverage.py     7        0     100%
-------------------------------------------------
TOTAL                     26       11      58%
```

报告中列出了我们所测试的文件（我们的单元测试及它所引入的模块）、每个文件中的代码行数、未被测试的代码行数。使用这两个数字可以计算出测试覆盖率。不足为奇，test_coverage 测试文件都被覆盖了，但是 stats 模块只被覆盖了一小半。

如果我们在 report 命令中使用 -m 选项，它将会添加一列用于标识没被测试的行。新的输入结果如下：

```
Name                      Stmts    Miss    Cover    Missing
---------------------------------------------------------------
src/stats.py                19       11     42%      18-23, 26-31
tests/test_coverage.py       7        0    100%
---------------------------------------------------------------
TOTAL                       26       11     58%
```

新的列包含 stats 模块未被测试到的代码行数的范围。

示例代码中的 stats 模块就是我们在本章前面创建的 stats 模块。这里使用的测试文件很简单，因此有很多代码没被覆盖。测试代码如下：

```
import pytest
from stats import StatsList


@pytest.fixture
def valid_stats() -> StatsList:
    return StatsList([1, 2, 2, 3, 3, 4])


def test_mean(valid_stats: StatsList) -> None:
    assert valid_stats.mean() == 2.5
```

测试文件没有测试 median()或 mode()函数，这两个函数正好对应覆盖率报告中没被覆盖的行数范围。

文本报告提供了足够多的信息，但是如果我们使用 coverage html 命令，将可以得到一个更有用的交互式 HTML 报告，可以在 Web 浏览器中查看它。在交互式 HTML 报告中，我们可以启动许多有用的过滤器。网页甚至可以突出显示源代码中哪些行被测试，哪些行没被测试。

这个报告看起来是这样的，如图 13.1 所示。

我们使用 pytest 的 coverage 模块创建了这个 HTML 报告。为了使用它，我们先用 python -m pip install pytest-cov 来安装 pytest 的代码覆盖率插件。该插件为 pytest 添加了几个命令行选项，其中最有用的是--cover-report，这个选项的值可被设置为 html、report 或 annotate（最后这个值实际上会修改原始源代码以突出显示任何没被覆盖的行）。

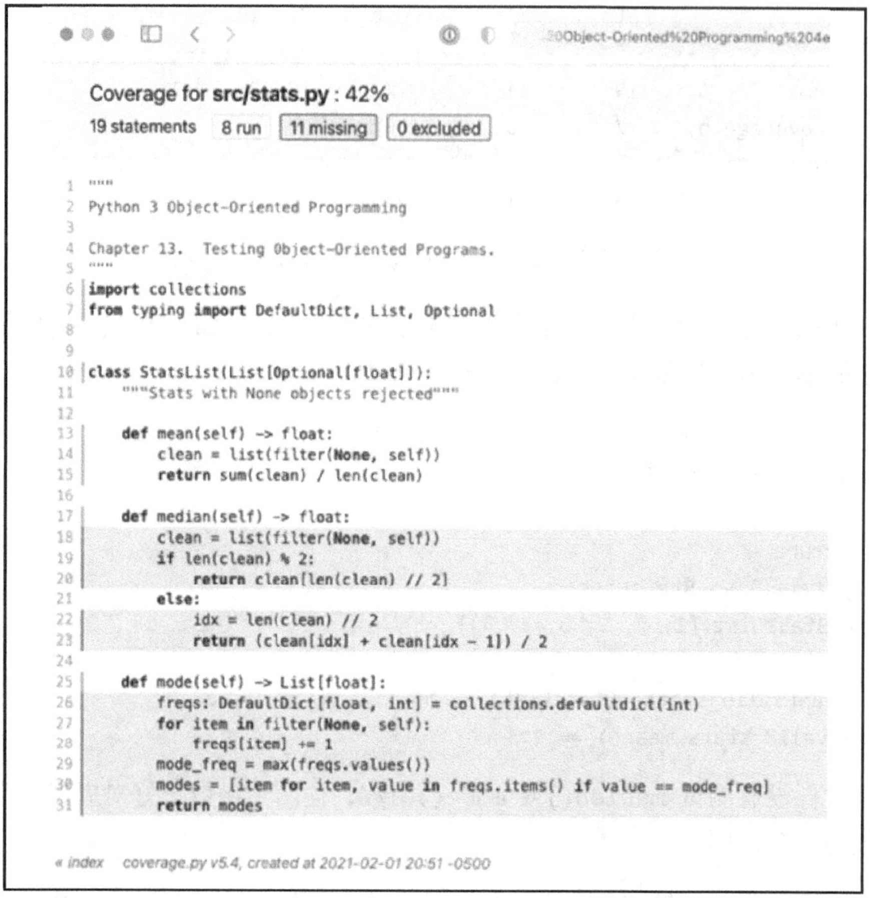

图 13.1　交互式 HTML 报告

在覆盖率分析中包含 src 目录以外的内容很有用。一个大型项目可能有复杂的测试目录，包括额外的工具和支持库等。随着项目的发展，可能会有一些过时的测试或支持代码，需要被清理。

不幸的是，如果我们能够以某种方式运行本章的覆盖率报告，将会发现还没介绍过代码覆盖率的大部分内容！我们可以使用覆盖率 API 来管理我们自己程序（或者测试套件）中的代码覆盖率，并且 coverage.py 还接收了许多我们还没用到的配置项。我们还没有讨论过语句覆盖和分支覆盖（后者更有用，是 coverage.py 最新版本中的默认设置）之间的区别，以及其他风格的代码覆盖。

请记住，虽然 100% 的代码覆盖率是我们都应该努力的目标，但是 100% 的代码覆盖率是不够的！仅仅因为一个语句经过了测试，并不意味着所有可能的输入都经过了正确的测试。边界值分析技术通过以下 5 个值来将边缘情况分类：小于最小值的值、最小值、中间某个值、最大值、大于最大值的值。对于非数字类型，可能没有一个清晰的范围，但是这个概念可以应用于其他数据结构。例如，对于列表和字典，通常建议使用空列表进行测试，或者使用不存在的 key 进行测试。Hypothesis 包（链接 46）可以帮助创建更复杂的测试用例。

测试的重要性是毋庸置疑的。由测试驱动的开发方法鼓励我们通过可见的、可测试的目标来描述我们的软件。我们必须将复杂的问题分解成离散的、可测试的组件。测试代码比实际程序代码多是很正常的。一个简短但复杂的算法有时最好通过示例来解释，每个示例都应该是一个测试用例。

13.6　开发和测试

单元测试有助于调试应用程序问题。如果每个单元都正常工作，那剩下的问题通常是组件间接口使用不当的结果。在排查问题的根源时，如果单元测试都通过了，开发人员就应该重点关注组件之间未被测试过的交互代码。

当发现问题时，原因通常是以下几点：

- 有人编写了一个新类，却没有理解一个现有类的接口，并且错误地使用了现有类的接口。这表明需要一个新的单元测试来反映使用接口的正确方式。这个新测试会导致新类在扩展的测试套件中失败，因此新类需要修改代码以正确地使用接口，从而让测试通过。集成测试也是有帮助的，但新的单元测试关注接口细节，更重要。
- 该接口没有足够详细的说明，接口的双方需要就如何使用该接口达成一致。在这种情况下，两者都需要额外的单元测试来描述接口应该是什么样的。一开始，两个类都不能通过这些新的单元测试；然后可以修改代码让单元测试通过。此外，可以使用集成测试来确保这两个类协调一致。

这里的想法是使用测试用例来驱动开发过程。一个 Bug 或者一个"事件"需要被转化为一个失败的测试用例。我们一旦以测试用例的形式具体表达了一个问题，就可以创建或修改代码，直到所有的测试都通过。

如果确实出现了 Bug，我们通常会遵循测试驱动的计划，如下所示。

1. 编写一个测试（或多个测试）来重现或证明出现的 Bug。这个测试当然会失败。在更复杂的应用程序中，可能很难在孤立的代码单元中找到重现 Bug 的确切步骤。但这是很有价值的工作，它需要软件知识，并把知识转换为测试场景。

2. 然后，编写代码让测试通过。如果测试是全面的，Bug 将会被修复，而且我们也有信心没有在修复当前 Bug 的过程中创建新的 Bug。

测试驱动开发的另一个好处是，测试用例对于未来修改代码很有价值。一旦测试代码写好了，我们就可以随心所欲地改进我们的代码，测试用例会帮我们确认我们的更改没有破坏现有功能。此外，当我们重构代码时，测试用例帮我们确切地知道重构何时完成：当测试用例全部通过时。

当然，我们的测试可能不会包含所有需要测试的东西；代码维护或代码重构仍然可能会导致测试无法捕获的新 Bug。自动化测试并非万无一失。正如 E. W. Dijkstra 所说："测试可以证明 Bug 的存在，但永远不能证明它们的不存在！"我们需要有充分的理由证明我们的算法是正确的，以及使用测试用例来证明它没有任何问题。

13.7　案例学习

我们将回顾第 12 章的内容，并进行一些仔细的测试，以确保我们的实现符合要求。在第 3 章中，我们学习了距离算法，它是 KNN 分类器的一部分。在那一章中，我们学习了几种不同的距离算法。

- **欧几里得距离**：这是从一个样本到另一个样本的直线距离。
- **曼哈顿距离**：这个方法沿着坐标轴形成的网格（就像曼哈顿的街道一样），把每一段距离简单加起来。
- **切比雪夫距离**：这就是最大坐标值代表的距离。

- **索伦森距离**：这是曼哈顿距离的一种变体，它赋予离中心点更近的点更大的权重，会放大距离，从而产生微妙的区别。

这些算法基于相同的输入会产生不同的结果；它们都涉及复杂的数学公式，并且它们都需要单独测试，以确保我们正确地实现了它们。下面我们给距离添加单元测试。

13.7.1　距离算法类的单元测试

我们需要为每种距离算法创建一些测试用例。在我们的示例中，距离算法涉及 2 个样本的 4 个相关值：萼片长度和宽度，以及花瓣长度和宽度。为了非常透彻地研究，我们可以为每种算法创建至少 16 个不同的案例：

- **案例 0**：所有 4 个值都相同，距离应该为 0。
- **案例 1~4**：这 4 个值中的一个在两个样本之间是不同的。例如，其中一个测试样本是("sepal_length": 5.1, "sepal_width": 3.5, "petal_length": 1.4, "petal_width": 0.2)，另一个训练样本是("sepal_length": 5.2, "sepal_width": 3.5, "petal_length": 1.4, "petal_width": 0.2)，这些值中只有一个是不同的。
- **案例 5~10**：其中 2 个值不同。
- **案例 11~14**：2 个样本中 3 个值不同。
- **案例 15**：这 4 个值都不同。

此外，基于等价划分和边界值分析，我们还需要确定会造成状态变化的局部值。例如，无效的值会引发异常，这也需要测试。这可能会在上面列举的每个案例中添加很多子案例。

在案例学习的这一节，我们不会为 4 种算法中的每一种都创建所有 16 个案例。相反，我们将仔细看看所有 16 个案例是否真的是必需的。首先，我们将为每种距离算法只创建一个案例，那就是案例 15，其中 2 个样本的所有 4 个值都不同。

我们需要使用数据公式在被测试的代码之外计算预期的答案。当然，我们也可以尝试用纸笔或电子表格来计算预期的答案。

在处理更高级的数学计算时，一个有用的技巧是使用 sympy 包来仔细确认数学公式。

例如，计算已知样本 k 和未知样本 u 之间的欧几里得距离的公式如下：

$$\text{ED}(k,u) = \sqrt{(k_{sl} - u_{sl})^2 + (k_{pl} - u_{pl})^2 + (k_{sw} - u_{sw})^2 + (k_{pw} - u_{pw})^2}$$

这将计算所有 4 个测量值之间的距离。例如，已知的萼片长度是 k_{sl}，其他属性具有相似的名称。

虽然 sympy 可以做很多事情，但我们主要用它实现以下目标。

1. 确认我们的 Python 代码中使用的公式是正确的。
2. 使用变量替换来计算预期结果。

我们通过 sympy 公式象征性地执行操作来达成目的。我们将 Python 表达式转换成传统的数学符号公式，而不是直接插入特定的浮点数。

测试用例应该基于设计，而不是实现。这证实了我们的代码很可能符合设计意图。我们把以上公式中的变量名（k_{sl} 表示"已知的萼片长度"）翻译成 Python 风格（但不容易阅读）的 k_sl。如下所示：

```
>>> from sympy import *

>>> ED, k_sl, k_pl, k_sw, k_pw, u_sl, u_pl, u_sw, u_pw = symbols(
...     "ED, k_sl, k_pl, k_sw, k_pw, u_sl, u_pl, u_sw, u_pw")

>>> ED = sqrt( (k_sl-u_sl)**2 + (k_pl-u_pl)**2 + (k_sw-u_sw)**2 + (k_pw-u_pw)**2 )
>>> ED
sqrt((k_pl - u_pl)**2 + (k_pw - u_pw)**2 + (k_sl - u_sl)**2 + (k_sw - u_sw)**2)

>>> print(pretty(ED, use_unicode=False))
   _____
  /                2                2                2                2
\/  (k_pl - u_pl)  + (k_pw - u_pw)  + (k_sl - u_sl)  + (k_sw - u_sw)
```

我们导入了 sympy，并定义了与原始公式相匹配的变量符号。我们需要定义这些对象，这样 sympy 就可以将它们作为数学符号使用，而不是普通的 Python 对象。然后，我们把欧几里得距离算法公式从数学符号翻译成 Python 代码。看起来是对的，但我们需要确认一下。

注意，当我们请求 ED 的值时，并没有产生 Python 计算结果。因为我们将变量定义为符号（sybmol），所以 sympy 构建了一个我们可以使用的方程。

我们使用 sympy 的 pretty()函数，打印了公式的 ASCII 艺术版本，它看起来很像原始公式。我们使用 use_unicode=False 选项，因为这在本书中看起来最美观。当使用某些其他字体打印时，也许 use_unicode=True 看起来会更易于阅读。

我们可以把公式拿给专家看，以确保我们的测试用例确实正确地描述了这个特定类的行为。公式看起来是对的，接下来我们可以传入具体的值来计算结果：

```
>>> e = ED.subs(dict(
...     k_sl=5.1, k_sw=3.5, k_pl=1.4, k_pw=0.2,
...     u_sl=7.9, u_sw=3.2, u_pl=4.7, u_pw=1.4,
... ))
>>> e.evalf(9)
4.50111097
```

subs()方法用数值替换公式中的符号。然后，我们使用 evalf()方法计算浮点数的结果。我们可以用它创建一个类的单元测试用例。

在我们查看测试用例之前，先来看看欧几里得距离算法类的实现。为了优化计算，它使用了 math.hypot()：

```
class ED(Distance):
    def distance(self, s1: Sample, s2: Sample) -> float:
        return hypot(
            s1.sepal_length - s2.sepal_length,
            s1.sepal_width - s2.sepal_width,
            s1.petal_length - s2.petal_length,
            s1.petal_width - s2.petal_width,
        )
```

看起来这个实现是符合数学公式的。最好的检查方法是创建一个自动化测试。回想一下，测试通常使用 GIVEN-WHEN-THEN 结构。我们可以将它扩展为以下的概念场景：

```
Scenario: Euclidean Distance Computation

  Given an unknown sample, U, and a known sample, K
    When we compute the Euclidean Distance between them
    Then we get the distance, ED.
```

我们可以使用计算预期距离的同样数值来创建 U 和 K。我们先创建一个测试 fixture，用于支持 GIVEN 步骤：

```python
@pytest.fixture
def known_unknown_example_15() -> Known_Unknown:
    known_row: Row = {
        "species": "Iris-setosa",
        "sepal_length": 5.1,
        "sepal_width": 3.5,
        "petal_length": 1.4,
        "petal_width": 0.2,
    }
    k = TrainingKnownSample(**known_row)
    unknown_row = {
        "sepal_length": 7.9,
        "sepal_width": 3.2,
        "petal_length": 4.7,
        "petal_width": 1.4,
    }
    u = UnknownSample(**unknown_row)
    return k, u
```

我们已经创建了一个 TrainingKnownSample 对象和一个 UnknownSample 对象，可以在后续测试中使用。这个 fixture 定义依赖于很多重要的类型提示和定义：

```python
from __future__ import annotations
import pytest
from model import TrainingKnownSample, UnknownSample
```

```
from model import CD, ED, MD, SD
from typing import Tuple, TypedDict


Known_Unknown = Tuple[TrainingKnownSample, UnknownSample]
class Row(TypedDict):
    species: str
    sepal_length: float
    sepal_width: float
    petal_length: float
    petal_width: float
```

我们可以将距离算法作为 WHEN 步骤，并在 assert 语句中提供最终的 THEN 比较。我们需要使用一个 approx 对象进行比较，因为使用的是浮点数，无法做精确的比较。

对于这个程序，测试用例中的小数位数似乎过多。我们保留了所有的位数，这样可以满足 approx 中的默认相对误差，也就是 1×10^{-6}，或 Python 符号中的 1e-6。下面是测试用例的其余部分：

```
def test_ed(known_unknown_example_15: Known_Unknown) -> None:
    k, u = known_unknown_example_15
    assert ED().distance(k, u) == pytest.approx(4.50111097)
```

这简短直接、令人愉悦。给定两个样本，距离算法结果应该与我们手动计算或使用 sympy 计算的结果匹配。

每个距离算法类都需要一个测试用例。这里是另外两种距离算法的测试用例。预期的结果是通过先验证公式再传入具体值计算出来的，和之前的过程一样：

```
def test_cd(known_unknown_example_15: Known_Unknown) -> None:
    k, u = known_unknown_example_15
    assert CD().distance(k, u) == pytest.approx(3.3)


def test_md(known_unknown_example_15: Known_Unknown) -> None:
    k, u = known_unknown_example_15
    assert MD().distance(k, u) == pytest.approx(7.6)
```

对于切比雪夫距离和曼哈顿距离，我们先计算 4 个属性中每一个的距离，然后计算距离总和或找到最大的单独距离。我们可以手工计算，并且有信心预期结果是正确的。

然而，索伦森距离稍微复杂一些，与符号结果进行比较会有帮助。以下是正式的定义：

$$\mathrm{SD}(k,u) = \frac{\left|k_{pl} - u_{pl}\right| + \left|k_{pw} - u_{pw}\right| + \left|k_{sl} - u_{sl}\right| + \left|k_{sw} - u_{sw}\right|}{k_{pl} + k_{pw} + k_{sl} + k_{sw} + u_{pl} + u_{pw} + u_{sl} + u_{sw}}$$

这是符号定义，用于和我们的实现做比较。显示的方程看起来很像正式的定义，让我们有信心用它来计算期望值。下面是从我们想检查的代码中提取的定义：

```
>>> SD = sum(
...     [abs(k_sl - u_sl), abs(k_sw - u_sw), abs(k_pl - u_pl), abs(k_pw - u_pw)]
... ) / sum(
...     [k_sl + u_sl, k_sw + u_sw, k_pl + u_pl, k_pw + u_pw])
>>> print(pretty(SD, use_unicode=False))
|k_pl - u_pl| + |k_pw - u_pw| + |k_sl - u_sl| + |k_sw - u_sw|
-------------------------------------------------------------
   k_pl + k_pw + k_sl + k_sw + u_pl + u_pw + u_sl + u_sw
```

公式的 ASCII 艺术版本看起来很像正式的定义，这给了我们很大的信心，我们可以使用 sympy 来计算预期的答案。我们将替换特定的数值，获得预期结果：

```
>>> e = SD.subs(dict(
...     k_sl=5.1, k_sw=3.5, k_pl=1.4, k_pw=0.2,
...     u_sl=7.9, u_sw=3.2, u_pl=4.7, u_pw=1.4,
... ))
>>> e.evalf(9)
0.277372263
```

现在我们确定了有效的预期结果，然后可以使用这个预期结果编写单元测试用例。如下所示：

```
def test_sd(known_unknown_example_15: Known_Unknown) -> None:
    k, u = known_unknown_example_15
    assert SD().distance(k, u) == pytest.approx(0.277372263)
```

我们使用 sympy 作为设计辅助工具来创建单元测试用例。它不是测试过程的常规部分。我们只把它用在那些我们不确定是否可以相信自己能用纸笔计算出预期答案的情况。

正如我们在本章案例学习开始时所提到的,已知和未知样本属性有 16 个不同的值组合。我们只提供了 16 个组合中的一个。

使用 coverage 工具,可以看到这个案例能够覆盖所有相关的经测试代码。我们真的需要其他 15 个案例吗?有以下两种观点。

- 从"黑盒"的角度来看,我们不知道代码的逻辑,我们需要测试所有的组合。这种黑盒测试依赖于这样的假设,即这些值可能具有一些复杂的相互依赖性,只有通过执行所有案例才能发现。
- 从"白盒"的角度来看,我们可以查看各种距离算法函数的实现,确认所有 4 个属性值都被正确处理了。基于代码的检查,我们认为一个案例就足够了。

对于 Python 程序,我们建议遵循白盒测试,除非有某些理由使我们无法查看代码。我们可以使用覆盖率报告来确认一个案例确实已经测试了相关的代码。[①]

我们不必为不同的距离算法创建 16 个不同的测试用例,而是应将精力集中在确保应用程序可靠和使用最少的计算资源上。我们还可以专注于测试应用程序的其他部分。我们接下来将查看 Hyperparameter 类,它依赖于距离算法类。

13.7.2 Hyperparameter 类的单元测试

Hyperparameter 类依赖于距离算法。我们有两种策略来测试这样一个复杂的类:

- 使用集成测试,这将依赖于已经测试过的距离算法类。
- 使用单元测试以确保 Hyperparameter 类正常工作,将它与距离算法隔离。

---

① 麦叔注:通常来说,开发人员使用白盒测试方法,测试人员使用黑盒测试方法。但白盒测试也应该涵盖主要的测试点,而不仅仅是因为一个案例涵盖了所有的代码而放弃写其他案例。所以在这点上,我持有不同的观点。

根据经验，每一行代码都需要经过至少一次单元测试。之后，集成测试也可以用来确保所有的模块、类和函数都遵循接口定义。"测试一切"的精神比"使数字正确"更重要，统计行数是确保我们已经测试了所有东西的一种方法。

我们将使用 Mock 对象测试 Hyperparameter 类的 classify() 方法，将 Hyperparameter 类与任何距离算法隔离。我们还将模拟 TrainingData 对象来进一步隔离这个类的实例。

下面是我们将要测试的相关代码：

```python
class Hyperparameter:

    def __init__(
            self,
            k: int,
            algorithm: "Distance",
            training: "TrainingData"
    ) -> None:
        self.k = k
        self.algorithm = algorithm
        self.data: weakref.ReferenceType["TrainingData"] = \
            weakref.ref(training)
        self.quality: float

    def classify(
            self,
            sample: Union[UnknownSample, TestingKnownSample]) -> str:
        """KNN算法"""
        training_data = self.data()
        if not training_data:
            raise RuntimeError("No TrainingData object")
        distances: list[tuple[float, TrainingKnownSample]] = sorted(
            (self.algorithm.distance(sample, known), known)
            for known in training_data.training
        )
        k_nearest = (known.species for d, known in distances[: self.k])
```

```
frequency: Counter[str] = collections.Counter(k_nearest)
best_fit, *others = frequency.most_common()
species, votes = best_fit
return species
```

Hyperparameter 类的 algorithm 属性是对一个距离算法对象的实例的引用。当我们使用 Mock 对象替换它时，Mock 对象必须是可调用的，并且必须返回一个合适的、可以排序的数字。

data 属性是对 TrainingData 对象的引用。要替换 data 对象的 Mock 对象必须提供一个 training 属性，该属性是一个模拟样本的列表。由于这些值不需要做任何中间处理，所以我们可以使用 sentinel 对象来确认训练数据被原封不动地提供给模拟的距离算法函数。

这个想法可被概括为观察 classify()方法"走过场"。我们提供了 Mock 和 sentinel 对象来确认请求是否被发出，以及这些请求的结果是否被捕获。

对于更复杂的测试，我们需要一些模拟样本数据。这将依赖于 sentinal 对象。这些对象将被传递给模拟的距离算法函数。以下代码定义了一些我们将使用的模拟样本对象：

```
from __future__ import annotations
from model import Hyperparameter
from unittest.mock import Mock, sentinel, call


@pytest.fixture
def sample_data() -> list[Mock]:
    return [
        Mock(name="Sample1", species=sentinel.Species3),
        Mock(name="Sample2", species=sentinel.Species1),
        Mock(name="Sample3", species=sentinel.Species1),
        Mock(name="Sample4", species=sentinel.Species1),
        Mock(name="Sample5", species=sentinel.Species3),
    ]
```

这个 fixture 是一个 KnownSamples 的模拟列表。我们为每个样本提供了一个唯一的名称，以帮助调试。我们提供了一个 species 属性，因 classify()方法需要这个属性。我们没有提供任何其他属性，因为它们没有被被测试的单元使用。我们将使用这个 sample_data fixture 创建一个 Hyperparameter 实例，它包括一个模拟距离算法和模拟数据集合。下面是我们将使用的测试 fixture：

```python
@pytest.fixture
def hyperparameter(sample_data: list[Mock]) -> Hyperparameter:
    mocked_distance = Mock(distance=Mock(side_effect=[11, 1, 2, 3, 13]))
    mocked_training_data = Mock(training=sample_data)
    mocked_weakref = Mock(
        return_value=mocked_training_data)
    fixture = Hyperparameter(
        k=3, algorithm=mocked_distance, training=sentinel.Unused)
    fixture.data = mocked_weakref
    return fixture
```

mocked_distance 对象将返回一系列看起来像距离算法结果的数值。距离算法是单独测试的，我们将使用这个 Mock 将 classify()方法从特定的距离算法中隔离出来。我们也通过 Mock 对象提供了模拟的 KnownSample 实例列表，该对象的行为就像一个弱引用；这个 Mock 对象的 training 属性将是给定的样本数据。

为了确保 Hyperparameter 实例发出正确的请求，我们调用 classify()方法。以下是整个场景，包括最后的 THEN 步骤：

- GIVEN（给定）一个包括 5 个实例的样本数据 fixture，这 5 个数据属于两个类型。
- WHEN（当）我们使用 KNN 算法（时）。
- THEN（那么）结果是 3 个距离最近的样本所属的类型。
- AND（而且）所有的训练数据都调用了模拟距离算法。

下面是使用上面的 fixutre 的最终测试：

```python
def test_hyperparameter(sample_data: list[Mock], hyperparameter: Mock) -> None:
    s = hyperparameter.classify(sentinel.Unknown)
    assert s == sentinel.Species1
    assert hyperparameter.algorithm.distance.mock_calls == [
        call(sentinel.Unknown, sample_data[0]),
```

```
    call(sentinel.Unknown, sample_data[1]),
    call(sentinel.Unknown, sample_data[2]),
    call(sentinel.Unknown, sample_data[3]),
    call(sentinel.Unknown, sample_data[4]),
]
```

这个测试用例检查了距离算法，确认整个训练集都被使用过。它也确认最近邻被用于确定未知样本的类型。

因为我们单独测试了距离算法，所以我们对集成测试很有信心，因为集成测试就是将这些不同的类组成一个完整的应用程序。在集成测试之前，将每个组件隔离为独立的测试单元，对调试程序非常有帮助。

13.8　回顾

在本章中，我们已经学习了多个与测试 Python 程序相关的主题。这些主题包括：

- 我们描述了单元测试和测试驱动开发的重要性，它们用来确保我们的软件符合要求。
- 我们先学习了 unittest 模块，因为它是标准库的一部分，可以直接使用。它似乎稍微有点儿啰唆，但可以有效地确认软件的功能。
- pytest 工具需要单独安装，但用它编写的测试代码似乎比用 unittest 模块编写的稍微简单一些。更重要的是，fixture 概念很强大，可以为各种各样的场景创建测试。
- mock 模块是 unittest 包的一部分，我们可以用它创建 Mock 对象来更好地隔离被测试的代码单元。通过隔离每一段代码，我们可以缩小我们的关注点，以确保它有效并实现了正确的接口。这样，后续把组件组合起来做集成测试就变得很容易了。
- 代码覆盖率是一个有用的指标，用于确保我们的测试是充分的。简单地坚持一个数字目标并不能代替思考，但是它可以帮助确认我们在创建测试场景时做出了彻底且细致的努力。

我们使用各种工具研究了几种测试。

- 使用 unittest 包或 pytest 包进行单元测试，通常使用 Mock 对象来隔离正在测试的 fixture 或单元。
- 集成测试，同样使用 unittest 和 pytest，以测试集成在一起的、更完整的组件组合。
- 静态分析可以使用 *mypy* 来检查数据类型，以确保它们被正确使用。这是一种确保软件可被接受的测试。还有其他种类的静态测试，像 flake8、pylint 和 pyflakes 等工具可以用于这些额外的分析。

做一些研究，你将会发现更多类型的测试。每种不同类型的测试都有不同的目标或方法来确认软件有效。例如，性能测试用于确认软件足够快，且不会占用太多的资源。

我们再怎么强调测试的重要性也不为过。没有自动化测试，软件就不能被认为是完整的，甚至是可用的。以测试用例为起点，让我们以一种具体的（specific）、可测量的（measurable）、可实现的（achievable）、基于结果的（results-based）、可跟踪的（trackable）方式定义期望的行为：SMART。

13.9　练习

实践测试驱动开发，这是你的第一个练习。如果你正在开始一个新项目，那么这样做比较容易，但是如果你需要处理现有代码，那么你可以从为你实现的每个新特性编写测试开始。随着你越来越迷恋自动化测试，你可能会变得沮丧。你将开始感觉老的、未经测试的代码僵化、紧耦合、难以维护；你会开始觉得，因为缺乏测试，改动可能会带来 Bug 而你无法知道。但是如果你从小处着手，逐渐向代码库添加测试，会改善这种情况。测试代码比程序代码更多并不罕见！

因此，要尝试测试驱动开发，开始一个新项目。一旦你开始体会到它的好处（你会的），并且意识到花在编写测试上的时间会因代码更易维护而很快得到回报，你就会想要开始为现有的代码编写测试。这是你应该开始做的时候，而不是以前。为运行良好的代码添加测试会很无聊，直到意识到我们自我感觉良好的代码实际上有多糟糕，我们才会对添加自动化测试产生兴趣。

尝试使用内置的 unittest 模块和 pytest 编写相同的测试集。你喜欢哪一个？unittest 更类似于其他语言中的测试框架，而 pytest 可以说更具 Python 风格。两者都允许我们轻松地编写面向对象的测试和测试面向对象的程序。

在我们的案例学习中，我们使用了 pytest，但是我们所使用的测试特性，用 unittest 也都很容易实现。尝试调整测试以跳过测试或使用 fixture。尝试各种设置和清理方法。你觉得哪个更自然？

试着对你写的测试运行一个覆盖率报告。你是否测试了每一行代码？即使你有 100% 的覆盖率，你测试过所有可能的输入吗？如果你正在进行测试驱动开发，自然就会实现 100% 的覆盖率，因为你会在编写实际代码之前先编写相应的测试。然而，如果你正在为现有代码编写测试，很可能会有一些边缘条件未被测试到。

让案例学习代码达到 100% 的覆盖率可能有点儿麻烦，因为我们一直在跳过测试，并以几种不同的方式实现案例学习的某些方面。可能有必要为案例学习类的替代实现编写几个类似的测试。可以使用可重用的 fixture，这样我们就可以为不同的实现提供一致的测试。

当创建测试用例时，仔细考虑不同的值会有所帮助，例如：

- 当你期望获得满列表时，传入空列表。
- 需要正整数时，传入负数、0、1 或无穷大。
- 没有四舍五入到特定小数位数的浮点数。
- 需要的是数字，但传入的是字符串。
- 需要的是 ASCII 字符串，但传入的是 Unicode 字符串。
- 当需要一些有意义的对象时，传入 None 值。

如果你的测试覆盖了这样的边缘情况，你的代码将处于良好的状态。

距离算法可能更适合使用 Hypothesis（假设）项目进行测试。相关文档请参考链接 47。我们可以很容易地使用 Hypothesis 来确认距离算法与操作数的顺序无关；即给定任意两个样本，distance(s1,s2) == distance(s2,s1)。使用 Hypothesis 测试可以确认基本的 KNN 分类器算法对洗牌后的随机数据有效，这将确保算法不会对训练集中的第一个或最后一个样本有什么特殊对待。

13.10　总结

我们终于学完了 Python 编程中最重要的主题：自动化测试。测试驱动开发被认为是最佳实践。标准库 unittest 模块为测试提供了一个很好的开箱即用的解决方案，而 pytest 框架有一些更具 Python 风格的语法。Mock 对象可以用来在我们的测试中模拟复杂的类。代码覆盖率可以估计测试运行了多少代码，但是它无法告诉我们测试是否充分。

在第 14 章中，将跳到一个完全不同的主题：并发。

第 14 章

并　发

并发是让计算机同时做（或看起来同时做）多件事情的艺术。在单核 CPU 上，这意味着让处理器每秒在不同任务之间切换多次。在多核 CPU 上，它也可以指在不同的处理器内核上同时做两件或更多的事情。

并发本质上并不是一个面向对象的主题，但是 Python 的并发系统提供了面向对象的接口，就像 Python 的很多其他模块一样。

本章将涉及以下主题：[①]

- 线程。
- 多进程。
- future。
- AsyncIO。
- 用餐哲学家基准（TBD）。

在本章的案例学习部分，我们将应用可以加速模型测试和超参数调优的方法。我们不能降低运算量，但可以利用现代的多核计算机在更短的时间内完成它。

并发处理可以让程序变得复杂。并发的基本概念很简单，但是并发会让程序执行顺序变得不可预测，因此出现一些很难跟踪和调试的 Bug。然而，对于许多项目来说，必须使用并发以获得所需的性能。想象一下，如果没有并发，Web 服务器只能在处理完一个用户请求后，才能处理下一个用户的请求！我们将学习如何在 Python 中实现并

---

① 麦叔注：本章有些概念（如 future 等），直接使用英文更有助于开发者理解和交流。

发，以及一些要避免的常见陷阱。

在默认的情况下，Python 语句严格按顺序执行。为了理解语句如何并发执行，我们先来看看并发处理的背景。

并发处理的背景

从概念上说，可以把并发处理想象成一群人正在尝试合作完成一个任务，但是他们无法看到彼此。也许他们的视力有问题或者被屏幕挡住了，或者他们的工作空间有阻碍他们看到彼此的隔板。但是，这些人可以互相传递令牌、便签条和某些物品。

想象一下，在一个古老的海滨度假城市（位于美国大西洋海岸），一家小熟食店的厨房布局很尴尬。两个三明治厨师看不见也听不见对方。虽然店主付得起两个高级厨师的工资，但他却付不起一个以上的餐盘。由于古老建筑的复杂布局，厨师也不能真正看到托盘。他们被迫把手伸到柜台下面，以确保上菜的托盘已经到位。确保托盘到位后，他们小心翼翼地将他们的艺术作品——连同泡菜和一些薯片——放在托盘上。（他们看不到托盘，但他们毕竟是大厨，可以完美地摆放三明治、泡菜和薯条。）

但是，店主可以看到厨师。旁观者可以看到厨师们的工作过程。这就像一场做饭表演。店主通常会严格轮流地将订单分发给每个厨师。通常情况下，唯一的上菜托盘可以被放置好，这样三明治就被端了上来，并被摆在餐桌上。正如我们所说，厨师们必须凭感觉等托盘到位，然后他们制作的美食才能送给客人。

然后有一天，其中一个厨师（我们叫他迈克尔，但他的朋友们叫他莫）快要完成一个订单，他也检查好了托盘，但这时他不得不跑到冰箱处拿更多的泡菜。这增加了莫的准备时间，店主看到另一个厨师康斯坦丁看起来会比莫早几分之一秒完成订单。尽管莫带着泡菜回来了，并准备好了三明治，但店主还是做了一件令人尴尬的事情，把托盘移到了康斯坦丁的工位。规则很明确：先检查托盘，再放三明治。店里的每个人都知道这个规则。当店主将托盘从莫的工位移到康斯坦丁的工位时，莫把他制作的美食，一道多加了泡菜的三明治，放在本该有托盘的位置。因为托盘已被移走，食物溅到了熟食店的地板上，让所有人尴尬不已。

"先检查托盘，再放入三明治"这个简单方法怎么会失败呢？它经受住了很多繁忙的午餐时间的考验！然而，一个正常事件顺序之外的小干扰（拿泡菜）引起了混乱。在检查托盘和放三明治之间是有时间间隔的，在这段时间里，店主有可能会改变托盘的状态。

店主和厨师之间的协作可能会产生意外。防止这种意外正是并发编程要解决的基本设计问题。

一种解决方案是使用信号量（一种标志）来防止托盘发生意外变化。这是一种共享锁。每个厨师在上菜前都要先获取标志；一旦他们拿到标志，他们就可以确信店主不会移动托盘，直到他们把标志放回工位中间的公共位置。

并发工作需要某种方法来同步对共享资源的访问。大型现代计算机的一个重要功能是通过操作系统功能（统称为内核）来管理并发性。

更陈旧的和更小巧的计算机，CPU 只有一个核，不得不轮流处理多个任务。只是由于巧妙的配合，看起来像是同时在做多件事情。新的多核计算机（和大型多处理器计算机）实际上可以并发执行操作，这使得任务调度变得更加复杂。

我们有如下几种方法来实现并发处理：

- 操作系统允许我们一次运行多个程序。Python 的 `subprocess` 模块，以及 `multiprocessing` 模块提供了相关的方法和类。运行多个程序很容易，但是每个程序与所有其他程序都被隔离开了，它们如何共享数据？
- 某些聪明的软件库允许一个程序有多个并发的操作线程。Python 的 `threading` 模块让我们可以使用多线程。使用线程相对比较复杂，每个线程都可以访问其他线程中的数据，那我们如何协调共享数据结构的更新呢？[1]

此外，`concurrent.futures` 和 `asyncio` 提供了比底层库更易使用的接口。在本章中，我们将先学习 Python 的 `threading` 库的用法，它允许我们在单个操作系统进程中同时处理多个任务。它的基本用法很简单，但是在处理共享数据结构时会遇到一些挑战。

---

[1] 麦叔注："每个线程都可以访问其他线程中的数据"这句话说得太绝对。有一种对象叫作 `thread-local`，它只属于当前线程，其他线程不能访问。

14.1　线程

　　线程是一系列 Python 字节码指令，可以被中断和恢复。其思想是创建独立的、并发的线程，以便某个线程在等待 I/O 操作时，其他线程可以继续执行。

　　例如，服务器可以在等待前一个请求的数据到达时开始处理新的网络请求。或者，交互式程序可能在等待用户按键的同时呈现动画或执行其他运算。请记住，虽然一个人每分钟可以输入 500 多个字符，但计算机每秒可以执行数十亿条指令。因此，即使在快速打字时，在两次按键之间的空隙也可以执行很多指令。

　　从理论上讲，你可以在自己的程序中管理这些并发任务的切换，但是实际上几乎不可能。相反，我们可以依靠 Python 和操作系统来处理并发任务的切换，创建看起来独立但可以并发运行的对象。这些对象被称为**线程**。让我们看一个基本的示例。我们将从定义基本的线程开始，如下面的类所示：

```python
class Chef(Thread):
    def __init__(self, name: str) -> None:
        super().__init__(name=name)
        self.total = 0

    def get_order(self) -> None:
        self.order = THE_ORDERS.pop(0)

    def prepare(self) -> None:
        """模拟大量运算工作"""
        start = time.monotonic()
        target = start + 1 + random.random()
        for i in range(1_000_000_000):
            self.total += math.factorial(i)
            if time.monotonic() >= target:
                break
        print(f"{time.monotonic():.3f} {self.name} made {self.order}")

    def run(self) -> None:
```

```
    while True:
        try:
            self.get_order()
            self.prepare()
        except IndexError:
            break # 没有更多的订单
```

我们程序中的线程必须扩展 Thread 类并实现 run()方法。run()方法中的任何可执行代码会作为单独的处理线程，被独立调度。在我们的示例中，线程依赖于一个全局变量 THE_ORDERS，它是一个共享对象：

```
import math
import random
from threading import Thread, Lock
import time

THE_ORDERS = [
    "Reuben",
    "Ham and Cheese",
    "Monte Cristo",
    "Tuna Melt",
    "Cuban",
    "Grilled Cheese",
    "French Dip",
    "BLT",
]
```

在这种情况下，我们将三明治订单（THE_ORDERS）定义为一个简单的列表。在一个更大的应用程序中，我们可能从一个 Socket 或队列对象中读取这些订单。下面是启动线程的代码：

```
Mo = Chef("Michael")
Constantine = Chef("Constantine")

if __name__ == "__main__":
    random.seed(42)
    Mo.start()
```

```
Constantine.start()
```

这将创建两个线程。在我们调用线程对象的 `start()`方法之前，新线程不会开始运行。当两个线程启动时，它们都从订单列表中取出一个值，然后开始执行所需计算，并最终报告它们的状态。

输出如下所示：

```
1.076 Constantine made Ham and Cheese
1.676 Michael made Reuben
2.351 Constantine made Monte Cristo
2.899 Michael made Tuna Melt
4.094 Constantine made Cuban
4.576 Michael made Grilled Cheese
5.664 Michael made BLT
5.987 Constantine made French Dip
```

注意，三明治并不是完全按照 `THE_ORDERS` 列表中定义的顺序完成的。每个厨师的工作进度（代码中使用了 `random()`函数）有所不同。修改 `random` 模块的 `seed`，可能会改变三明治完成的顺序。

重要的是，示例中的线程共享了数据结构，线程调度程序在两个线程间灵活切换，给我们造成它们在同时执行的错觉，实际上同一时刻只有一个线程执行。

在这个小例子中，对共享数据结构的唯一修改是从列表中弹出元素。如果我们要创建自己的类并实现更复杂的状态变换，就会发现很多使用线程的有趣和令人困惑的问题。

线程的许多问题

如果适当注意管理共享内存，线程可能是有用的，但是现代 Python 程序员倾向于避免使用线程，原因有几个。正如我们将看到的，还有其他方法来实现并发编程，这些方法正受到 Python 社区的更多关注。在讨论多线程应用程序的替代方案之前，让我们先看看多线程的一些问题。

共享内存

线程的主要问题也是其主要优势。线程可以访问所有进程内存，因此也可以访问所有变量。共享状态处理不当很容易造成不一致。

你有没有遇到过这种情况，一个房间里的一盏灯有两个开关，两个不同的人同时尝试打开灯？每个人（线程）的操作目的都是打开灯（一个变量），但结果灯仍是关着的，和他们的期望不符。现在想象一下，如果这两个线程在银行账户之间转移资金或管理车辆的巡航控制，问题就更严重了。

线程编程中解决这个问题的方法是同步（*synchronize*）访问任何读取或（特别是）修改共享变量的代码。Python 的 threading 库提供了 Lock 类，可以通过 with 语句使用它来创建一个上下文，在这个上下文中，单个线程可以更新共享对象。

同步解决方案通常是有效的，但是程序员很容易忘记将其应用于特定程序中的共享数据。更糟糕的是，由于不恰当地使用同步而导致的 Bug 很难追踪，因为线程执行操作的顺序是不一致的。我们不能轻易地重现这个错误。通常，使用已经适合使用锁的轻量级数据结构强制线程间通信是最安全的。Python 提供了 queue.Queue 类来完成这个任务；很多线程可以写入一个队列，其中单个线程消耗写入的内容。这为我们提供了一种整洁的、可重用的、成熟的技术，让多个线程共享一个数据结构。multiprocessing.Queue 类的功能几乎相同，我们将在本章的 14.2 节讨论这一点。

在某些情况下，允许共享内存带来的好处会大于这些缺点：它很快。如果多个线程需要访问一个巨大的数据结构，共享内存可以快速提供这种访问。然而，在 Python 中，运行在不同 CPU 内核上的两个线程不可能完全同时执行计算，这一事实通常会抵消这一优势。这给我们带来了线程的第二个问题。

全局解释器锁

为了有效地管理内存、垃圾收集和对操作系统原生库机器码的调用，Python 有一个**全局解释器锁**（**Global Interpreter Lock**），缩写为 **GIL**。它不能被关闭，这意味着线程调度受到 GIL 的限制，阻止任何两个线程同时执行计算，线程间的计算必须交替进行。当线程发出操作系统请求（例如访问磁盘或网络）时，一旦线程开始等待操作系统请求完成，GIL 就会被释放。

GIL 受到轻视，主要是因为人们不理解它是什么，也不理解它给 Python 带来的好处。虽然它会影响计算密集型多线程程序，但对其他类型的工作负载的影响通常很小。当遇到计算密集型算法时，可以使用 dask 包。请参考链接 48 了解关于此替代方案的更多信息。*Scalable Data Analysis in Python with Dask* 这本书也很有帮助。

 虽然 GIL 在大多数人使用的默认 Python 实现中可能是一个问题，但在 IronPython 中可以选择禁用它。关于如何为 IronPython 中的计算密集型处理释放 GIL 的详细信息，请参考 *The IronPython Cookbook* 一书。

线程开销

与我们稍后将讨论的其他异步方法相比，线程的另一个问题是维护每个线程的成本。每个线程都占用一定量的内存（在 Python 进程和操作系统内核中）来记录该线程的状态。线程之间的切换也使用（少量）CPU 时间。这个工作无缝地进行，不需要任何额外的编码（我们只需要调用 start()，剩下的事情由操作系统和 Python 解释器处理），但是这个工作仍然要在某个地方进行。

通过重用线程来执行多个任务，这些成本可以被摊薄到更多的任务中。Python 提供了 ThreadPool 功能来处理这个问题。它的行为与 ProcessPool 相同，我们稍后将讨论 ProcessPool，所以让我们把这个讨论放到本章的后面。

在下一节中，我们将看看多线程的主要替代方案。multiprocessing 模块让我们可以使用操作系统级别的子进程。

14.2　多进程

线程存在于单个操作系统进程中，这就是为什么它们可以共享对公共对象的访问。我们也可以在进程级别进行并发计算。与线程不同，单独的进程不能直接访问由其他进程设置的变量。这种独立性很有帮助，因为每个进程都有自己的 GIL 和自己的私有资源池。在现代多核处理器上，不同进程可能运行在不同的 CPU 核上，从而实现真正的并发计算。

multiprocessing API 最初是为了模仿 threading API 而设计的。然而，multiprocessing API 不断演化，在 Python 的最新版本中，它支持更多更健壮的特性。当我们需要并行执行 CPU 密集型任务，并且计算机有多核 CPU 时，更适合使用 multiprocessing 库。如果进程将大部分时间花在等待 I/O（例如网络、磁盘、数据库或键盘）上，多进程就不那么有用了，这时候更适合使用多线程或者后面会学习的协程。

multiprocessing 模块创建新的操作系统进程来完成工作。这意味着为每个进程运行一个完全独立的 Python 解释器副本。让我们尝试使用类似于 threading API 提供的结构来并发执行一个偏计算的操作，如下所示：

```python
from multiprocessing import Process, cpu_count
import time
import os

class MuchCPU(Process):
    def run(self) -> None:
        print(f"OS PID {os.getpid()}")

        s = sum(
            2*i+1 for i in range(100_000_000)
        )

if __name__ == "__main__":
    workers = [MuchCPU() for f in range(cpu_count())]
    t = time.perf_counter()
    for p in workers:
        p.start()
    for p in workers:
        p.join()
    print(f"work took {time.perf_counter() - t:.3f} seconds")
```

这个示例只是使用 CPU 计算 1 亿个奇数的总和。这个计算可能没什么实际用处，除了在寒冷的日子里让你的笔记本电脑发热！

API 应该是熟悉的；我们创建了一个 Process 类（而不是 Thread 类）的子类，并实现了 run()方法。这个方法在做密集型计算工作之前，先打印出 OS **进程 ID(PID)**，这是分配给机器上每个进程的唯一数字。

特别注意放在 if __name__ == "__main__":语句中的模块级别代码，如果模块正在被导入，而不是作为程序运行，该语句可防止这些代码执行。一般来说，这只是推荐的做法，但是当使用 multiprocessing 模块时，这是必需的。在幕后，multiprocessing 模块可能需要在每个新进程中重新导入我们的应用程序模块，以便创建类并执行 run()方法。如果我们允许整个模块在导入时就执行，它将开始递归地创建新的进程，直到操作系统耗尽资源，使计算机崩溃。

这个示例为我们机器上的每个处理器内核构建了一个进程，然后启动并调用它们的 join()方法，使主进程等待它们执行完成。在配备 2 GHz 四核英特尔酷睿 i5 的 2020 年代 MacBook Pro 上，输出结构如下：

```
% python src/processes_1.py
OS PID 15492
OS PID 15493
OS PID 15494
OS PID 15495
OS PID 15497
OS PID 15496
OS PID 15498
OS PID 15499
work took 20.711 seconds
```

前 8 行是 MuchCPU 实例的 run()方法打印的各个进程的 ID。最后一行显示 1 亿个数字的加总，使用了大概 20 秒时间。在这 20 秒内，CPU 的 8 个核都在 100%地运转，可以听到风扇努力给 CPU 散热发出的声音。

如果我们在 MuchCPU 中继承 threading.Thread 类，而不是 multiprocessing.Process 类，输出结果如下：

```
% python src/processes_1.py
OS PID 15772
```

```
OS PID 15772
OS PID 15772
OS PID 15772
OS PID 15772
OS PID 15772
OS PID 15772
OS PID 15772
work took 69.316 seconds
```

这一次，所有线程在同一个操作系统进程中运行，运行时间是之前的 3 倍多。计算机监控程序显示，没有一个内核特别繁忙，这表明线程在轮流使用各个内核。由于 GIL 的存在，一个进程中单一时刻只能有一个线程使用 CPU，这让依赖 CPU 的计算密集型工作变得缓慢。

我们可能以为单进程版本使用的时间是多进程版本的最少 8 倍。所花时间不符合简单的乘法结果，这意味着 Python、操作系统调度程序甚至硬件本身处理低级指令的方式涉及许多因素。这说明预测是困难的，最好的做法是多个软件架构运行多个性能测试。

启动和停止单个 Process 实例涉及大量开销。最常见的用例是创建一个工人池，并向其分配任务。我们下面来看看。

14.2.1 多进程池

因为每个进程都被操作系统小心翼翼地分开，所以进程间通信成为一个重要的考虑因素。我们需要在这些独立的进程之间传递数据。一个很常见的示例是让一个进程写一个文件，另一个进程读取。当这两个进程一边读一边写，并且并行地运行时，我们必须确保读取者等待写入者先产生数据。操作系统管道结构可以实现这一点。在 shell 中，我们可以通过 ps -ef | grep python 将 ps 命令的输出传递给 grep 命令。这两个命令同时运行。对于 Windows PowerShell 用户，有类似的管道功能，只是命令名称不同。（相关示例请参考链接 49。）

multiprocessing 包提供了一些额外的方法来实现进程间通信。进程池可以无缝地隐藏数据在进程间传递的方式。使用进程池看起来很像函数调用：将数据传递给一个函数，它在另一个或多个进程中执行，当工作完成时，返回一个值。这依赖于背后的很多工作：一个进程中的对象使用 pickle 进行序列化并被传递到操作系统进程管道中。然后，另一个进程从管道中获取数据并反序列化。所需工作在子进程中完成，并产生一个结果。结果被序列化，并通过管道传递回来。最终，主进程会反序列化并返回它。总的来说，我们称之为序列化、传输和反序列化数据。更多相关信息，请参考第 9 章。

进程间通信的序列化需要时间和内存。我们希望以最小的序列化成本完成尽可能多的有用计算。理想的权衡取决于被交换对象的大小和复杂性，这意味着不同的数据结构设计将具有不同的性能级别。

 我们很难预测性能。测试应用程序以确保并发设计有效，这是非常重要的。

有了这些知识，写出充分发挥机器性能的代码其实很简单。我们来看一下计算一组随机数的所有质因数的问题。这是各种加密算法的通用内容（更不用说破解这些算法的攻击了！）。

它需要几个月甚至几年的处理能力来分解一些加密算法使用的 232 位数字。下面的实现虽然可读，但一点儿也不高效；即使是一个 100 位的数字，也需要数年才能被分解。这没关系，因为我们希望看到它使用大量的 CPU 时间分解 9 位数字：

```python
from __future__ import annotations
from math import sqrt, ceil
import random
from multiprocessing.pool import Pool


def prime_factors(value: int) -> list[int]:
    if value in {2, 3}:
        return [value]
    factors: list[int] = []
    for divisor in range(2, ceil(sqrt(value)) + 1):
        quotient, remainder = divmod(value, divisor)
        if not remainder:
```

```
            factors.extend(prime_factors(divisor))
            factors.extend(prime_factors(quotient))
            break
    else:
        factors = [value]
    return factors

if __name__ == "__main__":
    to_factor = [
        random.randint(100_000_000, 1_000_000_000)
        for i in range(40_960)
    ]
    with Pool() as pool:
        results = pool.map(prime_factors, to_factor)
    primes = [
        value
        for value, factor_list in zip(to_factor, results)
            if len(factor_list) == 1
    ]
    print(f"9-digit primes {primes}")
```

让我们把重点放在并行处理方面，因为计算质因数的递归算法 prime_factors()
非常清楚。我们创建了包含 40 960 个数字的列表 to_factor，然后我们构造了一个多
进程池实例 pool。

默认情况下，进程池为所在机器上的每个 CPU 核创建一个单独的进程。

进程池的 map() 方法接收一个函数和一个 iterable。进程池提取 iterable 中的每个
值，并将其传递给池中的一个可用工作进程，该进程对这个值执行函数。当这个进程
完成它的工作时，将生成的质因数列表结果 pickle 序列化，并传递回 pool 对象。然
后，如果有更多的工作要做，该进程将接受下一个工作。

一旦池中的所有进程都完成了处理（这可能需要一些时间），results 列表就被传
递回主进程，该进程一直在耐心地等待所有这些工作完成。map() 的结果将与请求的
顺序相同，因此我们可以使用 zip() 将原始值与计算出的质因数进行配对。

使用类似的 map_async()方法常常会更有用。即使进程仍在运行，该方法也会立即返回。在这种情况下，results 变量将不是一个列表，而是一个 future 对象（一个契约或一笔订单），在将来某个时间通过调用 results.get()获取返回值列表。这个 future 对象也有 ready()和 wait()这样的方法，允许我们检查是否所有的结果都出来了。这适用于完成时间变化很大的处理过程。

或者，如果我们事先不知道要获取结果的所有值，可以使用 apply_async()方法对单个任务进行排队。如果进程池中有空闲的进程，它会立即启动；否则，需要排队等待，直到有空闲的进程可用。

进程池也可以被关闭（closed）；在这种状态下，它拒绝接受任何新的任务，但会继续处理当前队列中的所有内容。它们也可以被终止（terminated），这就更进一步，拒绝启动任何仍在队列中的任务，尽管任何当前正在运行的任务还是会完成。

有很多关于工作进程数量的限制，包括：

- 只有 cpu_count()个进程可以同时进行计算，多于这个数的进程需要等待。如果工作负载是 CPU 密集型的，那么多于 cpu_count()的进程数不会提高计算速度。但是，如果工作负载涉及大量输入/输出，更大的进程池可能会提高工作完成的速度。
- 对于非常占用内存的数据结构，可能需要减少进程池中进程的数量，以确保有效地使用内存。
- 进程间的通信开销很大，最好使用易于序列化的数据。
- 创建新进程需要一定的时间，使用固定大小的进程池有助于将此成本的影响降至最低。

多进程池赋予了我们巨大的计算能力，而我们只需做相对较少的工作。我们需要定义一个可以执行并行计算的函数，并且需要使用 multiprocessing.Pool 类的实例将参数映射到该函数。

在许多应用程序中，我们需要做的不仅仅是从参数值到复杂结果的映射。对于这些应用程序，简单的 poll.map()可能还不够。对于更复杂的数据流，我们可以利用队列直接连接计算结果和后续工作。接下来，我们将研究如何创建一个队列网络。

14.2.2　队列

如果我们需要对进程间的通信进行更多的控制,可以使用 queue.Queue 数据结构。它提供了几种从一个进程向另一个或多个其他进程发送消息的方法。任何可以被pickle 序列化的对象都可以被发送到一个 Queue 中,但是记住 pickle 可能是一个开销很大的操作,所以尽量让这种对象很小。为了说明队列,让我们构建一个小型文本内容搜索引擎,将所有相关条目存储在内存中。

这个特定的搜索引擎并发扫描当前目录中的所有文件。为 CPU 上的每个内核构建一个进程,每个进程将一些文件加载到内存中。让我们看看进行加载和搜索的函数:

```
from __future__ import annotations
from pathlib import Path
from typing import List, Iterator, Optional, Union, TYPE_CHECKING


if TYPE_CHECKING:
    Query_Q = Queue[Union[str, None]]
    Result_Q = Queue[List[str]]


def search(
        paths: list[Path],
        query_q: Query_Q,
        results_q: Result_Q
) -> None:
    print(f"PID: {os.getpid()}, paths {len(paths)}")
    lines: List[str] = []
    for path in paths:
        lines.extend(
            l.rstrip() for l in path.read_text().splitlines())

    while True:
        if (query_text := query_q.get()) is None:
            break
        results = [l for l in lines if query_text in l]
        results_q.put(results)
```

记住，search()函数运行在主进程之外的独立进程中（事实上，它在 cpu_count() 个独立进程中运行），主进程负责创建队列。每个独立进程接收一个 pathlib.Path 对象列表和两个 multiprocessing.Queue 对象，一个用于接收查询，一个用于发送输出结果。这些队列自动序列化队列中的数据，并通过管道将其传递给子进程。这两个队列由主进程创建，并通过管道传递给子进程中的搜索函数。

mypy 定义的类型提示规定了每个队列中的数据结构。当 TYPE_CHECKING 为 True 时，意味着 *mypy* 在运行，并且需要足够丰富的细节来确保应用程序中的对象与每个队列中的对象描述相匹配。当 TYPE_CHECKING 为 False 时，这是应用程序的普通运行时，不能提供队列消息的结构细节。

search()函数会做两件独立的事情：

1. 启动时，它会打开并读取 Path 对象列表中提供的所有文件。这些文件中的每一行文本都被累积到 lines 列表中。这个准备工作相对来说比较昂贵，但是只需运行一次。

2. while 语句是处理搜索事件的主循环。它使用 query_q.get()从队列中获取请求，搜索文本行，它使用 results_q.put()将响应放入结果队列中。

while 语句具有队列处理设计模式的特点。该进程从某个要执行的工作队列中获取一个值，完成该工作，然后将结果放入另一个队列中。我们可以把非常大的和复杂的问题分解成小的处理步骤和队列，以便工作可以同时进行，在更短的时间内完成更多的任务。这一技术还让我们可以定制处理步骤和工作进程数，以充分利用处理器。

应用程序的主程序构建工作进程池及其队列。我们将遵循**外观模式**（更多信息请参考第 12 章）。这里的想法是定义一个类 DirectorySearch，将队列和工作进程池封装到一个单独对象中。

该对象可以创建队列和工作进程，然后应用程序可以发起查询和使用返回结果，从而与它们进行交互。

```
from __future__ import annotations
from fnmatch import fnmatch
import os
```

```python
class DirectorySearch:
    def __init__(self) -> None:
        self.query_queues: List[Query_Q]
        self.results_queue: Result_Q
        self.search_workers: List[Process]

    def setup_search(
        self, paths: List[Path], cpus: Optional[int] = None) -> None:
        if cpus is None:
            cpus = cpu_count()
        worker_paths = [paths[i::cpus] for i in range(cpus)]
        self.query_queues = [Queue() for p in range(cpus)]
        self.results_queue = Queue()

        self.search_workers = [
            Process(
                target=search, args=(paths, q, self.results_queue))
            for paths, q in zip(worker_paths, self.query_queues)
        ]
        for proc in self.search_workers:
            proc.start()

    def teardown_search(self) -> None:
        # 信号进程终止
        for q in self.query_queues:
            q.put(None)

        for proc in self.search_workers:
            proc.join()

    def search(self, target: str) -> Iterator[str]:
        for q in self.query_queues:
            q.put(target)

        for i in range(len(self.query_queues)):
```

```
        for match in self.results_queue.get():
            yield match
```

setup_search()方法用于创建工作子进程。[i::CPU]切片操作让我们将这个列表分成多个大小相等的部分。如果 CPU 的数量是 8，切片步长将是 8，切片的起始位置将是从 0 到 7 的 8 个不同偏移值。我们还构建了一个 Queue 对象列表，用于将数据发送给每个工作进程。最后，我们构造一个结果队列，它被传递到所有工作子进程中。每一个进程都可以将数据放入结果队列中，并在主进程中进行聚合。

一旦创建了队列并且启动了工作进程，search()方法将一次性向所有工作进程传递查询目标。然后，它们都开始在各自收集的数据中查询，并给出答案。

因为我们要搜索相当多的目录，所以我们使用一个生成器函数 all_source()来定位给定 base 目录下的所有*.py Path 对象。下面是查找所有源文件的函数：

```
def all_source(path: Path, pattern: str) -> Iterator[Path]:
    for root, dirs, files in os.walk(path):
        for skip in {".tox", ".mypy_cache", "__pycache__", ".idea"}:
            if skip in dirs:
                dirs.remove(skip)
        yield from (
            Path(root) / f for f in files if fnmatch(f, pattern))
```

all_source()函数使用 os.walk()函数来检查目录树，删除我们不需要的文件目录。它使用 fnmatch 模块来实现类似于 Linux shell 的基于通配符的文件名匹配。例如，我们可以使用'*.py'查找所有名称以 .py 结尾的文件。该函数的返回结果将会被传递给 DirectorySearch 类的 setup_search()方法。

DirectorySearch 类的 teardown_search()方法将一个特殊的值 None 放入每个队列，用于终止工作进程。请记住，每个工作进程都是独立的，在 search()函数中执行 while 语句，并从请求队列中读取数据。当它读取到一个 None 对象时，它将跳出 while 语句并结束函数。然后，我们可以使用 join()收集所有子进程，优雅地进行清理。（如果我们不做 join()，一些 Linux 发行版会产生 "僵尸进程"（zombie processe）——因为父进程崩溃，子进程不能正确地重新加入父进程。这会消耗系统资源，通常需要重新启动系统才能解决问题。）

现在让我们看看执行搜索操作的代码：

```python
if __name__ == "__main__":
    ds = DirectorySearch()
    base = Path.cwd().parent
    all_paths = list(all_source(base, "*.py"))
    ds.setup_search(all_paths)
    for target in ("import", "class", "def"):
        start = time.perf_counter()
        count = 0
        for line in ds.search(target):
            # print(line)
            count += 1
        milliseconds = 1000*(time.perf_counter()-start)
        print(
            f"Found {count} {target!r} in {len(all_paths)} files "
            f"in {milliseconds:.3f}ms"
        )
    ds.teardown_search()
```

这段代码创建了一个 DirectorySearch 对象 ds，并把当前工作目录的父目录（通过 base = Path.cwd().parent 获得）下的所有源文件目录传递给它。一旦工作进程准备好，ds 对象就会执行对一些常见字符串的搜索，包括"import"、"class"和"def"。注意，我们已经注释掉显示有用结果的 print(line)语句。我们先来看看性能。初始文件读取需要几分之一秒的时间，但是，一旦所有的文件都被读取完成，搜索将非常快。在一台有 134 个源代码文件的 MacBook Pro 上，输出结果如下：

```
python src/directory_search.py
PID: 36566, paths 17
PID: 36567, paths 17
PID: 36570, paths 17
PID: 36571, paths 17
PID: 36569, paths 17
PID: 36568, paths 17
PID: 36572, paths 16
PID: 36573, paths 16
```

```
Found 579 'import' in 134 files in 111.561ms
Found 838 'class' in 134 files in 1.010ms
Found 1138 'def' in 134 files in 1.224ms
```

搜索"import"花费了大约 111 毫秒（0.111 秒）。为什么与其他两次搜索相比，这次搜索如此之慢？这是因为当第一个请求被放入队列时，search()函数仍在读取文件。第一个请求的性能反映了将文件内容一次性加载到内存中的启动成本。接下来的两个请求每个运行大约 1 毫秒。太神奇了！在只有几行 Python 代码的笔记本电脑上，实现了每秒近 1000 次搜索。

这个在工作进程之间传送数据的队列示例是一个可以成为分布式系统的单机版本。想象一下，搜索请求被发送给多台主机，然后把搜索结果组合在一起。再想象一下，你可以访问谷歌数据中心的计算机集群，你可能会明白为什么它们能如此迅速地返回搜索结果！

我们不会在这里讨论，但是 multiprocessing 模块包括一个管理器类，它可以帮助省掉前面示例代码中的很多烦琐工作。甚至还有一个版本的 multiprocessing. Manager 类可以管理远程系统上的子进程，用于构建一个基本的分布式应用程序。如果你有兴趣进一步研究这个问题，请查考 Python 的 multiprocessing 文档。

14.2.3 多进程的问题

和线程一样，多进程也存在问题，其中一些问题我们已经讨论过了。在进程间共享数据的成本很高。正如我们已经讨论过的，进程之间的所有通信，无论是通过队列、操作系统管道还是共享内存，都需要序列化对象。过多的序列化会占用处理时间。共享内存对象会好一点儿，只在共享内存做初始设置时需要做序列化。当进程间传递相对较小的对象，然后每个进程可以独立做大量的工作时，多进程效果最好。

使用共享内存可以避免重复序列化和反序列化的成本。但可以被共享的 Python 对象需要满足许多限制。共享内存有助于提高性能，但也可能带来看起来更复杂的 Python 对象。

多进程的另一个主要问题是，与线程一样，很难判断变量或方法是在哪个进程中被访问的。在多进程中，工作进程从父进程继承了大量数据。这不是共享的，是一次性复制过来的。这些数据包括列表、字典或可变对象的副本等。父进程不会看到子进程对这些对象的修改。

多进程的一大优势是进程的绝对独立性。我们不需要仔细管理锁，因为数据是不共享的。此外，内部操作系统对打开文件数量的限制是在进程级别分配的，我们可以进行大量资源密集型处理。

设计并发应用程序时，重点是最大限度地利用 CPU 在尽可能短的时间内完成尽可能多的工作。面对如此多的选择，我们总需要研究问题，以找出众多可用解决方案中的哪一个是该问题的最佳解决方案。

> 并发处理的概念太宽泛了，并不是只有一种正确的方法。每个不同的问题都有一个最佳解决方案。重要的是，我们编写的代码要可以调整和优化。

我们已经研究了 Python 中两个主要的并发工具：线程和进程。线程存在于单个操作系统进程中，共享内存和其他资源。进程是相互独立的，这使得进程间通信需要一定的开销。这两种方法都适用于并发工作进程池的概念：一些可以并行工作的工人（进程或线程）等待承接工作，接到工作后在未来某个不可预测的时间返回工作结果。这种对未来可用结果的抽象形成了 `concurrent.futures` 模块。这就是我们接下来要学习的内容。

14.3　future

让我们来看一种更异步的实现并发的方式。"future"或"promise"是描述并发工作的抽象概念。**future** 是一个封装函数调用的对象。该函数调用在后台执行，运行于单独的线程或进程。`future` 对象具有检查计算是否已经完成并获得结果的方法。我们可以把它想象成一个计算，结果在未来才会获得，我们可以在等待结果的时候做些别的事情。

更多背景知识，请参考链接 50。

在 Python 中，`concurrent.futures` 模块根据我们需要的并发类型，封装了 `multiprocessing` 或 `threading` 模块。future 并不能完全解决意外更改共享状态的各种问题，但是当出现问题时，它可以让我们构建代码的结构，以便更容易地找到问题的原因。

future 可以帮助管理不同线程或进程之间的边界。类似于多进程池，它对于**提问和回答**类型的交互很有用，在这种交互中，可以在另一个线程（或进程）中进行处理，然后在将来的某个时候（future 就是将来的意思），你可以向它询问结果。它是多进程池和线程池的封装，但是它提供了一个更干净的 API，便于写出更好的代码。

让我们看看另一个更复杂的文件搜索和分析的示例。在上一节中，我们实现了 Linux `grep` 命令的一个版本。这一次，我们将创建一个简单版本的 `find` 命令，它需要巧妙地分析 Python 源代码。我们将从分析部分开始，因为它是我们要并发完成的工作的核心：

```python
class ImportResult(NamedTuple):
    path: Path
    imports: Set[str]

    @property
    def focus(self) -> bool:
        return "typing" in self.imports


class ImportVisitor(ast.NodeVisitor):
    def __init__(self) -> None:
        self.imports: Set[str] = set()

    def visit_Import(self, node: ast.Import) -> None:
        for alias in node.names:
            self.imports.add(alias.name)

    def visit_ImportFrom(self, node: ast.ImportFrom) -> None:
        if node.module:
            self.imports.add(node.module)
```

```
def find_imports(path: Path) -> ImportResult:
    tree = ast.parse(path.read_text())
    iv = ImportVisitor()
    iv.visit(tree)
    return ImportResult(path, iv.imports)
```

我们在这里定义了几个东西。我们首先定义了一个命名元组 ImportResult，它将一个 Path 对象和一组字符串绑定在一起。它有一个属性 focus，用于在字符串集中查找特定的字符串"typing"。我们一会儿就会明白，为什么这个字符串如此重要。

ImportVisitor 类继承自标准库中的 ast.NodeVisitor 类。**抽象语法树**（**Abstract Syntax Tree，AST**）是经过解析的源代码，通常来自正式的编程语言。Python 代码毕竟只是一堆字符；Python 代码的 AST 将文本解析为有意义的语句、表达式、变量名和运算符，以及编程语言语法的其他要素。Visitor 类有方法可以用于检查解析后的代码。我们覆盖了 NodeVisitor 类中的两个方法，因为我们只关心两种导入语句：import x 和 from x import y。每个 node 数据结构的原理细节都有点儿超出这个示例的范围，但是你可以在标准库中的 ast 模块文档中找到每个 Python 语法要素的描述。

find_imports()函数读取一些源代码，解析 Python 代码，查找 import 语句，然后返回一个 ImportResult 对象，其中包含查找到的 Path 对象和名称集合。在许多方面，这比简单的模式匹配字符串"import"要好得多。例如，使用 ast.NodeVisitor 将跳过注释，并忽略字符串文字中的文本，这两点很难用正则表达式做到。

find_imports()函数没有什么特别之处，但是请注意它不访问任何全局变量。所有与外部环境的交互都被传递给函数或从函数返回。这不是一个技术要求，但这是用 future 编程时不出乱子的最好方法。

但是，我们希望处理几十个目录中的数百个文件。最好的方法是并发运行，充分利用计算机 CPU 的多核进行计算。

```
def main() -> None:
    start = time.perf_counter()
    base = Path.cwd().parent
    with futures.ThreadPoolExecutor(24) as pool:
        analyzers = [
```

```
        pool.submit(find_imports, path)
        for path in all_source(base, "*.py")
    ]
    analyzed = (
        worker.result()
        for worker in futures.as_completed(analyzers)
    )
for example in sorted(analyzed):
    print(
        f"{'->' if example.focus else '':2s} "
        f"{example.path.relative_to(base)} {example.imports}"
    )
end = time.perf_counter()
rate = 1000 * (end - start) / len(analyzers)
print(f"Searched {len(analyzers)} files at {rate:.3f}ms/file")
```

我们利用了本章 14.2.2 节中的 **all_source()** 函数，它接收用于搜索文件的根目录和一个模式（比如 **"*.py"**）来查找所有带 **.py** 扩展名的文件。我们创建了一个 **ThreadPoolExecutor**，并将其分配给 **pool** 变量，其中有 24 个工作线程，都在等待要执行的任务。我们在 **analyzers** 对象中创建了一个 **future** 对象列表。这个列表是由列表推导式创建的，它将 **pool.submit()** 方法应用于我们的搜索函数 **find_imports()** 和来自 **all_source()** 输出的一个 Path。

池中的线程将立即开始处理提交的任务列表。当每个线程完成工作时，它将结果保存在 **future** 对象中，并继续做更多的工作。

同时，应用程序使用生成器表达式来调用每个 **future** 对象的 **result()** 方法。请注意，**future** 是使用 **futures.as_completed()** 生成器访问的。当 **future** 对象执行完成时，生成器函数返回包含结果的 **future** 对象。这意味着结果可能和最初提交的顺序不一致。还有其他访问 **future** 对象的方法，例如，如果顺序很重要，我们可以等到所有 **future** 对象都完成了，然后按照提交的顺序访问它们。

我们从每个 **future** 中提取结果。从类型提示中可以看到，结果将是一个 **ImportResult** 对象，其中包含一个 Path 和一组字符串；这些字符串是导入模块的名称。我们可以对结果进行排序，这样文件就会以有意义的顺序显示。

在 MacBook Pro 上，处理每个文件大约需要 1.689 毫秒（0.001689 秒）。24 个独立线程可以轻松地放在一个进程中，而不会给操作系统带来压力。增加线程数不会对运行时间产生实质性影响，这表明剩下的运行瓶颈不在于并发计算，而在于目录树的初始扫描和线程池的创建。

我们来看看 ImportResult 的 focus 属性。为什么 typing 模块比较特殊？在本书写作过程中，当 *mypy* 的新版本发布时，我们需要检查每一章的类型提示，以确保代码和新版本 *mypy* 兼容。focus 属性通过判断 imports 中是否包含 typing 模块，可以帮助我们找出需要仔细检查的和不需要修订的部分。

这就是开发基于 future 的 I/O 密集型应用程序所需的全部内容。它的底层使用了我们已经讨论过的相同的线程或进程 API，但是它提供了一个更容易理解的接口，使用它更容易区分并发运行函数之间的边界（不要试图在 future 中访问全局变量！）。

在没有正确同步的情况下访问外部变量会导致一个被称为**竞态条件**（**race condition**）的问题。例如，假设两个并发写操作试图递增一个整数计数器。它们同时启动，并且都读取到共享变量的当前值为 5。一个线程首先运行，它把该值增加到 6。另一个线程几乎同时运行，也把该值增加到 6。但是，如果两个进程都增加了这个变量的值，预期的结果应该增加 2，所以结果应该是 7。

避免这种情况的最简单的方法是尽可能让状态私有化，通过安全的方式（如队列或 future）来共享必要的数据。

对于许多应用程序来说，应该首先考虑 concurrent.futures 模块。在非常复杂的情况下，再使用底层的 threading 和 multiprocessing 模块提供的额外功能。

使用 run_in_executor()，应用程序可以利用 concurrent.futures 模块的 ProcessPoolExecutor 类或 ThreadPoolExecutor 类将工作分配给多个进程或多个线程。这些整洁、人性化的 API 使用起来非常灵活。

在某些情况下，我们并不真正需要并发处理，而只需要异步地等待数据产生，然后当数据可用时消费数据。Python 的 async 特性，包括 asyncio 模块，可以在单个线程中实现多任务交替处理。接下来将学习这个主题。

14.4　AsyncIO

AsyncIO 是 Python 并发编程的最新技术。它结合 future 和事件循环的概念，引入了协程。这是一种非常优雅和易于理解的编写响应式程序的方法，不会浪费时间等待输入或其他 I/O 操作。

协程（*coroutine*）是一个函数，它需要某些事件发生才能执行，它也可以向其他协程发送事件。在 Python 中，我们使用 async def 来实现协程。async 的函数必须运行在**事件循环**（**event loop**）的上下文中。事件循环基于发生的事件在多个协程之间切换控制权。接下来，我们会看到一些使用 await 的 Python 表达式，这表明当前协程进入等待状态，事件循环可以把控制权切换给另一个协程函数。

重要的是要认识：async 操作并非并行执行，而是交替执行。在任何时刻，最多只有一个协程拥有控制权，处于执行状态，所有其他协程都在等待事件发生。交替执行的思想可以被描述为**协同多任务**：一个程序可以在处理数据的同时等待下一个请求消息的到来。当数据可用时，事件循环可以将控制权转交给某一个正在等待的协程。

AsyncIO 偏向网络 I/O。大多数网络程序，尤其是服务器，会花费大量时间等待网络传输的数据。AsyncIO 可能比使用多线程处理每个客户端请求更有效，使用多线程会造成有些线程在工作而有些线程在等待，可能会耗尽内存和其他资源。而 AsyncIO 是单线程的，当数据可用时，它使用协程来交替处理网络数据。

线程调度取决于线程发出的操作系统请求（这在一定程度上还取决于 GIL 的线程控制）。进程调度依赖于操作系统的总体调度程序。线程和进程调度都是**抢占式**的：线程（或进程）可以被中断，允许一个不同的、优先级更高的线程或进程来控制 CPU。这意味着线程调度是不可预测的，如果多个线程要更新一个共享资源，锁就很重要了。在操作系统级别，如果两个进程想要更新共享的操作系统资源（如文件），则需要共享锁。与线程和进程不同，AsyncIO 协程是**非抢占式**的：它们在处理过程中明确地相互传递控制权，因此不需要锁定共享资源。

asyncio 库提供了一个内置的事件循环，它负责处理协程之间的交替控制。然而，事件循环是有代价的。当我们在事件循环上运行 async 任务中的代码时，该代码必须立即返回，既不阻塞 I/O，也不阻塞长时间运行的计算。在编写我们自己的代码时，这是个小问题，但这意味着任何阻塞 I/O 的标准库或第三方函数都必须用一个 async def 函数来封装，以便能够异步地处理等待。

当使用 asyncio 时，我们的程序将是一系列协程，它们使用 async 和 await 语法通过事件循环来交替执行。顶层主程序的工作是运行事件循环，这样协程就可以相互传递控制权，交替地等待和执行。

14.4.1　AsyncIO 实战

一个典型的阻塞函数的示例是 time.sleep() 调用。我们不能直接调用 time 模块的 sleep()，因为它会夺取控制权、阻塞事件循环。我们将使用 asyncio 模块中的 sleep() 版本。在 await 表达式中使用时，事件循环可以在等待 sleep() 完成时把控制权切换给另一个协程。下面这个异步调用的示例展示了 AsyncIO 事件循环的基本用法，如下所示：

```python
import asyncio
import random


async def random_sleep(counter: float) -> None:
    delay = random.random() * 5
    print(f"{counter} sleeps for {delay:.2f} seconds")
    await asyncio.sleep(delay)
    print(f"{counter} awakens, refreshed")


async def sleepers(how_many: int = 5) -> None:
    print(f"Creating {how_many} tasks")
    tasks = [
        asyncio.create_task(random_sleep(i))
        for i in range(how_many)]
    print(f"Waiting for {how_many} tasks")
    await asyncio.gather(*tasks)
```

```
if __name__ == "__main__":
    asyncio.run(sleepers(5))
    print("Done with the sleepers")
```

这个示例涵盖了 AsyncIO 编程的几个特性。整个处理由 asyncio.run() 函数启动。它将启动事件循环，执行 sleepers() 协程。在 sleepers() 协程中，我们创建了一些单独的任务；它们是具有特定参数值的 random_sleep() 协程的实例。random_sleep() 使用 asyncio.sleep() 来模拟长时间运行的请求。

因为它们是使用 async def 函数构建的，并且在调用 asyncio.sleep() 时使用了 await 表达式，所以 random_sleep() 函数和 sleepers() 函数是交替执行的。虽然 random_sleep() 请求是按照它们的 counter 参数值的顺序启动的，但是它们以完全不同的顺序结束。如下所示：

```
python src/async_1.py
Creating 5 tasks
Waiting for 5 tasks
0 sleeps for 4.69 seconds
1 sleeps for 1.59 seconds
2 sleeps for 4.57 seconds
3 sleeps for 3.45 seconds
4 sleeps for 0.77 seconds
4 awakens, refreshed
1 awakens, refreshed
3 awakens, refreshed
2 awakens, refreshed
0 awakens, refreshed
Done with the sleepers
```

可以看到，counter 值为 4 的 random_sleep() 函数的睡眠时间最短，当它完成 await asyncio.sleep() 表达式时，首先获得控制权。各协程的唤醒顺序严格基于随机产生的睡眠时长，事件循环负责把控制权从一个协程传递给另一个协程。

作为程序员，我们不需要太了解 run() 方法内部发生了什么，但是要知道，事件循环做了大量工作来跟踪哪个协程正在等待，以及哪个协程应该在当前时刻拥有控制权。

在这个上下文中，任务是指 asyncio 在事件循环中可以调度的对象，包括：

- 用 async def 语句定义的协程。
- asyncio.Future 对象。这些几乎与上一节中看到的 concurrent.futures 相同，但是用于 asyncio。
- 任何可等待的对象，即带有 __await__()函数的对象。

在前面的示例中，所有的任务都是协程；我们将在后面的示例中看到其他类型的任务。

更仔细地看看 sleepers()协程。它首先构造了 random_sleep()协程的实例。它们都被封装在一个 asyncio.create_task()调用中，该调用将这些作为 future 添加到事件循环的任务队列中，以便它们可以在控制权返回给事件循环时立即执行和启动。

每当我们调用 await 时，控制权就会返回给事件循环。在这种情况下，我们调用 await asyncio.gather()来将控制权让给其他协程，直到所有任务执行完毕。

每个 random_sleep()协程打印一条启动消息，然后使用 await 调用 sleep 语句进入睡眠，并把控制权返回给事件循环。当睡眠完成时，事件循环将控制权传递回相关的 random_sleep()任务，该任务在返回之前打印其唤醒消息。

async 关键字告诉 Python 解释器（和程序员），当前协程包含 await 调用。它还做了一些准备工作，以便让协程可以在事件循环上运行。它的行为很像装饰器；事实上，在 Python 3.4 中，协程就是通过@asyncio.coroutine 装饰器实现的。

14.4.2 读取 AsyncIO future

AsyncIO 协程按顺序执行每一行代码，直到遇到 await 表达式，此时它将控制权返回给事件循环。然后，事件循环执行其他某个可以运行的任务，也包括原始协程正在等待的任务。当子任务完成时，事件循环将结果传递回原始协程，以便它可以继续执行，直到遇到另一个 await 表达式或返回语句。

在这个过程中，我们的代码是同步按顺序执行的，直到我们明确需要等待某事发生。因此没有多线程的不确定行为，所以我们不需要太担心共享状态。

> 限制共享状态是很好的实践：在时间线上进行复杂的动态交替执行会产生大量难以调试的 Bug，share nothing 哲学可以避免这些问题。
>
> 我们可以把操作系统调度器想成是故意的和邪恶的；它们会恶意地（以某种方式）在进程、线程或协程中找到最差的可能操作的序列，所以各种 Bug 都可能会出现。

AsyncIO 的真正价值在于，它允许我们将多个代码的逻辑块放到一个协程中，即使我们需要等待其他外部事件发生。举个具体的例子，尽管 random_sleep() 协程中的 await asyncio.sleep 调用会释放控制权，允许事件循环去做很多其他事情，但协程本身看起来好像在按顺序执行所有代码。asyncio 模块的主要优点是能够读取相关的异步执行结果，而不用担心底层的处理机制。

14.4.3　网络 AsyncIO

AsyncIO 是专门为网络 Socket 设计的，所以我们用 asyncio 模块来实现一个服务器。在第 13 章中，我们创建了一个相当复杂的服务器来记录使用 Socket 从一个进程发送给另一个进程的日志。当时，我们把它作为一个复杂资源的示例，避免为每个测试都重新创建和销毁服务器进程。

我们将重写这个示例，创建一个基于 asyncio 的服务器，它可以处理来自很多客户端的请求。它可以通过创建很多协程来做到这一点，所有协程都在等待日志请求。当日志到达时，一个协程保存记录并进行必要的计算，而其余的协程等待其他日志。

在第 13 章中，我们的目标是编写一个日志捕获进程和日志客户端程序进程的集成测试。下面是它们的关系图，如图 14.1 所示。

日志捕获进程创建了一个 Socket 服务器，用于等待所有来自客户端程序的连接。每个客户端程序都使用 logging.SocketHandler 直接将日志消息发送给等待中的服务器。服务器收集消息，并将它们写入一个集中的日志文件。

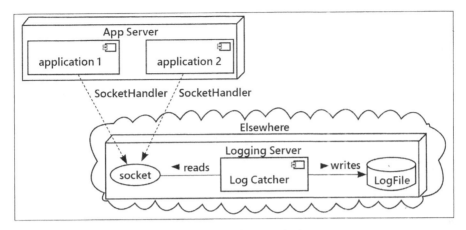

图 14.1　天空中的日志捕手

这个测试基于第 12 章中的示例，它的实现很简单。为了简化代码，日志服务器一次只能处理一个客户端连接。我们要改进收集日志消息服务器的功能。改进后的实现可以处理大量的并发客户端连接，因为它使用了 AsyncIO 技术。

这个设计的核心是一个从 Socket 读取日志的协程。它包括等待消息头字节，然后解码消息头以计算有效负载的大小。协程可以读取正确数量的字节作为日志消息负载，然后使用单独的协程来处理负载。下面是 log_catcher() 函数：

```python
SIZE_FORMAT = ">L"
SIZE_BYTES = struct.calcsize(SIZE_FORMAT)


async def log_catcher(
    reader: asyncio.StreamReader, writer: asyncio.StreamWriter
) -> None:
    count = 0
    client_socket = writer.get_extra_info("socket")
    size_header = await reader.read(SIZE_BYTES)
    while size_header:
        payload_size = struct.unpack(SIZE_FORMAT, size_header)
        bytes_payload = await reader.read(payload_size[0])
        await log_writer(bytes_payload)
        count += 1
```

```
        size_header = await reader.read(SIZE_BYTES)
    print(f"From {client_socket.getpeername()}: {count} lines")
```

这个 `log_catcher()` 函数实现了 `logging` 模块的 `SocketHandler` 类的协议。每条日志都是一个字节块，我们可以将它分解成一个消息头和一个负载。我们需要读取保存在 `size_header` 中的前几个字节，以获得后面消息的大小。一旦我们知道了大小，就可以等待相应数量的负载字节。因为两次读取都使用的是 `await` 表达式，所以当这个函数等待消息头和负载字节到达时，其他协程可以运行。

`log_catcher()` 函数由服务器程序调用，该程序为协程提供了 `StreamReader` 和 `StreamWriter` 参数。这两个对象是对 TCP/IP 协议创建的 Socket 对的封装。它们都是异步对象，可以使用 `await` 异步地等待从客户端读取字节。

这个 `log_catcher()` 函数等待 Socket 数据，然后将数据提供给另一个协程 `log_writer()`，用于格式转换和写入文件。`log_catcher()` 函数的工作主要是等待，然后将数据从 reader 传递给 writer；它也做一点儿内部计算：用 count 变量统计来自客户端的消息数。执行 count 递增的工作量很小，可以利用等待数据的间隙来执行。

下面是一个函数 serialize() 和一个协程 log_writer()，用于将日志转换为 JSON，并将其写入一个文件：

```
TARGET: TextIO
LINE_COUNT = 0


def serialize(bytes_payload: bytes) -> str:
    object_payload = pickle.loads(bytes_payload)
    text_message = json.dumps(object_payload)
    TARGET.write(text_message)
    TARGET.write("\n")
    return text_message


async def log_writer(bytes_payload: bytes) -> None:
    global LINE_COUNT
    LINE_COUNT += 1
    text_message = await asyncio.to_thread(serialize, bytes_payload)
```

serialize()函数需要有一个打开的文件 TARGET，用于写入日志消息。文件的打开（和关闭）需要在程序的其他地方处理，我们稍后添加这些操作。serialize()函数由 log_writer()协程使用。因为 log_writer()是一个 async 协程，所以当这个协程写入消息时，其他执行读取和解码输入消息的协程需要等待。

serialize()函数实际上做了大量的计算。它还隐藏了一个深层次的问题。文件写操作可能会被阻塞，即卡在等待操作系统完成工作上。写入磁盘意味着将工作交给磁盘设备，并等待设备响应写操作完成。虽然 1 微秒写一行 1000 字符的数据似乎很快，但对 CPU 来说却是很慢的。这意味着所有文件操作都将阻塞它们的线程，等待操作完成。为了不阻塞主线程中的其他协程，我们将这个阻塞工作分配给一个单独的线程。这就是为什么 log_writer()协程使用 asyncio.to_thread()将这个工作分配给一个单独的线程。

因为 log_writer()协程在这个单独的线程上使用了 await，所以当线程等待写操作完成时，它将控制权返回给事件循环。这样，其他协程可以在 log_writer()协程等待 serialize()完成时继续执行。

我们把两种工作交给了一个单独的线程：

- 计算密集型操作，即 pickle.loads()和 json.dumps()操作。
- 阻塞的操作系统操作，即 TARGET.write()。这些阻塞操作包括大多数操作系统请求和文件操作，但不包括 asyncio 模块已经可以处理的各种网络流。正如我们在上面的 log_catcher()函数中看到的，网络流可以被事件循环直接处理。

这种将工作传递给单独线程的技术，可以确保事件循环有尽可能多的空余时间。如果所有协程都在等待某个事件，那么无论接下来谁需要控制权，都可以尽快获得响应。提供及时响应的服务的秘密就在于有很多空闲的服务员。

全局变量 LINE_COUNT 可能会让人吃惊。在前几节中，我们曾经警告过：尽量避免让多线程并发地更新一个共享变量。使用 asyncio，我们没有线程抢占问题。因为每个协程都使用显式的 await 请求，通过事件循环将控制权交给其他协程，所以我们可以在 log_writer()协程中安全地更新这个全局变量，它的状态修改在所有协程中是原子性的——不可分割的。

为了使这个示例完整，下面是所需的导入语句：

```
from __future__ import annotations
import asyncio
import asyncio.exceptions
import json
from pathlib import Path
from typing import TextIO
import pickle
import signal
import struct
import sys
```

下面是用于启动服务的顶层代码：

```
server: asyncio.AbstractServer

async def main(host: str, port: int) -> None:
    global server
    server = await asyncio.start_server(
        log_catcher,
        host=host,
        port=port,
    )
    if sys.platform != "win32":
        loop = asyncio.get_running_loop()
        loop.add_signal_handler(signal.SIGTERM, server.close)

    if server.sockets:
        addr = server.sockets[0].getsockname()
        print(f"Serving on {addr}")
    else:
        raise ValueError("Failed to create server")

    async with server:
        await server.serve_forever()
```

　　main()函数使用优雅的方式为每个网络连接自动创建了新的 **asyncio.Task** 对象。**asyncio.start_server()** 函数在给定的主机地址和端口号上监听 Socket 连接。对于每个连接，它使用 **log_catcher()** 协程创建一个新的 Task 实例，并把任务添加到事件循环的协程集合中。一旦服务器启动，main()函数就调用服务器的 **serve_forever()** 方法让它永久地提供服务。

　　事件循环的 add_signal_handler()方法需要解释一下。对于非 Windows 操作系统，操作系统可以发送信号终止进程。信号具有数字代码和符号名称。例如，终止信号的数字代码为 15，名称为 **signal.SIGTERM**。当一个父进程终止一个子进程时，就会发出这个信号。如果我们不做任何特别的事情，这个信号将直接终止 Python 解释器。当我们在键盘上按下 *Ctrl+C* 组合键时，它会成为 **SIGINT** 信号，导致 Python 抛出 **KeyboardInterrupt** 异常。

　　我们通过事件循环的 add_signal_handler()方法检查输入的信号，信号将作为 AsyncIO 事件循环的一部分进行处理。我们不想因为一个未处理的异常而直接终止 Python 解释器。我们希望各种协程，任何执行 **serialize()** 函数的写线程都能正常完成。为此，我们将 **signal.SIGTERM** 信号交给 **server.close()** 方法处理。它会等待所有协程都完成后，优雅地结束 serve_forever()进程。

　　对于 Windows，我们必须在 AsyncIO 事件循环之外处理。需要以下额外的代码来将低级信号连接到一个函数，该函数将利索地关闭服务器。

```
if sys.platform == "win32":
    from types import FrameType

    def close_server(signum: int, frame: FrameType) -> None:
        # print(f"Signal {signum}")
        server.close()

    signal.signal(signal.SIGINT, close_server)
    signal.signal(signal.SIGTERM, close_server)
    signal.signal(signal.SIGABRT, close_server)
    signal.signal(signal.SIGBREAK, close_server)
```

我们定义了 3 个标准信号 SIGINT、SIGTERM 和 SIGABRT，以及一个 Windows 特有的信号 SIGBREAK。它们都会导致服务器关闭，停止处理请求，当所有正在运行的协程都完成时，结束事件循环。

正如我们在前面的 AsyncIO 示例中看到的，主程序也是启动事件循环的简单方式：

```python
if __name__ == "__main__":
    # 这些通常有命令行和环境覆盖
    HOST, PORT = "localhost", 18842

    with Path("one.log").open("w") as TARGET:
        try:
            if sys.platform == "win32":
                # https://******.com/encode/httpx/issues/914①
                loop = asyncio.get_event_loop()
                loop.run_until_complete(main(HOST, PORT))
                loop.run_until_complete(asyncio.sleep(1))
                loop.close()
            else:
                asyncio.run(main(HOST, PORT))

        except (
                asyncio.exceptions.CancelledError,
                KeyboardInterrupt):
            ending = {"lines_collected": LINE_COUNT}
            print(ending)
            TARGET.write(json.dumps(ending) + "\n")
```

以上代码会打开一个文件，使用 serialize() 函数设置一个全局变量 TARGET。它使用 main() 函数创建服务器，用于等待连接。当 serve_forever() 任务被 CancelledError 或 KeyboardInterrupt 异常终止时，我们在日志文件最后添加一个摘要行。这一行可以确认处理正常完成，没有丢失日志。

---

① 可参考链接 51。

对于 Windows，我们需要使用 run_until_complete()方法，而不是更易于理解的 run()方法。我们还需要将一个协程 asyncio.sleep()放入事件循环中，以等待对其他协程的最终处理。

实际工作中，我们可能会使用 argparse 模块来解析命令行参数。我们也可能在 log_writer()中使用更复杂的文件处理机制，这样我们就可以限制日志文件的大小。

设计上的考虑

让我们来看看以上设计的一些特点。首先，log_writer()协程将字节传入和传出运行 serialize()函数的外部线程。这比在主线程的协程中解码 JSON 要好，因为（相对昂贵的）解码操作可以在不影响主线程的事件循环的情况下执行。

对 serialize()的调用实际上是一个 future。在本章 14.3 节中，我们看到使用 concurrent.futures 需要一些样板代码。然而，当我们使用 AsyncIO future 时，几乎不需要额外的代码！当我们使用 await asyncio.to_thread()时，log_writer()协程将函数调用封装成一个 future，提交给内部线程池执行器。然后，我们的代码可被返回给事件循环，直到 future 完成，在这期间，主线程可以处理其他连接、任务或 future。将阻塞的 I/O 请求放入单独的线程中非常重要。当 future 完成时，log_writer()协程结束等待，并执行后续处理。

main()协程使用了 start_server()，服务器监听连接请求。它为处理每个不同的连接创建任务，为相应的客户端提供了专门的 AsyncIO 读/写流，该任务是对 log_catcher()协程的封装。对于 AsyncIO 流，从流中读取数据是一个潜在的阻塞调用，所以我们可以用 await 调用它。这意味着调用会被立即返回给事件循环，直到有日志消息到达。

我们考虑一下服务器进程中的协程数是如何增长的。最初，main()函数是唯一的协程。它创建了 server，现在事件循环中包含 main()和 server 两个协程，它们都处于等待状态。一旦有新的客户端连接进来，服务器就会创建一个新任务，事件循环现在包含 main()、server 和 log_catcher()协程的一个实例。大多数时候，这些协程都在等待某个事件的发生：server 等待新的连接，log_catcher()等待日志消息。一旦有了消息，解码消息并交给 log_writer()，然后把控制权让给其他协程。无论接下来发生什么，程序都可以随时响应。处于等待状态的协程数取决于可用内存，我们可以创建很多协程耐心地等待要做的工作。

接下来，我们将快速看一下日志写入程序，它将调用上面的日志捕获程序。在示例中，这个客户端程序没有什么有用的功能，但我们用它做了大量计算，并发起了很多日志请求，这将向我们展示 AsyncIO 应用程序的响应速度有多快。

14.4.4　日志编写演示

为了演示这个日志捕获程序是如何工作的，客户端程序会给它编写很多日志消息，并进行大量的密集计算。为了了解日志捕获程序的响应速度，我们启动了很多客户端程序的副本，对日志捕获程序进行压力测试。

这个客户端没有利用 asyncio。它是一个计算密集型的示例，只包含少量 I/O 请求。在这个示例中，使用协程是没有帮助的。

我们编写了一个应用程序，将 bogosort 算法的变体应用于一些随机数据。链接 52 给出了一些关于这种排序算法的信息。这不是一个实用的算法，但是很简单：对于一个集合，它列举了所有可能的排列，然后找到正好是升序的那个排列。以下是用于排序算法的导入语句和抽象父类 Sorter：

```python
from __future__ import annotations
import abc
from itertools import permutations
import logging
import logging.handlers
import os
import random
import time
import sys
from typing import Iterable

logger = logging.getLogger(f"app_{os.getpid()}")

class Sorter(abc.ABC):
```

```python
    def __init__(self) -> None:
        id = os.getpid()
        self.logger = logging.getLogger(
            f"app_{id}.{self.__class__.__name__}")


    @abc.abstractmethod
    def sort(self, data: list[float]) -> list[float]:
        ...
```

接下来，我们定义抽象 Sorter 类的具体实现：

```python
class BogoSort(Sorter):

    @staticmethod
    def is_ordered(data: tuple[float, ...]) -> bool:
        pairs: Iterable[Tuple[float, float]] = zip(data, data[1:])
        return all(a <= b for a, b in pairs)


    def sort(self, data: list[float]) -> list[float]:
        self.logger.info("Sorting %d", len(data))
        start = time.perf_counter()

        ordering: Tuple[float, ...] = tuple(data[:])
        permute_iter = permutations(data)
        steps = 0
        while not BogoSort.is_ordered(ordering):
            ordering = next(permute_iter)
            steps += 1

        duration = 1000 * (time.perf_counter() - start)
        self.logger.info(
            "Sorted %d items in %d steps, %.3f ms",
            len(data), steps, duration)
        return list(ordering)
```

BogoSort 类的 is_ordered()方法检查对象列表是否已经正确排序。sort()方法生成数据的所有排列，搜索满足 is_sorted()要求的排列。

注意，包含 *n* 个值的集合有 *n*!种排列，所以这是一个非常低效的排序算法。如果集合中有 13 个值，将有超过 60 亿种排列；在大多数计算机上，这种算法可能需要数年时间才能将 13 个值排好序。

main()函数用于处理排序工作并输出一些日志消息。它做了大量的计算，占用了 CPU 资源，没做什么有用的事情。下面是一个 main 程序，我们可以用它执行这个低效耗时的排序算法，并发出日志请求：

```python
def main(workload: int, sorter: Sorter = BogoSort()) -> int:
    total = 0
    for i in range(workload):
        samples = random.randint(3, 10)
        data = [random.random() for _ in range(samples)]
        ordered = sorter.sort(data)
        total += samples
    return total


if __name__ == "__main__":
    LOG_HOST, LOG_PORT = "localhost", 18842
    socket_handler = logging.handlers.SocketHandler(
        LOG_HOST, LOG_PORT)
    stream_handler = logging.StreamHandler(sys.stderr)
    logging.basicConfig(
        handlers=[socket_handler, stream_handler],
        level=logging.INFO)

    start = time.perf_counter()
    workload = random.randint(10, 20)
    logger.info("sorting %d collections", workload)
    samples = main(workload, BogoSort())
    end = time.perf_counter()
    logger.info(
        "sorted %d collections, taking %f s", workload, end - start)

    logging.shutdown()
```

主程序脚本首先创建 SocketHandler 实例，它负责将日志消息发送给前面定义的日志捕获程序服务。StreamHandler 实例负责将消息打印到控制台。两者都作为日志处理器，提供日志配置。一旦配置好日志，主程序调用 main() 函数，并传递给它一个随机数字，作为要排序的集合数。

在一台 8 核 MacBook Pro 上，运行了 128 个工作客户端，它们对随机数排序的效率都很低。运行 OS time 命令，可以看到工作负载是 700%；也就是说，8 个核中的 7 个被完全占据。然而，仍然有足够的 CPU 时间来处理日志消息、编辑文档和在后台播放音乐。使用更快的排序算法，我们启动了 256 个工作客户端，在大约 4.4 秒内生成了 5 632 条日志消息，平均每秒 1 280 条，而我们仍然只使用了可用 CPU 核的 800% 中的 628%。你计算机的性能可能会有所不同。对于网络密集型工作负载，AsyncIO 似乎做了一个了不起的工作，将宝贵的 CPU 时间分配给有计算需求的协程，并最大限度地缩短线程因等待 CPU 而被阻塞的时间。

值得注意的是，AsyncIO 最适合处理网络资源，包括 Socket、队列和操作系统管道等。asyncio 模块不支持异步的文件操作，文件操作将阻塞当前线程，直到操作系统返回，因此我们需要使用线程池来处理文件相关操作。

接下来，我们将转移话题，看看如何用 AsyncIO 编写客户端程序。在这种情况下，我们不会创建服务器，而是利用事件循环来确保客户端能够非常快速地处理数据。

14.4.5　AsyncIO 客户端

因为 AsyncIO 能够处理成千上万个并发连接，所以它常用于实现服务器。然而，它是一个通用的网络库，也可以用于客户端。这非常重要，因为许多微服务是作为客户端来调用其他服务器的。

客户端可能比服务器简单得多，因为它们不需要等待传入连接。我们可以利用 await asyncio.gather() 函数把大量工作委派出去，等它们完成后再处理结果。同时，可以使用 asyncio.to_thread() 把阻塞请求分配给单独的线程，这样主线程可以在各个协程之间交替执行工作。

我们也可以创建单独的任务。有的任务生成数据，有的任务消费数据，实现任务的协程通过事件循环进行调度，相互协作。

在下面的示例中，我们将使用 httpx 库来创建对 AsyncIO 友好的 HTTP 请求。这个包需要自己安装，命令是 conda install httpx（如果你使用 **conda** 作为虚拟环境管理器）或 python -m pip install httpx。

这是一个使用 asyncio 实现的程序，用于向美国气象局发出请求。我们主要关注对切萨皮克湾地区的水手有用的区域的天气预报。我们先从一些定义开始：

```python
import asyncio
import httpx
import re
import time
from urllib.request import urlopen
from typing import Optional, NamedTuple

class Zone(NamedTuple):
    zone_name: str
    zone_code: str
    same_code: str # 特殊区域消息编码器

    @property
    def forecast_url(self) -> str:
        return (
            f"https://*****.nws.noaa.gov/data/forecasts①"
            f"/marine/coastal/an/{self.zone_code.lower()}.txt"
        )
```

Zone 是一个命名元组，我们可以分析水手所关心的区域，并创建一个 Zone 实例列表，如下所示：

```python
ZONES = [
    Zone("Chesapeake Bay from Pooles Island to Sandy Point, MD",
        "ANZ531", "073531"),
```

----

① 可参考链接 53。

```
Zone("Chesapeake Bay from Sandy Point to North Beach, MD",
    "ANZ532", "073532"),
. . .
]
```

根据你要航行的地方，你可以添加或更换区域。

我们需要一个 MarineWX 类来描述要做的工作。这是一个**命令模式示例**，其中每个实例都是我们希望做的一件事情。该类有一个 run()方法，用于从气象服务中收集数据：

```
class MarineWX:
    advisory_pat = re.compile(r"\n\.\.\.(.*?)\.\.\.\n", re.M | re.S)

    def __init__(self, zone: Zone) -> None:
        super().__init__()
        self.zone = zone
        self.doc = ""

    async def run(self) -> None:
        async with httpx.AsyncClient() as client:
            response = await client.get(self.zone.forecast_url)
        self.doc = response.text

    @property
    def advisory(self) -> str:
        if (match := self.advisory_pat.search(self.doc)):
            return match.group(1).replace("\n", " ")
        return ""

    def __repr__(self) -> str:
        return f"{self.zone.zone_name} {self.advisory}"
```

在这个示例中，run()方法通过 httpx 模块的 AsyncClient 类实例从气象服务下载文本文档。它有一个属性方法 advisory()用于解析文本，查找标记了海洋天气预报的模式。气象服务文档的各个部分由 3 个句号、1 个文本块和 3 个句号组成。海洋预报系统特意设计了这种易于处理的简易文档格式。

　　到目前为止，这没有特别的地方。我们定义了一个区域信息库和一个为区域采集数据的类。下面是重要的部分：一个 main()函数，它使用 AsyncIO 任务尽可能快地收集尽可能多的数据。

```python
async def main() -> None:
    start = time.perf_counter()
    forecasts = [MarineWX(z) for z in ZONES]

    await asyncio.gather(
        *(asyncio.create_task(f.run()) for f in forecasts))

    for f in forecasts:
        print(f)

    print(
        f"Got {len(forecasts)} forecasts "
        f"in {time.perf_counter() - start:.3f} seconds"
    )


if __name__ == "__main__":
    asyncio.run(main())
```

　　当 main()函数运行在 asyncio 事件循环中时，它会启动很多任务，每个任务都为不同的区域执行 MarineWX.run()方法。gather()函数等所有的任务都创建好后，返回 future 列表。

　　在这种情况下，我们并不真正需要线程返回的结果，我们需要的是所有 MarineWX 实例的结果，包括一系列 Zone 对象和相应的天气预报信息。这个客户端运行得非常快——我们在大约 300 毫秒内获得了所有 13 个区域的天气预报。

　　httpx 项目可以将获取原始数据和处理数据分解到单独的协程中，这样可以让获取数据与处理数据的协程交替执行。

　　在本节中，我们已经涉及 AsyncIO 的大部分要点，并且还涵盖了很多其他并发相关术语。并发是一个很难解决的问题，没有一个解决方案适合所有的用例。设计一个并发系统最重要的部分是，决定哪个可用的工具最适合解决当前的问题。我们已经看到了几种并发方案的优点和缺点，基本了解了不同应用场景都适合什么方案。

下一个主题涉及并发框架或包的"表达力"问题。我们将看看 asyncio 如何用一个简单的程序解决一个经典的计算机科学问题。

14.5 哲学家用餐问题

在一个古老的海滨度假城市（位于美国大西洋海岸），哲学系的教授们有一个悠久的传统，那就是每周日晚上一起用餐。食物来自 Mo 的熟食店，但主要提供意大利面。没有人记得为什么，但 Mo 是一个伟大的厨师，每个星期的意大利面都带来了一种独特的体验。

哲学系很小，有 5 名终身教授。他们也很穷，只买得起 5 把叉子。因为用餐时每个人都需要两把叉子来享用他们的意大利面，所以他们围坐在一张圆形的桌子边，两个相邻的人中间放着一把叉子，这样每个哲学家都可以使用他左右的两把叉子。

这种两个叉子吃饭的要求带来了一个有趣的资源竞争问题，如图 14.2 所示。

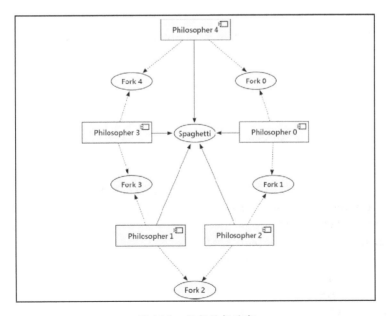

图 14.2 用餐的哲学家

在理想的情况下，一个哲学家，比如说哲学家 4（图 14.2 中 Philosopher 4），他是系主任和本体论哲学家，他将获得吃饭所需的距离自己最近的叉子，叉子 4（图 14.2 中的 Fork 4）和叉子 0（图 14.2 中的 Fork 0）。一旦他们吃完，就会放下叉子，进行哲学思考。

有一个问题需要解决。假设每个哲学家都是右撇子，他们会伸出手，同时拿起他们右边的叉子，但这样任何人都无法再拿到左边的叉子了，这个系统陷入**死锁**状态，因为没有一个哲学家能够获得吃饭所必需的所有资源——两把叉子。

一个可能的解决方案是通过使用超时来打破僵局：如果哲学家不能在几秒内获得第二把叉子，他们就放下第一把叉子，等待几秒，然后再试一次。如果他们都以相同的速度这样做，就会进入一个循环，每个哲学家得到一把叉子，等待几秒，放下叉子，然后再次尝试。有趣，但不能解决问题。

一个更好的解决方案是一次只允许 4 个哲学家坐在桌旁。这就保证了至少有一个哲学家可以获得两把叉子吃饭。当那个哲学家在进行哲学思考时，叉子可以供他的两个邻居使用。此外，第 1 个完成哲学思考的人可以离开桌子，让第 5 个人坐下来加入对话。

代码看起来是什么样的？下面是 **philosopher()** 函数，它被定义为协程：

```python
FORKS: List[asyncio.Lock]


async def philosopher(
        id: int,
        footman: asyncio.Semaphore
) -> tuple[int, float, float]:
    async with footman:
        async with FORKS[id], FORKS[(id + 1) % len(FORKS)]:
            eat_time = 1 + random.random()
            print(f"{id} eating")
            await asyncio.sleep(eat_time)
        think_time = 1 + random.random()
        print(f"{id} philosophizing")
        await asyncio.sleep(think_time)
    return id, eat_time, think_time
```

每个哲学家都需要知道以下事情：

- 他们自己的唯一标识 ID。这将决定他们可以使用哪两把相邻的叉子。
- 服务员 footman，用 Semaphore 类表示。服务员负责安排哲学家入座，控制能坐着的人数上限，避免陷入死锁。
- 由哲学家共享的叉子的全局集合。叉子由 Lock 实例序列表示。

哲学家的进餐过程包括获取资源和使用资源，通过 async with 语句实现。事件的顺序如下所示：

1. 一个哲学家从服务员（Semaphore 对象）处获得座位。我们想象服务员拿着一个银制托盘，上面有 4 个 "你可以坐下" 的令牌。哲学家要获得座位，必须先有一个令牌。当哲学家吃完饭离开时，把令牌放回托盘。因为只有 4 个令牌，第 5 个哲学刚开始需要等待第 1 个吃完的哲学家放回令牌。

2. 哲学家将他的 ID 和（ID+1）作为编号获取叉子。使用模运算符以确保当 ID 大于叉子编号时会从零开始重新计数，比如(4+1) % 5 是 0。

3. 有了座位，又获得了两把叉子后，哲学家可以享用他们的意大利面和其他美味的菜肴。Mo 经常使用卡拉马塔橄榄和腌洋蓟心，这很令人愉快。每个月可能会上一次凤尾鱼或羊乳酪。

4. 吃完之后，哲学家会放下两把叉子。然而，他们的晚餐还没结束。放下叉子后，他们还会花点儿时间进行哲学思考，关于人生，关于宇宙，关于一切。

5. 最后，他们会让出座位，把令牌还给服务员，以便另一个哲学家使用。

看看 philosopher()函数，我们可以看到 FORKS 是一个全局变量，但是 Semaphore 是一个参数。在这里，选择用代表叉子的 Lock 对象的全局集合还是用 Semaphore 参数，并没有很强的技术原因。我们同时使用两者，是为了说明向协程提供数据的两种常见方法。

下面是代码的导入语句：

```
from __future__ import annotations
import asyncio
import collections
import random
```

```
from typing import List, Tuple, DefaultDict, Iterator
```

整个餐厅的组织代码如下：

```
async def main(faculty: int = 5, servings: int = 5) -> None:
    global FORKS
    FORKS = [asyncio.Lock() for i in range(faculty)]
    footman = asyncio.BoundedSemaphore(faculty - 1)
    for serving in range(servings):
        department = (
            philosopher(p, footman) for p in range(faculty))
        results = await asyncio.gather(*department)
        print(results)


if __name__ == "__main__":
    asyncio.run(main())
```

main()协程创建叉子的集合，它们使用可被哲学家获取的 Lock 对象代表。服务员 footman 是一个 BoundedSemaphore 对象，它的限值比哲学家数量少 1，这样可以避免死锁。对于每次聚餐（serving），一个部门由一组 philosopher()协程表示。asyncio.gather()等待该部门的所有协程完成它们的工作（吃饭和思考）。

这个经典问题的美妙之处在于，可以展示特定的编程语言和库在解决这个问题时是否简单和清晰。使用 asyncio 包，代码非常优雅，用简单而富有表现力的方式给出了问题的解决方案。

concurrent.futures 库可以使用显式的 ThreadPool。它也可以达到这种清晰程度，但需要更多的技术开销。

使用 threading 或 multiprocessing 库也可以直接提供类似的实现，但使用它们需要比使用 concurrent.futures 库更多的技术开销。如果哲学家的吃饭或思考操作需要真正的计算工作（而不仅是睡眠），我们会发现 multiprocessing 版本完成得最快，因为计算可以分散到多个核中。如果吃饭或哲学思考主要是在等待 I/O 完成，那么使用 asyncio 的实现或者使用 concurrent.futures 和线程池的实现都是不错的方案。

14.6 案例学习

经常困扰机器学习科学家或工程师的一个问题是："训练"一个模型所需的时间。在我们的 KNN 实现示例中，训练模型意味着优化超参数，以找到最佳的 *k* 值和最合适的距离算法。在前几章的案例学习中，我们假设会有一组最优的超参数。在本章中，我们将研究一种确定最佳参数的方法。

在更复杂和更不容易定义的问题中，训练模型所花费的时间可能会相当长。如果数据量巨大，则需要非常昂贵的计算和存储资源来创建和训练模型。

更复杂模型的示例，可以看看 MNIST 数据集。请参考链接 54，上面有手写字识别的数据集和相关类型的分析。相对于我们的鸢尾花分类问题，这个问题需要多得多的时间才能训练出最优的超参数。

在我们的案例学习中，超参数调优是计算密集型应用的示例。I/O 非常少；如果我们使用共享内存，就完全没有 I/O。这意味着我们需要使用进程池做并行计算。我们可以将进程池封装在 AsyncIO 协程中，但是额外的 async 和 await 语法对于这种计算密集型应用似乎没有什么帮助。相反，我们应该使用 concurrent.futures 模块来构建我们的超参数调优函数。concurrent.futures 的设计模式是，利用进程池把不同的测试计算任务分配给多个进程，然后收集结果以确定哪种组合是最优的。进程池意味着每个任务可以占用一个单独的 CPU 核，从而最大限度地提高计算效率。我们希望同时运行尽可能多的 Hyperparameter 实例的测试。

在前几章中，我们研究了几种定义训练数据和超参数调优值的方法。在本章案例学习中，我们将使用第 7 章中定义的模型类。在本章中，我们将使用 TrainingKnownSample 和 TestingKnownSample 类定义，需要将样本保存在一个 TrainingData 实例中。最重要的是，我们需要 Hyperparameter 实例。

模型如图 14.3 所示。

我们主要关注 TestingKnownSample 和 TrainingKnownSample 类。我们正在做的是训练模型，所以并不关心 UnknownSample 实例。

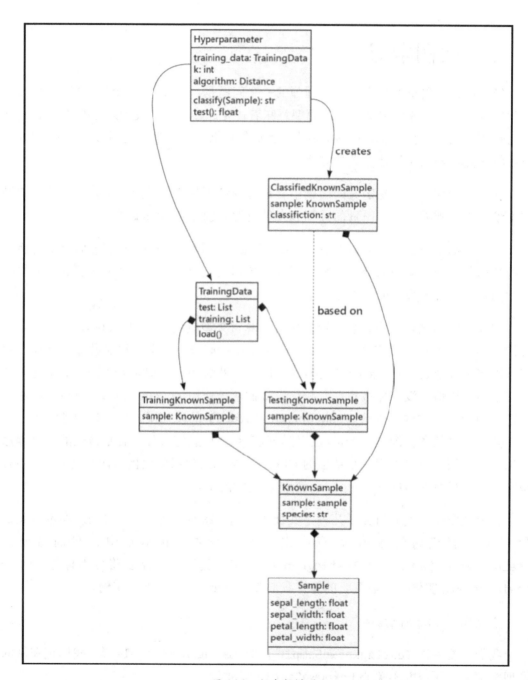

图 14.3　超参数模型

我们的调优策略可被描述为**网格搜索**（grid search）。我们可以想象有一个表格，表格的列对应 k 的不同值，表格的行对应不同距离算法。我们将在表格的每个单元格中填入相应组合的训练结果：

```
for k in range(1, 41, 2):
    for algo in ED(), MD(), CD(), SD():
        h = Hyperparameter(k, algo, td)
        print(h.test())
```

我们可以比较一系列 k 值和距离算法的组合，看看哪个组合是最好的。不过，我们不需要打印结果，而是要将它们保存在一个列表中，对它们进行排序，以找到最高质量的结果，并把它作为最优的 Hyperparameter 配置，用于给未知样本分类。

（剧透一下：对于这个鸢尾花数据集来说，它们都相当不错。）

每个测试都是完全独立运行的。因此，我们可以并发地执行它们。

下面是我们将要并发执行的 Hyperparameter 类的 test()方法：

```
def test(self) -> "Hyperparameter":
    """运行整个测试套件"""
    pass_count, fail_count = 0, 0
    for sample in self.data.testing:
        sample.classification = self.classify(sample)
        if sample.matches():
            pass_count += 1
        else:
            fail_count += 1
    self.quality = pass_count / (pass_count + fail_count)
    return self
```

我们将使用每个测试样本，执行分类算法。如果 classify()算法的结果和已知物种相同，分类成功。如果分类算法的结果与已知物种不同，分类失败。我们将计算正确分类的百分比，并将其作为一种衡量分类质量的方式。

下面是用于网格搜索的完整测试函数，grid_search_1()。这个函数将bezdekiris.data 文件中的原始数据加载到内存中，该文件可以在本书的代码库中找到。该函数使用 ProcessPoolExecutor 来并行地运行多个工作进程：

```python
def grid_search_1() -> None:
    td = TrainingData("Iris")
    source_path = Path.cwd().parent / "bezdekiris.data"
    reader = CSVIrisReader(source_path)
    td.load(reader.data_iter())

    tuning_results: List[Hyperparameter] = []
    with futures.ProcessPoolExecutor(8) as workers:
        test_runs: List[futures.Future[Hyperparameter]] = []
        for k in range(1, 41, 2):
            for algo in ED(), MD(), CD(), SD():
                h = Hyperparameter(k, algo, td)
                test_runs.append(workers.submit(h.test))
        for f in futures.as_completed(test_runs):
            tuning_results.append(f.result())
    for result in tuning_results:
        print(
            f"{result.k:2d} {result.algorithm.__class__.__name__:2s}"
            f" {result.quality:.3f}"
        )
```

我们使用 workers.submit() 向进程池提交任务，即 Hyperparameter 实例 h 的 test() 方法。提交任务的返回结果是 Future[Hyperparameter]，通过它最终可以获得一个 Hyperparameter 实例。针对每个提交的 future，ProcessPoolExecutor 会分配进程执行相应的函数，并将结果 Hyperparameter 对象保存到 future 中。

使用 ProcessPoolExecutor 是最优选择吗？因为我们的一个数据集很小，它看起来结果很好。因为数据少，每个进程独立做训练数据序列化的开销很小。对于更大的训练和测试样本集，我们将在序列化所有数据时遇到性能问题。因为样本是字符串和浮点数对象，所以我们可以使用共享内存改变数据结构。这是一个彻底的重构，需要利用第 12 章介绍的享元模式。

我们使用 Future[Hyperparameter] 类型提示来提醒 *mypy* 工具，我们希望 test() 方法返回一个 Hyperparameter 结果。确保提交给 submit() 的函数的结果类型符合我们预期的结果类型是很重要的。

当我们检查 Future[Hyperparameter]对象时，result()函数会提供工作进程中处理的 Hyperparameter。我们收集这些结果，用于确定最佳的超参数集。

有趣的是，它们都不错，准确率在 97%和 100%之间。下面是其中部分结果：

```
5 ED 0.967
5 MD 0.967
5 CD 0.967
5 SD 0.967
7 ED 0.967
7 MD 0.967
7 CD 1.000
7 SD 0.967
9 ED 0.967
9 MD 0.967
9 CD 1.000
9 SD 0.967
```

为什么质量都这么高？有多个原因：

- 数据集的提供者对源数据进行了仔细的筛选和准备。
- 每个样本只有 4 个特征。分类并不复杂，也没有太多容易混淆的分类。
- 在这 4 个特征中，有 2 个与物种密切相关。另外两个特征与物种之间的相关性较弱。

选择这个示例的原因之一是，这个数据集可以给我们带来成就感，而不用太纠结于模型的设计问题、复杂的数据，或使重要信息隐藏在数据中的高水平噪声。

在 iris.names 文件的第 8 部分，我们可以看到以下汇总统计信息：

```
Summary Statistics:
              Min  Max  Mean  SD    Class Correlation
  sepal length: 4.3  7.9  5.84  0.83   0.7826
  sepal width: 2.0  4.4  3.05  0.43  -0.4194
```

```
petal length: 1.0  6.9  3.76  1.76   0.9490 (high!)
 petal width: 0.1  2.5  1.20  0.76   0.9565 (high!)
```

这些统计信息表明，只使用其中的 2 个特征比使用所有 4 个特征效果更好。确实是，忽略萼片宽度可能会提供更好的结果。

更复杂的问题会带来新的挑战。问题的难点不在于基本的 Python 编程，而是如何根据问题特点，制定可行的解决方案。

14.7 回顾

我们仔细研究了与 Python 并发处理相关的各种主题：

- 线程的优势在于简单，可以应用于大多数场景。但由于 GIL，多线程不适合计算密集型并发任务。
- 多进程的优势在于，可以充分利用多核处理器的多个内核，但需要考虑进程间的通信成本。如果使用共享内存，访问共享对象又会让代码变得复杂。
- concurrent.futures 模块定义了一个抽象 future，它可以通过几乎相同的语法使用线程和进程。通过它可以很容易地在进程和线程间切换，查看哪种方法更快。
- AsyncIO 包支持 Python 的 async/wait 特性。因为这些是协程，所以没有真正地并行处理；协程之间的控制开关允许单个线程在等待 I/O 和计算之间交替执行。
- 哲学家用餐问题有助于比较不同种类的并发语言特性和库。这是一个相对简单的问题，但会带来一些有趣的复杂性。
- 也许最重要的发现是，没有一个通用方案可以解决所有并发问题。至关重要的是，创建和衡量各种方案，以确定可以最充分利用计算硬件的设计。

14.8 练习

我们已经在本章中介绍了几种不同的并发模式，但是仍然无法很确定在什么时候用哪个方案。在案例学习中，我们提出，通常最好先制定几个不同的策略，然后选择一个明显优于其他策略的策略。最终的选择必须基于对多线程和多进程方案性能的测试。

并发是一个很大的主题。作为第一个练习，我们鼓励你去网上搜索一下，了解最新的 Python 并发编程的最佳实践。研究非 Python 特有的知识也会有所帮助，可以理解操作系统原语，如信号量、锁和队列。

如果你在最近的程序中使用了线程，那么请查看一下代码，看看如何通过使用 future 使其更具可读性，并且更不容易出错。比较使用多线程和多进程的 future，看看使用多个 CPU 核是否能提升性能。

尝试用 AsyncIO 实现一些基本的 HTTP 服务。如果你能成功地让 Web 浏览器显示一个简单的 get 请求，那么你将对 AsyncIO 网络传输和协议有很好的理解。

确保你能理解线程在访问共享数据时会发生的竞争情况。尝试编写一个程序，它使用多线程来设置共享值，这在没加锁的情况下可能会造成数据损坏或无效。

在第 8 章中，我们看到了一个示例，它使用 subprocess.run()在一个目录的文件上执行了一些 python-m doctest 命令。查看该示例并重写代码，使用 futures.ProcessPoolExecutor 并行执行每个子进程。

回头看看第 12 章，有一个运行外部命令为每一章创建图形的示例。这依赖于外部应用程序 java，在它运行时往往会消耗大量的 CPU 资源。并发对这个示例有帮助吗？运行多个并发的 Java 程序似乎是一个可怕的负担。在这个示例中，进程池的默认大小是否过大？

在案例学习部分，一个重要的替代方案是使用共享内存来允许多个并发进程共享一组公共的原始数据。使用共享内存意味着要么共享字节，要么共享一个简单的对象列表。共享字节对于像 NumPy 这样的包来说很合适，但是对于我们的 Python 类定义来说就不太好了。这说明我们可以创建一个包含所有样本值的 SharedList 对象。我们需要应用享元模式，从共享内存列表中提取有用的名称作为属性。那么，单个 FlyweightSample 将提取 4 个测量值和 1 个物种。准备好数据后，并发进程和进程内的多个线程之间的性能有什么差异？为了避免在使用之前加载测试和训练样本，需要对 TrainingData 类进行哪些修改？

14.9　总结

本章以一个不太面向对象的主题结束了我们对面向对象编程的探索。并发是一个困难的问题，我们只触及了表面。虽然底层操作系统对进程和线程的抽象不是面向对象的，但 Python 为它们提供了一些非常好的面向对象的抽象。threading 和 multiprocessing 包都为底层机制提供了面向对象的接口。future 能够将大量复杂的细节封装到一个单一的对象中。AsyncIO 使用协程对象使我们的代码读起来像是同步执行的，同时使用非常简单的事件循环抽象隐藏了丑陋而复杂的实现细节。

感谢你阅读本书，我们希望你享受这一过程，并且迫不及待地想在自己未来的项目中使用面向对象的技能！